普通高等学校地理国情监测专业系列教材

地理调查与编码

胡庆武　王少华　艾明耀　编著

WUHAN UNIVERSITY PRESS
武汉大学出版社

图书在版编目(CIP)数据

地理调查与编码/胡庆武,王少华,艾明耀编著.—武汉:武汉大学出版社,2015.12
普通高等学校地理国情监测专业系列教材
ISBN 978-7-307-16334-8

Ⅰ.地… Ⅱ.①胡… ②王… ③艾… Ⅲ.地理—监测—中国—高等学校—教材 Ⅳ.K92

中国版本图书馆 CIP 数据核字(2015)第 157182 号

责任编辑:胡　艳　　　责任校对:李孟潇　　　版式设计:马　佳

出版发行:**武汉大学出版社**　(430072　武昌　珞珈山)
（电子邮件:cbs22@whu.edu.cn　网址:www.wdp.com.cn)
印刷:崇阳县天人印刷有限责任公司
开本:787×1092　1/16　印张:21　字数:506 千字　插页:1
版次:2015 年 12 月第 1 版　　2015 年 12 月第 1 次印刷
ISBN 978-7-307-16334-8　　定价:40.00 元

目　录

前　言

地理调查是地理研究的基础，开展地理调查的目的是为了更好地掌握地理环境状况，为地理研究提供详实、全面的基础资料，地理研究需要从缜密、科学、全面的地理调查开始。地理编码是对地理调查的资料和数据进行空间化索引的地理调查数据处理方法，是进行地理分析的基础性工作。没有调查，就没有发言权，没有调查，就无法掌握第一手的地理资料，科学合理的地理调查方法和地理编码技术，对于地理研究具有重要的意义。

地理监测是针对某个区域、某种地理要素开展的长期地理调查活动，关注地理要素的时空变化，通过对地理对象变化监测来发现其演变规律，为地理环境规划提供决策依据。地理国情普查是针对与国情相关的地理对象开展的地理调查活动，相应的地理国情监测则是针对地理国情要素的变化监测，其关注点是地理国情要素的时空变化，据此分析评估地理国情时空特征及其变化发展趋势，形成权威、标准的地理国情监测产品。因此，作为一种特定对象的地理调查和地理监测，地理国情普查和地理国情监测都需要地理调查方法和地理编码技术作为支撑。

本书是为普通高等学校地理国情监测专业本科生基础理论教学编写的教材，也可供开展地理国情普查和监测应用的工程技术人员参考。主要讲授地理调查与编码的基本概念、理论、技术、方法和实践，全书共分为 8 章，选用 45 个标准学时授课使用。本书的第 2 章、第 3 章由王少华编写，第 6 章由艾明耀编写，其他章节的编写和统稿工作由胡庆武完成。

第 1 章为绪论，阐述了地理调查与编码的概念，在地理国情监测中的作用以及技术发展；第 2 章为统计抽样调查原理与方法，介绍通用的统计调查原理与方法；第 3 章为抽样调查的实施与数据分析，对抽样调查的实施流程及数据处理与误差分析理论进行了全面的总结；第 4 章为地理调查的基本理论，对地理调查的时空基准、地理网格及国家地理网格计算进行了介绍，阐述了地理网格划分和地理调查的基本程序；第 5 章为地理调查的测绘遥感技术，对最新的测绘遥感技术及其在地理调查中的应用进行了介绍；第 6 章为地理编码方法，阐述了地理编码的方法、地址匹配及地理编码应用；第 7 章为地理调查实践，以全国第一次地理国情普查和地理监测为例，对全国第一次地理国情普查的目的、意义、内容、指标和成果进行了阐述，对全国第一次地理国情普查的数据源、采用的技术方法、技术路线和主要的技术要求及方法进行了全面介绍；第 8 章对地理调查与编码技术方法在人口普查、经济普查、农业普查以及国土、水利、林业和海洋调查等领域中的应用进行了介绍。

本书在编写过程中，得到了武汉大学遥感信息工程学院领导和地理监测教研室教师们的关心和指导，李建松教授对本书的章节安排和内容提出了宝贵的意见，武汉大学遥感信息工程学院首届地理国情监测专业的同学们在试用讲义时也提出了许多宝贵意见，在此一并表示感谢！

因编写时间仓促，无论是内容选择还是文字表达方面，一定存在许多的不足，敬请读者批评指正。

作 者

2015 年 4 月

第1章 绪 论

地理国情监测通过对地理特征要素、地理环境、地理过程和地理现象，以及其人文、经济、社会等的基本状况及其变化信息进行动态监测，从地理的角度来综合分析和研究国情，为政府、企业和社会各方面提供真实可靠和准确权威的地理国情信息。地理国情监测建立在科学、可靠的地理调查研究基础上。地理调查是进行地理国情普查和监测的基础环境，对地理调查数据进行有效编码是地理国情数据综合分析和利用的前提。本章介绍了地理国情监测的基本概念，地理调查定义和地理编码概念，阐述了地理调查与地理国情普查的关系，地理调查、地理编码与地理国情监测的关系，描述了地理调查、地理编码的作用和意义，对国内外地理调查和编码的进展进行了总结。

1.1 现代地理学的发展和战略方向

社会需求是现代地理学发展的主要动力。从20世纪中叶开始，科学技术的突飞猛进、社会的快速发展，带来了人口、资源、环境与发展等一系列问题，对地理学研究提出了新的要求，同时科学技术的进步也为地理学提供了新的研究手段，使地理科学研究水平的提高得到了保证，并促使现代地理学的研究内容和研究方法发生了实质性的变化。

1.1.1 现代地理学的特点

第一，研究方向趋于应用化。古典地理学停留在描述阶段，近代地理学是处于解释阶段，而现代地理学面向现代社会的一系列重大问题，对地理现象的解释由单纯的类型归纳，过渡到理论演绎、实验反馈和模式化的方法，进入了应用阶段。世界上普遍存在的人口、粮食、资源、能源和环境等问题，都成为现代地理学的研究课题。

第二，研究方法趋向系统化。地理学将人类居住的地球表面看做统一的复合系统，地理学本身的结构和体系已趋向于世界性的一元化，围绕着人类与环境为核心的研究，日益体现这门学科的整体性、综合性特点。不仅使人文科学和自然科学在地理学中得到结合，而且地理学中许多新课题也展开了跨学科的研究。这一趋势还促使区域地理的复兴和发展，与之相适应的是以系统论的观点和系统分析的方法，用之于现代地理的研究。

第三，研究手段趋于现代化。随着生产技术的不断进步，现代地理学的研究手段日趋现代化。如新的观察技术（如计算机的应用），新的分析技术（如计算机的运用），以及新的制图技术等使地理研究出现了一场革命，获得了许多前所未有的新成果。尤其是电脑和遥感技术的运用，使现代地理学能获得和储存海量的信息，并为分析复杂的人地系统提供了可能性。

1.1.2　现代地理学学科体系

钱学森把地理科学分为三个层次：

（1）最切实际的工程技术层次，这是地理科学在直接改造客观世界方面的学问，像城市规划、环境保护、地区发展战略等。

（2）技术层次，这是带有理论性的层次，就是把基础地理科学理论应用到工程技术层次作准备的中间层次，像数量地理学、环境学及城市学等。

（3）基础科学层次，这是地理学中最高的一个层次，即把人在地球上进行活动的整个地球表层作为一个整体进行研究。

构成现代地理学的三大基本体系是理论地理学（基础科学层次）、应用地理学（技术科学层次）、实验地理学及方法论科学（工程技术层次），现代地理科学从基础研究到实际应用，都与实践和现代科技紧密联系在一起。

理论地理学是研究发生在地理环境之中，以自然因素和人文因素的交互作用为前提的各类地理现象、地理关联、地理作用、地理过程等在统一基础上所遵循的总体规律，也就是寻找和总结地理规律，它希望在高一级层次和整体的尺度上去体现地理学全部的实证知识和逻辑思辨能力。其目的是揭示地理系统的整体本质。

应用地理学是依据地理学的概念、原理、规则和方式，围绕"人—地系统"这个广泛的对象，在基础地理资料的支持下，面对区域实体的发展目标或具体问题直接地、整体地为实现目标函数或解决实际问题提供可行的手段和途径，并最终达到可以估算、可以比较、可以检验、可以评价的效益和结果。地理事物能否准确地提示，主要取决于所获"信息"的数量及其正确程度，实验地理学和方法论科学就是在这种原则指导下，借助于技术手段的更新和 GIS 的广泛应用，成为集中提供大量、可靠、及时、动态的地理信息的基本渠道，并为地理事物的发展预测提供较为科学的模型。

1.1.3　现代地理学的发展趋势

1．学科内部的整体综合

地理学研究地球表层自然与社会要素所涉及的具有时空差异和变化规律的多个部门学科，地理学研究面对的是复杂的地球表层系统，是由各种自然现象和人文现象组合在一起的复杂体系。因此，是一门跨越自然科学与社会科学的学科，一直以综合性和区域性为特色，其综合性在其中占有重要的地位。在过去一个较长的时期内，自然地理和人文地理分割与对立的二元论阻碍了地理学的整体综合研究的发展，随着社会经济的发展与科学技术的进步，人类活动对自然环境的作用愈来愈大，影响也更为显著。在人类对自然环境影响日益剧烈的今天，人地关系更密切地交织在一起。自然地理研究也不是纯自然主义，它也研究人对自然环境的作用与反馈，人文地理研究也离不开自然环境的生态学基础，因此，综合地理学或统一地理学是人类社会发展的需要，也是系统研究地理事象的出发点。人类社会系统和地理环境系统合成一个巨大的综合系统，组成要素复杂多样，其空间结构跨度大，并具有多层次结构和明显的地区差异性、采用定性，加上人类活动的时序性，因此，综合研究不同社会发展阶段地域系统动态变化规律及其差异性，研究变化驱动因素与定量的系列综合指标，运用综合集成的方法解决问题。所以地理学内部综合研究是近年重视的一个趋势，这种观念和方法上的综合使地理科学也逐渐成为区域可持续发展的基础理论学科。

2. 地理信息技术的应用

地理信息技术的发展使地理事象时空分布与变化特征研究的理论与方法发生了巨大的变化，对地球科学的发展产生了强大的动力。遥感技术、地理信息系统以及多种分析测试技术的应用，使人们可以更迅速、更精确或者更准确地认识互相有联系事物的本质和区域间的差异性及其相互依赖性。这极大地提高了地理研究的效率和质量。高分辨率的测试方法和先进的实验技术以及模拟分析，使地理学研究领域不断开拓，使人们对地理环境的认识日益演化。量化方法目前得到普遍应用，地理过程和地理事象的模型分析成了人们十分重视的研究内容。

3. 与相关学科的融合

目前各学科发展的特点之一是相关学科的互相渗透与融合，这是学科发展的一个明显趋势。地球多层研究和整体分析，推动了地球系统科学的发展。方法论、信息论等理论与方法为地理学的综合性研究提供了新的理论和方法，促进现代地理学的飞速发展有关的学科，如：生态科学、环境科学、资源科学、生物科学以及社会科学等。这些学科与地理学互相交叉渗透，在很大程度上淡化了传统学科的界限。地理学与这些相关学科的结合不但有利于提高本学科的研究水平，也拓宽了学科研究领域，形成了许多新的边缘学科，如文化地理学、军事地理学、交通地理学、医学地理学、生物地理学等。

4. 空间尺度向宏观和微观发展

地理学研究在空间尺度上重视多层面研究，从区域系统向全球系统发展，目前全球变化引起人们的广泛重视。从不同尺度的综合系统研究地理环境结构和变化，已发展为从全球尺度研究人类环境变化，这是在现代科学技术基础上地理学研究的一个重要趋势。另外，地理学研究从另一个角度又趋向重视微观分析，如地理环境中元素的迁移转化、土壤的发生与形成、植被的演替、土地的退化等，从微观角度进行分析研究，研究其转化机制和转化过程，从中寻找规律和探索控制途径与对策。

1.1.4 未来地理学的战略方向

我们正生活在一个冰川退缩、物种栖息地加速丧失、前所未有的人口迁移、国内和国家之间不平等加剧、对资源消耗忧虑增加，以及相互作用和特征模式转变的时代。日益增加的消费、日益增长的人口数量及其不断增强的流动性以及气候变化正在改变着地表状况，同时也对科学工作者和政策制定者认识和管理地球的努力提出新的挑战。变化的时代同时也是地理科学创新的时代。近年来，迅速发展的跨学科科学家研究群体已借助新的地理学概念、工具和技术来提高对诸如环境变化、可持续发展、全球化和人口动态等议题的理解。其结果是，地理学的思想和信息在规划、环境管理、政策制定以及科学等方面日益发挥中心作用。地球表面的动态地图和影像现在已成为应急管理人员、运输工人和城市规划者的必备工具，诸如全球定位系统（GPS）工具和在线地图等新的用户友好的地理技术已成为人们日常生活的一部分。

人类在 21 世纪面临的主要挑战大多数与人口流动、自然资源耗竭和气候变化引起的地表景观与环境的特征及空间组织结构的变化息息相关。地理科学的相关研究对监测、分析和应对这些变化的努力具有很大的潜在优势。最近 20 年的技术进步和研究优先领域的变化激发了地理科学的快速发展。除了地理学的发展以外，经济学家、生物学家、流行病学家、地质学家、计算机科学家和其他领域的科学家等也都对地理科学的发展做出贡献，譬如对人与自然关系的研究，以及对不断塑造地球变化的环境的物质流、能量流、人口流、资金流和信息流等的分析。诸如遥感系统等新技术增强了人们获取高分辨率和近实时数据的能力，而地理信息系统（GIS)、GPS 和地理空间可视化技术则提高了人们处理、分析和再现地理数据的能力。从工作场所到日常生活，这些技术都有所应用，而且它们对于信息管理、政府管理、商业和旅游的发展都具有重要价值。与此同时，对人类改造环境以及全球化、资源耗竭和环境可持续性的影响的日益关注也引发了人们对气候变化、土地覆被变化、流域恢复、人口迁移、全球不平等以及地缘政治冲突的极大兴趣。对所有这些现象的调查都可以得益于地理学的研究。

应美国国家科学基金会（NSF)、美国国家地质调查局（USGS)、美国国家地理学会(NGS)、美国地理学家联合会（AAS）的要求，为促进人们对 21 世纪初期地球面临的重大问题的理解，美国国家科学院（NA）成立了一个专门委员会——未来十年地理科学战略研究方向委员会（Committee on Strategic Directions for the Geographical Sciences in the Next Decade)，通过提出旨在改进对 21 世纪初地球面临的主要问题的理解的研究倡议来决定地理科学在未来 10 年怎样才能为推动科学和社会发展作出最大贡献。

未来 10 年地理科学的 11 个战略性科学问题可以归结为以下 4 大类主题，依次为：

1. 怎样理解和响应环境变化

包括 3 个战略方向：

问题 1：人类正如何改变着地表的自然环境？

问题 2：人类如何最好地保护生物多样性和濒危的生态系统？

问题 3：气候和其他环境变化如何影响人类—环境耦合系统的脆弱性？

持续增加的人口、城市化、工业化和气候变化改变了地表环境并大量消耗自然资源。虽然既往的研究业已证明气候变化、土壤侵蚀、栖息地丧失和水质退化，但对人类自身在其中所起的作用未曾充分考虑，这一点也影响了人们对未来变化规模及时机的预测。利用诸如树轮、孢粉化石等古环境数据，地理学家正致力于重建长期的环境历史以了解气候和地球自然系统随时间的波动情况。地理学家正采用 GIS、遥感和地理空间可视化等技术来分析自然过程和格局随时间的变化，以弄清自然和人类对环境变化的各自贡献。更全面地了解自然和人为因素引起的地表变化、物种和基因多样性的分布，以及不同生态系统对环境变迁的不断变化的脆弱性，是开展环境科学研究、风险管理和生态修复的基础，同时也可以指导旨在提高环境可持续性的政策制定。

2. 如何促进可持续发展

包括 3 个战略方向：

问题 4：100 亿人口将如何生存以及在哪里生存？

问题 5：在未来 10 年和更长时间内如何可持续地供养每个人？

问题6：人类生活之地如何影响人们的健康？

据相关资料预测，到2050年地球上的人口将达到80亿～120亿人，其中绝大多数人口增加将出现在城市。许多城市将为容纳快速增长的人口不懈努力，而城市向农村地区的扩张将改变生物地球化学循环、水文系统、气候、野生动物栖息地以及生物多样性。对变化的人口空间分布、形成不同聚落形式的过程、日益增加的城市人口面临的可持续性的挑战等方面的研究，对于认识更加拥挤的世界所面对的挑战是十分关键的。确保地球上不断增长的人口可获得相应的食物资源就是其中的挑战之一。由于当前出现的饥饿不是因为全球的食品匮乏而是因为地理环境的不同和食品分配制度的低效或不公平，要解决100亿人口的吃饭问题的挑战需要更好地认识地理要素对农业生产和分布系统、变化的食物消费偏好等方面的影响。人口数量的扩张和流动性的日益增加会使卫生保健的战线拉长，对疾病的治疗和预防的标准会随居住地的不同而有所变化。利用空间分析、GIS和疾病扩散空间模型，地理科学有助于理解全球化、人口迁移、环境条件、土地利用、经济状况以及政府政策对健康和传染病扩散的影响。通过人们的日常生活来分析疾病和卫生保健方式，对认识和理解不同人群的疾病行为和变化的脆弱性是非常重要的，这些信息对制定能够改善全人类福利水平的政策是非常必要的。

3. 如何认识和应对经济和社会的快速空间重组

包括3个战略方向：

问题7：人口、商品和思想的流动如何改变世界？

问题8：经济全球化如何影响不平等状况？

问题9：地缘政治变化如何影响和平与稳定？

在过去的数十年内，从人口迁移到货物运输，全球流动性明显增强，并对交通运输、通信、经济甚至政治冲突的形式产生影响。现在迫切需要通过深入评估单个地方的发展以及利用GIS和地理空间信息等开展大尺度的空间研究，来了解流动性增强的原因和后果、流动性的地区差异、虚拟（如在互联网及其他媒介）流动性与实体流动性之间的关系。全球化也加剧了许多地区间的经济差距，提高了人们对贫困和社会动荡状况的关注。地理学阐明这种不平等格局以及在不同的空间尺度上产生这些格局的过程的研究，可以为理解贫困和消费方式之间的联系以及变化的社会经济环境的不平等影响提供解释。面对经济和社会的剧变，主导二战后时代的地缘政治架构已然崩溃，现实提出了对强势政府和团体的领土议程、边界的变化的重要性以及资源匮乏在合作与冲突中的作用等开展扩展研究的需要。

4. 如何使技术变化更有利于社会和环境

包括2个战略方向：

问题10：人们如何才能更好地观测、分析和可视化这个不断变化的世界？

问题11："公众制图"（Citizen Mapping）和"公众被制图"（Mapping Citizen）的社会含义是什么？

自古代起，观察、制图和描绘地表环境一直就是地理学研究不可或缺的一部分，在今天的地理学研究中仍占据着中心地位。提供地理信息的网址已成为人们日常生活的重要部分，这一现象使得公众既是地图绘制的来源又是地图绘制的对象，但地理信息的激增又提出了公众对个人隐私保护的担忧。地理学观测、分析和可视化地球表面的人类与自然特征变化的技术和工具的最新进展，将在解答上述科学问题以及推动地理科学发展中发挥重要作用。不过，新技术同样需要非专业人士有能力和有意愿在提供地理信息的同时能够保护好个人隐私。

1.2　地理国情监测概念、目标和技术体系

地理国情动态监测是党中央和国务院提出的一项重大战略任务。国土资源部于 2011 年提出了“构建数字中国、监测地理国情、发展壮大产业、建设测绘强国”的总体战略思想，并明确提出在全国范围内全面推进。为全面掌握我国地理国情现状，满足经济社会发展和生态文明建设的需要，国务院决定于 2013 年至 2015 年开展第一次全国地理国情普查工作。正确理解地理国情监测的概念、目标意义和内容，明确地理国情监测的技术体系，对于开展地理国情普查，建立地理国情监测本底数据库，对于开展科学、可靠、持续的地理国情监测十分重要。

1.2.1　地理国情、地理国情普查与地理国情监测

1. 地理国情

国情是一个国家的社会性质、政治、经济、文化等方面的基本情况和特点。

地理国情是空间化、可视化的国情信息，是从空间角度反映一个国家自然、经济、人文的信息，包括国土疆域概况、地理区域特征、地形地貌特征、道路交通网络、江河湖海分布、土地利用与土地覆盖、城市布局和城镇化扩张、孕灾环境与灾害分布、环境与生态状况、生产力空间布局等基本情况。地理国情以地球表层的自然、生物和人文这三个方面的空间变化和它们之间的相互关系特征为基础内容，对构成国家物质基础的各种条件要素进行宏观性、综合性、整体性的调查、分析和描述。

地理国情主要包括三种信息：感知信息、统计信息和分析信息。感知信息是直接或间接获取并能够直观地反映在地图、遥感影像、GIS 等介质上的地理信息，诸如地形、道路、水系、居民地等信息。统计信息是在感知信息的基础上，利用统计等技术手段统计分析所获得的数据，如国土面积、湖泊面积等。分析信息是在通过对不同时间段的地理信息的动态监测，揭示监测对象的变化规律，分析其现实内涵与自身特点，预测其未来的发展演化趋势和方向。

地理国情不仅客观、准确地反映各种地表的基本信息，而且还反映地表变化情况以及地表信息之间的相互关系，是制定国家和区域发展战略与规划、开展国民经济统计、调整经济结构布局、应对突发事件的重要数据基础。以地理国情信息为数据基底，能够整合、集成各类经济社会信息，深入揭示经济社会发展的内在关系，并能以量化的地理信息预判其发展趋势，提升管理决策的科学化水平。

2. 地理国情普查

地理国情普查是指对一个国家的陆地国土范围内的地表自然和人文地理要素进行普查。地理国情普查的自然地理要素包括地形地貌、植被覆盖、水域、荒漠与裸露地等的类

别、位置、范围、面积等，掌握其空间分布状况；地理国情普查的人文地理要素包括与人类活动密切相关的交通网络、居民地与设施、地理单元等的类别、位置、范围等，掌握其空间分布现状。

地理国情普查是一项重大的国情国力调查，是全面获取地理国情信息的重要手段，是掌握地表自然、生态以及人类活动基本情况的基础性工作，也是开展地理国情监测工作的第一步，是建立地理国情监测本底数据库的基础性工作。

为开展好第一次全国地理国情普查，国家测绘地理信息局于2012年11月启动了第一批10个省、自治区、直辖市地理国情普查试点工作，试点工作从2012年11月开始至2013年3月结束，覆盖全国$31\times10^4km^2$国土，充分利用0.5～2.5m高分辨率遥感影像，对耕地、园地、道路、水体等12类地理国情信息进行要素和属性信息采集；结合社会经济等专题数据，对自然、人文等地理国情要素进行统计、分析和评价，形成反映试点区域地形地貌、居民地及设施等基本状况的地理国情普查图、普查报告等。

2013年，中国全面启动首次全国地理国情普查工作。2013年1月至6月为普查工作准备阶段；2013年7月至2015年6月为普查工作第一阶段，主要完成普查底图制作、数据采集与处理、外业调查与核查、数据集建设等工作；2015年7月至12月为普查工作第二阶段，主要完成普查信息的整理、汇总、统计分析，形成揭示经济社会发展和自然资源环境空间分布与内在关系的地理国情普查报告，发布普查结果。

3. 地理国情监测

地理国情监测技术是综合利用全球导航卫星系统、航空航天遥感、地理信息系统等现代测绘技术和人文社会科学调查技术，综合各时期档案和调查成果，对地形、水系、湿地、冰川、沙漠、地表形态、地表覆盖、道路、城镇等要素进行动态化、定量化、空间化的持续监测，并统计分析其变化量、变化频率、分布特征、地域差异、变化趋势等，形成反映各类资源、环境、生态、经济要素的空间分布及其发展变化规律的监测数据、地图图形和研究报告等，从地理空间的角度客观、综合展示国情国力。

1.2.2 地理国情监测的目的和意义

1. 地理国情监测的目的

地理信息是一种重要的信息资源。地理对象是地理信息的物质和能量的表现实体。地表物质和能量的数量、分布和变化产生信息和信息流。地理对象的数量、分布及其变化特征等信息是进行重大战略规划、灾害预警、科学管理和决策等的重要依据。

地理国情普查的目的是查清我国自然和人文地理要素的现状和空间分布情况，为开展常态化地理国情监测奠定基础，满足经济社会发展和生态文明建设的需要，提高地理国情信息对政府、企业和公众的服务能力。开展全国地理国情普查，系统掌握权威、客观、准确的地理国情信息，是制定和实施国家发展战略与规划、优化国土空间开发格局和各类资源配置的重要依据，是推进生态环境保护、建设资源节约型和环境友好型社会的重要支撑，是做好防灾减灾工作和应急保障服务的重要保障，也是相关行业开展调查统计工作的重要数据基础。

地理国情监测对具有地理空间特性和时间特性的自然和人文对象进行监测，获取其地理变化信息，如城市城镇布局变化、地表覆盖和土地利用变化、生态环境变化、江河流域变化、地形地貌变化、道路交通网络变化、工业经济布局变化、粮食产区变化等信息。地理国情监测的根本目标是通过监测地理国情动态变化，分析评估地理国情时空特征及其变化发展趋势，形成权威、标准的地理国情信息产品，服务于自然资源开发利用与生态环境保护、城乡统筹与区域协调发展、产业布局与空间优化、重大战略与重大工程实施、突发事件与应急处置、地缘政治分析与重大国际问题应对等国家和地方各级政府重大决策与国民地理国情教育。

地理国情监测的对象是丰富多彩的，但不是任何一类对象都要进行监测。根据地理国情监测的目的，可以选择不同的监测对象，监测什么，如何监测是根据需求进行选择的，如土地资源监测、环境监测、农情监测、森林和湿地监测、地震监测、水文监测、海洋监测、矿产资源监测、气象监测，等等。

2. 开展地理国情监测的意义

开展地理国情监测，是测绘工作更加着眼于“服务大局、服务社会、服务民生”的重要体现，是地理信息在更高和更广层次的应用，是转变我国测绘发展方式的重要举措。随着我国全面建设小康社会进入关键期，经济社会发展与资源环境约束二者之间的矛盾日益突出，准确掌握各种地理国情，为政府宏观调控、制定相关政策等提供有力依据，显得越来越重要。

首先，进行地理监测是应对全球变化和满足人类对地球科学开发和利用、全球保护等任务的需求。人类赖以生存的地球正处在快速变化时期。人地关系的矛盾日益突出。从历史发展的角度看，人类活动对地球生态的影响，总体上是向着变坏的方向发展。人口、资源、环境和灾害是当今人类社会可持续发展所面临的四大问题。人口膨胀、资源减少、环境恶化、灾害频繁，严重威胁着人类的生存，影响着人类社会、政治、经济和文化的可持续性发展。人类活动产生的这种变化和问题，日益成为人们关注的焦点。开展地理监测活动，对人类科学开发和利用地球资源，进行地球保护将发挥重要作用。

其次，满足国家重大战略发展的需求。我国正处在工业化、城镇化快速发展时期，也是地表自然和人文地理信息快速变化的时期。如何科学布局工业化、城镇化；如何统筹规划、合理利用国土发展空间；如何有效推进重大工程建设，地理国情监测至关重要。对重要地理对象进行动态监测，并进行对比和统计分析，及时发布监测成果和监测分析报告，为国家的科学发展提供依据。

再次，满足国家可持续性发展的需求。我国是一个人口众多、资源相对贫乏的国家，环境问题、灾害问题等比较突出，影响了国家的可持续性发展。如何合理开发利用资源，保护环境、应对自然灾害，需要展开地理国情监测活动。我国在一些领域已经开展了常态化、法定化的监测活动，在国家可持续性发展方面作出了积极贡献。但监测的领域还需要继续扩大，如生态、农情、公共卫生、碳存储和碳排放、城镇化和城市变化、文化景观等监测，实现全面地理监测或地理国情监测。

最后，促进测绘发展模式战略转型，提高测绘生产力和服务水平，满足国民经济发展需求。测绘工作是国家经济建设的尖兵。我国测绘技术及队伍的快速发展已成为我国地理信息产业的有生力量。基础测绘模式正在发生转变，开始由静态到动态，由数据服务到信息服务，针对性更强，服务领域更宽。当今的技术发展条件已经具备进行常态化、应急、典型地理监测的规模化监测活动。随着航空航天遥感技术、GIS和GPS技术的进步，已经具备多传感器、多平台、多尺度、全天候、高频率获取各种分辨率对地观测数据的技术手段，以及多年来地理数据的积累，具有综合处理、分析和应用这些数据的技术基础和能力，为实现地理国情监测创造了技术条件。开展地理监测活动，着力开发利用地理信息资源，丰富测绘产品和服务，更好地服务大局、服务社会、服务民生，将为推动经济发展方式转变发挥积极作用。

目前，随着人类社会活动的频繁发展变化，对自然界的改造日益加重，人类赖以生存的地球以及环境不断发生变化，我国参与国际合作与竞争的广度和深度在与日俱增，因此，监测、跟踪地球表层及环境的变化，已成为人类保护环境、控制变化、科学发展的重要任务。

测绘地理信息技术的功能和行业服务领域从工程应用、管理与辅助决策、信息服务，迅速发展到控制与管理社会调控方面。各项事业的发展对测绘地理信息的形式、内容、专题层次、尺度等应用需求都在不断扩大和深化。地理国情监测正是在这种新形势下应运而生。其现实意义有以下几个方面：

（1）是提高宏观调控科学性的迫切需要。通过地理国情监测手段，可以强化对土地、森林、矿产、交通、水利、农业、生态等资源环境和突发性事件状况的调查、监测、评估、预测，为国家提供权威、客观、准确的地理国情信息，促进人口和经济活动的地理空间合理布局，优化配置各类资源，促进区域优势互补、主体功能科学定位、国土空间高效利用，提高宏观调控的科学性。

（2）是科学管理的迫切需要。地理国情监测，可以为我国的持续发展和科学管理提供全面、客观、持续、现势性的地理国情动态信息，促进我国重大事项的科学决策、科学评价、科学管理。

（3）是科学发展的手段。地理国情监测可以客观、公正地监测、统计、分析地表自然和人文信息的变化，监测国家和地方重大工程的进展，监测道路、城建的发展和变迁，提供客观真实的地理信息，起到校正纠偏、辅助支持、监管检验等作用，促进信息共享和政务公开，减少和杜绝瞒报虚报，催生阳光行政。

（4）具有较强的检核作用和现势性。我国开展的综合性地理国情监测是为各级政府和全社会服务的，其工作角度、技术手段、技术标准、监测结果与各行业管理部门都有一定的区别，必然会与其开展的专项地理国情监测存在交叉和结论的不同。因此具有较强的检核和补充的作用，可以使各级政府需要的地理国情更加全面、客观、公正、准确，且具有较强的现势性。

1.2.3 地理国情监测的内容和技术体系

地理国情监测的内容与地理国情监测的对象有关，选择监测对象的哪些特性，需要建立在对监测对象的认知基础上。监测对象特性确定下来以后，就可以确定相应的监测指标及具体的监测技术方法。

1. 地理国情监测的内容

地理国情监测对象是在基础测绘关注的基础地理要素基础上的拓展，这一拓展体现在两方面：一是对基础测绘已涉及地理要素在内容上的丰富和拓展，如现有基础测绘对城市和居民地的测绘关注重点是其空间位置，而为地理国情监测服务的城市和居民点监测除了其空间位置外，更多的是关注其空间形态及其与交通网络、土地利用、水资源分布之间关系与动态变化；二是增加现有基础测绘没有关注或较少关注的测绘、监测对象，如滑坡、泥石流、地表形态等自然现象和疾病传播、人口迁移等社会经济现象的空间描述与监测服务。

地理国情监测的内容可以进一步从尺度层次、变化频率、信息类型等不同的视角将其划分成不同类别。

(1) 按照尺度层次划分，地理国情监测内容包括国家地理国情和区域地理国情，国家地理国情可以有两个基本视角：一是立足于全球视野，通过国家在全球中的位置以及国与国之间空间联系来反映；二是在国土地域空间内，通过地理要素的空间统计分析和地理现象与地理事件的动态监测分析与评估，反映的全国地理总体实际情况和动态变化趋势，多是冠以"全国"、"中国"、"中华"、"国家"等的地理信息，如中国国土面积、中国海岸线长度、全国森林总面积、全国水库总库容量等。区域地理国情信息主要是以反映全省、自治区、市县等行政辖区或者地貌分区、流域、都市圈、城市群、大城市地区、主体功能区等自然或社会经济分区地域范围内的地理总体客观情况及其动态变化。

(2) 从变化频率的视角，地理国情监测内容可以划分为初始测绘、定期监测、日常监测和应急监测四种基本类型。初始测绘地理国情主要对监测区域范围地进行的全范围、全要素的地理国情要素测绘，这项工作是监测的本底基础，对于随时间发展变化不明显的自然地理要素，基本上只需进行初始测绘，辅以必要变化更新即能完成监测信息的获取。对于随时间发展变化明显，并且随时间平滑变化的地理国情信息监测，则可以根据其发展演变的趋势按照一定的时间采样间隔进行定期监测。对随时变化明显、变化频率较快且无明显演变规律的地理国情监测，则需采用日常监测方式。应急监测则是对诸如地震、洪涝、泥石流、森林火灾、重大传染疾病传播等重大事件，为辅助应急救援、防灾减灾等开展的实时监测。

(3) 从监测信息类型来看，地理国情监测的内容包括监测地理对象的变化量、变化频率、密度、强度、覆盖率、含量、分布特征、地域差异、变化趋势等内容。

2. 地理国情监测技术体系

根据地理国情监测任务要求，可以将其技术体系划分为地理要素信息的动态获取技术、统计分析与综合评估技术、产品生产与网络发布技术等方面。

在地理要素动态获取方面，随着空、天、地立体多元观测体系的建成，将实现全天候、多元遥感影像的全域覆盖，基本能够满足地理国情实时或准实时监测的数据源需求。因此下一步实现地理要素信息的动态获取，需着力解决基于多元遥感信息的地理要素变化的自动发现、识别、自动提取和数据库自动增量更新技术。

综合分析与评估主要以基础地理信息数据库为本底，基于空间统计分析等相关技术，开展诸如全国国土面积、海岸线长度等数量统计；分析地形地貌、地表覆盖、水系流域、交通境界、居住区域等要素现状数据，把握地理国情空间分布格局；结合动态变化监测数据，深入分析地理国情动态变化监测过程信息，挖掘地理国情动态变化趋势和规律；融合其他部门信息，开展灾害应急、重大工程布局、产业优化布局辅助决策支持应用。

产品生产与发布技术重点需解决地理国情监测产品的标准化、规范化和产品生产的质量控制以及产品的发布与在线服务等关键技术，形成地理国情监测产品生产的业务化和产品发布的制度化。

1.3　统计调查与地理调查

1930年5月，毛泽东同志在其调查研究理论的奠基之作《反对本本主义》中第一次提出“没有调查，没有发言权”的著名论断。1931年4月2日，毛泽东同志在《总政治部关于调查人口和土地状况的通知》中，又提出“不做正确的调查同样没有发言权”。地理国情监测建立在对地理国情对象精确、客观、可靠的地理调查基础上形成的权威、客观、准确的地理国情信息，是制定和实施国家发展战略与规划、优化各类资源配置的重要基础。因此，科学的统计调查方法和地理调查手段对于地理国情普查和监测非常必要。

1.3.1　统计调查的概念

统计是一门科学，严谨的学科，统计发布的每一个数据，每一个指标都是由一套严密的程序生成的，当某些数据与人们的感受不一致时，人们应去了解一下这个数据的含义，而不是盲目的怀疑其真实性。

统计调查（Statistical Survey）是根据调查的目的与要求，运用科学的调查方法，有计划、有组织地搜集调查对象数据信息资料的统计工作过程。统计调查应遵循准确性原则、及时性原则和完整性原则。准确性原则要求统计调查工作要深入一线、实事求是，如实反映情况；及时性原则要求统计调查数据和成果要及时反映，及时预报；完整性原则是指统计调查要全面，覆盖面广，调查统计数字要完整。

按调查对象包括的范围不同，统计调查可以分为全面调查和非全面调查。

（1）全面调查是对被调查对象中所有的单位全部进行调查，其主要目的是要取得总体的全面、系统、完整的总量资料，如普查。全面调查要耗费大量的人力、物力、财力和时间。

（2）非全面调查是对被调查对象中一部分单位进行调查，如重点调查、典型调查、抽样调查和非全面统计报表等。

全面调查和非全面调查是以调查对象所包括的单位范围不同来区分的，而不是以最后取得的结果是否反映总体特征的全面资料而言的。

按登记时间是否连续，统计调查可以分为经常性调查与一次性调查。

（1）经常性调查，是随着调查对象在时间上的发展变化，而随时对变化的情况进行连续不断的登记。其主要目的是获得事物全部发展过程及其结果的统计资料。

（2）一次性调查：是不连续登记的调查，一次性调查是对事物每隔一段时期后在一定时点上的状态进行登记。其主要目的是获得事物在某一时点上的水平、状况的资料。

一次性调查又分为定期调查和不定期调查两种。定期调查是每隔一段固定时期进行一次调查，不定期调查是时间间隔不完全相等，而且间隔很久才调查一次。

按调查的组织方式不同，统计调查可以分为统计报表制度和专门调查。

（1）统计报表制度，是按照国家统一规定的调查要求与文件（指标、表格形式、计算方法等）自下而上地提供统计资料的一种报表制度。

（2）专门调查，是为了某一特定目的而专门组织的统计调查。包括：普查、抽样调查、统计报表、重点调查、典型调查等。

1.3.2 地理调查的定义

地球是人类的家园，人类一直都十分关心自己赖以生存和发展的地球表面的状况。地理学是关于地球与其特征、居民和现象的学问。“地理”一词最早见于中国《易经》：“仰以观于天文，俯以察于地理，是故知幽明之故。”地理学是一个同自然、社会和科学技术关系密切的复杂知识系统，其研究手段更多地表现为地理考察、调查、访问、记载和资料累积，在此基础上通过综合归纳、逻辑推理、类比演绎等方法，揭示地理运动（过程）的本质，建立起地理的法则和理论。要解决实际应用中的地理问题，做好地理基本理论研究和应用，首先必须开展实地调查，收集各种相关资料，包括自然和人文资料，而后进行分析、综合和归纳。

为开展地理研究和应用展开的调查活动称为地理调查。地理调查是以地理环境为对象的实地调查和观测，是地理研究和应用的一种有效方法。通过地理调查，可以了解地区的自然条件和人文特点，以及地理环境与人类经济活动的关系。

1.3.3 地理调查与地理研究的关系

地理调查是地理研究的基础，地理研究是进一步深入调查的前提，两者相辅相成，缺一不可，是地理学方法最重要的组成。

1. 地理调查为地理研究提供实践资料

通过地理调查，可以获得大量丰富的地理信息，包括自然地理、人文地理以及地理空间信息，为地理研究提供区域及其地理对象的第一手真实的资料。

2. 地理研究是开展针对性地理调查的源泉

通过对地理调查资料的系统性地理研究，可以从地理应用出发，归纳出地理调查的问题，设定地理调查的范围和选择合适的地理调查对象，从而开展进一步深入的地理调查活动，深入到地理事物的本质中去，判断事物现象的真相，得出科学的地理结论。

3. 地理调查和地理研究相互交叉

在调查收集信息的过程中，往往也包含着地理分析研究，在分析研究过程中，往往也穿插着定向调查，两者交叉进行。例如，采用卫星遥感影像进行区域地理研究时，可以结合地理调查得到的样本库，对卫星遥感影像进行自动解译分析，对解译分析存在混淆的区域或者对象，则需要再深入实地进行核查。

1.3.4 地理调查与统计调查的关系

地理调查是针对地理对象的专业调查，其调查要遵循统计调查的原则，按照统计调查的程序开展资料工作。统计调查是一种通用的调查，其调查对象和领域可以根据研究和应用需求确定。

(1) 统计调查为地理调查提供基本的原则和方法：统计调查的理论、调查原则和方法适用于地理调查，统计调查数据、资料分析和处理方法同样也可以用于地理调查。

(2) 地理调查是统计调查的具体化：地理调查是根据统计调查的基本规则，在地理领域开展的专业领域调查活动，是统计调查的具体实践。

(3) 地理调查的空间地理对象与常规的统计调查不同之处在于地理对象的三维空间坐标属性，不仅仅要强调地理对象相关属性、资料信息的准确性，而且要考虑地理对象的空间不确定特征。

(4) 地理调查资料、数据的搜集手段与统计调查不同，需要将测绘、遥感、定位等技术或手段引入到调查过程中。

(5) 地理调查数据处理需要进一步拓展统计调查数据分析和处理方法，如引入地理统计、时空 GIS 数据分析、空间知识挖掘等方法。

总之，作为一种专业领域、针对地理空间对象的统计调查，一方面，地理调查要遵循统计调查的原则和基本方法，另一方面，地理调查对统计调查的技术手段也提出新的挑战，是对统计调查的深入和延展。

1.4 地理调查与地理监测

地理特征要素、地理环境、地理过程和地理现象，以及人文、经济、社会等的基本状况及其变化信息是人们进行科学解释、科学管理和决策活动的重要信息。地理调查就是获取这类信息的重要手段和方法。通常，通过地理调查可以获得区域范围内与地理空间相关的信息资料，形成该区域一定时期或者时相的地理调查数据库。

通过地理调查获取的区域地理特征要素会随着时间的推移发生变化。为了保障地理特征要素的现势性，需要在地理调查的基础上对地理特征要素进行动态监测。监测概念的直接解释是监视和检测、测量，是指在调查研究的基础上，监视检测代表所关注对象的各种数据的全过程。对关注对象的基本现状和变化状况数据的获取和分析利用是监测活动的基本内容和目的。

地理监测属于地理学范畴，是对地理调查的拓展和延伸，是一种综合利用多学科理论、方法、技术和知识的学科，地理监测所涉及的主要学科有基础测绘、遥感学、地理信息系统、地理学、应用数学以及应用领域的相关学科。其中，遥感、地理、地理学和应用数学提供基本的理论、方法和技术，应用领域学科提供专业应用的知识。地理学理论、方法和知识是地理监测方法论的基础。其中地理学的自然地理学、经济地理学、人文地理学，区域规划、地貌学等知识是地理监测的理论和方法库。地理学为地理监测提供地理认知、地理建模、地理分析、地理调查、地学表达等理论和方法。因此，地理监测则是地理学的实践应用。

1.5　地理编码

地理学中 80%的信息都与地理空间位置密切相关，但是这些信息几乎都没有空间坐标，因此无法与其他信息整合，无法实现空间分析与可视化。为了将这些空间信息与非空间信息集成与融合，实现大量统计和表格信息的空间化，就需要建立空间和非空间信息之间的联系，地理编码是建立这两者之间联系的最重要手段。

此外，为了更好地组织和开展地理调查活动，需要对调查区域进行地理网格化，并按照一定大小的网格单元进行地理要素信息获取，因此，调查地理区域的网格化也是一种常用的方法，而网格本身就是一种地理编码。

地理编码的基本内涵是对地理对象进行空间位置标识、计算和处理的过程，通过地理编码可以将统计资料或地址信息进行规范化、标准化处理，并建立地名/地址与空间坐标之间相互对应的过程，是实现非空间的地理调查资料与空间坐标之间关联的基础技术方法。

例如，将地址（如 1600 Amphitheatre Parkway，Mountain View，CA）转换为地理坐标（如纬度 37.423021 和经度－122.083739）的过程，可以根据该地理坐标放置标记或定位地图。

通过地理编码，可以建立多源、多时相、海量地理调查资料的统一空间参考，为地理资料的空间索引和查询奠定基础。通过地理编码可以快速查找到各类位置。可以搜索的位置类型包括：感兴趣点或地名词典中的地名，例如山脉、桥梁和店铺；基于经纬度或其他参考系统（例如军事格网参考系（MGRS）或美国国家格网参考系）的坐标；以及可以通过各种样式和格式表示的地址，其中包括街道交叉口、含有街道名称的门牌号及邮政编码。如图 1.1 所示。

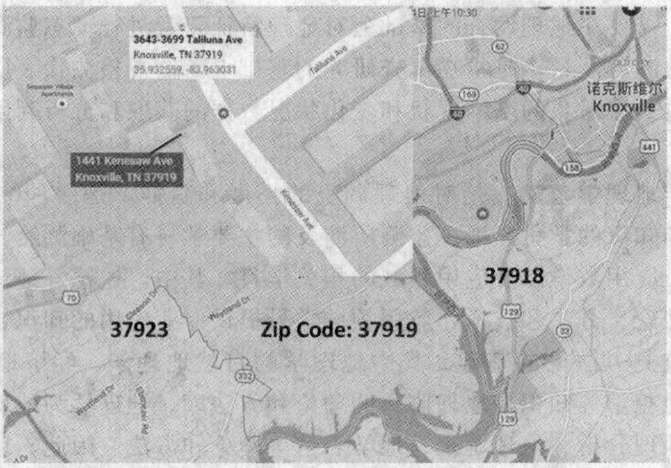

图 1.1　地理编码示例

地理编码在经济社会和人们的日常生活中具有十分重要的作用。在建立地名、路名、楼名和门址等数据库后，可以支持与位置相关的服务，如LBS、智能交通、移动梦网、影像数据库的查询等；对社会、经济和人口信息可以进行匹配，从而进行分析、统计、管理、制图和可视化表示，以支持政府的管理和决策。

1.6　地理调查、地理国情调查与地理国情监测的关系

开展地理调查的目的是为了掌握地理环境状况，地理国情调查是针对与国情相关的地理对象开展的地理调查，在此基础上进行的地理国情变化信息的提取和分析就是地理国情监测。地理调查、地理国情调查以及地理国情监测的关系如图1.2所示。

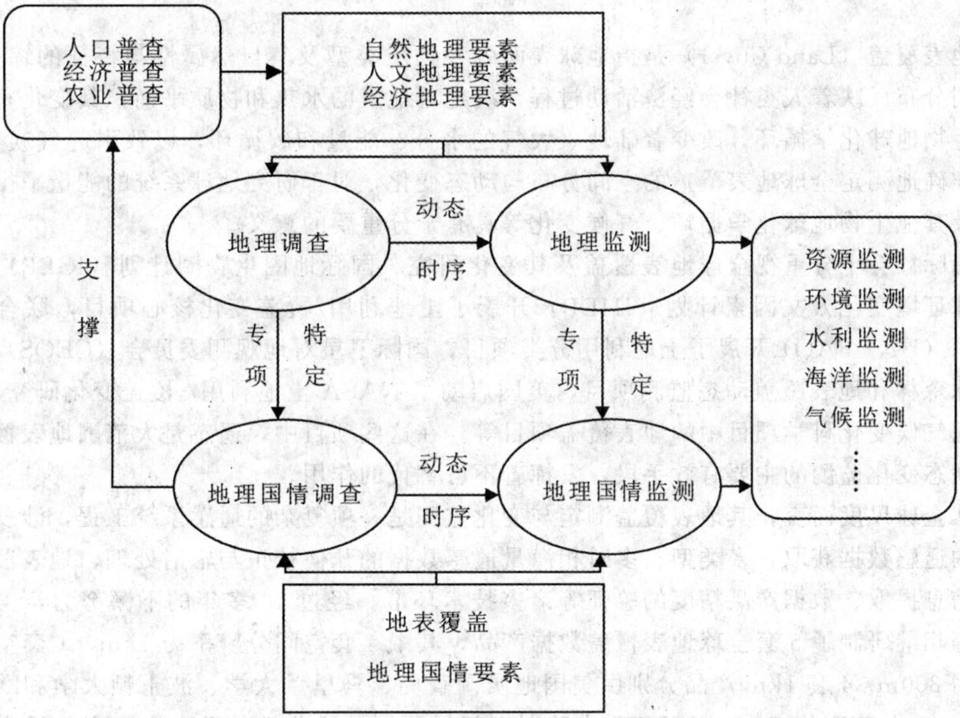

图1.2　地理调查与地理国情调查的关系

地理调查与地理国情调查、地理监测与地理国情监测的关系主要表现在以下方面：

（1）地理国情调查是针对与国情相关的地理要素的调查，是一个有特定目标、专项的地理调查。

（2）地理监测是针对某个区域、某种地理要素开展的长期的地理调查活动，地理监测与地理调查相比较，更为关注地理要素的时空变化，通过对地理对象的变化监测来发现演变规律，为地理环境规划提供决策依据。

（3）与地理监测一样，地理国情监测则是针对地理国情要素的变化监测，是一种针对特定对象（地理国情要素）开展的专项地理监测，其关注点则是地理国情要素的时空变

化，据此分析评估地理国情时空特征及其变化发展趋势，形成权威、标准的地理国情监测产品。

(4) 地理国情调查与人口普查、经济普查、农业普查的信息可以很好地融合，形成更为广泛的国情信息，服务于国民经济建设和社会发展。

(5) 围绕着不同类型的地理对象开展的资源监测、环境监测、水利监测、海洋监测、气候监测等，与地理国情监测相结合，可以形成更为全面的地理监测，服务于全球变化，直接用于地球自然资源的合理开发利用，农、林、牧、副、渔的合理布局，水、土、空气污染的控制以及全球环境问题上的重大决策，为保护和改善人们的生存环境作出贡献。

1.7　国内外开展的地理调查

地表覆盖（Land Cover）是指地球表面各种物质类型及其自然属性与特征的综合体。其空间分布反映着人类社会经济活动过程，决定着地表的水热和物质平衡，其变化直接影响到生物地球化学循环，改变着陆地—大气的水分、能量和碳循环，以致引起气候变化。科学准确地测定全球地表覆盖的空间分布与动态变化，对于研究地球系统的能量平衡、碳循环及其他生物地球化学循环、气候变化等具有十分重要的意义。

国际社会十分重视全球地表覆盖及其变化研究。国际地圈生物圈计划（IGBP）和国际全球环境变化人文因素计划（IHDP）开展了土地利用/覆盖变化核心项目，联合国粮农组织（UN/ FAO）开展了土地利用分类项目，国际卫星对地观测委员会（CEOS）提出了全球森林和地表覆盖动态监测项目，美国启动了 NASA 土地利用/ 覆盖变化研究项目、部门间气候变化科学项目中的地表覆盖项目等。在这些项目中，遥感是大范围地表覆盖测定及动态变化监测的主要有效手段，发挥着不可替代的作用。

就全球尺度而言，其地表覆盖测定与变化监测是一项复杂的遥感系统工程，涉及覆盖全球的遥感数据获取，多类型、多时相海量遥感数据的几何校正与辐射处理，地表覆盖类型的信息提取、数据产品精度的验证等诸多技术环节。经过 10 多年的不懈努力，美国和欧盟等相继研制了 5 套全球地表覆盖数据产品，其中 4 套空间分辨率为 1km，1 套空间分辨率为 300m。4 套 1km 产品分别由美国地质调查局、马里兰大学、波士顿大学和欧洲开发，300m 分辨率的 GLOBCOVER 由欧洲空间局研制。这些产品已在全球变化研究与地球模式模拟中广泛应用。

我国在地表覆盖遥感方面开展了一系列研究与应用工作，如中国科学院利用 TM 资料完成了多期全国地表覆盖与土地利用制图、完成了基于 Landsat TM 和中巴资源卫星（CBERS）数据的中国湿地遥感制图，实施了全南极洲地表覆盖制图项目。国土资源部组织开展全国土地资源大调查和动态监测等。此外，国家测绘局参与完成了全球测图中国境内地表覆盖制图，与澳大利亚合作开展了碳计量的遥感动态监测。中国林业科学院和中国科学院地理所等单位在东南亚开展土地覆盖变化监测项目。中国农业科学院等单位与西亚国家联合开展荒漠化监测项目等。但就总体而言，以往我国这方面的研究工作主要限于境内，对全球尺度的地表覆盖遥感研究甚少。

1.7.1 国内地理调查发展情况

我国一些部门已经开展了常态化、法定化的地理调查工作。这些调查与监测成果对我国的国民经济发展、战略规划、环境治理、科学管理和决策等发挥了重大作用。

1. 全国土地调查

中国是世界上人口最多的国家，坚守18亿亩耕地红线是保证绝大部分粮食自给自足的基础。中央提出，18亿亩耕地红线仍然必须坚守，也是为了防患于未然。开展全国土地调查，全面查清全国土地利用现状，制定完善全国土地利用总体规划，对于坚守18亿亩耕地红线至关重要。

《中华人民共和国土地法》第二十七条指出，国家建立土地调查制度。县级以上人民政府土地行政主管部门会同同级有关部门进行土地调查；第三十条指出，国家建立全国土地管理信息系统，对土地利用状况进行动态监测。并于1984年5月和2007年1月先后启动了第一次、第二次土地调查工作。土地调查工作由国土资源部负责。

第二次全国土地调查（简称“二调”）的主要任务包括开展农村土地调查、城镇土地调查、基本农田状况调查，建设土地调查数据库。调查所需的基础资料主要运用航天航空遥感、地理信息系统、全球卫星定位和数据库及网络通信等技术采集。第二次全国土地调查主要成果包括数据成果、图件成果、相关文字成果和土地数据库成果等。不同于第一次土地调查，第二次土地调查主要是建立国土资源变化监测体系。如图1.3所示。

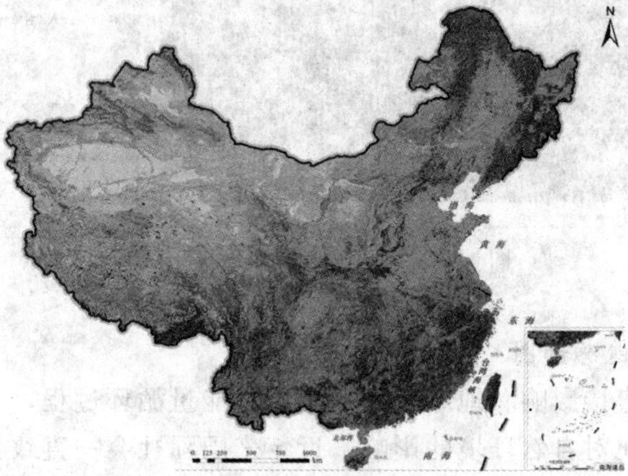

图1.3　全国土地利用遥感分类图

2. 第一次全国地理国情普查

2013年3月4日，国务院印发《关于开展第一次全国地理国情普查的通知》，决定于2013年至2015年开展第一次全国地理国情普查工作。

地理国情主要是指地表自然和人文地理要素的空间分布、特征及其相互关系。地理国情普查是一项重大的国情国力调查，开展全国地理国情普查，系统掌握权威、客观、准确的地理国情信息，是制定和实施国家发展战略与规划、优化国土空间开发格局和各类资源配置的重要依据，是推进生态环境保护、建设资源节约型和环境友好型社会的重要支撑。

第一次全国地理国情普查的内容：一是自然地理要素的基本情况，包括地形地貌、植被覆盖、水域、荒漠与裸露地等的类别、位置、范围、面积等，掌握其空间分布状况；二是人文地理要素的基本情况。普查标准时点为2015年6月30日。2013年1月至2013年6月为普查工作准备阶段，2013年7月至2015年6月为普查工作第一阶段，主要完成数据采集与处理、外业调查与核查等。2015年7月至2015年12月为普查工作第二阶段，主要完成普查信息的整理、汇总、统计分析，形成普查报告，发布普查结果。

第一次全国地理国情普查是我国测绘地理信息部门根据自身业务职能和测绘发展战略转型的要求，开展的一项重大的地理监测。从测绘的本质来讲，其不仅仅是要从空间分布上模拟、表达和再现自然和人文地理要素的形态、现状，反映某一时期的地形地貌、资源环境现状等方面的地理国情信息；其更是要从时间序列上展现地理要素的发展演变轨迹，通过研究分析不同时期地理国情信息，对地理要素的历史演变进行监测、跟踪、分析、研究，把握地理要素变化规律，对发展趋势做出科学判断。如图1.4所示。

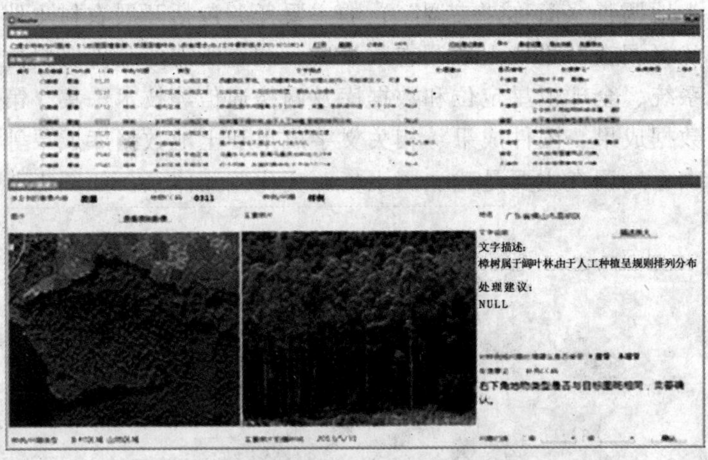

图1.4 第一次全国地理国情普查

3. 全球地表覆盖遥感制图

由于其空间分布直接影响着地球表面的物质和能量循环过程，且时间变化综合地反映着人类活动和气候变化对自然环境的影响，近年来国际社会一直致力于利用空间遥感技术研究全球地表覆盖及其变化。迄今仅有美国和欧盟完成了空间分辨率为1km和300m的全球地表覆盖数据产品，但其总体精度较低，分类体系和时空分辨率均难以有效满足全球变化与地球系统研究的需求。针对我国全球变化研究和地球系统模式的迫切需要，我国国家科技部于2009年启动863计划重点项目“全球地表覆盖遥感制图与关键技术研究”，由国家基础地理信息中心牵头，项目实施年限为3年（2010.01—2012.12），来自7个国家部委的18家单位参与了项目相关技术研究和数据生产工作。

全球地表覆盖遥感制图项目通过开展全球变化研究和模式参数化对地表覆盖数据的需求分析，研究设计符合我国全球变化与地表模式研究需求、遥感数据分类技术能够实现的全球地表覆盖分类体系，设计全球生态地理分区和样本采集方案，研究基于遥感的全球地表覆盖分类方法，制定基于多源遥感影像的全球地表覆盖规模化分类的产品指标体系、总体技术方案和产品质量评价方法，生产全球两期 250m 地表覆盖分类产品。主要成果包括：生成全球两期空间分辨率为 250m、总体精度不低于 70%的地表覆盖分类数据产品，其分类体系更符合全球变化与地球模式发展的需求；形成一批具有自主知识产权的批量遥感资料处理与分类的技术与软件，适用于多源遥感数据的自动化几何与辐射订正、不同地区的集成分类、批量遥感数据产品生产质量控制，地表覆盖变化的快速监测与更新；培养一批具有国际视野和国际影响力的中青年学者，形成遥感科研和工程化生产的两支核心团队。项目产出的地表覆盖数据将为全球变化和地球系统模式研究提供重要基础资料，有力提升我国该领域的科学研究水平，有效提高我国政府应对全球变化和制定资源管理与环境保护政策的能力。新一代高分辨率全球地表覆盖数据产品将有助于我国科学家精确估算中国和世界主要地区陆地生态系统碳收支，评估不同地区人类活动对全球气候变化的影响，为我国政府参加全球气候变化谈判提供科学参考依据。提高我国在全球变化领域进行政府间谈判的发言权。如图 1.5 所示。

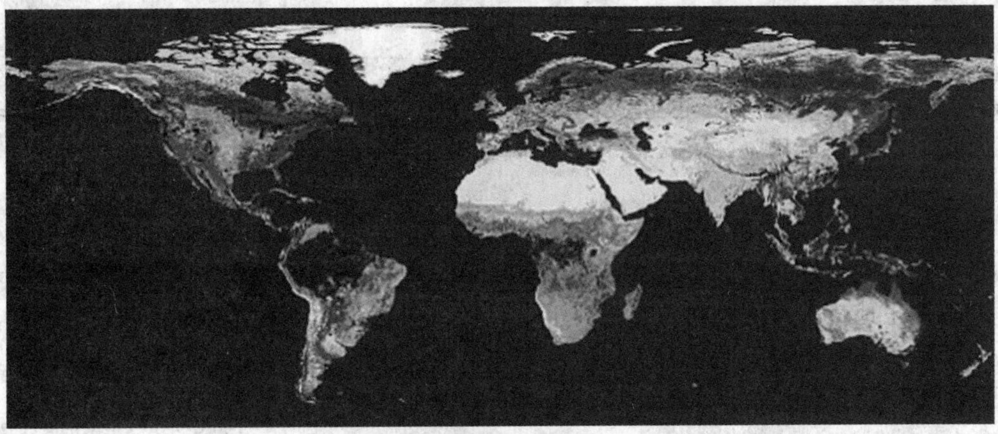

图 1.5 全球地表覆盖遥感制图

1.7.2 国外地理监测发展情况

从世界范围来看，许多国家和组织都开展了地理调查与监测方面的项目或工程，以更好的服务于本国或地区的资源、环境、能源、社会等领域问题的解决。

1. USGS GAM 项目

美国地质调查局（U. S. Geological Survey，USGS）的“地理分析和动态监测计划”（http：//www. usgs. gov/climate _ landuse/）。2002 年，美国地质调查局启动了一个为期 5 年的“地理分析和动态监测计划”（GAM），目的是促进对美国所面临的环境、自然资源和生态方面挑战的理解。该计划从空间尺度和时间尺度评估土地覆盖状况，研究领域包括：土地覆盖现状与趋势、生态效益和气候变化、社会脆弱性、生态地理、生态系统恢复和物候等。主要研究成果为美国国家土地覆盖数据库（NLCD）。图 1.6 所示是美国地表覆盖图。

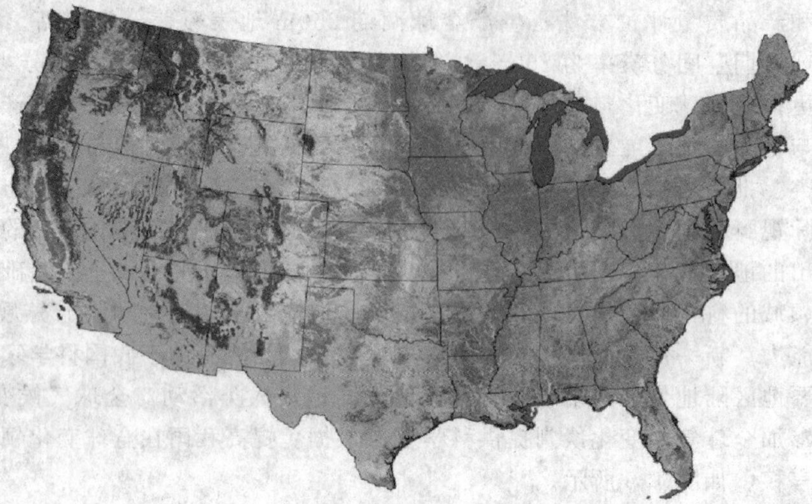

图 1.6 美国地表覆盖图

GAM 的参与者既包括隶属于美国内务部的土地管理局、国家公园服务局、渔业和野火服务局和土地复垦局，也包括环境保护局、森林服务局、海洋和大气管理局（NOAA）、航空航天局（NASA）等其他部门。

2. 美国 NASA LCLUC 项目

美国 Land Cover and Land Use Change 项目（http：//lcluc. umd. edu/）从一系列的区域性案例研究出发，结合空间观测、实地量测、过程研究以及数据建模等多种技术手段，对造成土地覆盖与土地利用变化的驱动因素、变化过程以及变化的后果进行研究，以进一步了解土地覆盖与土地利用变化所带来的结果，并最终对所发生的过程进行模拟，对所观察到的结果进行评估，对变化进行预测。如图 1.7 所示。

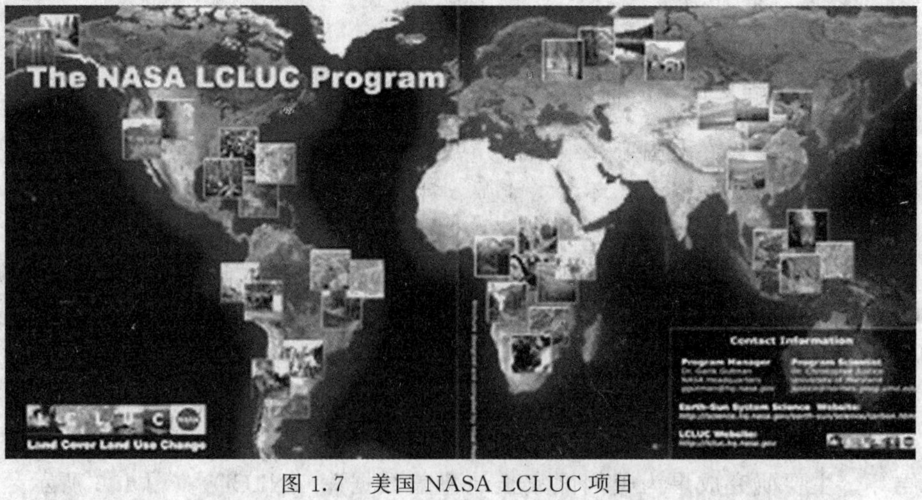

图 1.7 美国 NASA LCLUC 项目

3. 英国全球干旱监测网

英国的全球干旱监测网是一个免费的实时监测全球旱情严重程度的网站（http：//www.abuhrc.org/）。该网站由英国伦敦大学学院本菲尔德灾害研究中心创建和维护。全球干旱监测网提供了当前全球范围的水文旱灾情况，网站每月更新，数据空间分辨率为100km。用户通过交互界面可以选择旱情评估的时间范围（1～36 个月），显示用户定义区域内受旱灾影响的人数，以及选择是否显示城市名称、河流和湖泊等。通过网站发布的产品可以预警潜在的食物、水和健康问题。如图 1.8 所示。

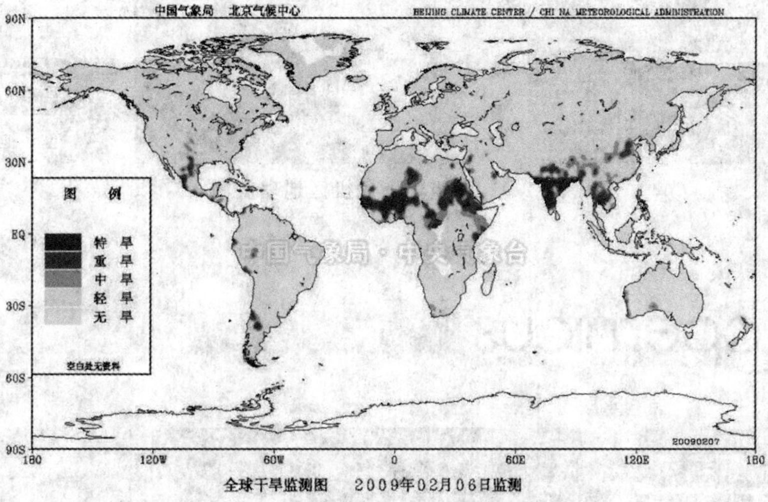

图 1.8 全球干旱监测图（引自中国气象局）

4. 欧盟粮食危机区地理监测

欧盟委员会联合研究中心（JRC）、联合国粮农组织（FAO）和美国饥饿早期预警系统网络（FEWS NET，www.fews.net）努力创新和加强其粮食安全监测系统，并且正在开发更加有效的早期预警工具。JRC 的区域粮食监测与预测系统是一个以卫星数据和农业气候模型为基础的监测系统，不仅覆盖到非洲最南端，而且还包括撒哈拉以南非洲地区的所有粮食不安全国家，如图 1.9 所示。

5. 欧盟“全球环境与安全监测计划”——哥白尼计划

欧盟一直追求共同的协作与发展，在地理国情监测方面，欧盟各国同样采取一致的步调，制定相关政策，采用先进的技术，为欧盟的整体发展提供第一手国情资料。2003 年，欧盟启动了“全球环境与安全监测计划”（Global Monitoring for Environment and Security，GMES，http：//www.copernicus.eu/），GMES 并不局限于全球环境的保护，还包括了欧洲政策、民间防御、维和行动等方面的安全内容，甚至用于军事，超越了纯民用范畴。该计划是以获取影响地球和气候变化的各类环境信息为目的。目前还处于业务化运行前期阶段，预计在 2011—2013 年实现初始运行，2014 年实现全部设计目标。如图 1.10 所示。

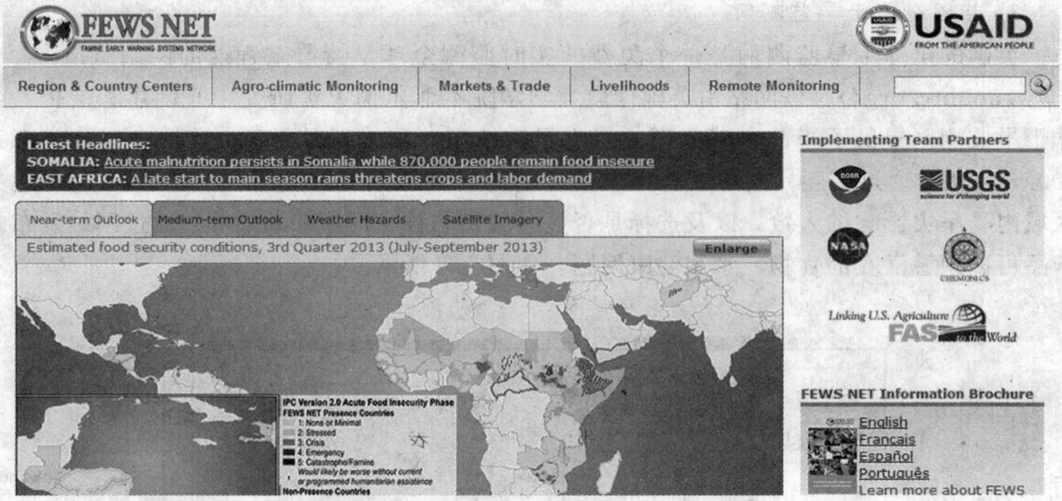

图 1.9 欧盟粮食危机区地理监测

图 1.10 欧盟哥白尼计划

GMES 项目目前提供的服务主要有 5 大类：陆地监测、海洋监测、应急管理、大气监测和安全。陆地监测服务涵盖诸多领域，如土地利用和土地覆盖变化、土壤固封、水体质量和可用性、空间规划、森林监测和全球粮食安全。海洋环境监测服务提供关于海洋安全、海洋资源、海洋和海岸环境、气候和季节性预测等信息。大气监测服务涉及领域包括温室气体、影响空气的反射气体、臭氧层和太阳紫外线辐射以及气溶胶等。应急管理服务涉及领域包括洪水、森林火灾、山体滑坡、地震、火山喷发、人道主义危机等。安全服务主要为边境监视、海上监视、欧盟对外行动等领域制定相关的政策提供支持。

GMES 项目的协调和管理由欧盟委员会负责，欧洲航天局负责对地观测基础设施中空间部分的建设，欧洲环境局和各成员国负责地面部分的建设。

6. 澳大利亚对地观测战略规划

2010 年 7 月，澳大利亚地球科学署发布了《2010—2012 年战略规划》(Strategic Plan 2010—2012)，该规划确定了 8 项主要任务，其中一项重要任务就是研制多时期的全澳洲地表覆盖产品，将主要服务于土地利用规划、自然资源管理和其他应用。《澳大利亚对地观测战略规划》中提出，将利用新一代对地观测传感器提供关于降水模式、地表土壤湿度、地表温度、积雪覆盖、全部储水量变化的精度更高、空间上更详细的信息；测制近岸和近海海域航行所需的导航海图，用于保障沿海水域和公海海运行动的安全，以及用于海啸预警；开发一套有关特定生物物理参数的国家级的对地观测数据集，用于监测农业、林业和生态系统；改进海平面上升区域、沿海环境脆弱性、沿海资源分配等海岸和海洋监测。

目前，在澳大利亚，有许多由政府部门资助的地表覆盖项目，主要包括澳大利亚各州的遥感监测计划（State－based Remote－sensing Monitoring Programs)，澳大利亚温室气体办公室全国碳计量系统地表覆盖变化项目（Australian Greenhouse Office National Carbon Accounting System Land Cover Change Program)、农业地表覆盖变化监测工程 (Agricultural Land Cover Change Project)。

1.7.3 地理调查与监测的发展趋势

地理调查与监测方法和技术会随着数据获取技术、数据分析方法、数据表达方法等发展，向着更快、更好（空间精度、时间精度、成果精度更高，监测内容更全面等）的方向发展。

1. 技术集成发展趋势

许多监测活动的实践证明，地理监测活动不是由单一技术可以完成的，而是多种技术和多学科的综合和集成。虽然遥感技术、GIS 技术、GPS 技术、空间数据分析技术是进行地理监测的核心技术，但一些新型技术源源不断地被采纳，如无线数字传感器技术、数字通信技术、数据挖掘技术等，这类技术推动了地理监测向自动化、智能化方向发展。再如，一些大型的监测项目，开始将遥感技术、GPS 技术、空间抽样调查技术、地学建模技术、变化检测技术、GIS 技术、空间数据分析技术、专题制图技术、三维可视化技术、动态模拟技术、数据库管理和更新技术、计算机网络共享和交换技术、无线通信技术、数字探测技术等集成为一个动态的、智能的、自动的地理监测信息系统。同时开始提倡将空间系统和非空间系统进行集成。如图 1.7 所示，是一个针对灾害监测，将危机管理机制、通信服务等非空间系统与遥感数据获取、处理、分析、表示等空间系统的集成案例。

2. 数据源的多样性趋势

数据源的多样性趋势可以有两种解释，一是对于一个监测项目，使用更多的数据源，可以获得更丰富的监测信息。如水质监测，如果仅使用光学遥感影像，仅可能得到水质分类和变化的大体范围，但如果再加上高光谱数据，就可以对水质进行反演，获取更为精确的水质分类和变化数据。二是，一个大型的监测项目，监测的内容往往是相互联系的。单一的数据源数据不可能解决所有的问题。如森林监测，除了森林资源监测目的外，还可能要监测生态环境、生物多样性、森林健康等综合监测。显然，单一数据源是无法做到的。

另外，在数据分析中，还可能使用到大量的辅助数据。

3. 向着更科学的时效性监测发展趋势

地理调查和监测的重点是变化，是动态监测。监测的时间基准、时间间隔、时间序列等对监测结果具有重要影响。过去的一些监测活动，因受到数据采集时相的影响，时间序列数据的获取不一定合理，或根本无法合理获取，只能就已经存在的历史数据进行变化检测和时态分析。随着遥感技术的进步与发展，时间序列数据的获取会更加科学合理。无线数字传感器技术的进步与发展，甚至获取实时数据也不存在问题。因此，基于时空一体化的动态变化监测会向着采取更科学的时效性发展。

4. 调查和监测成果的共享服务

地理监测的成果，虽然是为特定的目的而服务的，但是，某一项监测活动的成果，可能是另一项监测活动需要的基础数据或辅助数据。如地表覆盖和土地利用变化监测，其成果就是环境监测、生态监测等的基础数据。当然，要实现成果共享，标准化、规范化是基础。所以监测成果的共享也是地理监测发展的一个方向。

5. 发展强调更先进的调查和监测设备

先进的监测设备是获取监测数据的必要手段。先进的监测设备可以提供人们常规手段无法获取的数据，另外，可以为监测活动提供稳定、可靠、自动化程度高、实时性高等特性的监测数据。如这几年发展起来的高空间分辨率、高光谱遥感传感器，无线数字传感器、无人飞行器、高频地波雷达、激光扫描仪、监测 PM2.5 的空气质量监测设备等。不仅扩展了监测的内容，还提高了监测的质量。

6. 向着多部门协同监测的方向发展

国内外的一些大型地理监测活动或项目经历表明，由单一部门组织的地理监测活动或项目，可能不能获得全面的、实效性强的监测信息。缺乏技术和知识协作的监测活动也很难取得成功。如美国地质调查局的“地理分析和动态监测计划”（GAM），参与的部门就有土地管理局、国家公园服务局、渔业和野火服务局、土地复垦局、环境保护局、森林服务局、海洋和大气管理局（NOAA）、航空航天局（NASA）等。多部门协同监测是大型、综合性地理监测计划的发展趋势。

复习与思考题

1. 试简述地理国情监测的目的和内容。
2. 试简述地理调查及其与地理研究、统计调查、地理监测的关系。
3. 试简述地理编码的概念及其在地理国情监测中的作用。
4. 试简述地理调查、地理编码与地理国情监测的关系。
5. 试从全球气候变化谈谈地理调查的作用和应用方向。

第 2 章　统计与抽样调查原理与方法

地理调查是面向地理特征要素的专业统计调查，需要遵循统计与抽样调查的基本规则，采用科学的统计与抽样调查方法开展调查工作。本章主要介绍统计与抽样调查的原理与方法，对抽样调查的基本概念、方法和一般步骤进行了阐述，介绍了一些常用的抽样调查方法。

2.1　统计调查

2.1.1　统计与统计学起源

统计一词起源于国情调查，最早意为国情学。统计学的英文 Statistics 最早是源于现代拉丁文 Statisticum Collegium（国会）以及意大利文 Statista（国民或政治家）。德文 Statistik，最早是由 Gottfried Achenwall（1749）所使用，代表对国家的资料进行分析的学问，也就是“研究国家的科学”。公元 19 世纪统计学在广泛的数据以及资料中探究其意义，并且由 John Sinclair 引进到英语世界。

一般来说，统计包括三个含义：统计工作、统计资料和统计科学。统计工作、统计资料、统计科学三者之间的关系是：统计工作的成果是统计资料，统计资料和统计科学的基础是统计工作，统计科学既是统计工作经验的理论概括，又是指导统计工作的原理、原则和方法。原始的统计工作即人们收集数据的原始形态，已经有数千年的历史，而统计作为一门科学，是从 17 世纪开始的。英语中统计学家和统计员是同一个单词，但统计学并不是直接产生于统计工作的经验总结。每一门科学都有其建立、发展和客观条件，统计科学则是统计工作经验、社会经济理论、计量经济方法融合、提炼、发展而来的一门边缘性学科。

统计学是一门很古老的科学，一般认为其学理研究始于古希腊的亚里士多德时代，迄今已有 2300 多年的历史。统计学起源于研究社会经济问题，在两千多年的发展过程中，统计学至少经历了“城邦政情”，“政治算数”和“统计分析科学”三个发展阶段。

“城邦政情”（Matters of State）阶段：始于古希腊的亚里士多德撰写的“城邦政情”或“城邦纪要”。“城邦政情”式的统计研究延续了一两千年，直至 17 世纪中叶才逐渐被“政治算数”这个名词所替代，并且很快被演化为“统计学”（Statistics）。统计学依然保留了“城邦”（State）这个词根。

“政治算数”（Politcal Arthmetic）阶段：与“城邦政情”阶段没有很明显的分界点，本质的差别很小。“政治算数”的特点是统计方法与数学计算和推理方法开始结合。分析社会经济问题的方式更加注重运用定量分析方法。1690 年英国威廉·配第出版《政治算数》一书作为这个阶段的起始标志。威廉·配第用数字，重量和尺度将社会经济现象数量化的方法是近代统计学的重要特征。因此，威廉·配第的《政治算数》一书被后来的学者评价为近代统计学的来源，威廉·配第本人也被评价为近代统计学之父。他在书中使用的数字有三类：第一类是对社会经济现象进行统计调查和经验观察得到的数字。第二类是运用某种数学方法推算出来的数字。第三类是为了进行理论性推理而采用的例示性的数字。

"统计分析科学"（Science of Statistical Analysis）阶段：在"政治算数"阶段出现的统计与数学的结合趋势逐渐发展形成了"统计分析科学"。19 世纪末，欧洲大学开设的"国情纪要"或"政治算数"等课程名称逐渐消失，代之而起的是"统计分析科学"课程。当时的"统计分析科学"课程的内容仍然是分析研究社会经济问题。

近代统计学是指 18 世纪末到 19 世纪末的描述统计学，其发展过程与概率论的深入研究和广泛应用密切相关，在统计分析中经常使用的一些基本方法和术语都始于这一时期，例如最小平方法、正态分布曲线、误差计算等。"统计分析科学"课程的出现是现代统计发展阶段的开端，1908 年，"学生"氏（William Sleey Gosset 的笔名 Student）发表了关于 t 分布的论文。该论文创立了小样本代替大样本的方法，开创了统计学的新纪元。

现代统计学的代表人物首推比利时统计学家奎特莱（Adolphe Quelet），他将统计分析科学广泛应用于社会科学，自然科学和工程技术科学领域。现代统计学的理论基础概率论始于研究赌博的机遇问题，大约开始于 1477 年。数学家为了解释支配机遇的一般法则进行了长期的研究，逐渐形成了概率论理论框架。在概率论进一步发展的基础上，到 19 世纪初，数学家们逐渐建立了观察误差理论，正态分布理论和最小平方法则。于是，现代统计方法便有了比较坚实的理论基础。

2.1.2　统计调查的方法、原则和方案

1. *统计调查方法*

统计调查是统计学相关知识、方法和理论在实际调查工作中的具体体现。针对某项具体的工作或业务，运用科学的统计调查原理和方法，有计划、有组织地搜集数据信息资料的统计工作过程。

统计调查方法是指统计调查者搜集统计资料的方法。《中华人民共和国统计法》中规定的统计调查方法主要有普查、抽样调查、统计报表、重点调查和综合分析等。

（1）普查：是指专门组织的、全国性的、对全体调查对象普遍进行的一次性全面统计调查。

（2）抽样调查：是指根据概率论理论，从全体调查对象中随机抽取一部分单位进行观察，取得样本统计调查数据，并据以推断总体的统计调查方法。

（3）统计报表：是指在统计调查活动中用以对调查对象进行登记、搜集原始统计资料的表格。

（4）重点调查：是指在调查对象中，选择其中一部分重点单位所进行的调查。

（5）综合分析方法：是指在广泛利用现有统计资料的基础上，根据事物之间的内在联系和发展趋势，采取科学推算、科学测算和专家评估等形式，对统计数据的准确性进行分

析研究和综合评价的一种统计方法。

2. 统计调查原则

统计调查要遵循以下原则：

(1) 准确性原则：统计调查过程收集资料要实事求是，如实反映情况。

(2) 及时性原则：统计调查要在一定的时间范围内展开并完成调查工作，要及时反映统计调查结果，对统计调查结果进行科学分析和预测，及时预报。

(3) 完整性原则：统计调查覆盖要完整，数字和资料相结合。

3. 典型的统计调查方案

一个完整的统计调查方案主要包括：确定调查目的，明确调查对象和调查单位，确定调查项目，在此基础上选择科学的统计调查方式方法，在规定的调查区域和调查地点、在规定的调查时间、采取具体的统计调查方法得到调查数据，通过统计分析，形成统计调查结果和报告。如图 2.1 所示。

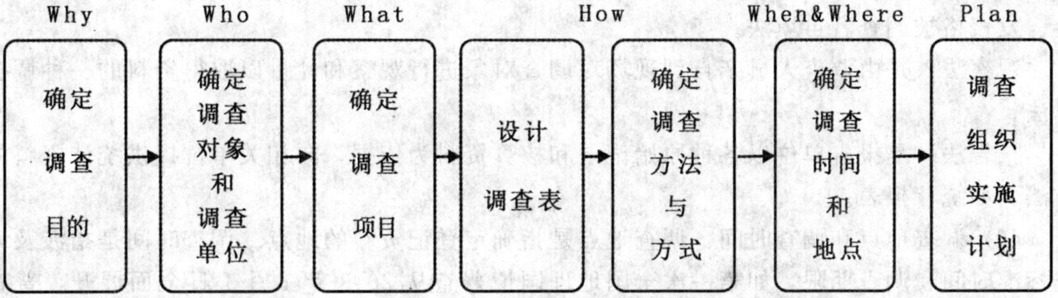

图 2.1 统计调查方案与过程框图

(1) 调查目的：调查目的的确定要符合客观实际，是任何一套方案首先要明确的问题，是行动的指南。

(2) 调查对象和调查单位：调查对象即总体，调查单位即总体中的个体，如人口普查的调查单位是每一个人。

(3) 调查项目：是指对调查单位所要登记的内容。在确定统计调查项目时要注意三个问题：

①调查项目的含义必须要明确，不能含糊不清。

②设计调查项目时，既要考虑调查任务的需要，又要考虑是否能够取得答案，必要的内容不能遗漏，不必要的或不可能得到的资料不要列入调查项目中。

③调查项目应尽可能做到项目之间相互关联，使取得的资料相互对照，以便了解现象发生变化的原因，条件和后果，便于检查答案的准确性。

(4) 调查表：是指将调查项目按一定的顺序所排列的一种表格形式。调查表一般有两种形式：单一表和一览表。一览表是把许多单位的项目放在一个表格中，一览表适用于调查项目不多时；单一表是在一个表格中只登记一个单位的内容。

(5) 调查方式和方法：调查的方式有普查、重点调查、典型调查、抽样调查、统计报表制度等。具体收集统计资料的调查方法有：访问法、观察法、报告法等。如图 2.2 所示。

产值（万元）	2011年	2012年	2013年	2014年
基础测绘				
应急测绘				
数字（智慧）城市天地图				

（a）访问法　　（b）观察法　　（c）报告法

图 2.2　统计调查方案与过程

访问法：就是根据被询问者的答复来搜集资料的方法。主要包括口头询问法、开调查会、发表格被调查者自填法。

观察法：是由调查人员亲自到现场对调查对象进行观察和计量以取得资料的一种调查方法。

报告法：是报告单位以各种原始记录和核算资料为依据，向相关单位提供统计资料的方法，如统计报表。

（6）调查地点和调查时间：调查地点是指确定登记资料的地点。调查时间是指涉及调查标准时间和调查期限，如第一次全国地理国情普查从 2013 年 1 月 1 日全面展开，普查标准时点为 2015 年 6 月 30 日。

（7）组织计划：是指确保实施调查的具体工作计划。

2.1.3　统计调查项目及管理

统计调查项目包括政府统计调查和民间统计调查。

1. 政府统计调查

《中华人民共和国统计法》第十一条规定，统计调查项目包括国家统计调查项目、部门统计调查项目和地方统计调查项目。国家统计调查项目、部门统计调查项目、地方统计调查项目应当明确分工，互相衔接，不得重复。

国家统计调查项目是指反映国民经济和社会发展的基本情况，为党和国家科学决策和宏观管理及编制、检查国家计划执行情况所需要的全国性的统计调查。国家统计调查项目是指全国性基本情况的统计调查项目。

部门统计调查项目是指国务院相关部门的专业性统计调查项目，如第一次全国地理国情普查、第一次全国水利普查、第二次全国土地调查等。

地方统计调查项目是指县级以上地方人民政府及其部门的地方性统计调查项目。

目前，我国几乎所有的政府统计调查，都是义务性统计调查，具有强制性。对政府统计调查，涉及的统计调查对象应当主动予以配合，并依照《中华人民共和国统计法》和统计制度的规定，准确、及时、全面地回答调查人员的询问或者报送统计资料，不得拒绝提供统计调查资料或者拒绝回答调查人员与统计有关的询问，不得提供不真实、不完整的统计资料或者不如实回答调查人员与统计有关的询问。

2. 民间统计调查

民间统计调查是由民间统计机构以自己的名义或者接受委托进行的统计调查。与政府统计调查相比较，民间统计调查具有以下两个特点：一是自愿性。民间统计调查是民事行为，民间统计调查机构作为民事法律关系的主体，与其他民事法律关系主体（包括被调查者、委托调查者、资料所有者、资料使用者等）产生的民事法律关系，是建立在民事法律主体的自愿、平等原则基础上的，因此，对被调查者而言，是否接受民间统计调查是自愿的、非义务的；对于调查内容而言，只要不违反国家的法律、法规和相关的规章制度，调查者就可以根据自己以及委托者的意愿进行调查，或者使用、转让和买卖民间统计调查的结果。二是营利性。一般而言，民间统计调查机构开展统计调查的目的，是为了获取一定的利益，特别是获取一定的经济利益。

目前，我国对民间统计调查的管理主要表现在对涉外调查的管理方面。所谓涉外调查，是由民间统计机构组织实施的，具有一定涉外因素的统计调查。根据国家统计局制定的《涉外调查管理办法》中的相关规定，涉外调查具体包括：

(1) 受境外组织、个人或者境外组织在华机构委托、资助进行的市场调查和社会调查。

(2) 与境外组织、个人或者境外组织在华机构合作进行的市场调查和社会调查。

(3) 境外组织在华机构依法进行的市场调查。

(4) 将调查资料、调查结果提供给境外组织、个人或者境外组织在华机构的市场调查和社会调查。

2.1.4 典型的国家统计调查项目

如图 2.3 所示，涉及国计民生的国家统计调查项目包括：

(a) (b) (c)

图 2.3 典型的国家统计调查项目

1. 全国人口普查

人口普查（Census），是指在国家统一规定的时间内，按照统一的方法、统一的项目、统一的调查表和统一的标准时点，对全国人口普遍地、逐户逐人地进行的一次性调查登记。人口普查工作包括对人口普查资料的搜集、数据汇总、资料评价、分析研究、编辑出版等全部过程，人口普查是当今世界各国广泛采用的搜集人口资料的一种最基本的科学方法，是提供全国基本人口数据的主要来源。

人口普查是一项重要的国情调查，对国家管理、制定各项方针政策具有重要的意义。从 1949 年至今，中国分别在 1953 年、1964 年、1982 年、1990 年、2000 年与 2010 年进行过六次全国性人口普查。

根据《全国人口普查条例》和《国务院关于开展第六次全国人口普查的通知》，我国以 2010 年 11 月 1 日零时为标准时点进行了第六次全国人口普查。从总人口、人口增长、家庭户人口、性别构成、年龄构成、民族构成、各种受教育程度人口、城乡人口、人口的流动等方面开展普查。普查登记结束后，全国统一随机抽取 402 个普查小区进行了事后质量抽样调查。抽查结果显示，人口漏登率为 0.12%。

2. 全国经济普查

经济普查（Economic Census）是国家为掌握国民经济第二产业、第三产业的发展规模、结构、效益等信息，按照统一的方法、统一标准、统一时间、统一组织对工业、建筑业、第三产业的所有单位和个体经营户进行的一次性全面调查。国务院发布的《全国经济普查条例》中第七条指出：经济普查每 5 年进行一次，标准时点为普查年份的 12 月 31 日。除 2004 年条例发布第一次经济普查为 2004 年外，以后逢 3 和逢 8 年份为经济普查年。

全国经济普查的对象是境内（不包括中国香港、澳门特别行政区和台湾省）从事第二、三产业活动的法人单位、产业活动单位和个体户，普查在行业上涵盖除农业外的各行各业，普查内容包括：基本属性、财务状况、生产经营情况、生产能力、原材料和能源消耗、科技活动、从业人员等方面，调查表格式有 42 种，调查指标 1000 多个。

3. 全国农业普查

农业普查是一项重大国情、国力调查。农业普查是按照国家规定的统一方法、统一时间、统一表式和统一内容，主要采取普查人员直接到户、到单位访问登记的办法，全面收集农村、农业和农民相关情况，为研究制定农村经济社会发展规划和新农村建设政策提供依据，为农业生产经营者和社会公众提供统计信息服务。世界上大多数国家都以 10 年或 5 年一个周期开展农业普查。

农业普查在我国每 10 年进行一次。第一次全国农业普查现场登记工作在 1997 年进行，第二次全国农业普查的标准时点是 2006 年 12 月 31 日。根据我国国情，并参照 2010 年世界农业普查方案，第二次全国农业普查主要包括 6 个方面内容：一是从事第一产业活动单位和农户的生产经营情况；二是乡（镇）、村委会及社区环境情况；三是农业土地利用情况；四是农业和农村固定资产投资情况；五是农村劳动力就业及流动情况；六是农民生活质量情况。

2.2　抽样调查基础

实际生活中，人们都有这样的生活经验：平时炒菜时，想知道盐放得是否合适，不需要把整锅菜都尝遍，只要在盐完全融化之后，将菜搅拌均匀，然后取一点尝尝就可以了，因为这一点菜是随机抽取的样本，它对整锅菜具有代表性，可以利用这点菜的咸淡来推断整锅菜的咸淡。同样，在进行抽样调查时，人们利用概率抽样的方法进行抽样，保证了总体样本中的每一个单位抽到的可能性完全一样，尽管样本只是总体的一个组成部分，但是所得到的样本却具有代表性。这就是一个最形象的抽样调查。

2.2.1 抽样调查及其特点

抽样调查为科学研究方法中重要的技术之一，是指按照科学的原理和计算从所要研究的现象的全部分析单位中按随机原则，抽取部分单位进行调查，取得资料后，再根据样本的实际数据对总体的数量特征作出具有一定可靠程度的估计和判断的方法。抽样调查旨在以样本的资料来推断调查对象总体的相关统计数据。

抽样调查分为随机抽样调查和非随机抽样调查。

1. 随机抽样调查

随机抽样调查，也称为概率抽样调查，是指从总体中按随机原则抽取一定数目的单位作为样本，并以一定的概率保证对总体进行推算。可在抽样前估计和控制抽样误差。如简单随机抽样、不等概率抽样、分层抽样等方式。

2. 非随机抽样调查

非随机抽样调查，也称为非概率抽样调查，是指从调查者方便或根据调查者主观的选择来抽取样本、推算总体。不能估计和控制抽样误差，无法确定抽样推断的概率保证程度。主要有偶遇抽样、定额抽样（也称配额抽样）、判断抽样、滚雪球抽样等。

通常，人们采用随机抽样调查。一般不特别指出，抽样调查即指随机抽样调查。抽样调查的特点如下：

(1) 只抽取总体中一部分样本进行调查；

(2) 用一部分样本的指标值去推断总体的指标值；

(3) 抽取部分样本要遵循随机原则；

(4) 抽样误差可以计算，并且可以控制。

相比全面普查，抽样调查的显著作用如下：

(1) 有破坏性、不可能进行全面调查的事物可以进行抽样调查；

(2) 全面调查实际办不到的事物（如大规模的社会经济和民意调查等）可以进行抽样调查；

(3) 节约人力、物力、财力；

(4) 周期短、时效性强，即省时；

(5) 能提高调查质量（因为误差来源是多方面的，调查规模并不是越大越好，经过严格设计的抽样调查有可能比全面调查更为准确）。

可见，抽样调查是非全面调查的一种主要组织形式，是开展统计调查最常用的形式，也是全面普查结果检验和质量评估的主要手段。抽样调查不仅有其他非全面调查省时间与省经费的优点，同时又有普查能够了解总体的优点。因而，抽样调查被公认为是一种最完善、最有科学根据的调查方法，在现代社会调查中被越来越广泛地应用。

2.2.2　抽样调查中的基本概念

1. 总体

总体就是抽样调查中所有调查对象的集合体，也称为母体。总体中含有的分析单位的数目，称为总体规模或总体单位数（一般用英文字母 N 表示）。

2. 样本和样本容量

样本是指从总体中抽取出来的那一部分进行调查的分析单位的集合体。

样本中含有的分析单位的数目，样本容量（一般用英文字母 n 表示），也称为样本大小。样本容量表明一个样本中所包含的分析单位数。一般地，样本单位数大于 30 个的样本称为大样本，不超过 30 个的样本称为小样本。如图 2.4 所示。

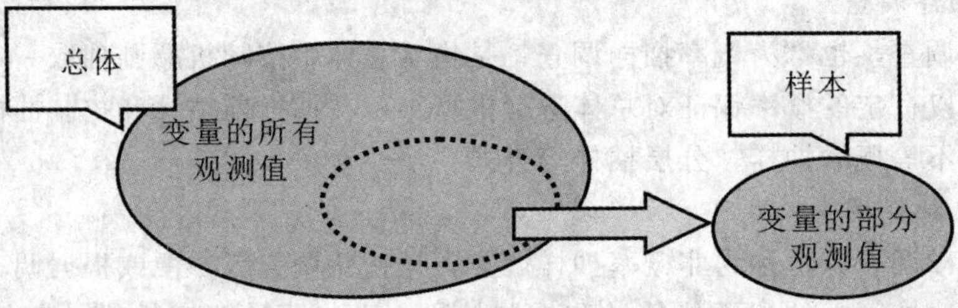

图 2.4　总体与样本

3. 抽样框

抽样框是实际总体的映射总体，其单元满足与实际总体的每个单元之间存在确定的对应关系，凭借这种对应关系可以找到实际总体中特定的一个或一些单元。

4. 总体参数和样本统计量

总体参数是关于总体中某一变量取值的综合描述，即根据总体中各单位的已知量计算出来的关于总体的统计指标。总体参数通常可以选取以下参数：

（1）总体总量（总体总和），如学龄前儿童总数，粮食总产量；

（2）总体均值（总体平均数），如户平均居住面积；

（3）总体具有某种特征的个体在全体中的比例（总体比例），如儿童占总人口的比例，HIV 的患病率；

（4）总体中两个指标的总和或均值之比（总体比值），如用于服装的消费占总消费额的比重。

在抽样调查时，总体参数这个量一般是未知的（且是唯一的）。因为如果这个量已知，就不必进行抽样调查了。

样本统计量是关于调查样本中某一变量取值的综合描述，即根据样本中各单位的已知量计算出来的关于样本的统计指标。

设（X_1，X_2…，X_n）是总体 X 容量为 n 的样本，若样本函数（X_1，X_2，…，X_n）中不含任何未知参数，则称 T 为一个统计量。例如

$$\overline{X}=\frac{1}{n}\sum_{i=1}^{n}X_i$$

就是一个统计量，称为样本均值（Sample Mean）。

$$S^2=\frac{1}{n}\sum_{i=1}^{n}(X_i-\overline{X})^2$$

也是统计量，称为样本方差（Sample Variance）。

样本统计量，当抽样调查完成后即可计算出来，但样本统计量不具有唯一性。抽样调查就是运用样本统计量去推断总体参数，而这种推断误差总是难免的。

5. 随机原则

随机原则是指抽样时，在完全排除主观上人为选择的前提下，使总体中每一个单位有相同的被抽中的机会。所谓随机原则，也称为机会均等原则（或等概率原则）。遵循随机原则的抽样，称为随机抽样或概率抽样，否则称为非随机抽样或非概率抽样。

6. 抽样误差

随机原则本身就决定概率抽样不可能为总体参数提供一个唯一的估计值，所以用样本统计量去推断总体参数时，误差总是不可避免的。抽样误差是指样本统计量和总体参数之间的差异。通常，用样本对总体参数估计的误差（常用均方误差来衡量）来表征抽样误差。

设以样本的统计量 $\hat{\theta}$ 估计总体的参数 θ，$\hat{\theta}$ 的均方误差（Mean Square Error）定义为

$$\begin{aligned}\mathrm{MSE}(\hat{\theta})&=E(\hat{\theta}-\theta)^2=E\left[(\hat{\theta}-E\hat{\theta})+(E\hat{\theta}-\theta)\right]^2\\&=E(\hat{\theta}-E\hat{\theta})^2+(E\hat{\theta}-\theta)^2+2E(\hat{\theta}-E\hat{\theta})(E\hat{\theta}-\theta)\end{aligned}$$

式中 $$E(\hat{\theta}-E\hat{\theta})(E\hat{\theta}-\theta)=(E\hat{\theta}-E\hat{\theta})\cdot(E\hat{\theta}-\theta)=0$$

$$E(\hat{\theta}-\theta)=E\hat{\theta}-\theta\overset{\Delta}{=}B(\hat{\theta})$$

称为 $\hat{\theta}$ 的偏量（偏倚，Bias）。

$$E(\hat{\theta}-E\hat{\theta})^2=V(\hat{\theta})$$

是 $\hat{\theta}$ 的方差（Variance）。所以

$$\mathrm{MSE}(\hat{\theta})=V(\hat{\theta})+[B(\hat{\theta})]^2$$

估计量的标准差也称为标准差（Standard Error）或标准误差 $S(\hat{\theta})\overset{\Delta}{=}\sqrt{V(\hat{\theta})}$。科学的抽样设计其目的在于尽可能减少这种误差。

7. 置信度和置信区间

置信水平是指总体参数值落在样本统计值某一区间的概率，置信水平用于反映样本统计量估计总体参数的可靠性，即置信度。

置信区间是指在一定置信水平下，样本统计量与总体参数偏差的最大允许范围。

总体参数估计量的精度用误差限来表示，误差限是某种概率意义下的最大绝对误差或相对误差，绝对误差限 d 满足：

$$P\{|\hat{\theta}-\theta|\leqslant d\}=1-\alpha$$

相对误差限 r 满足：

$$P\left\{\frac{|\hat{\theta}-\theta|}{\theta}\leqslant r\right\}=1-\alpha$$

其中，$\gamma=1-\alpha$，为置信度。参数 θ 的置信度为 $\gamma=1-\alpha$ 的置信区间 $[\hat{\theta}-u_\alpha S(\hat{\theta}),\hat{\theta}+u_\alpha S(\hat{\theta})]$。

抽样调查中常用的估计量在大样本时是渐近正态的，故 n 充分大时，有

$$\frac{\hat{\theta}-E(\hat{\theta})}{S(\hat{\theta})}\sim N(0,1)$$

$\hat{\theta}$ 满足无偏性时，则

$$\frac{\hat{\theta}-\theta}{S(\hat{\theta})}\sim N(0,1)$$

又由标准正态分布的双侧分位数 u_α 满足

$$P\left\{\frac{|\hat{\theta}-\theta|}{S(\hat{\theta})}\leqslant u_\alpha\right\}=1-\alpha$$

故有

$$d=u_\alpha S(\hat{\theta})$$

$$r=u_\alpha S(\hat{\theta})/\theta$$

所以有结论：置信度 γ 越大，则分位数 u_α 越大，误差限 d 越大，精度就越低。抽样误差是可计量的并可控制到任一小的程度。因为影响估计量方差最重要的因素是样本容量，所以通过样本容量，可以控制抽样误差和精度。

8. 大数规律

那些事先不好确定其结果的现象，被称为随机现象。但是随机现象也是有规律可循的，关键是要大量观察，看少了不行。大数规律是随机现象出现的基本规律，其一般意义是，尽管观察过程中每次取得的结果不同（因为具有随机性），但大量重复观察结果的平均数却几乎接近某个确定的数值。

抽样调查的重要意义，就在于用样本统计量来推断总体参数。虽然用前者来推断后者误差总是在所难免。但由于大数规律，只要样本容量足够大，计算出来的样本统计量就和总体参数非常接近。这样一来，总体参数虽然一般是未知的，却可以用样本统计量来推断。这就是抽样调查的魅力所在。

2.2.3　抽样调查方法

1. 用样本推断总体的理论依据

在人们明确了抽样调查的过程中所涉及的各种数据的特点之后，便可以从哲学和数学的两个视角来说明能够用样本推断总体的理由。

根据辩证法的基本原理，任何客观事物都是必然性和偶然性的对立统一。必然性反映了事物的本质特征和联系，是比较稳定的，事物必然性的数量规律是能够探寻的。偶然性反映了事物的每个表现形式的差异，表现形式的千姿百态造成了数据的千差万别，从而将其数量规律掩盖在表面的差异之中。恩格斯曾说："在表面上是偶然性起作用的地方，这种偶然性始终是受内部的隐蔽着的规律支配的，而问题在于发现这些规律。"因此，由于抽样调查，尽管在一定的条件下，人们一次抽取的个别数据具有偶然性，但只要样本足够大，具有代表性，通过对"重复"抽取的大量数据的观察和处理，其结果必然会显示出其规律性，这便是用样本推断总体的哲学依据。

下面，从数据的视角来说明用样本可以推断总体的理论依据。

从数学的视角看，通过样本对总体进行推断的理论依据是数学的一个重要分支——概率论，更确切地说，是概率论中的大数定律和中心极限定理。能够用样本推断总体的理论依据是大数定律（Law of Large Numbers），而用样本来推断总体的各种方法所依据的理论是中心极限定理（Central Limit Theorem）。如图 2.5 所示。

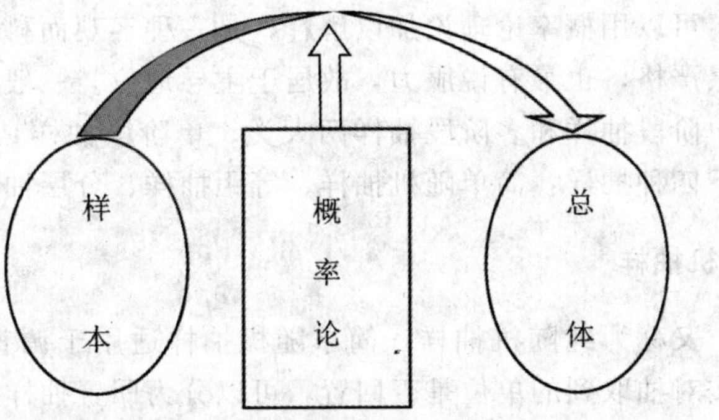

图 2.5　从样本推断总体的数学基础

2. 抽样调查的过程

抽样调查是一种标准化程度较高的研究方法，调查过程有着比较固定的程序。通常将调查过程分为五个阶段：选题阶段、准备阶段、调查阶段、分析阶段和总结阶段，如图 2.6 所示。

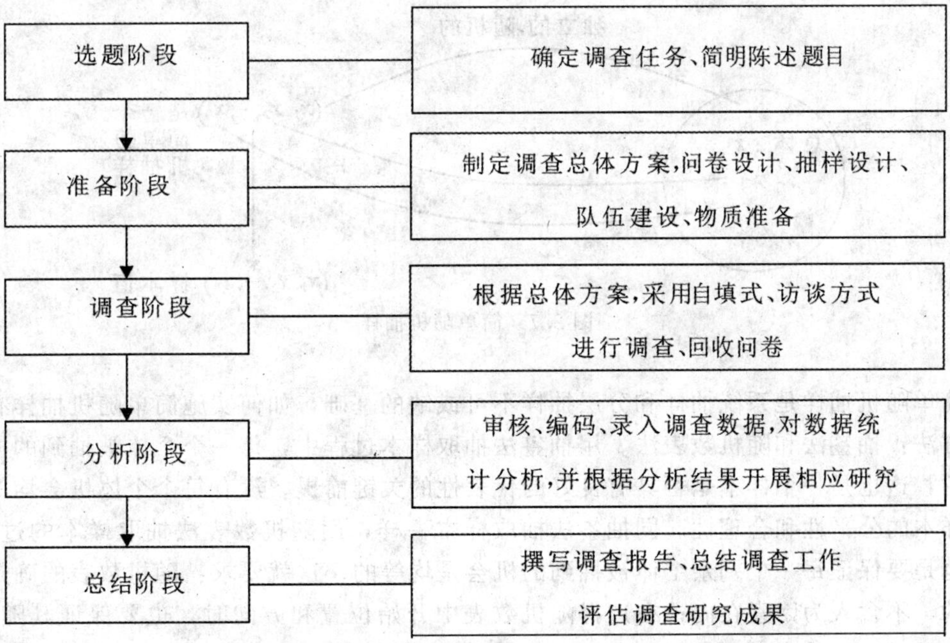

图 2.6　抽样调查过程框图

2.3　常用的抽样调查

抽样调查分为随机抽样调查和非随机抽样调查。随机抽样是按“随机原则”产生样本的抽样，即在抽样时，母群体中每一个抽样单位被选为样本的几率相同。随机抽样具有健全的统计理论基础，可以用概率论理论加以解释，是一种客观而科学的抽样方法。在抽样调查中，随机抽样最严格，也最有说服力，故居于主导地位。一般而言，随机抽样调查的基本组织形式分为单阶段抽样和多阶段抽样两大类。单阶段抽样是指只需一次抽样过程，单阶段抽样包括以下四种抽样：简单随机抽样、等距抽样、分层抽样、整群抽样。

2.3.1　简单随机抽样

简单随机抽样，又称为纯随机抽样，简单随机抽样适用于调查总体内单位不多的情况。简单随机抽样按对抽取到的单位是否回置，可以分为回置抽样和不回置抽样。回置抽样是从总体中抽取一个单位，登记后又放回总体中去，然后再抽下一个单位。回置抽样可以保证每一个总体单位有相同被抽到的机会。不回置抽样由于被抽中的单位不回置，总体单位被抽到的机会逐渐有些增加。但不回置抽样操作起来比较方便，且在总体相对于样本规模较大时，其结果与回置抽样的结果差别很小，故平常用得很多。

设一个总体的个体数为 N，如果通过逐个抽取的方法从中抽取一个样本，且每次抽取时各个个体被抽到的机会相等，就称这样的抽样为简单随机抽样，如图 2.7 所示。

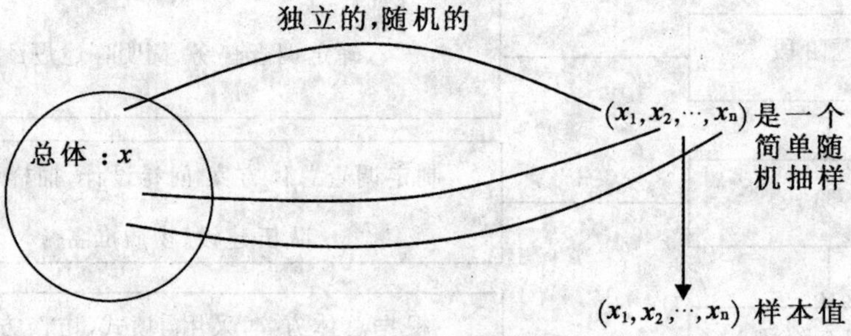

图 2.7　简单随机抽样

简单随机抽样是系统抽样和分层抽样不可或缺的基础，如何实施简单随机抽样有两种常用方法：抽签法和随机数表法。用抽签法抽取样本过程中，每一个个体被抽到的机会是均等的，这也是一个样本是否具有良好的代表性的关键前提。没有每个个体机会均等，就没有样本的公平性和合理性。同抽签法抽取样本一样，用随机数表法抽取样本的过程中，关键也是要保证每一个剩余个体被抽到的机会是均等的，这就要求：随机数表的确是随机产生的，不含人为因素在内；在选择随机数表中开始位置和方向时，也要保证其随机性，如果在看过随机数表后再使用，所抽取的样本就失去了公平性，也就没有实际意义了。

对于简单随机抽样需要注意：（1）简单随机抽样是不放回抽样；（2）简单随机抽样是逐个地进行抽取；（3）简单随机抽样是一种个体机会均等的抽样；（4）简单随机抽样适用

于总体中的个体数不多的情况。生活中有许多用抽签法或类似抽签法的案例，如彩票摇奖、电视节目中电话号码抽奖、纳税凭证抽奖等。抽样时也要防止出现貌似合理的抽样方法，如到某星级宾馆问卷调查客人的收入情况来推断该地区的人均收入，或每隔一周到某一路口调查当地车流量，等等。

2.3.2　等距抽样

等距抽样，又称为系统抽样。将总体各单位按某种顺序排列、编号，而后从随机选择的第一个单位开始，按照相等的间距抽取样本单位。等距抽样又称为“随机起始的抽样”，其随机程度没有简单随机抽样的随机程度那样高。但只要总体单位有某种自然顺序，等距抽样做起来比较方便，特别适合用于诸如生产流水线上抽检产品质量这种情况。如图 2.8 所示。

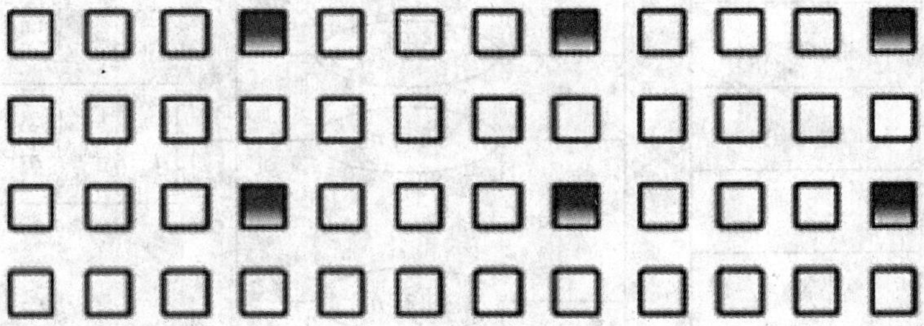

图 2.8　等距抽样

从总体中抽取一个样本来估计总体，样本的抽取是否公平合理固然重要，样本抽取的方法是否经济可行也是十分重要的。面对容量很大的总体，抽取的样本容量显然不可太小，此时采用简单随机抽样是不经济也不可行的，这种情况下采用系统抽样也就更为合理可行。系统抽样以简单随机抽样为基础，通过将容量很大的总体分组，只需在某一个组内用简单随机抽样方式来抽取一个个体，然后在一定规则下就能抽取出全部样本，在保证公平客观的前提下简化抽样过程。

对于系统抽样需要注意：(1) 系统抽样适用于总体中的个体数较多的情况，它与简单随机抽样的联系在于：将总体均分后的每一部分进行抽样时，采用的是简单随机抽样。(2) 与简单随机抽样一样，系统抽样是等可能抽样，它是客观的、公平的。(3) 总体中的个体数恰好能被样本容量整除时，可以用它们的比值作为系统抽样的间隔；当总体中的个体数不能被样本容量整除时，可以用简单随机抽样先从总体中剔除少量个体，使剩下的个体数能被样本容量整除再进行系统抽样。

2.3.3　分层抽样

分层抽样也称为类型抽样，就是先将总体按某种特征或属性分若干类别或层次，再按照一定比例在各个子类别或层次中随机抽取，最后将各抽取的单位合并成样本，如图 2.9 所示。分层抽样的基本步骤是：总体分层——层中抽样——子样本集合。比如说，要在学生中进行抽样时，可以先将学校按大学、中学、小学分层，然后在各个层中分别进行随机抽样，最后把从各层中抽取的学生合并起来构成总体样本。

科学原理业已证明，对于层间差异大，层内差异小的总体，比较适合于用分层抽样。分层抽样相对于简单随机抽样，在相同的调查单位之下，抽样误差较小。分层的具体做法又可以分为分层定比抽样和分层异比抽样。一般地，当总体由差异明显的若干部分组成时，为了使样本更客观地反映总体情况，常将总体中的个体按不同的特点分成层次比较分明的若干部分，然后按照各部分所占的比例实施抽样，这种抽样方法称为分层抽样，其中所分成的各个部分称为层。

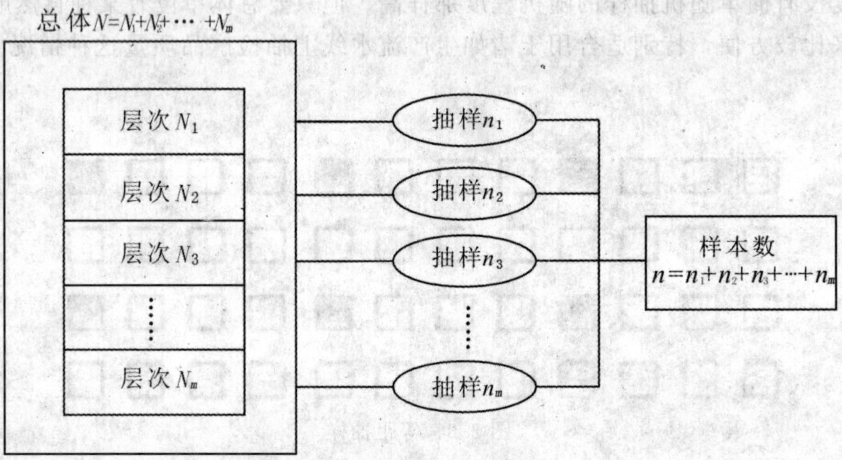

图 2.9　分层抽样

分层抽样同样是以简单随机抽样为基础的一种抽样方式，对于容量较大、个体差异不明显的总体通常采用系统抽样方法，但对于许多容量较大、个体差异较大且明显分成若干部分的总体，系统抽样虽然能保证其公平性和客观性，但样本还是不具有良好的代表性，这时就考虑用分层抽样的方法来抽取样本。

对于分层抽样需要注意：(1) 分层抽样适用于总体由差异比较明显的几个部分组成的情况，是等可能抽样，分层抽样也是客观的、公平的；(2) 分层抽样是建立在简单随机抽样或系统抽样的基础上的，由于分层抽样充分利用了已知信息，使样本具有较好的代表性，而且在各层抽样时可以根据情况采用不同的抽样方法，因此在实践中有着非常广泛的应用。

2.3.4　整群抽样

整群抽样与前几种抽样的最大差别在于，整群抽样的抽样单位不是单个的个体，而是成群的个体，所以整群抽样并不以抽样框的获得为前提。所谓整群抽样，就是从总体中成群地抽取调查单位。也就是说，要先将总体单位分为若干群，再在其中随机地抽取部分群，最后对抽中所有的单位一一进行调查，如图 2.10 所示。

分层抽样和整群抽样在适用上的基本差别是：分层抽样时，层间差异尽可能大，层内差异尽可能小；整群抽样时，群间差异尽可能小，群内差异尽可能大。

总的说来，整群抽样的操作、组织便利，当总体庞大时，可以节省调查费用和时间。但是，整群抽样相对于简单随机抽样，在相同的调查单位之下，抽样误差较大。

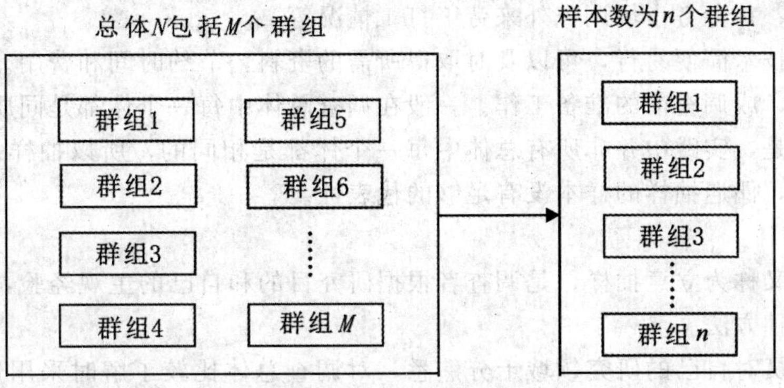

图 2.10 整群抽样

2.3.5 多阶抽样

如果总体过于庞大，在整群抽样的基础上可以发展出一种多段整群抽样，即多阶抽样。其实，多段抽样并不限于多段整群抽样。在实际工作中，往往可以灵活地把简单随机抽样、系统抽样、分层抽样和整群抽样这几种抽样方法结合起来使用，以解决更复杂的问题。

2.3.6 不等概率抽样

不等概率抽样（Sampling with Probability Proportional to Size），是奥地利林学家 Bitterlich 于 1948 年创立的点抽样，即毕特利希法（Bitterlich Method），我国称为角规测树。美国学者格鲁森保（Grosenbaugh）用不等概率抽样理论对角规抽样原理做了解释，打破了长期以来用固定面积标准地进行每木检尺测定林分断面积的传统，引起了森林调查工作中许多理论与实践的变革。

在社会调查中，除运用概率抽样之外，还运用非概率抽样，即不等概率抽样。非概率抽样更多地建立在调查者对总体有所了解的基础上，是不严格遵循随机原则的抽样调查。用非概率抽样的调查结果来推论总体，其可靠性不能正确估计，所以要十分谨慎。但由于非概率抽样做起来方便，省时、省力、省钱，故在探索性研究中常为调查者所使用。非概率抽样不考虑机会均等原则，而根据调查者的主观判断或是否方便等因素来抽取对象，在实践中人们常用以下几种非概率抽样：

1. 偶遇抽样

偶遇抽样是对应于简单随机抽样的非随机抽样，又称为方便抽样、便利抽样。偶遇抽样要求调查者根据实际情况，以自己方便的形式遇到谁就调查谁，即在样本的选择只考虑到接近样本或衡量便利，离得最近的、最容易找到的人就是调查对象。对于偶遇抽样，样本是随便产生的，而不是随机产生的，所以样本是不是总体的近似不好判断。

“街头拦人法”和“空间抽样法”是偶遇抽样的两种最常见的方法。“街头拦人法”是在街上或路口任意找某个行人，将他（她）作为被调查者，进行调查。例如，在街头向行人询问对市场物价的看法，或请行人填写某种问卷等。“空间抽样法”是对某一聚集的人群，从空间的不同方向和方位对他们进行抽样调查。例如，在商场内向顾客询问对商场服务质量的意见；在劳务市场调查外来劳工打工情况等。

偶遇抽样技术简便易行，可以及时取得所需的资料，节约时间和费用。这种方法适用于探测性调查，或调查前的准备工作。一般在调查总体中每一个体都是同质时，才能采用此类方法。但是，实践中并非所有总体中每一个体都是相同的，所以抽样结果偏差较大，可信程度较低，偶遇抽样的样本没有足够的代表性。

2. 判断抽样

判断抽样又称为立意抽样，是调查者根据研究目的和自己的主观经验，来选择和确定调查对象的一种方法。

当调查人员对自己的研究领域十分熟悉，对调查总体比较了解时采用这种抽样方法，可获代表性较高的样本。这种抽样方法多应用于总体小而内部差异大的情况，以及在总体边界无法确定或因研究者的时间与人力、物力有限时采用。例如，要对福建省旅游市场状况进行调查，相关部门选择厦门、武夷山、泰宁金湖等旅游风景区作为样本调查，这就是判断抽样。

判断抽样法具有简便易行，符合调查目的和特殊需要，可以充分利用调查样本的已知资料、被调查者配合较好、资料回收率高等优点。判断抽样适用于总体的构成单位极不相同而样本数很小，同时设计调查者对总体的相关特征具有相当的了解（明白研究的具体指向）的情况下，适合特殊类型的研究（如产品口味测试等）；操作成本低，方便快捷，在商业性调研中应用较多。

判断抽样结果受研究人员的倾向性影响大，一旦主观判断偏差，则容易引起抽样偏差；不能直接对调查总体进行推断。因此，要充分发挥判断抽样法的积极作用，对总体的基本特征必须相当清楚，做到心中有数。这样，才可能使所选定的样本具有代表性、典型性，从而才可能通过对所选样本的调查研究，了解、掌握整个总体的情况。

3. 配额抽样

配额抽样是对应于分层抽样的非随机抽样。与分层抽样不同之处在于，配额抽样将预定的样本容量按各层单位在总体中的比例分配到各层，然后按这些比例从各层中非随机地抽取样本。配额抽样要预先精确了解总体的结构比例特征。

如在消费者需求调查中，人们按年龄特征，分别规定不同年龄段的样本数目。人们通常把消费者的年龄、性别、收入分别进行配额抽样而不考虑三个控制特性的交叉关系。

配额抽样适用于设计调查者对总体的相关特征具有一定的了解而样本数较多的情况，实际上，配额抽样属于先“分层”（事先确定每层的样本量）再“判断”（在每层中以判断抽样的方法选取抽样个体）。其费用不高，易于实施，能满足总体比例的要求。但配额抽样容易掩盖不可忽略的偏差。

4. 滚雪球抽样

滚雪球抽样是指利用随机方法或初步调查选择出原始的样本。再根据原始样本提供的信息去找到其他样本，依此类推，样本如同滚雪球般由小变大。滚雪球抽样多用于总体单位的信息不足或观察性研究的情况。这种抽样中有些分子最后仍无法找到，有些分子被提供者遗漏而不提，两者都可能造成误差。应用这种抽样方法的前提是，总体单位之间具有一定的联系。如果总体单位间缺乏联系，那么就失去了“滚雪球”的依据。

例如，要研究退休老人的生活，可以清晨到公园去结识几位散步老人，再通过他们结识其朋友，不用很久，你就可以结交一大批老年朋友。但是这种方法偏误也很大，那些不好活动、不爱去公园、不爱和别人交往、喜欢一个人在家里活动的老人，就很难把“雪球”滚到他们那里去，而他们却代表着另外一种老年人退休后的生活方式。

滚雪球抽样可以根据某些样本特征对样本进行控制，适用于寻找一些在总体中十分稀少的人物。调查费用大大减少，然而这种成本的节约是以调查质量的降低为代价的。整个样本很可能出现偏差。如果总体不大，有时用不了几次就会接近饱和状况。

2.4 抽样设计及抽样误差控制

2.4.1 抽样设计的一般程序

抽样调查实施前必须做抽样设计，抽样设计告诉人们要抽哪些人（或分析单位）以及如何抽。抽样调查的本质是要保证样本对总体的近似，即样本在多大程度上可以代表总体，不同的抽样方法将导致样本对总体不同程度的代表性。因此，设计一个科学合理的抽样方案就显得十分必要。作为整个抽样调查的基础，成功的抽样设计在很大程度上能决定调查的结果。

抽样设计的一般程序是：

(1) 界定总体；

(2) 制定抽样框；

(3) 选择抽样方法；

(4) 决定样本大小；

(5) 实际抽取样本。

2.4.2 样本的产生

样本质量决定了调查研究结论的适用性，以及能否进行推论，所以样本选择是抽样设计中的一个重要环节。如果抽样调查最后得出的结论的适用范围很小，缺乏“共性”，也就意味着不能用样本有效推断总体，调查在一定程度上就是失败的，对调查过程中的各种资源投入而言也是一种浪费，做无用功。样本的最主要特点是其对总体的近似，即样本在多大程度上可以代表总体。

2.4.3 样本大小选择

抽样调查必须在一个科学制定的抽样方案的指导下进行。按照国际惯例，判断一个抽样方案的优劣，主要从抽样效果和研究代价这两个因素考虑。为了抽样效果，人们常常希望样本越大越好。但是当人们准备选取大样本时，立即发现这需要大量的人力、物力、财力，所以人们希望样本能小则小。而抽样的样本容量过小，又势必影响抽样精度，达不到调查目的之要求。由此可见，如果说最优的抽样设计方案应当是在既定调查费用的范围内达到最高精度的抽样方案，或者是在既定要求的抽样精度内所耗费用最少的抽样方案。

一般来说，样本大小主要受以下四个因素的影响：(1) 样本的代表性要求；(2) 总体的性质，包括总体规模和总体的同一性程度；(3) 抽样方法；(4) 研究代价，特别是费用。

2.4.4 抽样误差控制

抽样误差是在遵守随机原则的条件下，用样本指标代表总体指标不可避免存在的误差。抽样误差也称为代表性误差。那么人们怎么控制抽样误差呢？常识和科学原理都告诉人们，抽样误差是与样本容量呈反向关系的，抽样误差随样本容量的增加而减小。因而，样本容量 n 是人们手中握有的控制抽样误差的“王牌”。每当人们感到抽样调查的代表性不够时，就可以把样本容量加大一些。

进一步研究还表明，对于小总体，样本容量的很小一点增加，会带来代表性方面很明显的提高；而对大总体，当样本容量较大时，再增加 n 收效就不大了。因此，即使面对大总体，许多调查机构也将他们的样本容量限制在 2000 以内。

总而言之，样本的大小是和抽样误差相联系的。一般情况下，一个样本所包含的单位越多，抽样误差也越小。所以从抽样调查的代表性考虑，样本越大越好。但是样本大了，所费的时间、人力、物力也会很大。因而在抽样误差要小、研究代价也要小的这对矛盾之间，人们必须做出均衡。均衡的原则是，在调查的时间、人力、物力允许的范围内抽取尽量大一点的样本。

复习与思考题

1. 什么是统计调查？何为统计调查项目分类？
2. 什么是抽样调查与统计调查的关系？试简述抽样调查的特点和作用。
3. 什么是总体与样本？
4. 试简述常用的抽样调查方法。
5. 试简述抽样设计的步骤、要点及误差控制。

第3章　抽样调查的实施与数据分析

抽样调查工作的组织和实施需要遵循科学的方法，进行规范的数据处理和误差控制，确保统计调查数据处理分析结果的可靠性。本章主要介绍了抽样调查实施方法、抽样调查数据的处理模型、抽样调查数据统计分析软件、抽样调查数据的误差分析以及可视化方法。结合地理调查，介绍了地理统计的基本理论和方法。

3.1　抽样调查实施方法

3.1.1　抽样调查设计

所谓抽样调查设计，就是依据调查目的，在给定的人力、物力、财力等条件下，在从一定总体中抽取样本资料以前，预先确定抽样程序和方案，在保证所抽取的样本有充分代表性的前提下，力求取得最经济、最有效的结果。

在进行抽样调查设计时，需注意以下方面：

(1) 抽样调查要具有广泛性和代表性，即样本容量要恰当。样本容量过少，那么不能很好地反映总体的情况；样本容量过大，则需花费大量的时间、精力，达不到省时省力的目的。

(2) 抽取的样本要有随机性。为了使样本能较好地反映总体的情况，除了有合适的样本容量外，抽取时还要尽量使每一个个体都有相等的机会被抽到。

(3) 抽样调查的基本特征是按照随机原则抽选样本，必须保证总体中每一个单位都有同等被选中的机会。这是进行抽样调查设计首先应考虑的问题。

(4) 抽样调查设计要选择合适的抽样调查方式方法，因为不同的抽样调查方式方法会产生不同的误差和不同的效果。因而在选择抽样调查方式方法时，要对所选择的方式方法产生的误差作出正确的估计和必要的抽样效果分析。

(5) 在抽样调查设计中，还必须重视调查费用问题。每项调查都是在一定调查费用制约下进行的，而调查费用与调查精度是存在矛盾的。要求调查精度高，则耗费的调查费用必大。但两者又不是线性关系。在抽样调查实践中，并非精度最高，误差最小的抽样调查方案就是最佳方案。因为不同调查对精度的要求也是不相同的。有些调查对精度要求不一定是很高的。所以在抽样调查设计中就需要合理地处理精度与费用之间的合理度。

总之，抽样调查设计既要保证实现抽样的随机性原则，又要保证实现最大的抽样效果原则。

抽样调查的基本步骤如图 3.1 所示。

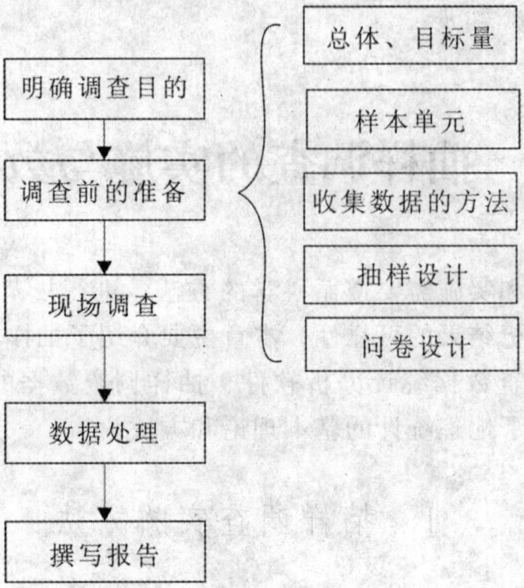

图 3.1　抽样调查的步骤框图

一般地，抽样调查设计的主要内容及步骤如下：

1. 定义目标总体

目标总体是指抽样设计者根据调查目的界定的调查研究对象的集合体。调查目的和范围对定义目标总体具有关键性的作用。目标总体是对整个研究具有重大意义的群体，它们之所以有重要的地位，是因为人们可以从群体上收集到对研究有关键用途的信息。另外，还有一些因素可能也会影响人们界定目标总体，如研究的主题、时间等。

2. 决定抽样框

目标总体选定后就需要由抽样框执行了。抽样框是抽样调查前在可能条件下作出的抽样单位一览表或一览图，即由抽样单位构成的名录。例如，以杭州市医师为抽样单位，则杭州市医师名册便是抽样框。如果以学校班级为抽样单位，则学校所有班级名册便是抽样框。抽样框既可以是一份包含所有抽样单位的名单，也可以是一张地图或其他适当的形式，如电话簿的列表、餐厅的菜单、包含公司所有客户名单的数据库或是电子数据库的目录等。无论是哪种形式，抽样框中的抽样单位必须是有序的，以便于编号。抽样单位是指在抽取样本前将总体依据一定标准分成若干部分，其中的每一部分称为一个抽样单位。各个抽样单位彼此不能交叉，所有这些抽样单位加总起来构成一个总体。抽样单位由抽样的组织形式决定，如果采用单纯随机抽样形式，抽样单位就是调查对象中的每个个体；如果采用分层抽样形式，抽样单位就是总体中的每个层；如果采用整群抽样形式，抽样单位就是总体中的每个群。

抽样框是组织抽样调查的重要依据，调查者必须对其保持严谨的态度，认真地收集和编制。因为抽样框一旦有重复和遗漏，必然会直接影响到样本的选取，从而影响到整个抽样工作的质量。

抽样框根据其划分标准的不同，可以在不同层面上进行构建，从而使抽样框呈现不同等级，不同等级的抽样框可以用于各级抽样。

就目前的市场调查现场执行而言，有三种常用的抽样框：地图块、居委会块、居民户。

1）地图块

地图块是指在市场调查所涉及的行政区划范围内，将地图按一定标准划分为若干块，使各块具有相近的居民户数，每一块作为一个基本的抽样单位，各块的总和即为抽样框。地图块抽样框构建常用的方法有两种：一种是“行政区划法”，即以区、街道（镇）等作为基本抽样单位构建抽样框；另一种是“道路地块法”，即以道路、河流、铁路等明显的线状标志物为界限划定各个抽样单位。这种区划法的优点在于可以较合理地划定地图块的大小，如按该地图块内的人口密度确定地图块面积的大小等，从而使各地图块内的居民户数达到基本相同，使样本单位之间具有可比性。据相关资料统计，在实际中采用道路地块法抽样时，由于拒访、行业限制、拆迁、界限不清等原因，约有1/3的居民户不能访问，故在实际确定每地块居民户数时，应考虑以上因素。

2）居委会块

居委会块是指以居委会所辖地域作为抽样的基本单位，其总体即构成抽样框。

3）居民户

居民户是指以某区域住户名单为抽样的基本单位，其总体即构成抽样框。这里所指的名单不一定是居住户的姓名，而有可能是居住户的门牌号、室号。这一形式的抽样框往往缺乏现成的资料，需要连续地进行资料积累和完善，并且不断地进行修订。

3. 抽样调查的组织形式和抽样方法的选择

为了控制抽样误差，提高抽样效果，需要根据调查任务及调查对象的具体情况，从各种抽样调查的组织形式及抽样方式中有针对性地进行选择，以便使样本能充分地反映总体，并便于组织实施，节约人力、物力和时间。

4. 规定精度

由于抽样调查是根据样本的数量特征来推断总体的数量特征的，所以必然存在抽样误差，故抽样的结果常常具有某种不确定性。如果抽取较大的样本或运用精密仪器和工具，这种不确定性可以大大降低，但往往要花费大量的费用和时间。因此，抽样调查前要根据所采取的抽样组织形式、经费和对调查指标准确性程度的要求，规定抽样调查所要达到的精度。

5. 确定样本容量

样本规模的大小涉及人力、物力、财力的消耗问题，在抽样调查前应审慎地加以考虑，要根据既定的经费、工作时间及规定的精度，依据抽样理论估计样本容量，使得调查工作既符合调查质量的要求，又不浪费人力、物力和财力。

确定样本容量的方法有以下几种：

(1) 教条式方法：按照“经验”来确定样本。如“凭经验，为保证精确，样本至少应该是总体的5%”。

(2) 约定式方法：按某一约定（MR的提供方和使用方都接受的）来确定样本容量。

(3) 成本基础法：按预算控制所要求的调查成本来反推算可以接受的样本容量。当估计精度要求不高时，可以采用该方法。总成本包括固定成本（包括设计费用、宣传费用等）和可变成本（包括调查人员的差旅费用、礼品费用等）。

（4）统计分析法：多目标抽样估计时或针对不同样本子集进行调研时，通过统计分析计算，获得满足这些子集研究所需要的最小样本量。进行大规模市场调研时，可以考虑采用该方法。

（5）置信区间法：按照抽样理论科学地计算能够确保抽样估计精度的样本容量。大多数具有较高估计精度要求及调查费用预算明确的市场调查都可以采用该方法。

6. 经费核算

经费问题贯穿于抽样工作的始终，经费的充足与否关系到整个调查工作的成败，所以调查前要预先核定抽样调查工作的各个阶段、各项工作的费用，明确规定各个环节、各项工作的经费限额，以保证工作按预定的时间、程序顺利进行，避免因经费不足中途停顿或降低调查质量，造成不必要的损失，延误工作进程。

3.1.2　文案抽样调查法

文案抽样调查法又称为资料查阅寻找法、间接调查法、资料分析法或室内研究法。该方法是利用企业内部和外部现有的各种信息、情报，对调查内容进行分析研究的一种调查方法。

文案抽样调查要求更多的专业知识、实践经验和技巧。这是一项艰辛的工作，要求有耐性、创造性和持久性。

文案抽样调查必须选用科学的方法，调查方法选择得恰当与否，对调查结果影响甚大。各种调查方法都有利有弊，只有了解各种方法，才能正确选择和应用。

与实地调查相比较，文案抽样调查有以下几个特点：

第一，文案抽样调查是收集已经加工过的文案，而不是对原始资料的搜集。

第二，文案抽样调查以收集文献性信息为主，该方法具体表现为收集各种文献资料。在我国，目前仍主要以收集印刷型文献资料为主。当代印刷型文献资料又有许多新的特点，即数量急剧增加，分布十分广泛，内容重复交叉，质量良莠不齐等。

第三，文案抽样调查所收集的资料包括动态和静态两个方面，尤其偏重于从动态角度，收集各种反映调查对象变化的历史资料与现实资料。

在调查中，文案抽样调查有着特殊地位。该方法作为对信息收集的重要手段，一直受到世界各国的重视，文案抽样调查的功能表现在以下四个方面：

1. 文案抽样调查可以发现问题并为调查提供重要参考

根据调查的实践经验，文案抽样调查常被作为调查的首选方式。几乎所有的调查都可以始于收集现有资料，只有当现有资料不能提供足够的证据时，才进行实地调查。因此，文案抽样调查可以作为一种独立的调查方法加以采用。

2. 文案抽样调查可以为实地调查创造条件

若有必要进行实地调查，文案抽样调查可为实地调查提供经验和大量背景资料。具体表现在：

（1）通过文案抽样调查，可以初步了解调查对象的性质、范围、内容和重点等，并能提供实地调查无法掌握或难以取得的各方面的宏观资料，便于进一步开展和组织实地调查，取得良好的效果。

(2) 文案抽样调查所收集的资料可以用来证实各种调查假设，即可通过对以往类似调查资料的研究来指导实地调查的设计，用文案抽样调查资料与实地调查资料进行对比，鉴别和证明实地调查结果的准确性和可靠性。

(3) 利用文案抽样调查资料并经实地调查，可以推算所需掌握的数据。

(4) 利用文案抽样调查资料，可以帮助探讨现象发生的各种原因并进行说明。

3. 文案抽样调查可用于经常性的调查

实地调查更费时费力，操作起来比较困难，而文案抽样调查如果经调查人员精心策划，具有较强的机动灵活性，能随时根据需要，收集、整理和分析各种调查信息。

4. 文案抽样调查不受时空限制

从时间上看，文案抽样调查不仅可以掌握现实资料，还可以获得实地调查所无法取得的历史资料。从空间上看，文案抽样调查既能对内部资料进行收集，还可以掌握大量的有关外部环境方面的资料。尤其对因地域遥远，条件各异，采用实地调查需要更多的时间和经费不便的调查。

5. 大数据为文案抽样调查提供了新的途径

随着云时代的来临，大数据（Big Data）也吸引了越来越多的关注。物联网、云计算、移动互联网、车联网、手机、平板电脑、PC 以及遍布地球各个角落的各种各样的传感器，无一不是大数据来源或者承载的方式，也为文案抽样调查的实施提供了新的途径。如图 3.2 所示，百度利用人员定位数据通过大数据分析得到的春节逆向迁徙报告。

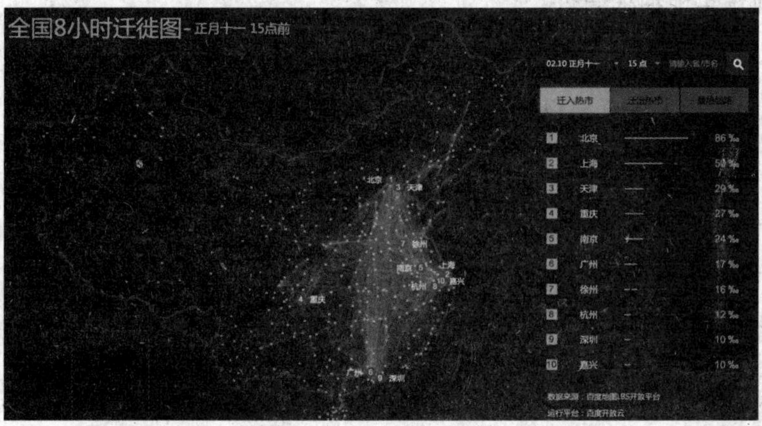

图 3.2 大数据分析

文案抽样调查的特点和功能，决定了调查人员在进行文案抽样调查时，应该满足以下要求：

第一，广泛性，文案抽样调查对现有资料的收集必须周详，要通过各种信息渠道，利用各种机会，采取各种方式大量收集各方面有价值的资料。一般说来，既要有宏观资料，又要有微观资料；既要有历史资料，又要有现实资料；既要有综合资料，又要有典型资料。

第二，针对性，要着重收集与调查主题紧密相关的资料，善于对一般性资料进行摘录、整理、传递和选择，以得到有参考价值的信息。

第三，时效性，要考虑所收集资料的时间是否能保证调查的需要。随着知识更新速度加快，调查活动的节奏也越来越快，资料适用的时间在缩短，因此，只有反映最新情况的资料才是价值最高的资料。

第四，连续性，要注意所收集的资料在时间上是否连续。只有连续性的资料才便于动态比较，便于掌握事物发展变化的特点和规律。

文案抽样调查应围绕调查目的，收集一切可以利用的现有资料。从一般线索到特殊线索，这是每个调查人员收集情报的必由之路。当着手正式调查时，调查人员寻找的第一类资料是向他提供总体概况的那类资料，包括基本特征、一般结构、发展趋势等，随着调研的深入，资料的选择性和详细程度会越来越细，这个原则也适宜于寻找具体事实的调研活动。

文案抽样调查内部资料的收集主要是收集调查对象活动的各种记录，主要包括：

(1) 业务资料，包括与调查对象活动有关的各种资料，如订货单、进货单、发货单、合同文本、发票、销售记录、业务员访问报告等。通过对这些资料的了解和分析，可以掌握本企业所生产和经营的商品的供应情况，分地区、分用户的需求变化情况。

(2) 统计资料，主要包括各类统计报表，企业生产、销售、库存等各种数据资料，各类统计分析资料等。企业统计资料是研究企业经营活动数量特征及规律的重要定量依据，也是企业进行预测和决策的基础。

3.1.3　现场实地抽样调查

实地抽样调查是应用客观的态度和科学的方法，对某种社会现象，在确定的范围内进行实地考察，并搜集大量资料以统计分析，从而探讨地理、人文和社会现象。实地抽样调查是在传播研究范围内，研究分析传播媒介和受传者之间的关系和影响。实地抽样调查的目的不仅在于发现事实，还在于将调查经过系统设计和理论探讨，并形成假设，再利用科学方法到实地验证，形成新的推论或假说。

实地抽样调查法有两种：现场观察法和询问法。

1. 现场观察法

现场观察法是调查人员凭借自己的眼睛或借助摄像器材，调查现场直接记录正在发生的市场行为或状况的一种有效的收集资料的办法。其特点是被调查者是在不知晓的情况下接受调查的。现场观察法的类型如下：

(1) 直接观察法：在现场凭借自己的眼睛观察市场行为的方法。

(2) 环境观察法：以普通人的身份对调查对象的所有环境因素进行观察以获取调查资料的方法。

2. 询问法

询问法是指将所调查的事项，以当面、电话或书面的形式向被调查者提出询问，以获得所需的调查资料的调查方法。这是一种最常用的市场实地调查方法，也可以说是一种特殊的人际关系或现代公共关系。正因如此，调查人员应该清楚地认识到。询问法调查不仅要收集到对被调查者所期望的资料，而且还要在调查中给调查对象留下良好的印象，树立公司的形象，可能时应该将被调查者作为潜在用户加以说服。

询问法包括直接访问法、堵截访问法、电话访问法、CATI 法（计算机辅助电话调查）、邮案方法、固定样本调查法等。

3.2 抽样调查数据处理

3.2.1 统计推断方法

统计推断（Statistical Inference）根据带随机性的观测数据（样本）以及问题的条件和假定（模型），而对未知事物作出的以概率形式表述的推断。统计推断是数理统计学的主要任务，其理论和方法构成数理统计学的主要内容。统计推断的方法包括参数估计、假设检验和回归分析。

参数估计包括点估计和区间估计。

1. 点估计

当总体 X 的分布函数的形式为已知，但 X 的一个或多个参数为未知时，借助于总体 X 的一个子样本对总体某一未知参数的数值点的估计，称为参数的点估计。

设总体 X 的分布函数 $F(x;\theta)$ 的形式为已知，θ 是要估计的参数，$(X_1, X_2, \cdots, X_n)$ 是 X 的一个子样本，$(x_1, x_2, \cdots, x_n)$ 是相应的子样本的一组观察值。点估计问题就是要构造一个适当的统计量 $\theta(X_1, X_2, \cdots, X_n)$，用统计量的一组观察值 $\hat{\theta}(x_1, x_2, \cdots, x_n)$ 来估计未知参数 θ。我们称 $\theta(X_1, X_2, \cdots, X_n)$ 为 θ 的估计量，称 $\hat{\theta}(x_1, x_2, \cdots, x_n)$ 为 θ 的估计值。估计量和估计值一般统称为估计，并简记为 $\hat{\theta}$。但必须注意，对于子样本的不同观察值，估计值是不相同的。

点估计的方法有矩估计法、顺序统计量法、极大似然法、最小二乘法等。

对于同一参数，用不同方法估计，可能得到不同的估计量。一般而言，任何统计量都可以作为未知参数的估计量。但究竟采用哪一种为好呢？这就涉及用什么标准来评价估计量的问题。对于一个好的估计量通常要求满足以下几个常用标准。

1）一致性

设 $\hat{\theta}(X_1, X_2, \cdots, X_n)$ 为参数 θ 的估计量，若对任意的 $\theta \in \Theta$，当 $n \to \infty$ 时，$\hat{\theta}(X_1, X_2, \cdots, X_n)$ 依概率收敛于 θ，则称 $\hat{\theta}$ 为 θ 的一致估计量。

样本均值 $\overline{X}$ 作为总体期望 μ 的一个估计量就满足一致性标准的要求。一致性标准的要求是从极限性质来说的，因此只有对于样本容量较大时才起作用。

2）无偏性

若估计量 $\hat{\theta}=\hat{\theta}(X_1, X_2, \cdots, X_n)$ 的数学期望 $E(\hat{\theta})$ 存在，且对任意的 $\theta \in \Theta$ 有：

$$E(\hat{\theta}) = \theta$$

则称 $\hat{\theta}$ 是 θ 的无偏估计，否则称为有偏的。

2. 区间估计

点估计是用一个数值（即一个点）去估计未知参数。区间估计则是估计未知参数所在的一个范围，即一个区间。这样的区间估计同时涉及估计的可靠性和估计的精确性两个方面的问题。

设总体 X 的密度函数为 $f(x;\theta)$，θ 为未知参数。对于给定的 α（$0<\alpha<1$），若由子样本（$X_1, X_2, \cdots, X_n$）所确定的两个统计量 $\underline{\theta}(X_1, X_2, \cdots, X_n)$ 和 $\overline{\theta}(X_1, X_2, \cdots, X_n)$ 满足

$$P\{\underline{\theta}(X_1, X_2, \cdots, X_n)<\theta<\overline{\theta}(X_1, X_2, \cdots, X_n)\}=1-\alpha$$

则称随机区间（$\underline{\theta}, \overline{\theta}$）是 θ 的置信度为 $1-\alpha$ 的置信区间，α 称为显著性水平。

3.2.2　多元统计方法

由于大量实际问题都涉及多个变量，这些变量又是随机变量，所以要讨论多个随机变量的统计规律性。多元统计分析就是讨论多个随机变量理论和统计方法的总称。其内容包括一元统计学中某些方法的直接推广，也包括多个随机变量特有的一些问题，多元统计分析是一类范围很广的理论和方法。

现实生活中，受多个随机变量共同作用和影响的现象大量存在。统计分析中，有两种方法可以同时对多个随机变量的观测数据进行有效的分析和研究。一种方法是把多个随机变量分开分析，一次处理一个随机变量，分别进行研究。但是，这样处理忽略了变量之间可能存在的相关性，因此，一般丢失的信息太多，分析的结果不能客观全面的反映整个问题，而且往往也不容易获得好的研究结论。另一种方法是同时对多个随机变量进行研究分析，此即多元统计方法。通过对多个随机变量观测数据的分析，来研究随机变量总的特征、规律以及随机变量之间的相互关系。所以，多元统计分析是研究多个随机变量之间相互依赖关系及内在统计规律的一门统计学科。多元统计分析方法则是建立在多元统计分布基础上的一类处理多元统计数据方法的总称，是统计学中的具有丰富理论成果和众多应用方法的重要分支。

1. 多元回归分析

多元回归分析是研究因变量 Y 与 m 个自变量 $x_1, x_2, \cdots, x_m$ 的相关关系，而且总是假设因变量 Y 为随机变量，而 $x_1, x_2, \cdots, x_m$ 为一般变量。

下面我们来考察多元线性回归模型的建立。

假定因变量 Y 与 $x_1, x_2, \cdots, x_m$ 线性相关。收集到的 n 组数据（$y_t, x_{t1}, x_{t2}, \cdots, x_{tm}$）（$t=1, 2, \cdots, n$）满足以下回归模型

$$\begin{cases} y_t=\beta_0+\beta_1 x_{t1}+\cdots+\beta_m x_{tm}+\varepsilon_t\ (t=1,2,\cdots,n) \\ E(\varepsilon_t)=0,\mathrm{Var}(\varepsilon_t)=\sigma^2,\mathrm{Cov}(\varepsilon_i,\varepsilon_j)=0\ (i\neq j)\text{或}\ \varepsilon_t\sim N(0,\sigma^2),\text{相互独立}(t=1,2,\cdots,n) \end{cases}$$

记

$$\boldsymbol{C}=\begin{pmatrix} 1 & x_{11}\cdots & x_{1m} \\ \vdots & & \vdots \\ 1 & x_{n1}\cdots & x_{nm} \end{pmatrix}=(\boldsymbol{l}_n \mid \boldsymbol{X})$$

$$\boldsymbol{Y}=\begin{bmatrix} y_1 \\ y_2 \\ \vdots \\ y_n \end{bmatrix}, \quad \boldsymbol{\beta}=\begin{bmatrix} \beta_0 \\ \beta_1 \\ \vdots \\ \beta_m \end{bmatrix}, \quad \boldsymbol{\varepsilon}=\begin{bmatrix} \varepsilon_1 \\ \varepsilon_2 \\ \vdots \\ \varepsilon_n \end{bmatrix}$$

则所建回归模型的矩阵形式为：

$$\begin{cases} \boldsymbol{Y}=\boldsymbol{C}\beta+\boldsymbol{\varepsilon} \\ \boldsymbol{E}_{(\varepsilon)}=0_n, \boldsymbol{D}_{(\varepsilon)}=\sigma^2 I_n \end{cases}$$

或

$$\begin{cases} \boldsymbol{Y}=\boldsymbol{C}\beta+\boldsymbol{\varepsilon} \\ \boldsymbol{\varepsilon}\sim \boldsymbol{N}_n^{\cdot}(0, \sigma^2\boldsymbol{I}_n) \end{cases}$$

称上述式子为经典多元回归模型，其中$\boldsymbol{Y}$是可观测的随机向量，$\boldsymbol{\varepsilon}$是不可观测的随机向量，$\boldsymbol{C}$是已知矩阵，β，σ^2是未知参数，并设$n>m$，且 rank（$\boldsymbol{C}$）$=m+1$。

2. 判别分析

判别分析是多元统计分析中用于判别样品所属类型的一种统计分析方法，是一种在已知研究对象用某种方法已经分成若干类的情况下，确定新的样品属于哪一类的多元统计分析方法。

采用判别方法处理问题时，通常要给出用来衡量新样品与各已知组别的接近程度的指数，即判别函数，同时也指定一种判别准则，借以判别新样品的归属。所谓判别准则是用于衡量新样品与各已知组别接近程度的理论依据和方法准则。常用的有，距离准则、Fisher 准则、贝叶斯准则等。距离判别的基本思想是：样品和哪个总体距离最近，就判断样品属于哪个总体。距离判别也称直观判别。

已知有两个类G_1和G_2，比如G_1是设备A生产的产品，G_2是设备B生产的同类产品。设备A的产品质量高（如考查指标为耐磨度$\boldsymbol{X}$），其平均耐磨度$\mu_1=80$，反映设备精度的方差$\sigma_1^2=0.25$；设备 B 的产品质量稍差，其平均耐磨度$\mu_2=75$，反映设备精度的方差$\sigma_2^2=4$。今有一产品$\boldsymbol{X}_0$，测得其耐磨度$x_0=78$，试判断该产品是哪一台设备生产的？

下面考虑一种相对于分散性的距离。记$\boldsymbol{X}_0$与G_1或G_2的相对平均距离为$d_1^2(x_0)$或$d_2^2(x_0)$，则有

$$d_1^2(x_0)=\frac{(x_0-\mu^{(1)})^2}{\sigma_1^2}=\frac{(78-80)^2}{0.25}=16$$

$$d_2^2(x_0)=\frac{(x_0-\mu^{(2)})^2}{\sigma_2^2}=\frac{(78-75)^2}{4.00}=2.25$$

因为$d^2(x_0)=1.5<4=d_1(x_0)$，按这种距离准则应判断$\boldsymbol{X}_0$为设备B生产的。

一般的，我们假设总体G_1的分布为$N(\mu^{(1)}, \sigma_1^2)$，总体G_2的分布为$N(\mu^{(2)}, \sigma_2^2)$，则利用相对距离的定义，可以找出分界点μ^*和μ_*（不妨设$\mu^{(2)}<\mu^{(1)}$，$\sigma_1<\sigma_2$），

$$令\ \frac{(x-\mu^{(1)})^2}{\sigma_1^2}=\frac{(x-\mu^{(2)})^2}{\sigma_2^2}\Rightarrow x=\frac{\mu^{(1)}\sigma_2+\mu^{(2)}\sigma_1}{\sigma_1+\sigma_2}\overset{def}{=}\mu^*$$

$$x=\frac{\mu^{(1)}\sigma_2-\mu^{(2)}\sigma_1}{\sigma_2-\sigma_1}\overset{def}{=}\mu_*$$

上例中，$\mu^*=79$，$\mu_*=81.6667$。而按这种距离最近法则的判别法为：

$$\begin{cases}\text{判 } \boldsymbol{X}\in G_1,\ \text{当}\dfrac{(x-\mu^{(1)})^2}{\sigma_1^2}<\dfrac{(x-\mu^{(2)})^2}{\sigma_2^2}\ (\text{即 } \mu^*<x<\mu_*)\text{；}\\ \text{判 } \boldsymbol{X}\in G_2,\ \text{当}\dfrac{(x-\mu^{(1)})^2}{\sigma_1^2}\geqslant\dfrac{(x-\mu^{(2)})^2}{\sigma_2^2}\ (\text{即 } x\leqslant\mu^* \text{ 或} \geqslant\mu_*)\text{。}\end{cases}$$

3. 主成分分析

主成分分析是采取一种数学降维的方法，找出几个综合变量来代替原来众多的变量，使这些综合变量尽可能的代表原来变量的信息，而且彼此之间互不相关。这种把多个变量化为少数几个互相无关的综合变量的统计分析方法称为主成分分析或主分量分析。

主成分分析所要做的就是设法将原来众多具有一定相关性的变量，重新组合为一组新的相互无关的综合变量来代替原来变量。通常，数学上的处理方法就是将原来的变量做线性组合，作为新的综合变量，但是这种组合如果不加以限制，则可以有很多，应该如何选择呢？如果将选取的第一个线性组合即第一个综合变量记为 F_1，自然希望它尽可能多的反映原来变量信息，这里信息用方差来测量，即希望 Var（F_1）越大，表示 F_1 包含信息越多。因此在所有线性组合中所选取的 F_1 应该是方差最大的，故称 F_1 为第一主成分。如果第一主成分不足以代表原来 p 个变量的信息，再考虑选取 F_2 即第二个线性组合，为了有效地反映原来的信息，F_1 已有的信息就不需要再出现在 F_2 中，用数学语言表达就是要求 Cov（F_1，F_2）$=0$，称 F_2 为第二主成分，以此类推可以构造出第 3 个，第 4 个，…，第 p 个主成分。

4. 聚类分析

聚类分析是将样品或变量按照它们在性质上的亲疏程度进行分类的多元统计分析方法。聚类分析时，用来描述样品或变量的亲疏程度通常有两个途径，一是把每个样品或变量看成是多维空间中的一个点，在多维坐标中，定点与点，类和类之间的距离，用点与点间距离来描述样品或变量之间的亲疏程度：二是计算样品或变量的相似系数，用相似系数来描述样品或变量之间的亲疏程度。

聚类分析是实用多元统计分析的一个新的分支，聚类分析的功能是建立一种分类方法，将一批样品或变量，按照它们在性质上的亲疏、相似程度进行分类。

聚类分析的内容十分丰富，按其聚类的方法可以分为以下几种：

（1）系统聚类法：开始每个对象自成一类，然后每次将最相似的两类合并，合并后重新计算新类与其他类的距离或相近性测度。这一过程可以用一张谱系聚类图描述。

（2）调优法（动态聚类法）：首先对 n 个对象初步分类，然后根据分类的损失函数尽可能小的原则对其进行调整，直到分类合理为止。

（3）最优分割法（有序样品聚类法）：开始将所有样品看做一类，然后根据某种最优准则将它们分割为二类、三类，一直分割到所需的 K 类为止。这种方法适用于有序样品的分类问题，也称为有序样品的聚类法。

（4）模糊聚类法：利用模糊集理论来处理分类问题，该方法对经济领域中具有模糊特征两态数据或多态数据具有明显的分类效果。

（5）图论聚类法：利用图论中最小支撑树的理论来处理分类问题，该方法创造了独具风格的方法。

(6) 聚类预报法：利用聚类方法处理预报问题。在多元统计分析中，可以用来做预报的方法很多，如回归分析和判别分析。但对一些异常数据，如气象中的灾害性天气的预报，使用回归分析或判别分析处理的效果都不好，而聚类预报弥补了这一不足，这是一种值得重视的方法。

聚类分析根据对象的不同又分为 R 型和 Q 型两大类，R 型是对变量（指标）进行分类，Q 型是对样品进行分类。

R 型聚类分析的目的有以下几方面：

(1) 可以了解变量间及变量组合间的亲疏关系；

(2) 对变量进行分类；

(3) 根据分类结果及它们之间的关系，在每一类中选择有代表性的变量作为重要变量，利用少数几个重要变量进一步作分析计算，如进行回归分析或 Q 型聚类分析等。

Q 型聚类分析的目的主要是对样品进行分类。分类的结果是直观的，且比传统的分类方法更细致、更全面、更合理。当然使用不同的分类方法通常有不同的分类结果。对任何观测数据都没有唯一正确的分类方法。实际应用中，常采用不同的分类方法，对数据进行分析计算，一边对分类提供具体意见，并由实际工作者决定所需要的分类数及分类情况。

5. 因子分析

因子分析是主成分分析的推广和发展，该方法是由研究原始数据相关矩阵的内部依赖关系出发，把一些具有错综复杂关系多个变量（或样品）综合为少数几个因子，并给出原始变量与综合因子之间相关关系的一种多元统计分析方法。该方法也属于多元分析中数据降维的一种统计方法。

因子分析是通过变量（或样品）的相关系数矩阵内部结构的研究，找出存在于所有变量（或样品）中具有共性的因素，并综合为少数几个新变量，把原始变量表示成少数几个综合变量的线性组合，以再现原始变量与综合变量之间的相关关系。其中，这里的少数几个综合变量一般是不可观测指标，通常称为公共因子。

因子分析常用的两种类型：一种是 R 型因子分析，即对变量进行因子分析：另一种是 Q 型因子分析，即对样品进行的因子分析。

6. 对应分析方法

对应分析又称为相应分析，是一种目的在于揭示和样品之间或者定性量资料中变量与其类别之间的相互关系的多元统计分析方法。

对应分析的关键是利用一种数据变换，使含有 p 个变量 n 个样品的原始数据矩阵，变换成为一个过渡矩阵 $\boldsymbol{Z}$，并通过矩阵 $\boldsymbol{Z}$ 将 R 型因子分析和 Q 型因子分析有机的结合起来。具体地说，首先给出进行 R 型因子分析时变量点的协方差阵 $\boldsymbol{A}=\boldsymbol{Z}'\boldsymbol{Z}$ 和进行 Q 型因子分析时样品点的协方差阵 $\boldsymbol{B}=\boldsymbol{Z}\boldsymbol{Z}'$，由于 $\boldsymbol{Z}'\boldsymbol{Z}$ 和 $\boldsymbol{Z}\boldsymbol{Z}'$ 有相同的非零特征根，记为

$$\lambda_1 \geqslant \lambda_2 \geqslant \cdots \geqslant \lambda_m, \quad 0<m \leqslant \min(p, n)$$

依据证明，如果 $\boldsymbol{A}$ 的特征根 λ_i 对应的特征向量为 $\boldsymbol{U}_i$，则 $\boldsymbol{B}$ 的特征根 λ_i 对应的特征向量就是 $\boldsymbol{Z}\boldsymbol{U}_i \stackrel{\Delta}{=} \boldsymbol{V}_i$，根据这个结论就可以很方便地借助 R 型因子分析而得到 Q 型因子分

析的结果。因为求出 $\boldsymbol{A}$ 的特征根和特征向量后很容易写出变量点协方差阵对应的因子载荷矩阵，记为 $\boldsymbol{F}$。则

$$\boldsymbol{F}=\begin{pmatrix} u_{11}\sqrt{\lambda_1} & u_{12}\sqrt{\lambda_2} & \cdots & u_{1m}\sqrt{\lambda_m} \\ u_{21}\sqrt{\lambda_1} & u_{22}\sqrt{\lambda_2} & \cdots & u_{2m}\sqrt{\lambda_m} \\ \vdots & \vdots & & \vdots \\ u_{p1}\sqrt{\lambda_1} & u_{p2}\sqrt{\lambda_2} & \cdots & u_{pm}\sqrt{\lambda_m} \end{pmatrix}$$

这样，利用关系式 $\boldsymbol{ZU}_i \overset{\Delta}{=} \boldsymbol{V}_i$ 也很容易写出样品点协方差阵 $\boldsymbol{B}$ 对应的因子载荷阵，记为 $\boldsymbol{G}$。则

$$\boldsymbol{G}=\begin{pmatrix} v_{11}\sqrt{\lambda_1} & v_{12}\sqrt{\lambda_2} & \cdots & v_{1m}\sqrt{\lambda_m} \\ v_{21}\sqrt{\lambda_1} & v_{22}\sqrt{\lambda_2} & \cdots & v_{2m}\sqrt{\lambda_m} \\ \vdots & \vdots & & \vdots \\ v_{n1}\sqrt{\lambda_1} & v_{n2}\sqrt{\lambda_2} & \cdots & v_{nm}\sqrt{\lambda_m} \end{pmatrix}$$

从结果的展示上，由于 $\boldsymbol{A}$ 和 $\boldsymbol{B}$ 具有相同的非零特征根，而这些特征根正是公共因子的方差，因此可以用相同的因子轴同时表示变量点和样品点，即把变量点和样品点同时反映在具有相同坐标轴的因子平面上，以便显示出变量点和样品点之间的相互关系，并且可以一并考虑进行分类分析。

7. 典型相关分析

在经济学中，不仅经常需要考察两个变量之间的相关程度，而且还经常需要考察多个变量与多个变量之间即两组变量之间的相关关系。典型相关分析就是研究两组变量之间相关程度的一种多元统计分析方法。

典型相关分析是研究两组变量之间相关关系的一种统计分析方法。为了研究两组变量 X_1，X_2，…，X_p 和 Y_1，Y_2，…，Y_q 之间的相关关系，采用类似于主成分分析的方法，在两组变量中，分别选取若干有代表性的变量组成有代表性的综合指数，通过研究这两组变量之间的相关关系，来代替这两组变量之间的相关关系，这些综合指数称为典型变量。

3.3　统计数据分析软件

统计要与大量的数据打交道，涉及繁杂的计算和图表绘制。现代的数据分析工作如果离开统计软件几乎无法正常开展。在准确理解和掌握了各种统计方法原理之后，掌握几种统计分析软件的实际操作，是十分必要的。

3.3.1　SPSS

SPSS 是英文 Statistical Package for Social Science 的缩写，即社会科学统计分析软件包。该软件包是当今世界上公认和流行的综合统计分析软件包。在我国，SPSS for Windows 软件包以其强大的统计分析功能、方便的用户操作界面、灵活的表格式分析报告及其精美的图形展现，受到了社会各界统计分析人员的喜爱。

SPSS是世界上最早的统计分析软件，由美国斯坦福大学的三位研究生 Norman H. Nie、C. Hadlai（Tex）Hull 和 Dale H. Bent 于 1968 年研究开发成功，同时成立了SPSS公司，并于1975年成立法人组织、在芝加哥组建了SPSS总部。1984年SPSS总部首先推出了世界上第一个统计分析软件微机版本SPSS/PC+，开创了SPSS微机系列产品的开发方向，极大地扩充了该软件的应用范围，并使其能很快地应用于自然科学、技术科学、社会科学的各个领域。世界上许多有影响的报纸杂志纷纷就SPSS的自动统计绘图、数据的深入分析、使用方便、功能齐全等方面给予了高度评价。

2009年7月28日，IBM公司宣布将用12亿美元现金收购统计分析软件提供商SPSS公司。具体的收购方式为，IBM将以每股50美元的价格进行收购，该交易将全部以现金形式支付，预计于年底前完成。SPSS公司称将在2009年10月2日召开特别股东大会，投票表决有关将该公司出售给IBM的交易。如今SPSS已出至版本21.0，而且更名为IBM SPSS。迄今，SPSS公司已有40余年的成长历史。SPSS自SPSS16.0起推出Linux版本。SPSS最新版本为SPSS 22.0，已支持Windows 8、Mac OS X、Linux及UNIX/2012年，提供Mac、Windows、Linux及UNIX四种平台产品版本下载。

SPSS软件包集数据整理、分析过程、结果输出等功能为一体，采用窗口操作界面，统计分析方法涵盖面广，用户操作使用方便，输出数据表格图文并貌，并且随着该软件的功能不断完善，统计分析方法不断充实，大大提高了统计分析工作的效率。从1968年由美国斯坦福大学开发使用至今，已经拥有全球数以万计的用户，分布在通信、医疗、银行、证券、保险、制造、商业、市场研究、科学教育等众多的行业领域，成为世界上应用最广泛的专业统计软件之一。SPSS的基本功能包括数据管理、统计分析、图表分析、输出管理等，具体内容包括描述统计、列联分析，总体的均值比较、相关分析、回归模型分析、聚类分析、主成分分析、时间序列分析、非参数检验等多个大类，每个类中还有多个专项统计方法。SPSS设置有专门的绘图系统，可以根据使用者的需要将给出的数据绘制成各种图形，能够满足用户的不同需求。如图3.3所示。

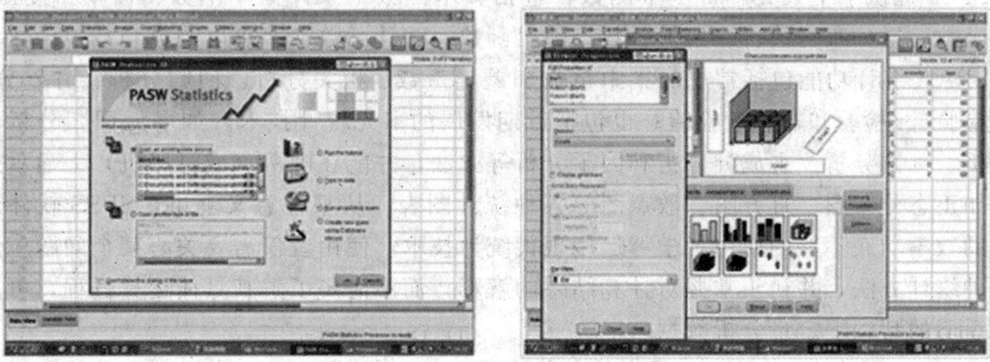

(a) (b)

图3.3 SPSS软件

1. SPSS的运行方式

SPSS提供了3种基本运行方式：完全窗口菜单方式、程序运行方式、混合运行方式。

程序运行方式和混合运行方式是使用者从特殊的分析需要出发，编写自己的 SPSS 命令程序，通过语句直接运行。这里只介绍完全窗口菜单管理方式，这种操作方式简单明了，除数据输入工作需要键盘外，大部分的操作命令、统计分析方法的实现是通过菜单、图标按钮、对话框来完成的，非常适用于一般的统计分析人员和一般统计方法的应用者。

SPSS 中使用的对话框主要有两类，一类是文件操作对话框，文件操作对话窗口操作与 Windows 应用软件操作风格一致。另一类是统计分析对话框，统计分析对话框可以分为主窗口和下级窗口，在该类对话框中，选择参与分析的各类变量及统计方法是对话框的主要任务。有关对话框的详细操作将在后面的统计方法的实验中解释。

2. SPSS 的实验环境要求

SPSS10.0 以上版本软件包可以工作在两种模式下，即单机模式和作为网络系统的用户界面模式。SPSS for Windows 软件包可以运行在微软公司的 Windows 98、Windows NT 4.0、Windows ME、Windows 2000 和 Windows XP 操作系统之下。由于统计分析软件的数据量比较大，所以系统运行需要大于 16M 以上空间。SPSS 可以直接将 SPSS 数据文件保存为 Excel 工作表，也可以直接打开一个 Excel 工作表，因此，为了方便数据录入，应在操作系统下安装一个 Excel 软件。另外，许多数据在处理之前可能保存在某个数据库中，例如 FoxBase、Sybase、SQLServer、Oracle 等，若有需要从数据库中获取数据的分析，则应在操作系统下安装相应的数据库管理系统。

3. SPSS 的主要界面

SPSS 的主要界面有数据编辑窗口和结果输出窗口。数据编辑窗口与微软的 Exdel 类似，但 SPSS 的统计功能更多。SPSS 的结果输出窗口是显示统计分析的结果，此窗口的内容可以以结果文件 .spo 的形式保存。数据编辑窗口和结果输出窗口的详细描述可以在有关 SPSS 的数据文件建立的内容中查到。SPSS 的帮助系统对一些基本模块中的统计提供了帮助，可以通过单击 Help 菜单中的 Statistics Coach 命令，选择所需要的统计指导。

4. SPSS 的主要组成和功能

SPSS 提供了十大类一百多个函数，包括算术函数、累计概率函数、概率密度函数、时间函数、逆分布函数、缺失值函数、随机函数、统计函数、字符串函数和其他函数。

SPAA 统计功能包括常规的集中量数和差异量数、相关分析、回归分析、方差分析、卡方检验、t 检验和非参数检验；也包括近期发展的多元统计技术，如多元回归分析、聚类分析、判别分析、主成分分析和因子分析等方法，并能在屏幕（或打印机）上显示（打印）如正态分布图、直方图、散点图等各种统计图表。从某种意义上讲，SPSS 软件还可以帮助数学功底不够的使用者学习运用现代统计技术。使用者仅需要关心某个问题应该采用何种统计方法，并初步掌握对计算结果的解释，而不需要了解其具体运算过程，可以在使用手册的帮助下定量分析数据。

数据可以直接输入 SPSS，或者从其他形式：SPSS 数据文件、电子表应用软件（例如 Microsoft Excel）、数据库软件（例如 Microsoft Access）以及文本文件等导入。

统计建模 Complex Samples 是 12 版中新增的模块，用于实现复杂抽样的设计方案，以及对相应的数据进行描述。但当时并未提供统计建模功能。在 13 版中，这将会有很大的改观。一般线形模型将会被完整地引入复杂抽样模块中，以实现对复杂抽样研究中各种连续性变量的建模预测功能，例如对市场调研中的客户满意度数据进行建模。对于分类数据，Logistic 回归则将会被系统的引入。这样，对于一个任意复杂的抽样研究，如多阶段分层整群抽样，或者更复杂的 PPS 抽样，研究者都可以在该模块中轻松地实现从抽样设计、统计描述到复杂统计建模以发现影响因素的整个分析过程，方差分析模型、线性回归模型、Logistic 回归模型等复杂的统计模型都可以加以使用，而操作方式将会和完全随机抽样数据的分析操作没有什么差别。可以预见，该模块的推出将会大大促进国内对复杂抽样时统计推断模型的正确应用。

用 Sax Basic 语言编写的程序，适用于使 SPSS 内部操作自动化，也适用于高级分析人员。

SPSS 18.0 包含 17 个功能模块：

(1) Base System 基础程式；

(2) Advanced Models 高等统计模组（GEE/GLM/存活分析）；

(3) Regression Models 进阶回归模组；

(4) Custom Tables 多变量表格；

(5) Forecasting 时间序列分析；

(6) Categories 类别资料分析/多元尺度方法；

(7) Conjoint 联合分析；

(8) Exact Tests 精确检定；

(9) Missing Value Analysis 遗漏值分析；

(10) Neural Networks 类神经网络；

(11) Decision Trees 决策树；

(12) Data Preparation 资料准备；

(13) Complex Samples 抽样计划；

(14) Direct Marketing 直销行销模组；

(15) Bootstrapping 拔靴法；

(16) Data collection Data Entry 资料收集；

(17) Programmability Extension 扩充程式码能力。

3.3.2 SAS 软件

SAS 软件全称为 Statistics Analysis System，最早由北卡罗来纳大学的两位生物统计学研究生编制，并于 1976 年成立了 SAS 软件研究所，正式推出了 SAS 软件。SAS 是用于决策支持的大型集成信息系统，但该软件系统最早的功能限于统计分析，至今，统计分析功能也仍是该软件的重要组成部分和核心功能。SAS 现在的版本为 9.0 版，大小约为 1G。经过多年的发展，SAS 已被全世界 120 多个国家和地区的近 3 万家机构所采用，直接用户超过 300 万人，遍及金融、医药卫生、生产、运输、通信、政府和教育科研等领域。在数据处理和统计分析领域，SAS 系统被誉为国际上的标准软件系统，并于 1996—1997 年度被评选为建立数据库的首选产品，堪称统计软件界的巨无霸。

SAS 系统是一个组合软件系统，该系统由多个功能模块组合而成，其基本部分是

BASE SAS 模块。BASE SAS 模块是 SAS 系统的核心，承担着主要的数据管理任务，并管理用户使用环境，进行用户语言的处理，调用其他 SAS 模块和产品。亦即，SAS 系统的运行，首先必须启动 BASE SAS 模块，该模块除了本身所具有数据管理、程序设计及描述统计计算功能以外，还是 SAS 系统的中央调度室。该模块除可单独存在外，也可与其他产品或模块共同构成一个完整的系统。各模块的安装及更新都可以通过其安装程序非常方便地进行。SAS 系统具有灵活的功能扩展接口和强大的功能模块，在 BASE SAS 的基础上，还可以增加以下不同的模块而增加不同的功能：SAS/STAT（统计分析模块）、SAS/GRAPH（绘图模块）、SAS/QC（质量控制模块）、SAS/ETS（经济计量学和时间序列分析模块）、SAS/OR（运筹学模块）、SAS/IML（交互式矩阵程序设计语言模块）、SAS/FSP（快速数据处理的交互式菜单系统模块）、SAS/AF（交互式全屏幕软件应用系统模块），等等。SAS 具有一个智能型绘图系统，不仅能绘制各种统计图，还能绘制地图。SAS 提供多个统计过程，每个过程均含有极丰富的任选项。用户还可以通过对数据集的一连串加工，实现更为复杂的统计分析。此外，SAS 还提供了各类概率分析函数、分位数函数、样本统计函数和随机数生成函数，使用户可以方便地实现特殊统计要求。

SAS 是由大型计算机系统发展而来的，其核心操作方式就是程序驱动，经过多年的发展，现在已成为一套完整的计算机语言，其用户界面也充分体现了这一特点：该系统采用 MDI（多文档界面），用户在 PGM 视窗中输入程序，分析结果以文本的形式在 OUTPUT 视窗中输出。使用程序方式，用户可以完成所有需要做的工作，包括统计分析、预测、建模和模拟抽样等。但是，这使得初学者在使用 SAS 时必须要学习 SAS 语言，入门比较困难。SAS 的 Windows 版本根据不同的用户群开发了几种图形操作界面，这些图形操作界面各有其特点，使用时非常方便。

3.4　抽样调查数据误差分析

3.4.1　抽样调查误差分类

Lessler 和 Kalsbeek 曾根据调查的不同阶段对误差来源进行过分类：在抽样框收集的误差、抽样实施过程中会存在抽样误差，在调查实施中会出现无回答误差和计量误差。事实上，任何一次严格的随机抽样调查数据，一般都会存在两个层面的误差：

(1) 抽样过程中的误差；

(2) 存在于被访者的真实信息与研究人员在统计分析过程中实际可得信息之间的误差。

这里，我们将前一种误差称为抽样误差；将后一种误差称为测量误差，或称为非抽样误差。

我们认为，测量误差是指被访者的真实信息通过一系列的询问、回答、调查员记述、编码、机读格式存储等转换过程后所产生的信息变异。大多数信息变异都可能是一种非随机误差，它涉及的范围大体包括以下几个方面：

(1) 录入误差，即将问卷记录信息转换为机读格式存储信息过程所产生的录入错误。

(2) 无回答误差，即在问卷的某个问题或某些问题上，由于被访者拒答，或者由于调查员询问、记录出现遗漏等原因所产生的信息缺失。

(3) 回答偏差，产生这类偏差的原因可能是多方面的：一是调查员询问未能准确表达测量目标，致使被访者错误理解问题而产生回答信息与测量要求的不一致，或者相反，被访者对询问问题的理解有偏误，因而做出与测量要求不一致的回答；二是题意设计模糊，致使不同被访者或调查员对问题产生歧义性理解，从而使收集的信息无法达到测量效果；三是问卷访谈过程受到第三方因素的干扰（比如他人在场、突发事件、访谈被中断等），致使回答产生偏差；四是被访者有意报告虚假信息。

(4) 记录和编码的偏差，即在记录和编码被访者回答信息时，由于调查员的失误而产生的信息偏差。

抽样过程的随机误差一般可以通过抽样技术加以推断和控制，或者可以通过一定的估计手段加以有效估计（比如抽样误差），而非随机误差的控制却是一项复杂的工作，对非随机误差的估计也经常令研究者感到十分头痛，有时候非随机误差可能会一直潜藏在研究者的分析结果之中，很难为研究者所发现。在大型入户问卷调查的实施过程中，研究者往往由于无法全面掌握抽样以及问卷访谈的具体细节，从而对问卷数据到底可能发生了什么样的信息变异无从知晓。隐藏在数据背后的那些问题，缠绕在可能准确的真实信息之中，有时候人们可能面对的是一堆“斩不断、理还乱”的数据符号，对耗费了巨大的人力、物力收集到的数据信息往往只能是将信将疑地去使用和分析，这反过来也影响了研究者对社会现实作出判断的信心。正因为抽样调查数据可能存在的诸多数据谬误与偏差，使得人们有理由认为，根据抽样调查数据来分析和研究社会，以期反映真实的社会现象及其背后的社会生活的逻辑，其本身就是一项极其危险的事业。

3.4.2　抽样调查数据的测量误差及其消除

抽样调查的目的是从局部推断全体，即用抽样样本指标去估计或推断总体指标。这两者存在一定的差别，这种差别，就称为误差。抽样误差一词包含有双重含义。它既是指某一次抽样结果的随机误差，即实际误差；又是指抽样的全部可能结果的误差，即抽样平均误差。由于总体指标是未知的，并且每一次取样是随机的，因此人们不可能计算出实际误差。而抽样平均误差则不同，它是样本平均数与总体平均数的标准差，抽样平均误差能利用以下公式计算出来，在简单随机抽样条件下有

$$\mu=\sqrt{\frac{\sum(\bar{x}-\overline{X})^2}{M}}\begin{cases}\sqrt{\dfrac{\sigma^2}{n}} & \text{（重复抽样）}\\[2ex] \sqrt{\dfrac{\sigma^2}{n}\left(1-\dfrac{n}{N}\right)} & \text{（不重复抽样）}\end{cases}$$

式中，μ 代表抽样平均误差，$\bar{x}$ 代表样本平均数，$\overline{X}$ 代表总体平均数，M 代表样本可能数目，σ^2 代表总体方差，n 代表样本单位数，N 代表总体单位数。

实际工作中所讲的随机抽样误差一般都是指抽样平均误差，而非实际误差。为了控制抽样误差，首先必须了解随机抽样误差受哪些因素的影响，以便控制这些因素，使之尽可能减少到最低限度。一般地，随机抽样误差受以下四个因素的影响：

（1）总体各单位之间的标志变异程度；

（2）样本单位数；

（3）抽样的方式方法；

（4）估计方式。

从上述随机抽样误差公式可以看出，抽样误差（μ）是与总体各单位间的标志变异程度（σ^2）成正比的，与样本单位数（n）的平方根成反比。即总体各单位之间的差异程度越大，抽样误差越大，反之，则越小。而抽取的样本单位数越大，随机抽样误差便越小，反之，则越大。另外，随机抽样误差还受抽样方式方法的影响。一般地，等距抽样和类型抽样的误差小于简单随机抽样的误差，不重复抽样的误差小于重复抽样的误差。估计方法也同样影响随机抽样误差的大小，估计方法选择得恰当，也会降低其误差。

关于随机抽样误差控制的具体操作，可以从以下几个方面着手：

1. 进行有效性检验

所谓有效性检验，就是通过对抽样平均误差的检验，看实际误差与理论误差是否存在着系统性差异。如果通过检验有系统性差异存在，表明所抽的样本不能有效地代表总体；反之，如果通过检验，系统性差异不存在，则表明样本可以代表总体。有效性检验具有两种方法，一是假设检验；二是交叉样本检验。对于假设检验，既可以进行样本平均数与总体平均数的显著性检验，也可以进行样本方差与总体方差的显著性检验，两种检验的效果是一致的。

所谓交叉样本检验，就是采用相同的抽样方案，从总体中随机抽出两套或两套以上的子样本，每套子样本都至少包含 1 个基本单位，分派不同的调查人员进行调查，然后分别计算各套子样本的样本指标，并进行比较。按理这些子样本指标之间，应该只包含差异较小的随机误差，如果发现有悬殊偏差，则说明调查人员在调查工作中可能有系统性误差，应及时纠正。通过这两种检验，便可以及时发现和控制系统性误差的出现，提高样本的代表性。

2. 合理运用各种抽样组织方式

前面已说过，抽样组织方式是影响抽样误差大小的因素之一，因此，要控制抽样误差，就必须选择最合适的抽样组织方式。简单随机抽样方式在理论上是最符合随机原则的，该方式的抽样平均误差也容易得到理论上的论证，因此可以为发展其他更复杂抽样设计提供基础，同时也可以用来衡量其他抽样方法的抽样效果。但简单随机抽样在实践中受到许多限制。该方式需要较多的样本单位数，而且当总体很大时，编号工作就变得非常困难，特别是对于正在连续生产的产品，甚至不可能进行编号。在这些情况下，就不适宜采用简单随机抽样方式。分层抽样的特点是先把总体各单位按其属性特征分为若干类或层，然后从每层之中随机地抽选样本单位。通过分层可以把总体中标志值比较近的单位分为一层，使各层的分布比较均匀，而且保证各层都有中选的机会。这样计算的抽样平均指标的变异程度比较小。因此，在总体各单位标志值大小悬殊的情况下，运用分层抽样比简单随机抽样可以得到更为准确的结果。等距抽样是将总体各单位按一定标识或秩序排列，然后按固定距离或间隔抽取样本单位的一种抽样方式。等距抽样既可以按有关标识排列，也可以按无关标识排列，如按名册上的姓氏笔画排列，按工商行名录以及时间、空间距离排列等，均可划分等距。一般地，按无关标识排队的等距抽样其效果与简单随机抽样差不多。但是按有关标识顺序排列的等距抽样，该方式与分层抽样的情况有点相似，能保证抽取的样本单位在总体中均匀分布，从而提高了样本的代表性。因此，等距抽样比简单随机抽样的误差要小，效果要好。然而，由于等距抽样在确定第一个样本单位的位置后，其余各单位的位置也相应确定了。因此在抽样时尤其应注意避免抽样间隔和现象本身的周期性节奏相重合引起系统性偏差。整群抽样是将总体多个单位划分成若干群，然后以群为单位随机抽取若干群，对中选群中所有单位进行全面调查。将整群抽样和分层抽样相比较，虽然两者都需要将总体划分成许多组，不过分组的作用不同。分层抽样划分的组称为层，其作用是缩小总体，使总体内的标志变异度减小，而抽取的单位是总体中的单位。整群抽样划分的组称为群，其作用在于扩大单位，抽取的基本单位不再是总体单位而是群，这样抽样工作就简便了。但是整群抽样抽出的样本往往不够均匀，代表性往往比简单随机抽样还低。只有在群内差异较大而群间差异较小的情况下，整群抽样才合适，这一点恰好和分层抽样相反。整群抽样的优点主要体现在经济方面，该方式比其他抽样方式节省更多的人力、物力和费用。

当总体很大时，抽样调查直接抽选总体单位有很大困难，一般采用多阶段抽样方式，利用现有行政区划、组织系统、层层抽选。例如，学生期末考试成绩抽样调查中由省抽市，市内再抽县，县内再抽学校，最后由中选的学校再抽具体的样本点。二阶段抽样、分层抽样和整群抽样同样都需要先对总体加以分组，然后再抽取单位。但是这类方式之间是有明显差别的。分层抽样是从全部的分组中每组各抽取部分单位，该方式和二阶段抽样的区别在于第一阶段抽取了全部的组，但二阶段抽样在第一阶段只是随机地抽取部分组。整群抽样是从全部的分组中随机抽取部分的组，然后对中选组全部单位进行调查。该方式和二阶段抽样的区别在于第二阶段抽取了中选组的全部单位进行调查，而二阶段抽样在第二阶段只是在中选组中随机抽取部分单位。所以，二阶段抽样也可以说是整群抽样和分层抽样的综合，前面阶段是整群抽样，最后阶段是分层抽样。为了使二阶段抽样的总误差缩小，在划分群时应尽量使群内差异大一些，群之间的差异小一些，而且最好是多抽一些群，使抽到的调查单位更均匀地分布在总体各个部分，从而提高其代表性。

每一种抽样组织方式都有其不同的特点。只要我们根据不同的调查目的和不同的总体状况，采用最合适的抽样方式，抽取必要数目的样本单位，就可以把抽样误差控制在一定范围内。

3. 恰当地选择估计方法

抽样的目的是为了估计总体，一般的抽样理论中最常见的是点估计和区间估计，这里简称简单估计。此外，还有两种结合已知的有关辅助资料进行估计的方法，即比率估计和回归估计。这三种估计方法由于出发点不同，利用资料不同，故其抽样平均误差也各不相同。

3.4.3 非抽样测量误差及其消除

非抽样误差产生的原因很多，从抽样设计，调查问卷的制定，调查人员的素质，到调查数据的处理，每一个环节都可能出现误差。根据非抽样误差产生的方式和出现的阶段不同，可以将非抽样误差分解为以下几类：

(1) 非抽样误差按其产生的方式不同，可以分为登记性误差和系统性误差。

登记性误差，是指在调查过程中，由于工作出现失误而造成的误差。产生登记性误差的主要原因可以归纳为两类：一类是由于计量手段的局限性所带来的难以绝对符合实际而出现的误差；另一类是由于登录、计算、抄报、汇总错误及被调查者所报不实或调查者有意虚报满报等所带来的误差。

系统性误差，是指在抽取样本单位时，由于加入主观意愿，破坏了随机抽样原则使样本不足以代表总体而造成的误差。

(2) 非抽样误差按其产生的环节不同，可以分为设计误差、调查误差和汇总误差。

设计误差，是指在抽样设计阶段产生的误差。产生设计误差的主要原因是由于采用了有缺陷的抽样框或者是调查问卷设计不科学所造成的。抽样框是用来代表总体，从中抽选样本的一个框架。一个理想的抽样框应该是每个总体单位在目录名单上出现一次，不重不漏，在可能的条件下还应包括与所研究变量相关的辅助资料，以便利用这些资料搞好抽样设计，减少非抽样误差。但在实际工作中，一个理想的抽样框有时是很难取得的，如果采用了有缺陷的抽样框，就必然会产生抽样框误差。抽样框误差主要来自作业总体单位和目标总体单位的不理想连接、抽样框陈旧及误差的辅助信息的使用。其中抽样框陈旧是指抽样框所提供的信息与实际情况差异较大。

抽样框陈旧会带来以下问题：其一，丢失目标总体单位。即有些目标总体单位没有在抽样框中出现。其二，包含非目标单位。即抽样框中包含了一些不属于研究对象的总体单位。其三，丢失目标单位和包含非目标单位同时存在。这些问题的出现都会导致抽样误差的产生。

调查问卷设计不科学，主要表现在有的调查问卷设计缺乏应有的技巧和提问艺术，或主体不明确，重点不突出，或条理不清楚，或逻辑性较差，或提问不够清晰明确等；还有的调查问卷在设计过程中只考虑研究者的方便，不顾及被调查者的实际情况，或内容过于庞杂，或内容中涉及敏感性提问太多，或所提问题的答案含义不明确等，所有这些都会导致非抽样误差。

调查误差，是指在调查过程中产生的误差。这种误差从其产生的人员来划分主要包括调查人员误差和被调查人员误差两种。调查人员误差的产生是由于调查工作过失和故意舞弊所致，如调查者自身的素质不高，工作粗糙、登录马虎等所造成的误差都属于调查者的误差。故意舞弊是指调查者为了自己省事，根本没有按照调查方案的规定进行调查，而是随意编纂甚至篡改调查资料。被调查者误差的产生有的是由于被调查者对问题的理解发生差错或是因为被调查者记忆不清回答有困难而造成的；有的是由于调查的问题涉及被调查者的利益故意错答所致；有的是由于调查的问题涉及一些敏感性的问题或是提问方式不当而拒绝回答所致。其中被调查人员误差按被调查者是否回答，又可以分为无回答误差和回答误差两种。前者包括调查单位的无回答和调查项目的无回答。调查单位的无回答是指未能从抽选样本中的一部分单位取得调查资料。调查项目的无回答是指在抽样调查中对调查方案中的个别项目未能得到回答。无回答误差产生的原因可以归纳为以下两种：一是由随机抽样所确定的被调查单位在具体调查时未能接触到，致使被调查单位没有接受调查；二是虽然接触到了被调查者，但他们不合作，要么是调查涉及个人隐私、商业秘密等敏感性问题而不愿意回答，要么是调查问卷中所列的调查项目超出了被调查者的实际能力和条件或调查项目复杂而无法回答。后者产生的原因主要是由于被调查者所持有的立场、观点不同，文化水平、经济利益等方面存在差异，有意或无意的形成对客观现象的认识存在偏差。如有的被调查者对一些问题没有正确的判断和见解，人云亦云；有的被调查者由于受调查人员自身观点的影响而没能真正回答自己的观点；还有的被调查者由于受经济利益的驱动有意歪曲事实，等等。

汇总误差，是指在调查数据汇总、整理和数据传输过程中产生的误差。这种误差的形成原因主要是由于我国统计数据处理技术落后和汇总人员的失误所致。

非抽样误差产生的原因十分复杂，误差种类繁多，对社会经济造成的危害非常严重。因此，我们应当针对非抽样误差产生的原因，从各方面、各环节出发，采取相应的措施对其实施有效的预防和控制。

1. 科学设计调查方案

抽样调查过程是一项系统工程，事先必须进行周密设计，制定出科学的调查方案，才能在调查过程中减少非抽样误差。科学设计调查方案，应着重从抽样框和问卷设计两方面考虑。在抽样框方面，要求设计者在编制抽样框之前必须对调查总体的分布结构有一定的认识，在抽选样本之前，要对抽样框加以检查，发现可能存在的问题，进行识别和处理，并采取一定措施加以补救。在问卷设计方面，要求设计者在设计问卷时要做到所提问题除了要符合调查主题外，还要看能否使被调查者完全明确调查的意图并乐意配合作出正确的回答。具体来讲，应注意以下几点：

(1) 问卷设计的问题应当围绕调查的目的展开，切忌问一些不着边际的问题。

(2) 所提问题要含义明确，用词要恰当，简明扼要，符合逻辑，并注意礼貌。

(3) 问卷中的用词要客观，不要有倾向性或诱导性。

(4) 必须考虑被调查者的实际能力和条件，尽力避免被调查者不容易理解或不可能回答的问题，同时应少用专业术语。

(5) 对一些敏感性问题，要想方设法淡化其敏感程度。

(6) 所提问题的内容要单一，避免几个问题放在一起。

(7) 问卷的内容不能太多，不要过多占用被调查者的时间而影响其工作和休息。

2. 加强培训，提高抽样调查队伍的整体素质

抽样调查工作对抽样调查队伍的素质有较高的要求，这项工作要求统计人员不但要有较高的专业造诣、高度的责任感、良好的职业道德和高度的敬业精神，而且还要有较强的实际工作能力。调查问卷的设计者应具备的素质和能力是掌握统计推断的大量知识，了解调查内容的相关知识，具有一定的心理学知识并对计算机数据处理有所了解。调查人员应具备的素质和能力，一是要有实事求是的工作态度和责任心，善于联系群众；二是熟悉调查目的和内容；三是能够掌握并熟练地运用各种科学的调查方式、方法和技术，并能够根据所搜集资料的特点，合理地选择应用调查方法。汇总分析人员应具备的素质和能力是能够准确无误的处理数据信息，熟练地应用统计分析方法并能熟练地撰写调查报告。要全面提高统计队伍的整体素质应采取多种途径和方法，通过举办短期培训班定期和不定期的理论研讨会，经验交流会，到高等院校进修等方式，培养一支高素质的统计队伍。对调查人

员进行教育，使调查人员能够明确调查的目的和意义，增强工作责任感和责任心。要对调查人员进行调查方法和调查内容的系统培训，以便调查人员能够尽快掌握调查方法，充分了解调查内容，减少工作差错。

3. 重视对调查人员的挑选和管理

在抽样调查中，调查人员直接同社会上形形色色的人群打交道，如果调查人员在调查中不讲究访问技巧和措辞艺术，不善于和不同类型的人打交道，就不可能得到被调查者的有效配合。如果调查人员缺乏实事求是的工作态度和责任心，没有吃苦耐劳的精神，就不可能取得准确的统计资料。因此对调查人员的挑选和管理是一项重要的工作，也是减少调查误差的一个关键。应挑选好调查人员。选择调查人员应从理论专业知识、道德品质、应变能力等方面入手，选择那些思想和业务素质较好，工作能力强的人，应加强对调查人员的管理，要建立行之有效的约束机制，防止调查人员弄虚作假。

4. 采用多种途径，减少被调查者误差

抽样调查要求被调查者能够提供准确、完整的资料，但在实际调查时，由于各种原因，往往会遇到不回答或故意回答错误的情况，而导致被调查者误差的发生。针对这一情况，一方面要采取适当的方式教育、感化被调查者，使其对调查能够有正确的认识，愿意与调查者有效配合；另一方面还要采取有效的方法，减少被调查误差的发生。对于一些涉及个人隐私和商业秘密的问题的调查，可以采用随机化回答技术，对被调查者提供的资料保密等来提高回答率。对于被调查者有意无意提供了有偏差的数据而产生的误差，可以采用与相关记录核对、逻辑性检查或用重新调查进行核对等方法对调查的资料进行修正。对于那些为了某种利益有意歪曲事实，虚报、瞒报，故意造假产生的误差产生严重后果的要追究其法律责任。

5. 做好调查资料的汇总工作，防止汇总误差

对于在调查数据汇总和数据传输过程中产生的误差，从其形成的原因来看，应从两方面进行控制。一是要对调查资料进行严格审核，制定科学的整理方案。二是要采用先进的计算机整理技术。总之，非抽样误差的大小，直接关系到抽样调查结果的准确性和可靠性。深入分析各种非抽样误差产生的原因，从而找到预防和控制非抽样误差的具体措施，才能确保抽样调查结果的准确性，提高抽样调查资料的质量。

3.4.4 客观变量的逻辑检验

在对录入数据进行双录检验后，基本上可以确认进入分析软件数据集的数据与原问卷编码信息有了最大限度的一致性，但数据信息是否与存在于被访者那里的真实信息相一致，尚需进一步的检测。

录入校验和初始查错的基本目标是最大限度地确保机读存储格式数据与问卷记录信息的一致，但问卷信息是否与存在于被访者那里的真实信息一致，则需要通过进一步的逻辑检验和数据分析加以检测。而在误差消除的数据清理过程中，我们会发现，不同类型的数据误差具有不同的解决方式。

调查问卷中的所有问题在最后的分析框架中都以一个或多个变量的形式存在，从内容上来说，这些变量可以分为客观变量和主观变量。客观变量主要是分析单位的属性、状态

和行为，如性别、年龄、职业、去过哪几个国家、用哪几种方式找工作，等等。这些问题都有客观事实为依据，应该有准确的回答，不应该有模棱两可的地方，所以是确定性的变量；而主观变量主要是态度、意向性和主观的感受，如对生活的满意度、倾向于投谁的票、对自己社会地位的评定，等等，这些问题主观性的成分太大，具有很大的不确定性，所以是随机性的变量。由于客观变量之间有着密切的逻辑关系，所以可以通过数据的逻辑检验来找出数据的偏误；而主观变量之间是概率性的关系，对它们是不可以通过逻辑检验来寻找数据偏误码的。鉴于上述主观变量与客观变量的特性差异，我们将分别叙述客观变量数据误差的逻辑检验方式和主观变量的分析检验方式。

事实上，在对录入数据进行双录检验清理后，误差消除的数据清理工作的主要内容之一就是逻辑检验，这项工作通过一定的逻辑关系来判断变量信息的可靠性。但我们始终需要明确的是，逻辑检验并不是根据研究者确认的某些规则或逻辑来武断地判断那些不符合规则、不符合逻辑的值就是错误的取值，从而对其加以修正或加以缺失处理。社会现象是极为复杂的，研究者所确定的规则或逻辑，往往只是学理或常识所涵盖的一部分社会现象，一些特殊的社会事例是客观存在的，但它们可能不受研究者所规定的规则、逻辑的约束。因此，从这一点上讲，数据清理就是从怀疑开始，到消除对数据的疑虑结束：对一切可疑的数据值一一检出，对照问卷记录中的原始信息加以比较、分析，判别信息记录的正误，以更正信息或消除怀疑。对于一些无法依据原始问卷信息加以判断的数据取值，甚至需要通过电话回访或二次访谈来确定信息的真实存在状态，从而达到更正信息的目的，或者以此消除对检出数据所产生的怀疑。

逻辑检验，通常是根据现实社会中的某些带普遍性的生活常理、日常规则和行为习惯来对个案数据中的变量关系加以核对，从一些与常规不相符合的个案中发现可能存在的信息变异。因此，逻辑检验首先要对样本数据中的两个变量或多个变量设定若干逻辑关系，这些逻辑关系来源于问卷设计时的概念和题器之间关系。

3.4.5 抽样调查数据粗差影响与处理

对抽样调查数据中的野值或极值，通常称为粗差。

野值（Wild Card），又称为非法值（Illegal Value），是指那些既不在题器规定的取值范围之内的值，也非研究人员约定或了解的取值，比如，性别变量，男性取值为 1，女性取值为 2，缺失值取值为 9，如果在 1、2、9 三个取值之外，出现了一个新值，如 5，这个新值就是野值。野值主要是针对类属变量或定序变量的取值范围而言的。

极值（Extrema），又称为奇异值（Outliers），极值是针对某个连续变量而言的，极个别样本的取值极大地超过（或低于）总体平均水平，或者在正态分布曲线中极远地偏离中心取值的值。举例来说，对于收入的测量就常常遇到这样的极值。GSS 调查中，城市月收入取值在 10000 元以下的样本占全部样本的 99.99%，但是有四个样本的取值则超过了 20000 元，其中还有一个样本的取值为 60000 元，这样的样本取值就是极值，需要接受检查。

怎样判断一个变量取值为极值，不同的研究人员可能有不同的标准。显然，极值都是研究人员认为值得怀疑的数值，而研究人员的怀疑根据来源于以往的研究经验和对现实的感知，多大的值超过了研究者认可的标准，这个值以上的数值理应作为该研究者的极值来加以查对问卷、检验。而人们通常的做法是，将大样本数据中的某个连续变量的 1%～5%的数值作为极值加以查验，一般可以发现绝大多数可能存在于极值中的编码错误——这种编码错误通常是由码位填写错误所致。

查找野值和极值，最有效而又简单的办法就是查看频数表，从频数表中发现超出问卷变量规定取值范围的取值，然后一一比照问卷所记录的相应信息（原始信息）并加以分析、处理。出现野值和极值的原因极为相似。野值是该变量中那些研究者未赋予意义的值，这些值的来源可能有两个：录入错误或编码错误；问题询问过程中，调查人员记录了问卷设计时未曾预料到的取值情况。极值的出现同样可能存在两种情况，一是录入或编码错误，二是问卷访谈确实遇到了特殊个案，其取值可能远远超过总体均值水平。

就查找出来的野值和极值来说，对于录入或编码错误，显然正是需要更正的数据，这也是初始查错的基本任务。而对于那些未曾预料到的变量取值，则需要慎重对待，而且针对野值和极值，其处理方式也是很不相同的。

3.5　抽样调查统计数据的可视化

3.5.1　统计数据的表达与可视化

目前，统计数据的服务往往通过统计年鉴、表格、Internet 等方式，以报表的形式提供给用户，需要用户自己去从中提取信息；而在一般情况下，没有经过训练的用户很难做到，他们需要的是数据间的规律，而不是一堆等待他们去分析的报表，这一点，大大限制了统计数据的应用前景，阻碍了数据服务产业化的进程。20 世纪 80 年代末提出的可视化理论为这一问题提供了解决途径可视化（Visualization）是指人通过视觉观察在头脑中形成客观事物图像的过程，是一个心智处理过程。可视化是一个将数据、信息和知识变换成可视形式的过程，可视化结果便于人的记忆和理解，同时其对于信息的处理和表达方式具有其他方式无法取代的优势。可视化技术以人们惯于接受的表格、图形、图像等方法并辅以信息处理技术将客观事物及其内在的联系进行表现。

数据可视化是指借助于图形化手段，清晰有效地传达与沟通信息。其起源于 20 世纪 60 年代的计算机图形学，旨在通过计算机创建图形图表，并通过图表将数据中变量的各种属性特征呈现出来。可视化数据整个过程包括 7 个阶段：获取数据、分析数据结构、过滤有用信息、挖掘潜在信息、表述、修饰和交互。然而在实际操作中，人们更关注后面 5 个步骤。人们必须清楚地了解谁是这个数据的使用者，他们需要怎样的数据，他们的偏好是什么等。举例来说对于两个不同的群体，为前者过滤掉的无用信息可能恰巧是后者所需要的重要信息，那么自然就要采取不同的方法来挖掘潜在信息；而群体的知识水平和审美差异等因素也要求设计者用不同的图形和修饰来展示数据。只有正确认识到以上几点，才能将数据包含的信息清晰而又不失美感地展示在人们眼前。

统计数据可视化是指用文字、图形、报表（或称表格）等方式将数据的分布、趋势直观地展现给用户。目前通常采用文字和报表的方法对统计数据进行发布，利用统计图和统计专题图表达统计数据的研究也在不断的发展中。

1. 文字

文字是人们最为熟悉，也最为常用的一种信息表示方法，人们常用文字来对统计数据进行表达，这是目前统计数据表达的一种常用方法。

2. 报表

报表是将要统计分析的事物或指标以表格的形式列出来，以代替繁琐文字描述的一种表现形式，由行和列的单元格组成，可以在单元格中填写文字和插入图片。报表的意义已经不仅仅是为了版式，而已经成为数据分析最重要的部分，通过报表可以看出具体的统计数据。其缺点是对统计数据的分布特点体现不足，用户对报表的分析过程较为复杂，提取有效信息较为困难。

3. 统计图表

统计图表是表现统计资料的重要手段和方式。统计图表是用来反映统计数据变量间关系的图形，是根据统计数据资料，借助于几何图形的形式（如柱形图、条形图、折线图、饼图等），显示社会经济现象的统计数量，表现其状态、构成、相互关系、发展趋势和分布状况等的图形。

由于大量的统计数字不容易被人理解，因此统计数据常常需要用统计图表来表现。一幅统计图表不仅能展示给人们大量的统计数据资料，而且要比相应的文字材料所反映的内容更易于理解。统计图表既能形象生动地表示统计数据，又能在较小的篇幅内以较少的笔墨和较短的时间给人们提供大量的统计数据信息，而且还能使读图者从统计图表中明显地看出统计数据的变化趋势，具有直观、明确、易于接受等优点，已经被广泛采用。

统计图形一般包括散点图、直方图、概率图、残差图、箱线图、饼图、茎叶图等。通过统计图像，可以让人们直观地找出数据的分布特征、变量间的大致关系等数据特性。除了以上常用功能外，统计图形在检验假设、模型选择、统计模型验证、估计量选择、关系确定、因素效应判定以及离群值检出方面也有着不俗的表现。

4. 统计地图

地图便于把统计信息与空间分布结合起来，即给统计数据以空间定位，建立一种新的集成分类的概念，以提高信息的传输效果。这是空间认知的一个重要渠道。统计地图之所以比一般统计数据能够给读者以更深刻的印象，更便于长久记忆，就是因为统计地图汇集了统计数据的图形感受，空间定位和空间关系，形成了集成分类的多维概念，所以能够有效地强化地图读者理解和记忆地图信息的能力。

3.5.2 统计数据可视化实例

下面通过一个例子来领略统计数据可视化的魅力所在。

这个例子来源于统计之都网站的一篇名为“统计词话”的文章。主要讲述的是对宋词中的词组和词牌名进行统计，找出词人对不同词组和词牌名的青睐程度及哪些词人的产量颇丰。对于词组，文章充分利用了宋词句式较短、词组大多为 2 字且极少有 4 字以上的特性，结合数学中的排列组合技巧将每句词中所有的可能找出并进行词频统计。需要说明的是：可以预料虽然在一句词的所有排列组合中难免会存在没有意义的词组出现，但是这样的组合必然远没有合理的词组出现的频率来得高。所以我们只需按词频从高到低排序则我们所关心的有意义的词组自然会出现在靠前的位置了。而对于词牌名和词人产量的统计则简单许多，只需进行简单的分类统计即可。

例子的数据来源于网络整理的《全宋词》电子资料，并使用 R 语言对数据进行处理和可视化展示。未处理前的数据格式大致如表 3.1 所示。

表 3.1　**《全宋词》电子资料**

Page	Author	Title	Title2	Sentence
1.1	和岘	导引	导引	气和玉烛，叡化着鸿明……
1.2	和岘	六州	六州	严夜警，铜莲漏迟迟……
1.3	和岘	十二时	忆少年	承宝运，驯致隆平……
2.1	王禹偁	点绛唇	点绛唇	雨恨云愁，江南依旧称佳丽……
2.2	苏易简	越江吟	越江吟	神仙神仙瑶池宴……

首先利用 R 语言对原始数据进行词频的划分和频数的统计，从而得到表 3.2（下面列出其中一部分）。

表 3.2　**原始数据词频划分和频数统计**

排序	词语	频数	排序	词语	频数
1	（错误字符）	1584	51	匆匆	357
2	东风	1379	52	芙蓉	356
3	何处	1231	53	今日	354
4	人间	1164	54	扁舟	351
5	风流	843	55	西湖	350

其次，再利用 R 语言对词牌名和词人做频数统计得到如表 3.3、表 3.4。

表 3.3　**词人频数统计排名**

No	Author	FreqA
1	无名氏	1569
2	辛弃疾	629
3	苏轼	362
4	刘辰翁	356

续表

No	Author	FreqA
5	吴文英	341
6	赵长卿	339
7	张炎	302
8	贺铸	283
9	刘克庄	269
10	晏几道	260

表 3.4　**词牌名频数统计排名**

No	Cipai	FreqB
1	浣溪沙	814
2	水调歌头	711
3	鹧鸪天	641
4	菩萨蛮	603
5	念奴娇	590
6	满江红	529
7	西江月	492
8	临江仙	477
9	蝶恋花	476
10	减字木兰花	441

通过上述 4 张表格我们虽然能大致了解在宋词中使用频数比较高的词组有哪些，产量排在前十位的词人是哪几位以及前十位的词牌是哪几个。但是这样的“伪统计图形”似乎并不是很高效。人们每观察一个对象都需要人们主观去比较和判断。如表 3.2 所示，观察到排名第二的词组“东风”出现的频数为 1379 次，那么 1397 具体有多高，是遥遥领先第三或是远远落后第一呢？这就需要人们运用数学思维将 1397 和第一及第三对应的频数进行大小比较。其次，由于表格只列出了小部分数据，所以人们所能获知的也仅有以上表格中所包含的信息。如果人们希望获知前 100 的词组、词人、词牌名，显然是不高效的。因为人们既不想浪费太多的页面去显示这些内容也不会有闲情逸致去阅读并比较所有内容。

这时如果能充分利用统计图形的优势便能很好地解决以上的问题，并且能给人耳目一新的感觉。

对于第一张表格，我们更加希望能直观地呈现出词组的使用频繁程度，由于数据主要是字符串，传统的统计图形的表现可能不尽如人意，所以这里使用词云（Wordcloud）图来展示。如图 3.4 所示。

通过上面的词云图（排出了错误字符）可以发现词组的字体大小是由内而外不断缩小的，很明显可以看出“东风”、“何处”、“人间”是使用频率最高的词组，并且通过字体大小也可以直观感受到它们的使用频率差距不大，不再需要人为地进行数学上的大小比较。

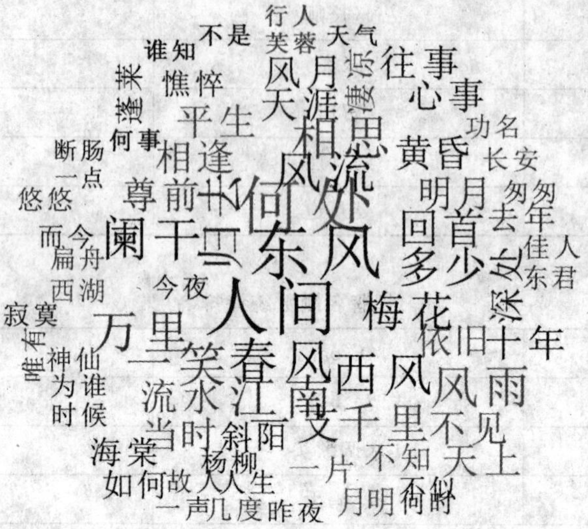

图 3.4　词云图

3.5.3　统计数据可视化的发展和应用

众所周知，由于图形可以充分利用人的视觉系统，所以在传递信息上具有简便直观、迅速易懂的特点。在统计学中，主要就是利用了以上的图形特点来完成对数据的可视化工作，所以统计学对于数据的可视化主要是指统计图形。而根据 Friendly and Denis（2001）的记录，世界上最早的统计图形主要起源于地图，而地图的历史可以追溯到数千年以前。如今虽然经过数千年的变化，统计图形的形式和制作工具等发生了很大的变化。但是其作用和目的却仍然是通过视觉引导来将数据包含的信息直观地传递给读者，并让读者发现数据的潜在信息。统计图形作为统计学中的一门有用的工具诞生于 19 世纪，并且自计算机诞生开始变得到了快速的发展。主要可以分为三个时期：早期有著名的“提灯女士”南丁格尔的玫瑰图；近代则有人们耳熟能详的直方图、密度图、箱线图等；现代统计图形则以贝尔实验室的 S 语言为重要基础，偏重于图形的高维和动态展示。

随着科学技术（计算机技术）的飞速进步，统计图形的作用日趋明显，并在国外得到了广泛的使用和研究。在国外随着 S 语言的诞生，现代统计图形开始发展起来，随后 R 语言的兴起，新的统计图形方法如雨后春笋般涌现出来。比较具有代表性的有 R 的基础包 graphics 和 grid（Murrell，2005）、基于 Trellis 图形（Cleveland，1993）思想的 lattice 图形（Sarkar，2010）、基于统计图形理论著作 Wilkinson（2005）的 ggplot2 图形（Wickham，2009）、基于 OpenGL 的三维动态图形系统 rgl 包（Adler and Murdoch，2010）等。

在我国由于统计学引入较晚（1970 年），对于统计图形的使用和研究还只是起步阶段（甚至更低）。国内的统计分析氛围仍然是以统计模型为主，对统计图形的使用频率非常低。统计数据可视化的作用主要体现在引导学习和规律发现、加深统计模型理解、验证模型理论。

1. 引导学习和发现规律

以统计图形在概率论与数理统计方面的应用例子来说明。如“中心极限定理中的独立同分布中心极限定理。设随机变量 X_1，X_2，…，X_n，…是相互独立且同分布的随机变量，$E(X_i)=\mu$，$D(X_i)=\sigma^2$，则有

$$\lim_{n\to\infty}P\left\{\frac{\sum_{i=1}^{n}X_i-n\mu}{\sqrt{n}\sigma}\leqslant x\right\}=\Phi(x)$$

单纯通过以上公式，学生们学习该定理时一知半解，只能依样画葫芦按照课本例题的解法套用以上公式进行机械似的解题。根本没有搞清楚这个定理所要说明的是什么，解题时具体用哪个公式，等等。一旦脱离了课本习题或是遇到需要转个弯的题目便不知如何是好。下面，利用 R 语言模拟高尔顿钉板实验，通过对该实验的大量统计数据可视化来说明该定理。

【高尔顿钉板实验】自板上端放入一小球，任其自由落下。在下落过程中，当小球碰到钉子时，从左边落下与从右边落下的机会相等。碰到下一排钉子也是如此。自板上端放入 n 个小球，观察小球落下后呈现曲线并统计小球落入各个格子的频率。如图 3.5 所示。

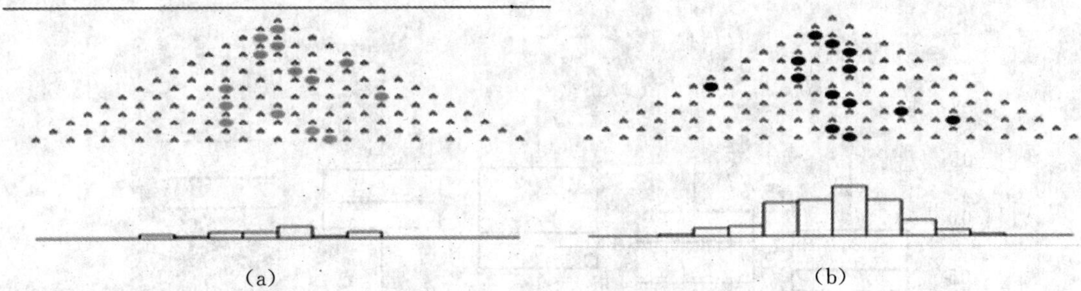

(a) (b)

图 3.5 高尔顿钉板实验结果

高尔顿钉板实验结果说明了中心极限定理表达的统计规律，当样本量很大时，随机变量可以用正态分布处理。

2. 加深统计模型理解

在加深理解方面，好的统计图形往往能让人茅塞顿开，对理论知识的理解更上一层楼。以多元统计方面给出一个例子。多元回归模型中任一自变量的系数是指在控制其他变量不变的前提下来考察该自变量与因变量的关系。这样的概念是抽象的。其中“控制其他变量”这个概念很容易引起混淆，学生们可能会误认为控制其他变量不变就是指剔除其他变量，这样就又回到了一元回归了。而多元回归绝不能单独地拿出某个自变量来看其和因变量的关系，多元回归同时还受到其他变量的制约。为了帮助理解“控制”的思想，可以构造特殊的案例，通过统计图形帮助学生更好地理解多元回归的思想。

假设科研机构为了研究 A、B 两种药物对某种疾病的疗效（这里假设没有交互作用），

调查了 250 位患者在服用不同剂量的 A、B 后的疗效。其中自变量 A 用 x_A 表示，计量单位是 10ml，取值范围是 0～4；自变量 B 用 x_B 表示，计量单位是粒，取值范围是 0～4；疗效用 y 表示。假设真实模型为：$y=-x_A+x_B+\varepsilon$。要求学生通过给出的 y，x_A，x_B 探索药物的疗效如何，该如何指定服用剂量。

如果学生将“控制变量”理解为剔除变量，那么通常会就 x_A 与 y 做散点图，如图 3.6 所示；由于 x_B 取值不连续通常会做其与 y 的箱线图，如图 3.7 所示。

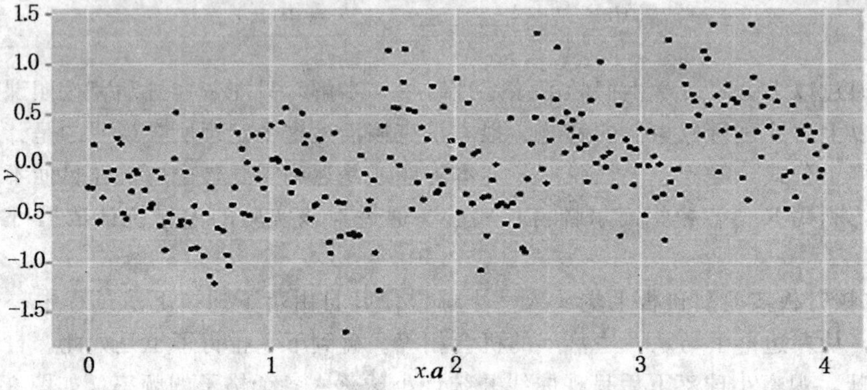

图 3.6　散点图

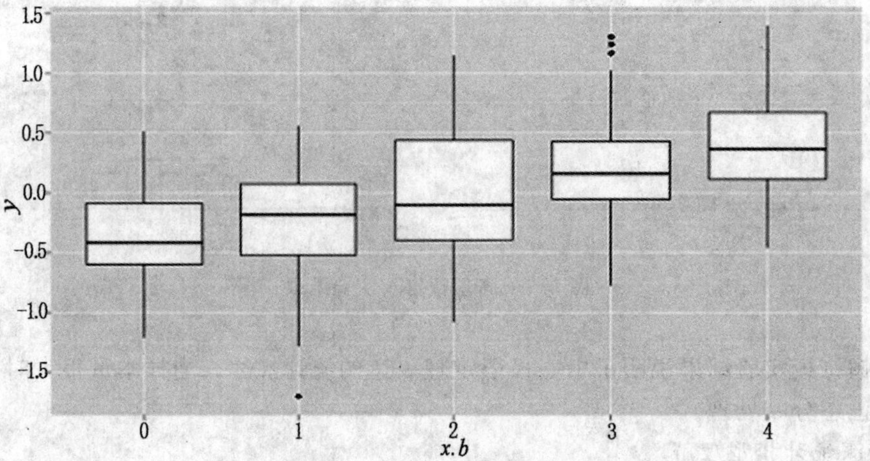

图 3.7　箱线图

通过图形发现不论是 x_A 与 y 或是 x_B 与 y 都呈现出了明显的递增趋势，甚至做相应的一元回归系数也是显著的。于是得出 A、B 药物使用剂量在可行范围内越多疗效越好的结论。但是真实的模型 $y=-x_A+x_B+\varepsilon$ 告诉人们这个结论是错误的。正确的使用剂量应该是在可行范围内尽量减少药物 A 的使用量，同时增加药物 B 的使用量。那么到底是怎么回事呢？问题就出在对“控制变量”的理解上。如果完全剔除了 x_B 就不是所谓的“控制变量”，正确的应该是在 x_B 的值固定为不同水平的条件下考察 x_A 与 y 的关系。所以，

一旦人们根据 x_B 的不同取值分别绘制出对应的 x_A 与 y 的散点图，如图 3.8 所示，学生们对“控制变量”的含义就不会再模棱两可了。

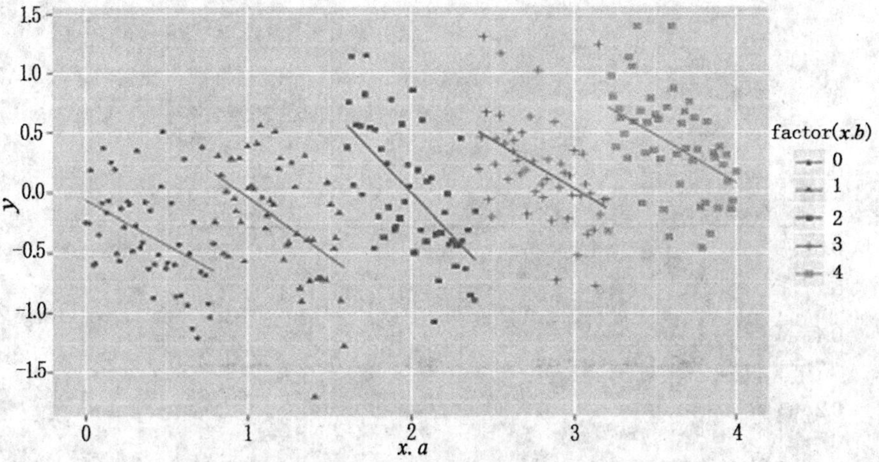

图 3.8

用上述几张图形不但说明了什么是“控制变量”的问题，更加有助于学生弄清楚多元回归和一元回归的本质区别，促进对线性回归理论的理解和掌握。

3. 验证模型理论

1）验证理论

关于概率论中的辛钦大数定理，设随机变量 X_1，X_2，…，X_n，…是相互独立且同分布的随机变量，$E(X_i)=\mu$。则对于任意正数 ε 有

$$\lim_{n\to\infty}P\left\{\left|\frac{1}{n}\sum_{i=1}^{n}X_i\right|<\varepsilon\right\}=1$$

即对于独立同分布且期望存在的随机变量，当 n 足够大时随机变量的算术平均数可以近似代替数学期望。人们可以进行实验模拟并通过统计图形来验证理论的正确性。

案例来源于经典的羊车问题：假设你正在参加一个电视节目，有三扇门任你选择。其中一扇门后面有一辆小汽车，另外两扇门后面都是一只羊。比如说你选择 1 号门，接着，知道哪扇门后面有汽车的主持人打开了另一扇门，这扇门后是一只羊。现在，主持再给你一个选择：坚持 1 号门还是选择另外一扇门？这个问题曾经难倒了不少数学家。可以想象在课堂上学生也必然会有不同意见，有的会回答概率一样都是 0.5 随便选，而有的则会回答换一扇门打开，因为换后赢得的概率是 2/3。这个问题的理论推导并不简单，利用大数定理进行模拟并将结果通过统计图直观展现出来。如图 3.9 所示。

为了验证模拟是否准确，这里给出相关的理论解答：

设事件 A 代表坚持 1 号门且赢得车，事件 B 代表选择另一扇门且赢得车，事件 C 表示主持人打开了有羊的一扇门。则有

$$P(\mathrm{A}\mid \mathrm{C})=\frac{P(\mathrm{AC})}{P(\mathrm{C})}=\frac{P(\mathrm{A})}{P(\mathrm{C})}=P(\mathrm{A})=\frac{1}{3}$$

$$P(\mathrm{B} \mid \mathrm{C}) = \frac{P(\mathrm{BC})}{P(\mathrm{C})} = \frac{P(\mathrm{B})}{P(\mathrm{C})} = P(\mathrm{B}) = \frac{2}{3}$$

可见统计结果是符合大数定理的。

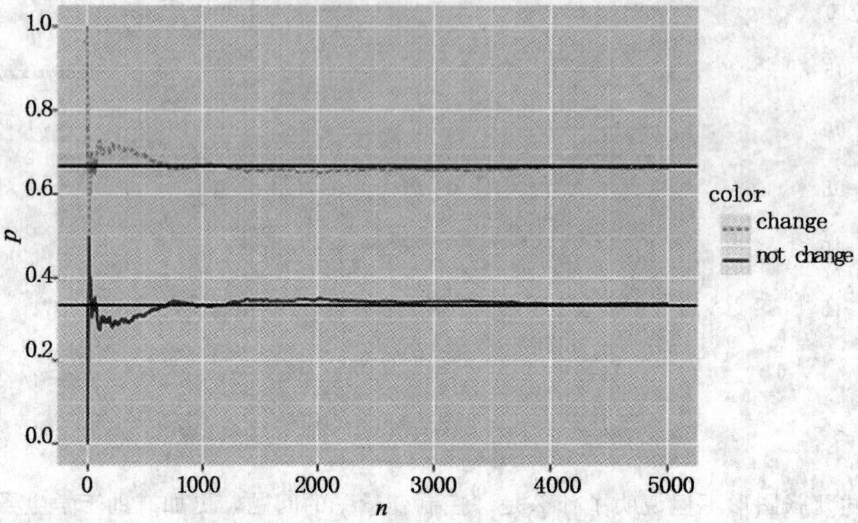

图 3.9

2）验证模型正确性

许多学生在学习了线性回归之后只记住了 t 检验、F 检验、R^2 检验。往往忽视了图形的直观性。下面我们通过最简单的一元线性回归例子来说明即使是最简单的图形只要适时使用也能有出色效果。

这里通过 $y=x^2+\varepsilon$，并取 $x=1, 2, 3, \cdots$ 构造 x，y 序列并进行一元线性回归。如果学生没有很好地掌握线性回归，那么往往会拿到数据就用统计软件进行回归拟合，然后观察软件输出结果中的 t 检验、F 检验和 R^2 检验。得到 $R^2=0.941$ 和调整过的 $R^2=0.938$，常数项 -78.024 和自变量系数 21.08 的 t 检验全部通过。所以回归方程为

$$y=-78.024+21.08x$$

而这样的结论显然是不对的，如果能够在回归之前先绘制出 x，y 的散点图则一眼便能发现不能直接使用线性回归，模型的拟合是不正确的。如图 3.10、图 3.11 所示。

或者如果事后可以利用残差图看一下残差是否服从正态分布，同样可以发现问题所在。如图 3.12 所示。

正确的做法应该是通过观察散点图发现呈指数关系，所以可以利用 Box-Cox 变换先对变量 x 进行变换，或者直接利用非线性回归。可以看到利用非线性回归得到的结果所有检验都通过，图形上也拟合很好，如图 3.13 所示。不过结果并不重要，笔者举这个例子只是想说明有时在做理论分析时，哪怕是最简单的散点图也能避免（找出）错误，避免不必要的重复劳动。

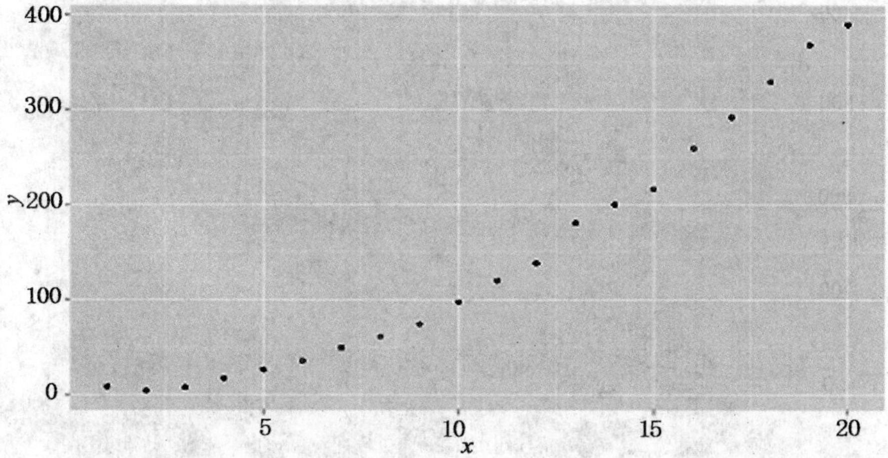

图 3.10

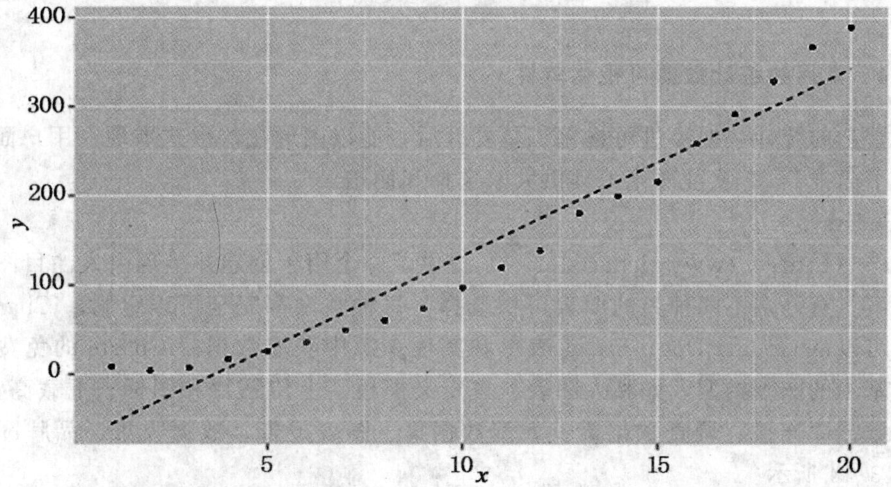

图 3.11

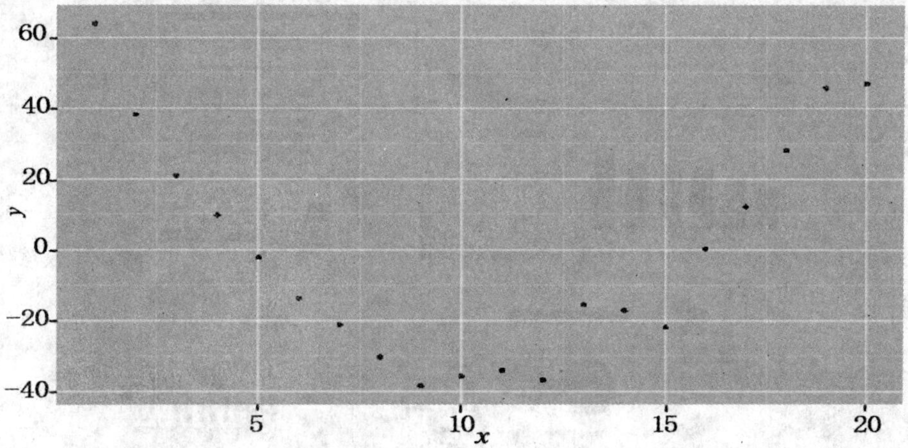

图 3.12

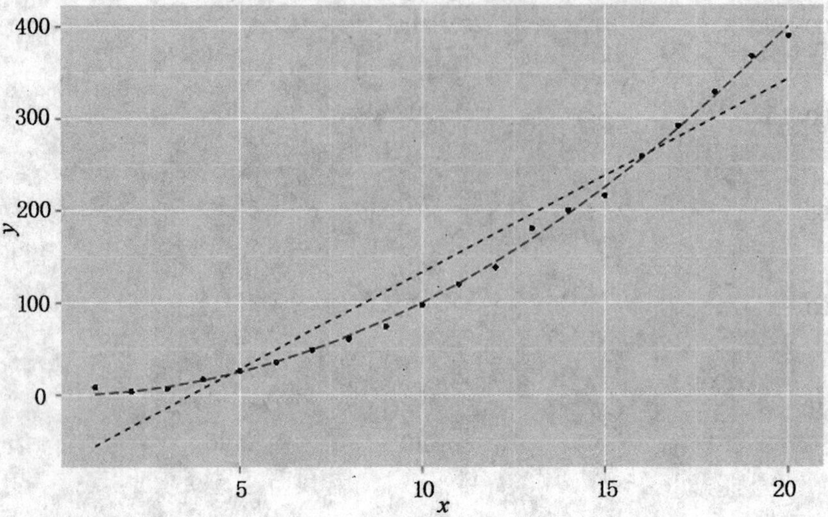

图 3.13

3.5.4　常用的统计数据可视化软件

大量繁杂的统计数据经过可视化工具处理后，能以图形化的形式展现在用户面前，清晰直观。下面推荐 32 款可视化工具供大家选择和使用。

1. iCharts

iCharts（http：//www.icharts.net/）提供了一个用于创建并呈现引人注目图表的托管解决方案。有许多不同种类的图表可供选择，每种类型都完全可以定制。iCharts 有交互元素，可以从 Google Doc、Excel 表单和其他来源中获取数据。iCharts 的免费版只允许用户用基本的图表类型，如私人图表、自定义模板、上传图片和图标、下载高清图片、无线实时数据库连接、调查数据集、大型数据集、图表报告、数据收集、品牌图表渠道等。如图 3.14 所示。

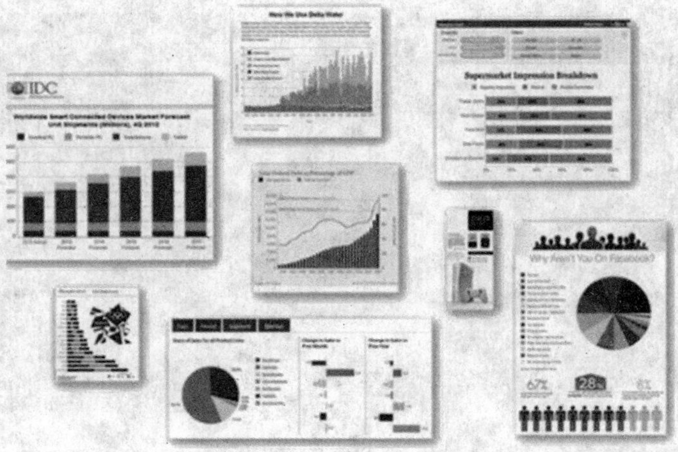

图 3.14　iCharts 统计可视化

2. Fusion Charts Suit XT

Fusion Charts XT（http：//www. fusioncharts. com/Gallery/Default. asp）是一款跨平台、跨浏览器的 JavaScript 图表组件，包含 90 多种图表类型和众多交互功能，包括 3D、各种仪表、工具提示、向下钻取、缩放和滚动等。这款可视化工具拥有完整的文档以及现成的演示，可以助用户快速创建图表。如图 3.15 所示。

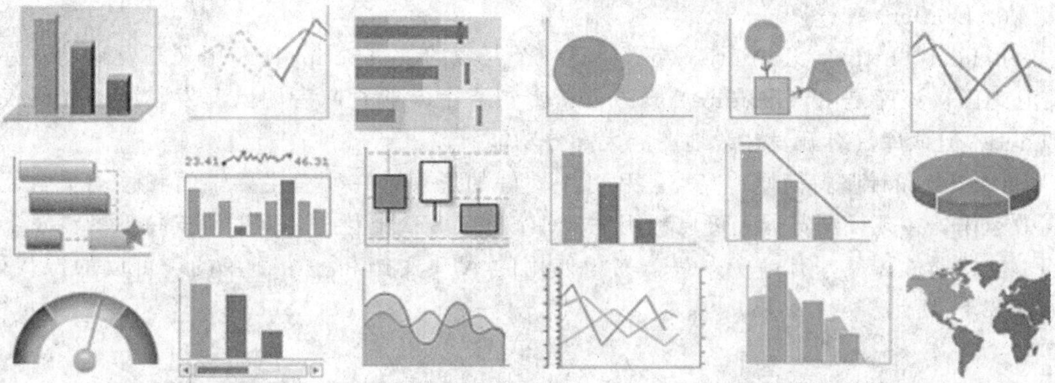

图 3.15 Fusion Charts XT 统计可视化

3. Modest Maps

Modest Maps（http：//modestmaps. com/）是一个轻量级、可扩展的、可定制的和免费的地图显示类库，这个类库能帮助开发人员在他们自己的项目里与地图进行交互，实现统计数据的空间可视化。Modest Maps 提供一个核心健壮的带有很多 hooks 与附加 functionality 函数的要素开发包。

4. Pizza Pie Charts

Pizza Pie Charts（http：//zurb. com/playground/pizza－pie－charts）是一个响应式饼图图表，基于 Adobe Snap SVG 框架，通过 HTML 标记和 CSS 来替代 JavaScript 对象，更容易集成各种先进的技术。如图 3.16 所示。

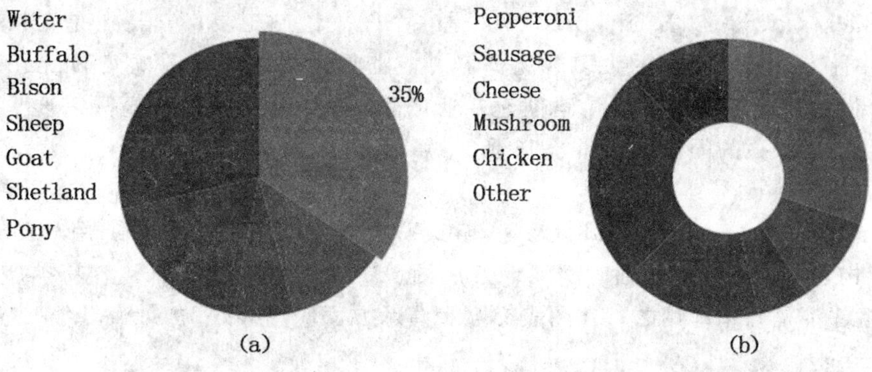

图 3.16 Pizza Pie Charts 统计可视化

5. Raw

Raw（http：//raw. densitydesign. org/）是一款免费开源的 Web 应用程序，并且尽可能简单灵活地使数据可视化。该程序把自己定义为“电子表格和矢量图形之间丢失的链接”。该程序可以使数据集载入、复制、粘贴、拖拽、删除与一体，并且允许人们定制化视图和层次。Raw 基于非常流行的 D3. js 库开发，支持许多图表类型，例如泡泡图、映射图、环图等。

6. Leaflet

Lefalet（http：//leafletjs. com/）是一个开源的 JavaScript 库，用来开发移动友好地交互地图。该库是由 Vladimir Agafonkin 带领一个专业贡献者团队开发，虽然代码仅有 31 KB，但该库具有开发在线地图的大部分功能。

Leaflet 设计坚持简便、高性能和可用性好的思想，在所有主要桌面和移动平台能够高效运作，在现代浏览器上可以利用 HTML5 和 CSS3 的优势，同时也支持旧的浏览器访问。支持插件扩展，有一个友好、易于使用的 API 文档和一个简单的、可读的源代码。如图 3. 17 所示。

图 3. 17　Leaflet 统计可视化

7. Chartkick

Chartkick（http：//chartkick. com/）是一个图表绘制工具，其特点是 UI 美观、使用简单，并且支持 IE6 在内的大多数浏览器。该工具还可以与开源框架 Django、Flask/Jinja2 结合使用。可以用最少的代码创建专业的 JavaScript 图表，甚至只需要一行 Ruby 代码即可绘制出漂亮的图表。如图 3. 18 所示。

8. Ember Charts

Ember Charts（http：//addepar. github. io/）是一个图表库，使用 Ember. js 和 D3. js 框架构建。该图表库包括时间线、条形图、饼图和散点图，非常容易扩展和修改。这些图表组件都是开箱即用的，在图表交互和演示方面应用很好。

9. Springy

Springy. js（http：//www. springyarchiver. com/）设计轻量并且简单。该软件提供

了一个抽象的图形处理和计算的布局，支持 Canvas、SVG、WebGL、HTML 元素。

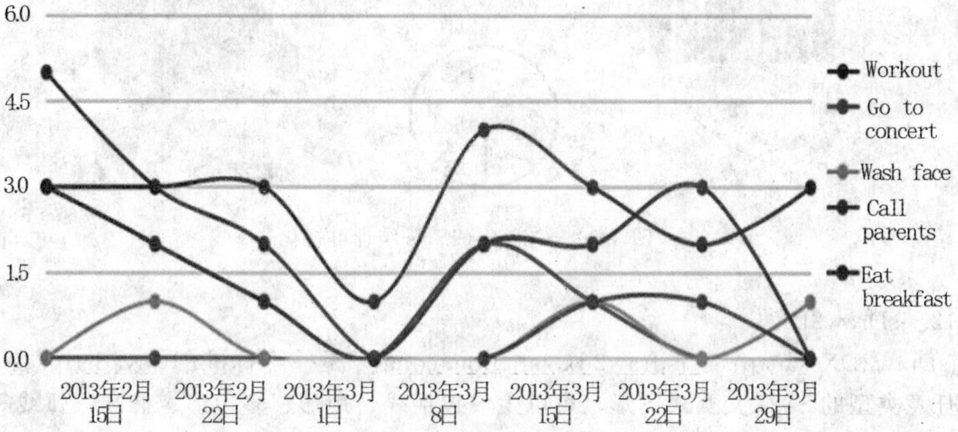

图 3.18 Chartkick 统计可视化

10. Bonsai

Bonsai（http：//bonsaijs.org/）是一款免费开源的 JavaScript 图形库，用户可以使用该图形库创建图形和动画。该图形库使用 SVG 作为输出方式来生成图形和动画效果，拥有非常完整的图形处理 API，可以使用户更加方便地处理图形效果。该图形库还支持渐变和过滤器（灰度、模糊、不透明度等）等效果。许多鼠标（或触摸）和键盘事件都内置了该图形库，并可以轻松地管理。Bonsai 支持标准动画和关键帧动画，设置了一系列的连续动画，并且拥有大量的简单函数，可以在动画中使用。如图 3.19 所示。

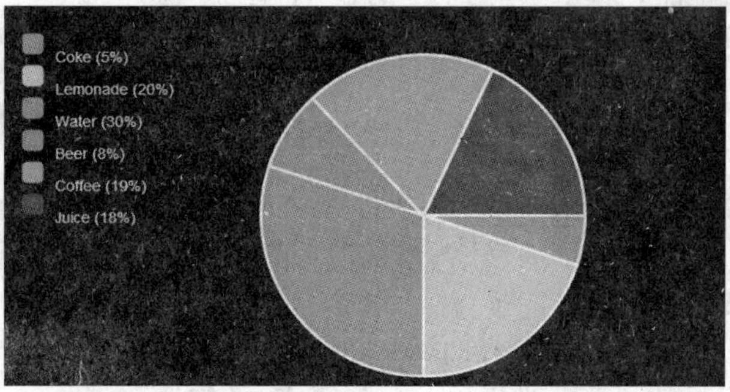

图 3.19 Bonsai 统计可视化

11. Google Charts

Google Charts（http：//code.google.com/apis/chart/types.html）提供了一种非常完美的方式来可视化数据，提供了大量现成的图表类型，从简单的线图表到复杂的分层树地图等。该软件还内置了动画和用户交互控制。如图 3.20 所示。

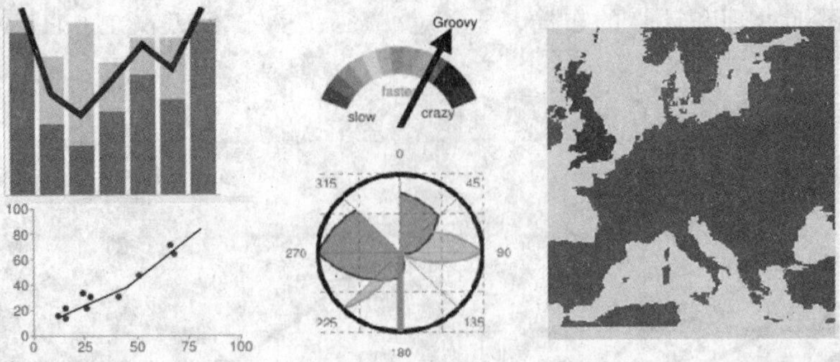

图 3.20　Google Charts 统计可视化

12. jsDraw2DX

jsDraw2DX（http：//jsdraw2dx. jsfiction. com/）是一个标准的 JavaScript 库，用来创建任意类型的 SVG 交互式图形，可以生成包括线、矩形、多边形、椭圆、弧线等图形。如图 3. 21 所示。

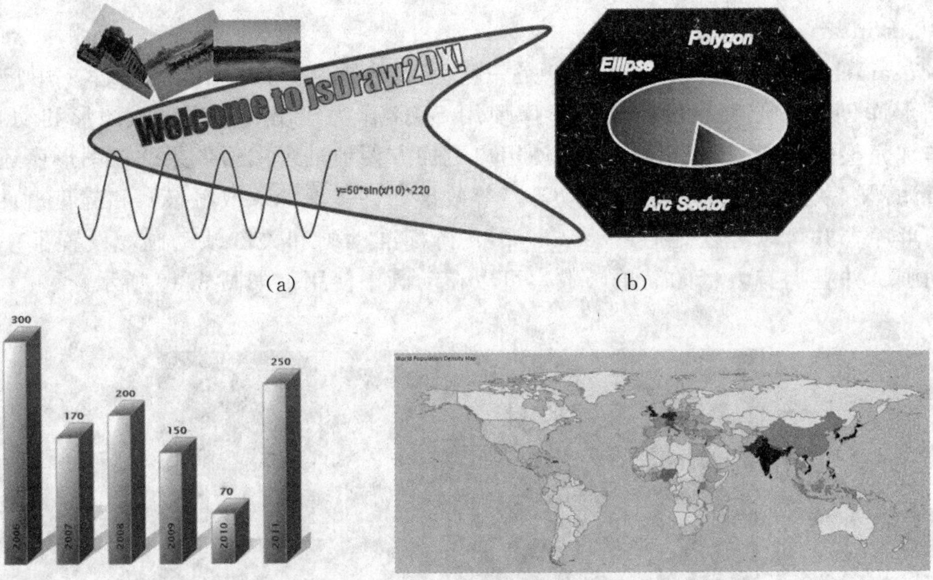

(a)　(b)　(c)　(d)

图 3. 21　jsDraw2DX 统计可视化

13. Cube

Cube（https：//github. com/square/cube）是一个开源的系统，用来可视化时间系列数据。该系统是基于 MongoDB、NodeJS 和 D3. js 开发。用户可以使用该系统为内部仪表板构建实时可视化的仪表板指标。例如，用户可以使用 Cube 监控网站流量，统计每 5 分钟的请求数量等。

14. Gantti

Gantti（http：//bastianallgeier. com/gantti/）是一个开源的PHP类，帮助用户即时生成Gantt图表。使用Gantti创建图表无需使用JavaScript，纯HTML5－CSS3实现。图表默认输出非常漂亮，但用户可以自定义样式进行输出（SASS样式表）。如图3.22所示。

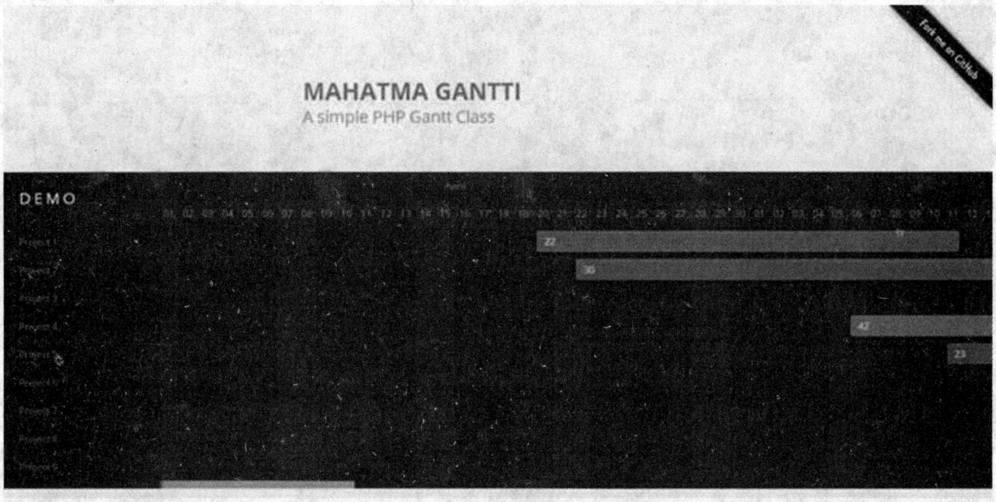

图3.22　Gantti统计可视化

15. Smoothie Charts

Smoothie Charts（http：//smoothiecharts. org/）是一个十分小的动态流数据图表库。通过推送一个WebSocket来显示实时数据流。Smoothie Charts只支持Chrome和Safari浏览器，并且不支持刻印文字或饼图。该图表库很擅长显示流媒体数据。

16. Envision. js

Envision. js（http：//www. humblesoftware. com/envision）是一个基于Flotr2和HTML5的JavaScript库，用来简化、快速创建交互式的HTML5可视化图表。该库包括两个图表类型：时序图和Finance，提供API给开发者，用户可以直接自定义创建图表。如图3.23所示。

17. BirdEye

BirdEye（http：//birdeye. googlecode. com/）是一个开源的Adobe Flex图表制作组件。用于创建多维数据分析可视化界面。如图3.24所示。

18. Arbor. js

Arbor（http：//arborjs. org/）是一个利用Web Works和jQuery创建的可视化图形库，该图形库为图形组织和屏幕刷新处理提供了一个高效的、力导向的布局算法。

19. Gephi

Gephi（https：//gephi. github. io/）是一款开源免费跨平台基于JVM的复杂网络分析软件，其主要用于各种网络和复杂系统，动态和分层图的交互可视化与探测开源工具。

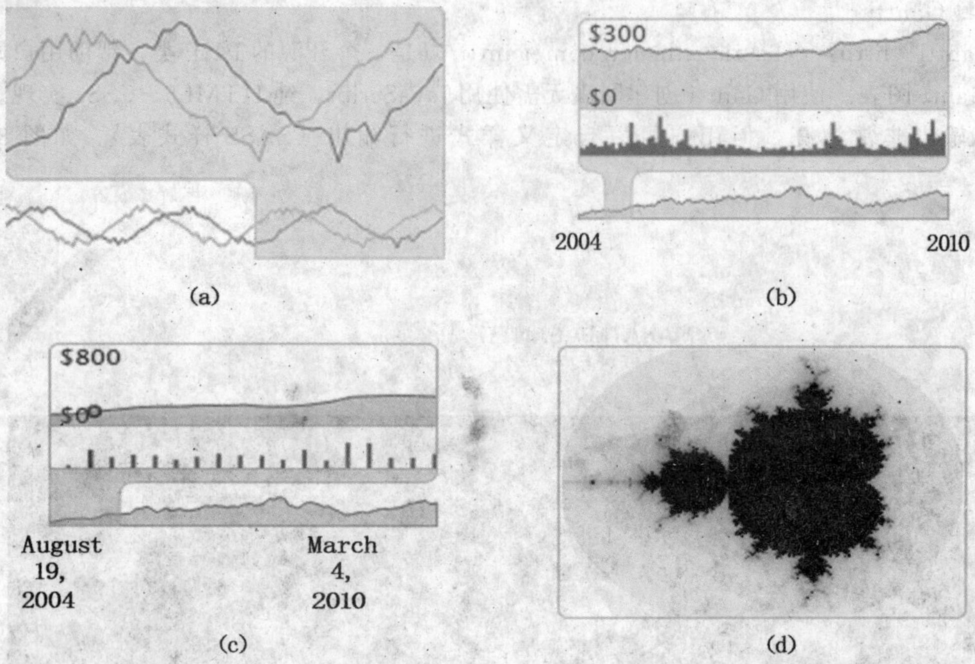

(a)　(b)　(c)　(d)

图 3.23　Envision 统计可视化

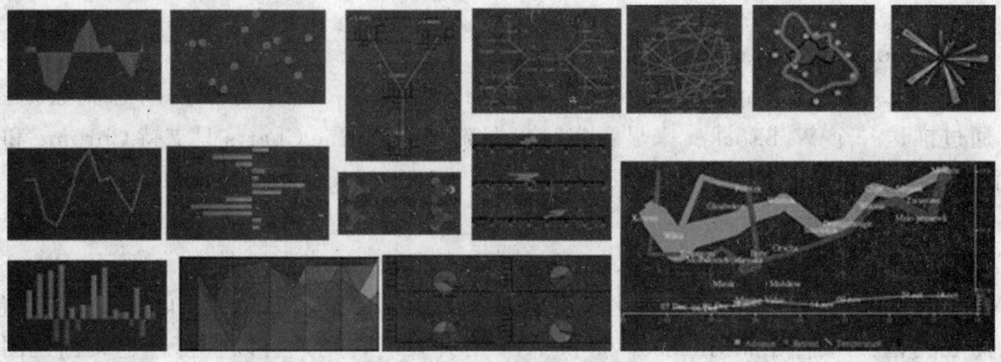

图 3.24　BirdEye 统计可视化

可以用于：探索性数据分析、链接分析、社交网络分析、生物网络分析等。Gephi 是一款信息数据可视化利器。如图 3.25 所示。

20. HighChartjs

HighChartjs 是由纯 JavaScript 实现的图标库，能够很简单便捷地在 Web 网站或是 Web 应用程序上创建交互式图表。HighChartjs 支持多种图表类型，比如直线图，曲线图、区域图、区域曲线图、柱状图、饼状图、散布图等。兼容当今所有的浏览器，包括 iPhone、IE 和火狐，等等。如图 3.26 所示。

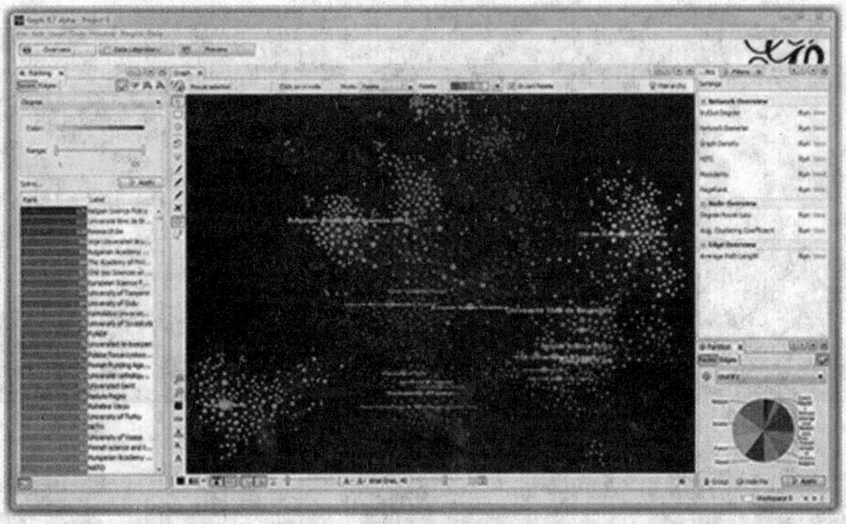

图 3.25　Gephi 统计可视化

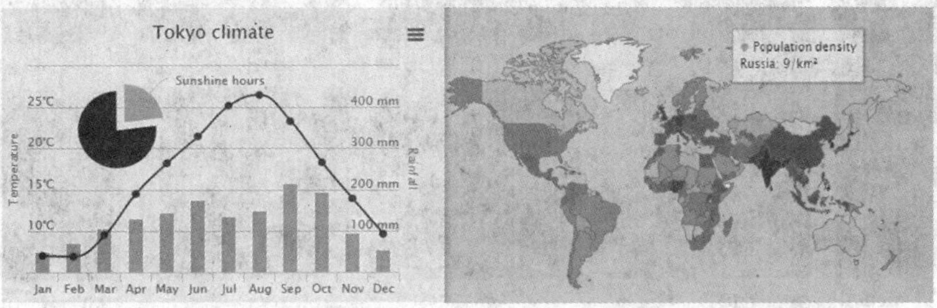

图 3.26　HighChartjs 统计可视化

21. Javascript InfoVIS Tool

JavaScript InfoVis Toolkit（http：//philogb. github. io/jit/）是一个在 Web 上创建可交互式数据图表的 JavaScript 库。该库有许多独特时髦的动画效果，并且可以免费使用。如图 3.27 所示。

22. Axiis

Axiis（http：//www. axiis. org/）是一个开源的数据可视化框架。Axiis 让开发人员通过简洁直观的标记，清晰明白地定义数据可视化方式。Axiis 在设计上非常强调代码优雅，可以让代码像输出的图形一样美观。Axiis 既提供了开箱即用的可视化组件，也提供了抽象布局模式和渲染类，可实现自定义可视化。如图 3.28 所示。

23. Protvis

Protovis（http：//mbostock. github. io/protovis/）是一个使用 JavaScript Canvas 元素实现的可视化组件。开发者可以利用简单的标记如线条和圆点＋数据来绘制自定义图表。如图 3.29 所示。

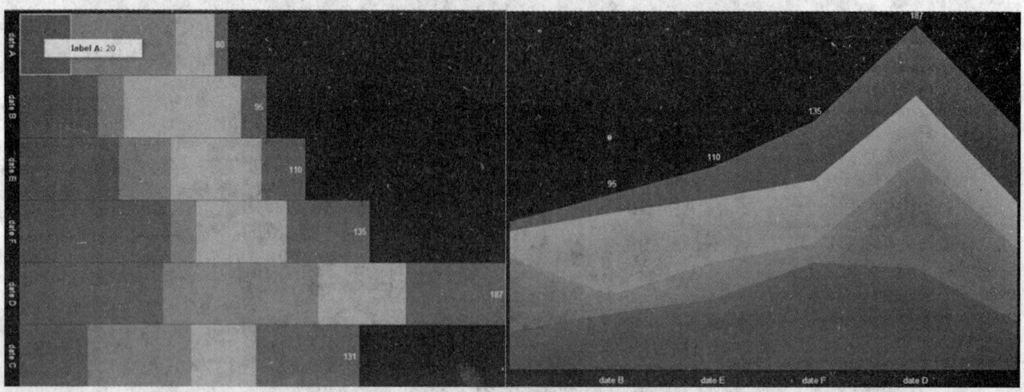

图 3.27　JavaScript InfoVis Toolkit 统计可视化

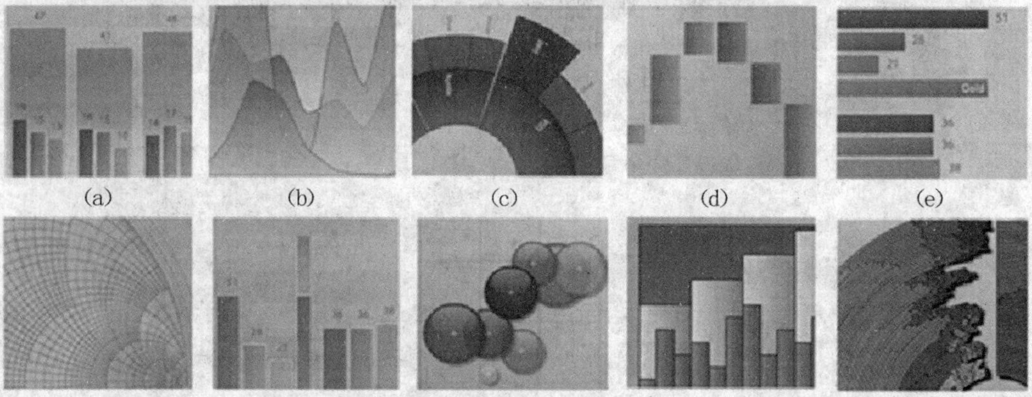

(a)　(b)　(c)　(d)　(e)

(f)　(g)　(h)　(i)　(j)

图 3.28　Axiis 统计可视化

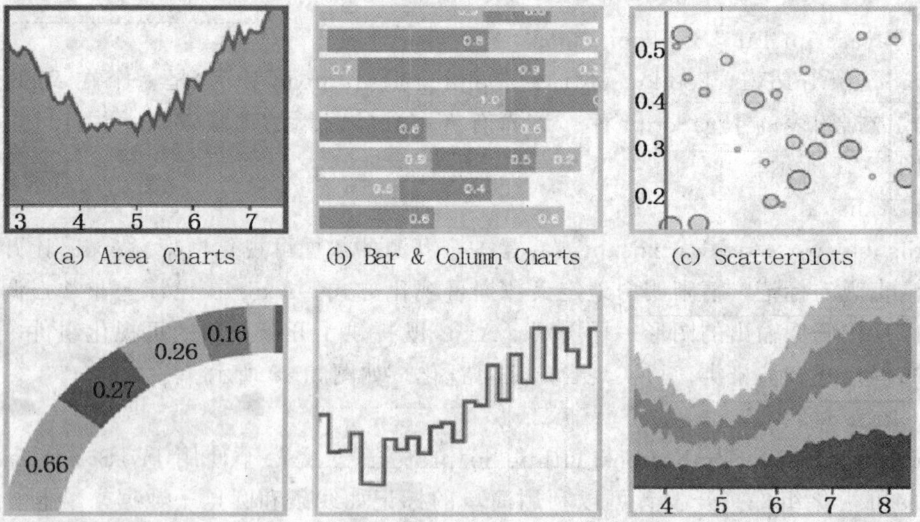

(a) Area Charts　(b) Bar & Column Charts　(c) Scatterplots

(d) Pie & Donut Charts　(e) Line & Step Charts　(f) Stacked Charts

图 3.29　Protovis 统计可视化

24. HumbleFinance

HumbleFinance（http：//www.humblesoftware.com/finance/）是 HTML5 数据可视化编译工具。作为交互式图形的范本，与 Flash 工具类似，工具本身是用 JavaScript 编译的，使用 Prototype 和 Flotr 库，该编译工具可以用于显示实际数值共享一个轴的任意两个 2D 数据集。如图 3.30 所示。

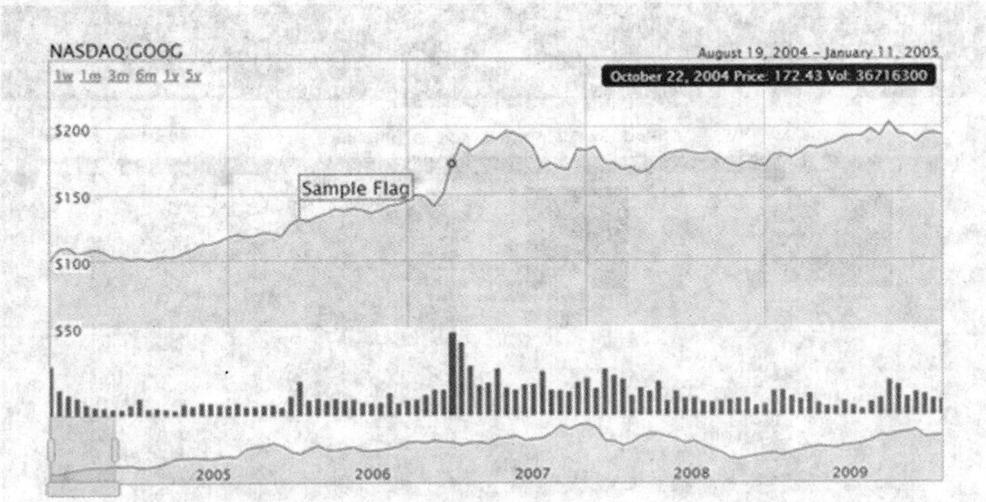

图 3.30　HumbleFinance 统计可视化

25. D3.js

D3.js（http：//d3js.org/）是最流行的可视化库之一，该可视化库被许多其他的表格插件所使用。D3.js 允许绑定任意数据到 DOM，然后将数据驱动转换应用到 Document 中。D3.js 能够帮助用户以 HTML 或 SVG 的形式快速可视化展示，进行交互处理，合并平稳过渡，在 Web 页面演示动画。D3.js 既可以作为一个可视化框架（如 Protovis），也可以作为构建页面的框架（如 jQuery）。如图 3.31 所示。

图 3.31　D3 统计可视化

26. Dipity

Dipity（http：//www.dipity.com/）是一款基于 Timeline 的 Web 应用软件，用户可以将自己在网络上的各种社会性行为（Flickr、Twitter、Youtube、Blog/RSS 等）聚合并全部导入到自己的 Dipity 时间轴上。如图 3.32 所示。

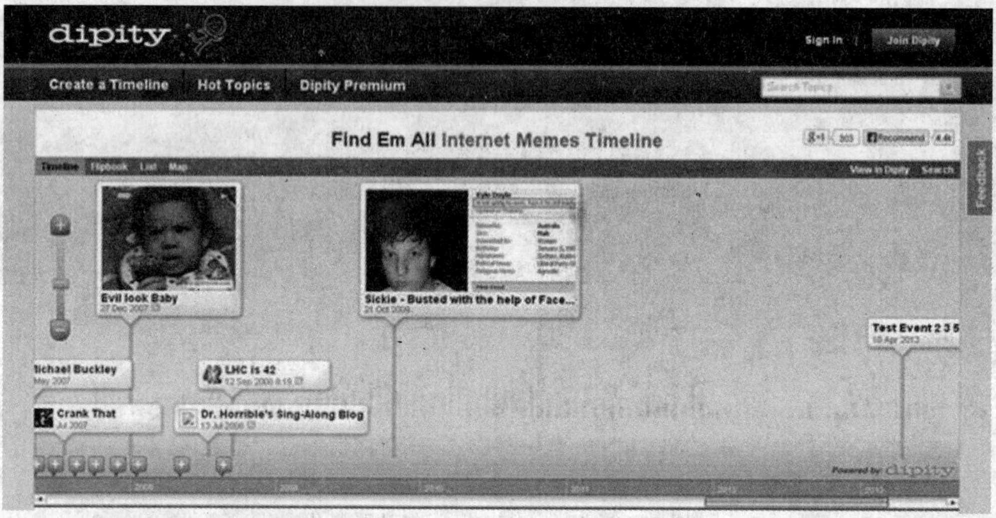

图 3.32　Dipity 统计可视化

27. Kartograph

Kartograph（http：//kartograph.org/）是一个用于创建无人操控、交互式地图（如谷歌地图）的框架。该框架由两个库组成：一个是 Python 库，从形式函数或 Post GIS 中提出矢量地图，并把它们转换成 SVG 格式；另一个是 JavaScript 库，将这些 SVG 格式转换成交互式地图。如图 3.33 所示。

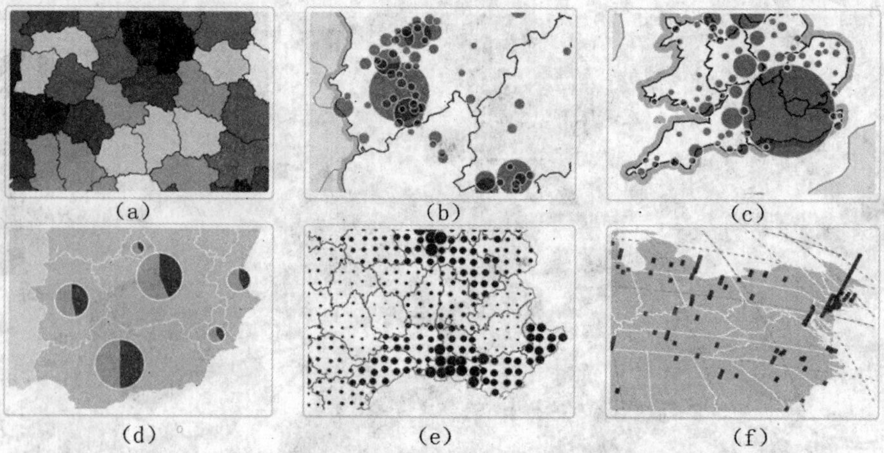

图 3.33　Kartograph 统计可视化

28. Timeflow

Timeflow（http：//www.juiceanalytics.com/writing/timeflow）是一个用于时态数据的可视化工具。该工具提供了四种不同的显示视图：时间轴视图、日历视图、条形图、表视图。如图 3.34 所示。

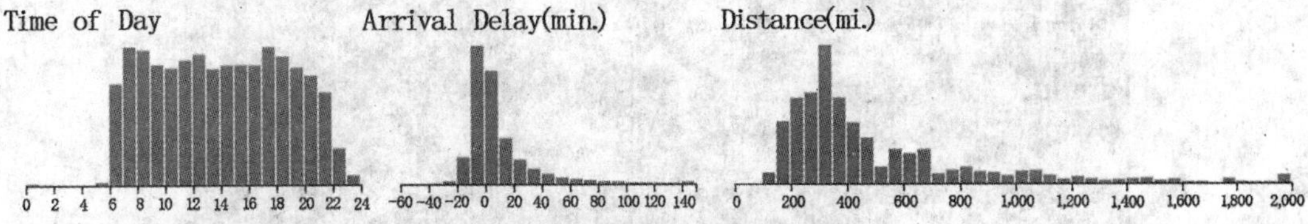

(a)

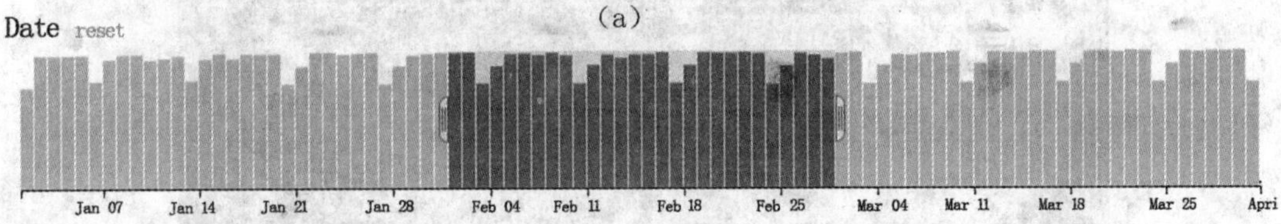

(b)

图 3.34 Timeflow 统计可视化

29. Paper.js

Paper.js（http：//paperjs.org/）是一个开源的向量图形脚本框架，基于 HTML5 Canvas 开发。提供清晰的场景图、DOM 和大量强大的功能用来创建各种向量图和贝塞尔曲线。如图 3.35 所示。

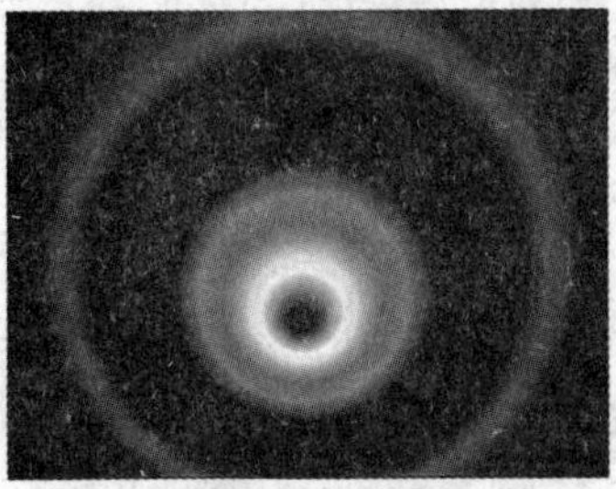

(a) Radial Rainbows

(b) Meta Balls

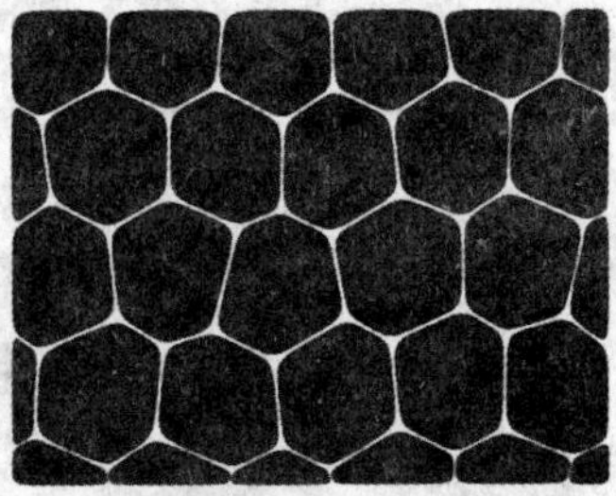

(c) Voronoi

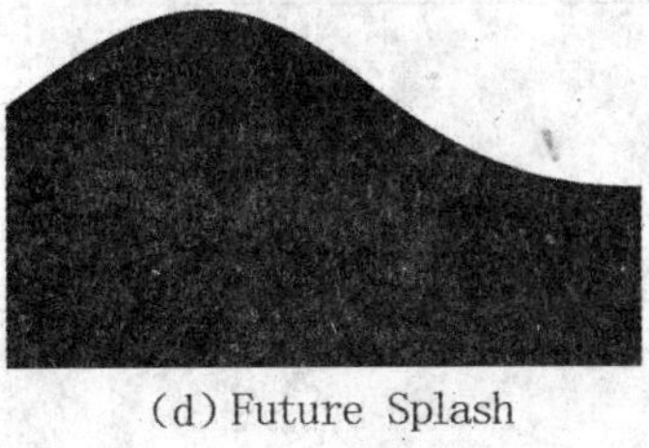

(d) Future Splash

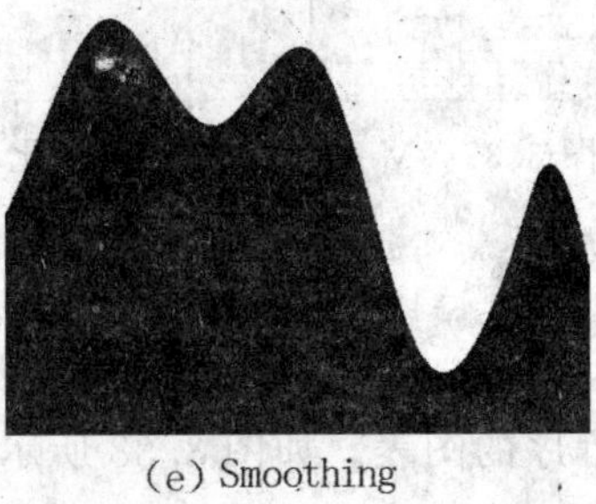

(e) Smoothing

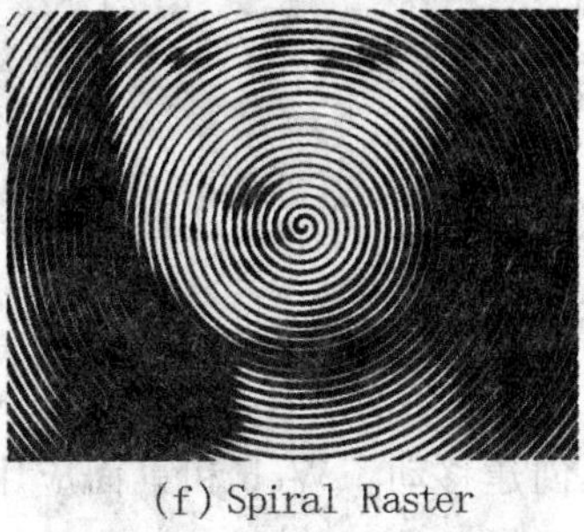

(f) Spiral Raster

图 3.35 Paper.js 统计可视化

30. Visulize Free

Visulize Free（http：//visualizefree. com/）是一款免费的可视化分析工具，基于先进的商业指示板和可视化软件开发。如图 3. 36 所示。

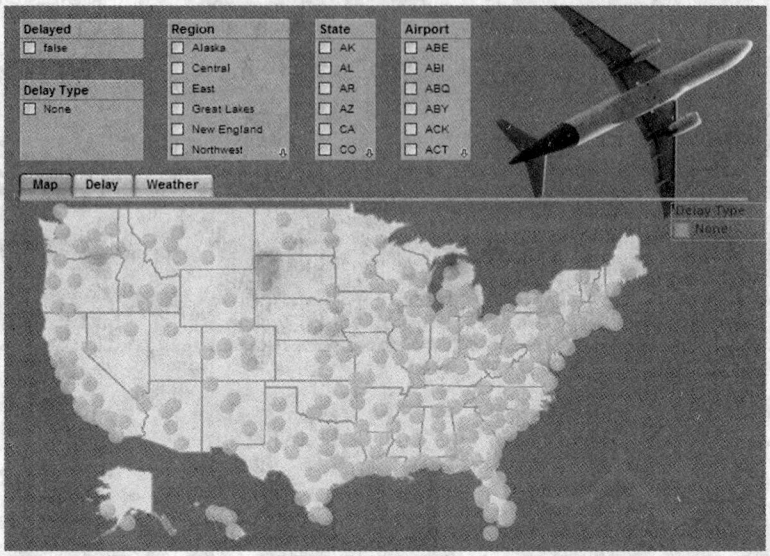

图 3. 36　Visulize Free 统计可视化

31. MilkChart

MilkChart（http：//code. google. com/p/milkchart）使用 HTML5＜canvas＞标签，支持 IE 以外的其他浏览器，可以将表数据（table data）转换为图表。如图 3. 37 所示。

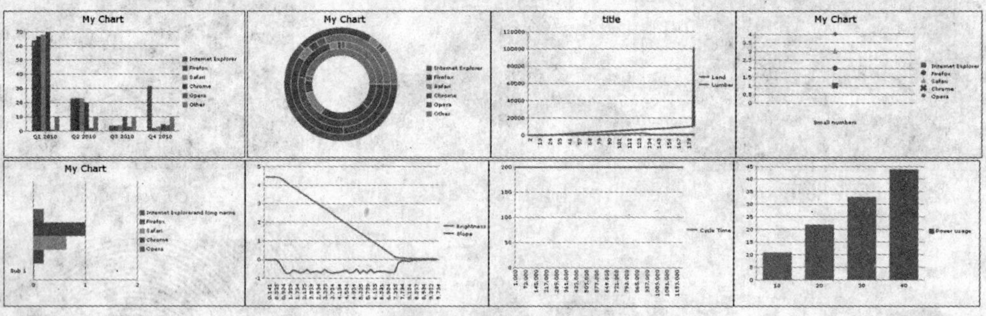

图 3. 37　MilkChart 统计可视化

32. VisiFire

Visifire（http：//www. visifire. com）是一套开源的数据可视化控件，使用 API，可以创建移动，Web 和桌面应用程序的图表。如图 3. 38 所示。

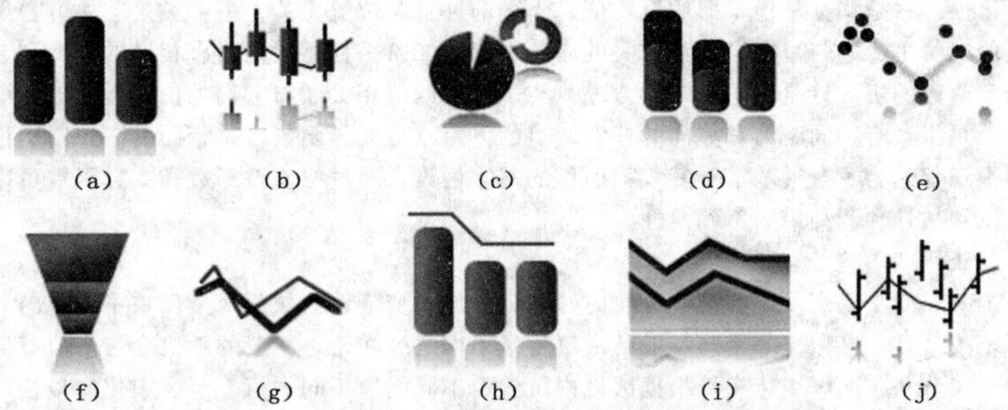

图 3.38　MilkChart 统计可视化

3.6　地统计方法

地统计学（Geostatistics）又称地质统计学，是在法国著名统计学家 G. Matheron 大量理论研究的基础上逐渐形成的一门新的统计学分支。该学科是以区域化变量为基础，借助变异函数，研究既具有随机性又具有结构性，或空间相关性和依赖性的自然现象的一门科学。凡是与空间数据的结构性和随机性，或空间相关性和依赖性，或空间格局与变异有关的研究，并对这些数据进行最优无偏内插估计，或模拟这些数据的离散性、波动性时，皆可应用地统计学的理论与方法。

地统计学与经典统计学的共同之处在于：它们都是在大量采样的基础上，通过对样本属性值的频率分布或均值、方差关系及其相应规则的分析，确定其空间分布格局与相关关系。但地统计学区别于经典统计学的最大特点即是：地统计学既考虑到样本值的大小，又重视样本空间位置及样本间的距离，弥补了经典统计学忽略空间方位的缺陷。

3.6.1　地统计的基本原理

地统计分析理论基础包括前提假设、区域化变量、变异分析和空间估值。

1. 前提假设

地统计符合以下前提假设：

随机过程：地统计学认为研究区域中的所有样本值都是随机过程的结果，即所有样本值都不是相互独立的，它们是遵循一定的内在规律的。地统计学就是要揭示这种内在规律，并进行预测。

正态分布：地统计学中，假设大量样本是服从正态分布的。在获得数据后首先应对数据进行分析，若不符合正态分布的假设，应对数据进行变换，转为符合正态分布的形式，并尽量选取可逆的变换形式。

平稳性：统计学认为，从大量重复的观察中可以进行预测和估计，并可以了解估计的变化性和不确定性。对于大部分的空间数据而言，平稳性的假设是合理的。这其中包括两种平稳性：一是均值平稳，即假设均值是不变的并且与位置无关；另一类是与协方差函数有关的二阶平稳和与半变异函数有关的内蕴平稳。二阶平稳是假设具有相同的距离和方向的任意两点的协方差是相同的，协方差只与这两点的值相关而与它们的位置无关。内蕴平稳假设是指具有相同距离和方向的任意两点的方差（即变异函数）是相同的。二阶平稳和内蕴平稳都是为了获得基本重复规律而作的基本假设，通过协方差函数和变异函数可以进行预测和估计预测结果的不确定性。

2. 区域化变量

当一个变量呈现一定的空间分布时，称为区域化变量，区域化变量反映了区域内的某种特征或现象。区域化变量与一般的随机变量不同之处在于，一般的随机变量取值符合一定的概率分布，而区域化变量根据区域内位置的不同而取不同的值。当区域化变量在区域内确定位置取值时，表现为一般的随机变量，亦即，区域化变量是与位置有关的随机变量。在实际分析中，常采用抽样的方式获得区域化变量在某个区域内的值，即此时区域化变量表现为空间点函数

$$Z(x)=Z(x_\mu,\ x_v,\ x_w)$$

根据其定义，区域化变量具有两个显著特征：随机性和结构性。首先，区域化变量是一个随机变量，它具有局部的、随机的、异常的特征；其次，区域化变量具有一定的结构特点，即变量在点 x 与偏离空间距离为 h 的点 $x+h$ 处的值 $Z(x)$ 和 $Z(x+h)$ 具有某种程度的相似性，即自相关性，这种自相关性的程度依赖于两点间的距离 h 及变量特征。除此之外，区域化变量还具有空间局限性（即这种局限性表现为一定范围内）、不同程度的连续性和不同程度的各向异性（即各个方向表现出的自相关性有所区别）等特征。

3. 变异分析

地统计学中的协方差函数可以表示为

$$C(h)=\frac{1}{N(h)}\sum_{i=1}^{N(h)}[Z(x_i)-\overline{Z}(x_i)][Z(x_i+h)-\overline{Z}(x_i+h)]$$

式中，$Z(x)$ 为区域化随机变量，并满足二阶平稳假设，即随机变量 $Z(x)$ 的空间分布规律不因位移而改变；h 为两样本点空间分隔距离；$Z(x_i)$ 为 $Z(x)$ 在空间点处的样本值。

$Z(x_i+h)$ 是 $Z(x)$ 在 x_i 处距离偏离 h 的样本值[$i=1,\ 2\cdots,\ N(h)$]；$N(h)$ 是分隔距离为 h 时的样本点对总数；$\overline{Z}(x_i)$ 和 $\overline{Z}(x_i+h)$ 分别为 $Z(x_i)$ 和 $Z(x_i+h)$ 的样本平均数，即

$$\overline{Z}(x_i)=\frac{1}{n}\sum_{i=1}^{n}Z(x_i)$$

$$\overline{Z}(x_i+h)=\frac{1}{n}\sum_{i=1}^{n}Z(x_i+h)$$

式中，n 为样本单元数。一般情况下，$\overline{Z}(x_i)\neq\overline{Z}(x_i+h)$（特殊情况下可以认为近似相等）。

半变异函数又称为半变差函数、半变异矩，是地统计分析的特有函数。区域化变量 $Z(x)$ 在点 x 和 $x+h$ 处的值 $Z(x)$ 与 $Z(x+h)$ 差的方差的一半称为区域化变量 $Z(x)$ 的半变异函数，记为 $r(h)$，$2r(h)$ 称为变异函数。

根据定义有

$$r(x,h)=\frac{1}{2}\mathrm{Var}[Z(x)-Z(x+h)]$$

即

$$r(x,h)=\frac{1}{2}E[Z(x)-Z(x+h)^2]-\frac{1}{2}\{E[Z(x)]-E[Z(x+h)]\}^2$$

区域化变量 $Z(x)$ 满足二阶平稳假设，因此对于任意的 h 有

$$E[Z(x+h)]=E[Z(x)]$$

因此，半变异函数可以改写为

$$r(x,h)=\frac{1}{2}E[Z(x)-Z(x+h)]^2$$

由上式可知，半变异函数依赖于自变量 x 和 h，当半变异函数 $r(x, h)$ 仅仅依赖于距离 h 而与位置 x 无关时，$r(x, h)$ 可以改写为 $r(x)$，即

$$r(h)=\frac{1}{2}E[Z(x+h)-Z(x)]^2$$

具体表示为

$$r(h)=\frac{1}{2N(h)}\sum_{i=1}^{N(h)}[Z(x_i)-Z(x_i)+h]^2$$

各变量的含义同前。也有将 $r(h)$ 称为变异函数，两者使用上不引起本质上的差别。

半变异函数和协方差函数把统计相关系数的大小作为一个距离的函数，是地理学中相近相似定理定量化。图 3.39 和图 3.40 为典型的半变异函数图和其对应的协方差函数图。

图 3.39 和图 3.40 显示，半变异值的变化随着距离的加大而增加，协方差函数随着距离的加大而减小。这主要是由于半变异函数和协方差函数都是事物空间相关系数的表现，当两事物彼此距离较小时，它们是相似的，因此协方差值较大，而半变异值较小；反之，协方差值较小，而半变异值较大。此外，协方差函数和半变异函数随着距离的加大基本呈反向变化特征，它们之间的近似关系表达式为

$$r(h)=sill-C(h)$$

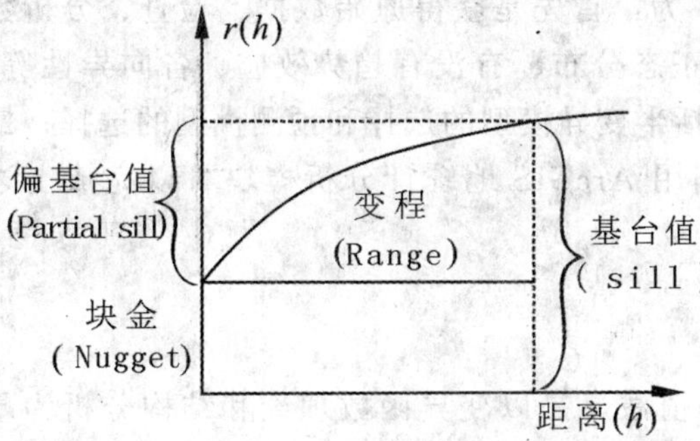

图 3.39 半变异函数图

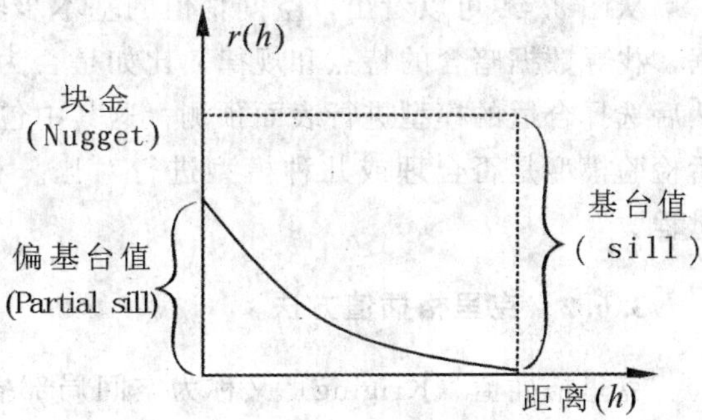

图 3.40 协方差函数图

半变异函数曲线和协方差函数曲线反映了一个采样点与其相邻采样点的空间关系。此外，它们对异常采样点具有很好的探测作用，在 ArcGIS 地统计分析模块中可以使用两者

的任意一个，一般采用半变异函数。在半变异函数曲线图中有两个非常重要的点：间隔为 0 时的点和半变异函数趋近平稳时的拐点，由这两个点产生四个相应的参数：块金值（Nugget）、变程（Range）、基台值（Sill）、偏基台值（Partial Sill）它们的含义表示如下：

块金值（Nugget）：理论上，当采样点间的距离为 0 时，半变异函数值应为 0，但由于存在测量误差和空间变异，使得两采样点非常接近时，它们的半变异函数值不为 0，即存在块金值。测量误差是由于内在误差引起的，空间变异是自然现象在一定空间范围内的变化。它们任意一方或者两者共同作用产生了块金值。

基台值（Sill）：当采样点间的距离 h 增大时，半变异函数 $r(h)$ 从初始的块金值达到一个相对稳定的常数时，该常数值称为基台值。当半变异函数值超过基台值时，即函数值不随采样点间隔距离而改变时，空间相关性不存在。

偏基台值（Partial Sill）：基台值与块金值的差值。

变程（Range）：当半变异函数的取值由初始的块金值达到基台值时，采样点的间隔距离称为变程，记为 R。变程表示了在某种观测尺度下，空间相关性的作用范围，其大小受观测尺度的限定。在变程范围内，样点间的距离越小，其相似性，即空间相关性越大。当 $h>R$ 时，区域化变量 $Z(x)$ 的空间相关性不存在，即当某点与已知点的距离大于变程时，该点数据不能用于内插或外推。

当限定的样本点间隔过小时，可能出现曲线图上所有 $r(h) \approx \text{Nugget}$，即曲线为一近似平行于横坐标的直线，此时半变异函数变现为纯块金效应。这是由于所限定的样本间隔内，点与点的变化很大，即各个样点是随机的，不具备空间相关性，区域内样点的平均值即是最佳估计值。此时只有增大样本间隔，才能反映出样本间的空间相关性。

空间相关性的强弱可以由 Partial Sill/Sill 来反映，该值越大，空间相关性越强。相应地，Nugget/Sill 称为基底效应，表示样本间的变异特征，该值越大，表示样本间的变异更多的是由随机因素引起的。

4. 空间估值

一个完整的地统计分析过程，或者说空间估值的过程，如图 3.41 所示。

从图 3.41 可以看出，空间估值的基本步骤为：首先是获得原始数据、检查、分析数据，找寻数据暗含的特点和规律，比如是否为正态分布、有没有趋势效应、各向异性等；然后选择合适的模型进行表面预测，这其中包括半变异模型的选择和预测模型的选择；最后检验模型是否合理或几种模型进行对比。利用 ArcGIS 地统计分析模块可以完成上述过程。

3.6.2　克里格插值方法

克里格插值（Kriging）又称为空间局部插值法，是以变异函数理论和结构分析为基础，在有限区域内对区域化变量进行无偏最优估计的一种方法，是地统计学中的主要内容之一。南非矿产工程师 D. R. Krige（1951 年）在寻找金矿时首次运用这种方法，法国著名统计学家 G. Matheron 随后将该方法理论化、系统化，并命名为 Kriging，即克里格方法。

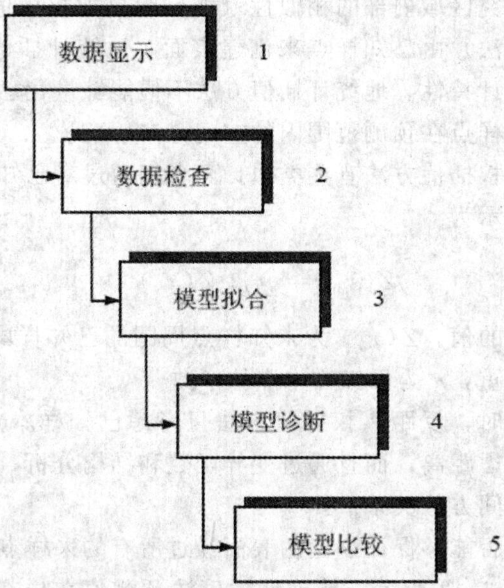

图 3.41　地统计分析过程框图

克里格方法的适用范围为区域化变量存在空间相关性，即如果变异函数和结构分析的结果表明区域化变量存在空间相关性，则可以利用克里格方法进行内插或外推；否则反之。其实质是利用区域化变量的原始数据和变异函数的结构特点，对未知样点进行线性无偏、最优估计。无偏是指偏差的数学期望为 0，最优是指估计值与实际值之差的平方和最小。也就是说，克里格方法是根据未知样点有限邻域内的若干已知样本点数据，在考虑了样本点的形状、大小和空间方位，与未知样点的相互空间位置关系，以及变异函数提供的结构信息之后，对未知样点进行的一种线性无偏最优估计。

地统计分析的核心就是通过对采样数据的分析、对采样区地理特征的认识选择合适的空间内插方法创建表面。插值方法按其实现的数学原理可以分为两类：一类是确定性插值方法，另一类是地统计插值，也就是克里格插值，如图 3.42 所示。

- 空间插值
  - 确定性插值
    - 全局性插值：全局多项式插值
    - 局部性插值
      - 反距离权插值
      - 径向基插值
      - 局部多项式插值
  - 地统计插值
    - 普通克里格插值
    - 简单克里格插值
    - 泛克里格插值
    - 概率克里格插值
    - 析取克里格插值
    - 协同克里格插值

图 3.42　按照数学原理的地统计插值分类

确定性插值方法以研究区域内部的相似性（如反距离加权插值法）、或者以平滑度为基础（如径向基函数插值法）由已知样点来创建表面。地统计插值方法（例如克里格法）利用的则是已知样点的统计特性。地统计插值方法不但能够量化已知点之间的空间自相关性，而且能够解释说明采样点在预测范围内的空间分布情况。

克里格方法与反距离权插值方法有些类似，两者都通过对已知样本点赋权重来求得未知样点的值，可以统一表示为

$$Z(x_0)=\sum_{i=1}^{n}\lambda_i Z(x_i)$$

式中，$Z(x_0)$ 为未知样点的值，$Z(x_i)$ 为未知样点周围的已知样本点的值，i 为第 i 个已知样本点对未知样点的权重，n 为已知样本点的个数。

不同的是，在赋权重时，反距离权插值方法只考虑已知样本点与未知样点的距离远近，而克里格方法不仅考虑距离，而且通过变异函数和结构分析，考虑了已知样本点的空间分布及与未知样点的空间方位关系。

空间插值方法根据是否能够保证创建的表面经过所有的采样点，又可以分为精确性插值和非精确性插值，如图 3.43 所示。精确性插值法预测值在样点处的值与实测值相等，非精确性插值法预测值在样点处的值与实测值一般不会相等。使用非精确性插值法可以避免在输出表面上出现明显的波峰或波谷。反距离权插值和径向基插值属于精确性插值方法，而全局多项式插值、局部多项式插值，以及克里格插值都属于非精确性插值方法。

- 空间插值
  - 精确性插值
    - 反距离权插值
    - 径向基插值
  - 非精确性插值
    - 全局多项式插值
    - 局部多项式插值
    - 克里格插值
      - 普通克里格插值
      - 简单克里格插值
      - 泛克里格插值
      - 概率克里格插值
      - 析取克里格插值
      - 协同克里格插值

图 3.43 按照采样点密度的地统计插值分类

3.6.3 ArcGIS 地统计分析

ArcGIS 地统计分析模块主要由三个功能模块组成，探索性数据分析（Explore Data）、地统计分析向导（Geostatistical Wizard）以及生成数据子集（Create Subsets）。利用这些基本功能模块，可以方便地完成多种地统计分析，创建完善的专题地图（表面预测）。

1. 探索性数据分析（Explore Data）

数据分析工具可以让用户更全面地了解所使用的数据，以便于选取合适的参数及方

法。如数据是否服从正态分布，是否存在某种趋势等。在 ArcGIS 地统计分析模块中，内嵌了多种探索性空间数据分析工具，包括 Histogram（直方图）、Voronoi Map（Voronoi 地图）、Normal QQPlot（正态 QQPlot 分布图）、General QQPlot（普通 QQPlot 分布图）、Trend Analysis（趋势分析）、Semivariogram/Covariance Cloud（半变异/协方差函数云）、Crosscovariance Cloud（正交协方差函数云）。这些探索性空间数据分析工具对数据从不同的视图，提供用户用多种方式检测空间数据。如图 3.44 所示。

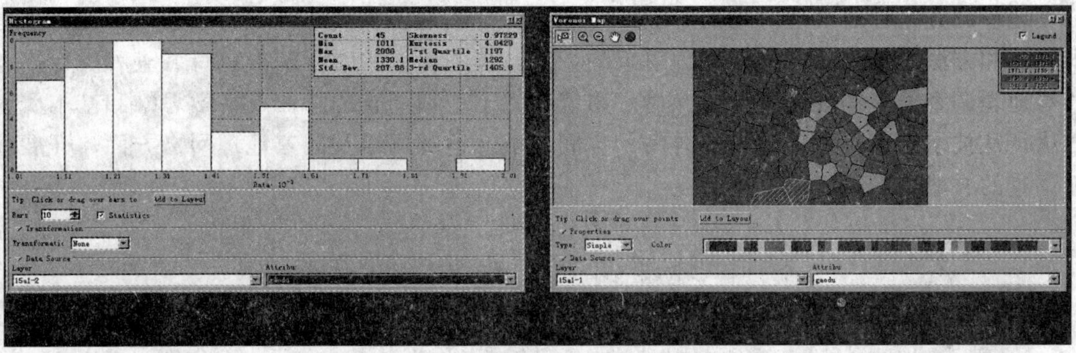

图 3.44　探索性空间数据分析

2. 地统计分析向导（Geostatistical Wizard）

地统计分析模块提供了一系列利用已知样点进行内插生成研究对象表面图的内插技术。地统计分析向导通过完善的图形用户界面，引导用户逐步了解数据、选择内插模型、评估内插精度，完成表面预测（模拟）和误差建模。

3. 生成数据子集（Create Subsets）

对输出表面质量评价的最严格方法就是将观测到的观测值与预测值进行比较。通常情况下，这种做法无需到研究区采集独立的验证数据集。一种办法就是将原始数据分割成两部分，一部分用来空间结构建模及生成表面，另一部分用来比较和验证预测的质量。Create Subsets 对话框可以让用户生成测试和训练数据集。

复习与思考题

1. 抽样调查实施有哪几种调查方法？
2. 试简述抽样调查数据处理中误差处理的方法。
3. 抽样调查统计数据可视化有什么好处？
4. 什么是地统计？试简述地统计实施的过程。

第4章　地理调查的基本理论

地理调查是针对地理对象的专业统计调查。开展地理调查工作，除了遵循统计调查基本理论和方法之外，还需根据地理对象的特点，建立统一的时空基准进行调查和统计。本章对地理调查的基本理论进行了探讨，系统介绍了地理调查的特征、科学思维和基本研究方法，从技术层面对地理调查的时间、空间基准、地理网格及国家地理网格方面，开展地理调查的一般步骤进行了论述。

4.1　地理调查与地理国情普查

4.1.1　地理学研究对象的演变

现代地理学是一门研究由多种地理要素组成的地域系统的结构、功能及其时空演替（变化）规律的边缘性（跨界）科学。

在历史长河中，地理学研究的对象和内容侧重点并非一成不变，而是随着历史的发展在发生转移。古典地理学是百科全书式的纯描述性的知识大杂烩，主要任务是绘制地图和记载、描述一些地理事实；近代地理学的前半个时期还很难与“地学”区别开，近代地理学包含了地学的其他分支，研究的是“地球表面一切直然现象和人文现象的分布”；现代地理学侧重于“地域系统”的研究，实践性的内容日益增多。

现代地理学从传统的“空间分布”的研究转向“地域系统”的研究，是学科发展的历史必然，它表明了地理学对客观事物认识的深入与侧重点的重大转移。正像历史学不是研究时间本身、但历史学又必须联系时间进行研究一样，地理学并不是研究地表“空间”的科学，地理学是研究存在于“地表空间”的地理事件随时空变化运动规律的科学，但是一旦脱离了“空间关系”，也就不成其为地理学了，这是地理学与其他学科的根本区别。

现代地理学从传统的“空间分布”的研究逐渐转向研究“地域系统”，是地理学发展的历史必然，促成这一转变的原因主要有三个方面：

1. 学科认识水平的提高

如前所述，古典地理学只是停留在地理事物的表面形式——静态的“空间分布”的认识之上，回答的只是“是什么”和“在哪里”的问题，属于认识的初级阶段；近代地理学在认识了“是什么”和“在哪里”的基础上，深入到研究“为什么”的问题，即地理学从纯粹的描述或记述阶段进入到静态的解释阶段，这表明地理学在认识客观事物上向前迈进了一大步，但是近代地理学是在对地理事物进行解剖、分析的基础上向前发展的。在学科的发展中，虽然“分化”与“联合”并存，但总的趋势是“分化”占主导地位，以致于在地理学内部出现“隔行如隔山”的局面。而每门分支学科在对单因子进行深入研究的同时，又越来越感到困难重重，即只有从整体上综合地研究各种地理因子相互之间的关系，才能更好地把握地理事物的过程及其本质。因而，把各个地理因子看做是“地域系统”的一个组成部分，把地理学的研究对象作为“地域系统”来看待。这表明了学科认识水平的提高，也符合人类认识发展的客观规律。

2. 实践的需要

地理学目前参与研究的实践问题大多是综合性的问题，如全球范围的资源、环境、人口等问题。这些问题在地域上相互之间都有千丝万缕的联系，传统的思维方式和研究方法解决这些问题显然是无济于事。

3. 系统科学的冲击

系统科学的思想是地理学科学研究的有力武器。实践证明，用“系统论”思想研究地理事物及其过程是非常成功的。

地域系统，亦称为地理系统，是指由地球表面上各种地理要素组成的只有特定功能的有机整体，按其范围和规模可以分为不同等级，如洲际系统，国家或大地区系统、地区系统、小区系统等；按其性质可以分为自然地域系统、经济地域系统、人文地域系统和复合地域系统。每一种地域系统都是开放系统，都与外界环境保持着千丝万缕的联系。地域系统的功能取决于其本身的内容结构和外界的输入。任何一个地域系统的结构都具有整体性、综合性、相关性、层次性、动态性（变异性）和开放性等特性。

现代地理学主要研究“地域系统”的以下几个方面：

1. 地域系统的等级序列划分

包括建立等级划分的原则和确定等级划分的数量指标。传统地理学各种地域类型和区域的划分实质上就是不同性质或不同规模的地域系统的划分，如自然方面的综合自然区划、动植物地域类型的区划、地貌区划、土壤区划、气候区划、水文区划等；经济方面，如综合经济区划、农业区划、工业区划、交通运输网区划；人文方面，如人口区划、宗教文化区划、行政区划、自然区划等。地域系统的等级序列划分不仅要确定其主导因素、建立相应的原则，而且还要确定数量指标，建立指标体系，定性与定量相结合。忽视任何一方，划分出来的结果就会缺乏科学性。传统的方法是重“定性”而轻“定量”，这是一个不足。现代地理学在定量方法上已迈开了可喜的一步。如图 4.1 所示，通过将地理区域与社会经济发展相关信息相结合，形成中国综合自然区划。

2. 地域系统的内部结构和功能

从某种意义上讲，结构和功能是同等的概念，系统的内部结构不同，则功能就不同，系统结构的变化伴随着功能的改变。现代地理学不仅仅要研究地域系统内部结构和功能的现状，更重要的是要研究怎样使系统内部结构达到优化并充分发挥系统整体的功能。目前国内地理学界研究的或参与研究的重大课题大多属于这方面的内容，如“地区发展战略研究”、“地区产业结构优化研究”、“流域综合治理与开发研究”、“区域生态（环境）的研究”、“城镇地域系统（体系）研究”等。

3. 地域系统的时空演替规律

任何一个地域系统都不是永远不变的，而是处在不断的运动变化之中。研究地域系统的时空演替规律，并依据其客观规律，对地理过程进行预测预报，是现代地理学研究的重要内容，也是重要的任务。如图 4.2 所示。

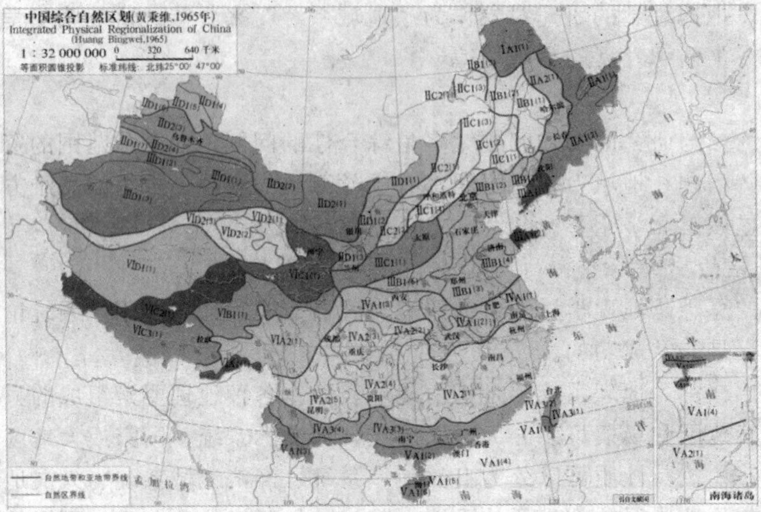

图 4.1　中国综合自然区划

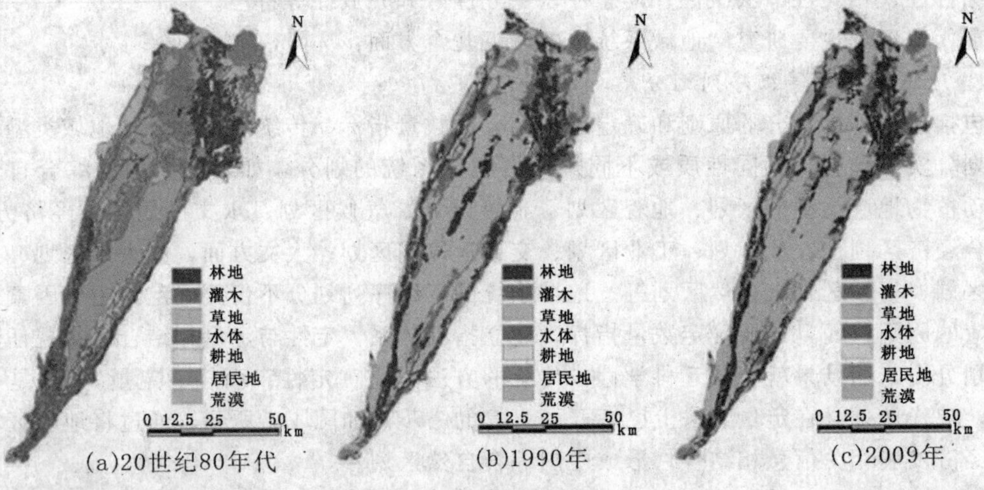

图 4.2　地表覆盖时空演变

4. 地域系统的相互关系及其影响

不同性质的地域系统在运动变化的内在机制上是不同的，并且它们之间客观上还存在着相互作用和影响的复杂关系，如人文地域系统与自然地域系统之间的关系及其影响、水文地域系统与生物地域系统之间的关系及其影响、政治地域系统与经济地域系统之间的关系及其影响等。同时，组成地域系统的诸地理要素之间也存在着相互作用和相互影响的复杂关系，这种关系对地域系统的形成、发展变化起着重要的作用。但是，传统地理学只是宽泛地探讨这些关系，缺乏深入的定量研究。现代地理学不能只满足于从理论上对这些问题的讨论，而应做一些深入的具体研究。

应该承认，现代科学的一个明显特点是学科之间的相互交叉渗透，反映在研究领域中就是“交错重叠”。同样一个客体，可能有几门学科进行研究，但是每门学科各有其侧重面，正是这种侧重面的不同，才把许多具有综合性和边缘性的相邻学科区别开来。现代地理学研究“地域系统”，并不排除其他相邻科也涉及地域系统的内容，如生态学、环境学、经济学和区域科学等，但地理学关心的重点不在于某一个别的方面，而在于“地域系统”的整体性，这是其他任何相邻学科都不具有的。明确这一点，对于理解现代地理学与其他相邻学科的区别是有帮助的。诚然，现代许多相邻学科要在它们之间划出一条明确的界线是很困难的，一般说来，相邻学科之间是不存在“鸿沟”的。

4.1.2 地理调查的特征

地理调查是针对地理学研究对象的调查，根据地理学研究的地域系统的特性，地理调查具有以下特征：

1. 实践特征

地理调查必须深入实地开展调查，深入收集一线真实资料，实践出真知，地理调查活动必须通过实地考察地域系统，核实其地理资料，为后续的地理研究和应用提供第一手的实践资料。

2. 空间特征

地理调查的对象及其资料具有空间特征，地理对象及其资料可以通过空间坐标进行标识和关联。

3. 时间特征

地理调查是在特定时刻对地理对象进行实地考察，收集到的自然和人文地理资料均具有时间属性。地理调查要根据地理研究和应用选定合适的时间进行调查，调查得到的资料具有时间有效性。

4. 抽样特征

地理调查一般选取具有代表性的区域和地理对象进行调查，通过抽样调查的方式实现对地理研究全区域的调查。

5. 人文特征

地理调查不仅仅要调查地域系统内部结构和功能的现状，更重要的是要结合各种社会、历史和人文背景，研究怎样使地域系统内部结构达到优化并充分发挥系统整体的功能，并对地域系统未来发展进行科学规划和预测。

6. 学科交叉特征

作为地理学研究的一种实践手段，地理调查具有鲜明的学科交叉特征，无论是地理调查对象的属性还是地理调查手段和方法，都需要开展学科交叉。

4.1.3 地理调查的科学思维

作为地理研究的一项具体的工作，开展地理调查，除了需要掌握一定的科学技术方法之外，还需要有升华，应提升到科学的思维和方法论。

1. 综合思维

地理环境由大气圈、水圈、岩石圈、生物圈、人类智慧圈等圈层所组成，是地球各种自然要素、人文要素有机结合而成的宏观系统。地理事物通常是复杂的，地理事物与其他事物之间存在着千丝万缕的联系。在地理调查过程中，不能就地理论地理，必须从大地理的角度，从学科融合和空间综合的角度，了解地理事物，分析地理问题。随着我国经济、社会的加速发展，对地理学科综合性的要求日益突出。就综合分析而言，必须抓住主要矛盾和核心问题，弄清地理事物的关键所在。对于区域分析来说，综合分析更是不可缺少的。综合型地理思维的创新，在于把握全局、分清主次、归纳总结和整体提升。

比如，可以从时间角度考察历史，从空间角度考察地理，从世界观角度考察政治，从三者结合的角度考察综合。如德国慕尼黑大学的一位教授是这样看待中国的：首先把中国分为东部与西部，东部以秦岭—淮河为界，分为北方与南方；西部则以昆仑山为界，分为大西北与大西南。南方气候暖湿，植被葱郁，可以称为“绿色中国”；北方有广阔的华北平原和黄土高原，可以称为“黄色中国”；大西北荒漠、戈壁面积广大，黄沙漫漫，瀚海无边，可以称为“金色中国”；大西南有雄浑的青藏高原，冰川绵延，雪峰皑皑，可以称为“银色中国”。关于国土整治，可以作如此描述：“黄色中国”向“绿色中国”转变，“金色中国”向“黄色中国”和“绿色中国”转变，“绿色中国”应更加“碧绿可人”，“银色中国”则主要是保护好原生环境。由此可见，这位德国地理学家对中国地理区域特征具有全面和深刻的了解，并进行了很好的提炼与综合。

2. 创新思维

地理创新思维在于打破传统的思维定势，用新的理念、新的视角、新的方法去看待地理事物，去解决地理问题。其中，最重要的当属观念创新，需要贯彻一系列新的理念，如循环经济、协调发展、环境友好型社会、资源节约型社会、数字地球、经济全球化、绿色 GDP 等。应当“跳出地理看地理，跳出区域看区域”。地理创新在很大程度上是人地关系的提升，是由不和谐向和谐的转变。

3. 批判思维

人们对于地理事物的认识过程，是一个由浅入深、由表及里、由主观到客观、由局部到整体的过程，同时也是一个人类认知不断提高的过程。新观念的确立，往往是对传统观念的更新、批判和否定。过去认为是合理的东西，在新形势下可能会变得不合理。人类对于自然界的改造过程，由不和谐到和谐，由急功近利到长远发展，其经营观念、运作方式、实施行为既有对传统的继承，更是对落后的批判。

地理调查研究过程中，既要讲“地”，更要讲“理”，重要地理事物的来龙去脉。比如，20 世纪 50—70 年代，我们把“北大荒”开垦为“北大仓”；当前为了保护湿地环境，又要把“北大仓”的低洼之处恢复为“北大荒”。在此过程中，人们的思想观念发生了哪些变化？原先洞庭湖拥有浩瀚的水面，后来由于围湖造田，湖面不断萎缩。现阶段国家大举退田还湖和生态移民，又使得洞庭湖的面积逐渐变大。这个过程说明了什么问题？人们对自然界的认识发生了哪些变化？

4. 生态思维

从生态环境良性循环的角度去思考地理问题，关键在于协调人地关系，不断改善人们的生产、生活方式，尊重自然规律，按照经济规律办事，从以往的“人定胜天”上升到环境友好型的持续发展方式。

人类经历了漫长的农业文明时代，在此期间，由于生产力水平低下，对于自然界的影响和破坏都很有限，可谓男耕女织、自给自足、日出而作、日落而息，充满着田园牧歌般的情调。工业革命对自然界产生广泛和深刻的影响，使人类社会发生了翻天覆地的变化。工业社会能够大规模地利用资源和能源，但工业文明也造成了大范围的生态破坏和环境污染，结果导致人地关系日趋紧张。第二次世界大战后出现了席卷全球的科技浪潮，科技文明在很大程度上加强了人类开发资源和改造世界的能力，但并没有从根本上解决人与自然界和谐发展的问题，在一些领域反而使人地关系更趋紧张。1987 年以来，科学家系统地提出了可持续发展的概念，开创了生态文明的新时代，明确指出人类与自然界应当和谐发展。1992 年世界环境与发展会议以来，可持续发展的理念逐渐深入人心，并成为许多国家的基本国策。从农业文明、工业文明、科技文明再到生态文明，反映出人类认知水平的不断提升，也体现了人地关系从低水平和谐到不和谐、再到高水平和谐的理性回归。

再如，黄土高原是我国水土流失十分严重的区域，下泄的水土对黄河下游地区，尤其是华北平原造成广泛的生态灾难。但历史上黄土高原森林植被发育良好，是中华民族的主要策源地。如今黄土高原之所以出现童山濯濯、满目疮痍的景象，主要是由于人类不合理的垦殖活动所造成的。整治黄土高原办法甚多，诸如挖鱼鳞坑、修挡土墙、疏浚河道、植树种草，乃至于小流域的综合治理。治理黄土高原的核心是改善日益恶化的人地关系，尤其是减少当地居民对于生态环境的破坏，关键在于进行大规模的生态移民，使具体地域所承担的人口数量和产业活动不至于太多。事实证明，封山植树的做法是正确的，凡是进行了大规模退耕还林和生态移民的地方，自然环境都得到了很好的恢复。

5. 空间思维

空间是物质存在的一种基本形式，地理事物的存在是三维空间。空间性和综合性是地理学的根本特性。地理事物一定要落实到具体的空间，用数理位置（如经纬网坐标）、自然地理位置（如相对于山脉、河流的位置）、人文地理位置（如相对于城市、铁路的位置）来表述。可以选择一些具有特殊意义的地理界线让学生去剖析，如北回归线、爱辉—腾冲线等。所谓空间思维，关键是建立起准确的方位概念，形成科学的地图影像，从而能够正确描述某一地理事物的实际方位，并以此为基础深入探究地理问题。

“区域”通常是指一定的地域空间。在地理调查过程中，要理解区域具有一定的界线，有的界线是明确的，有的界线是模糊的；区域内部表现出明显的相似性和连续性，区域之间则具有显著的差异性；区域具有一定的优势、特色和功能；区域之间是相互联系的，一个区域的发展变化会影响到周边和相关的地区。粗放型的区域开发方式，是以自然资源的大规模开发和环境生态的大范围破坏为代价，谋求地方经济在短时期内的高速增长；高水平的区域开发方式，注重自然资源的合理开发和深度利用，强调以比较小的资源和环境代价换取区域社会经济的持续发展。

在我国东部，南方与北方的分界线是秦岭—淮河线，这是一条特色鲜明的地理界线。它具有许多显著的地理特征，可以很好地帮助人们提高地理调查中对于地表覆盖解译的准确性。比如该线以南的河流冬季不结冰，以北的河流冬季则会结冰；该线以南水田为多，以种植水稻为主，该线以北旱地为多，以种植小麦、玉米为主。以昆仑山为界，我国西部也可以划分为大西北与大西南两大地理单元。但我国东部、西部之间，并不存在着明显的地理界线。400mm 年雨量线、内流区与外流区的分界线、农区与牧区的分界线、第二级地形阶梯与第三级地形阶梯的分界线、森林植被与草原植被的分界线，皆不能作为东部与西部的划分界线。实际上，我国东部与西部之间的大多数地方，并不存在明确的地理分界线。其地理差异，更多地表现为过渡性而不是突变性的地理地带，窄的地方 20～30km，宽的地方 150～250km。我国热带的范围并不算大，包括海南岛和南海诸岛、台湾岛南部和雷州半岛，以及云南省南部低海拔地区，总面积约 $5\times10^4\mathrm{km}^2$。由于资源的不可替代性，这些地区不应种植一般的农作物，而要侧重经营热带作物，重点发展热带旅游。常见的热带作物有橡胶、椰子、金鸡纳霜、可可、咖啡、腰果、油棕等，这些作物都有明确的地域生长范围。橡胶是重要的战略物资，可以作为我国热带作物经营的重点。

因此，开展地理调查，必须具有物体空间运动的理性思维状态。地理事物是运动、变化、发展的，地理现象的变化与地理事物的空间位置变化、空间运动有着密切的关系。地理学研究的对象是一个有形的宏观世界，很难在实际学习生活中亲眼看到，这就更需要学生进行空间运动的理性思维。通过空间运动的理性思维，才能深刻理解地理现象的成因、规律、原理。如图 4.3 所示。

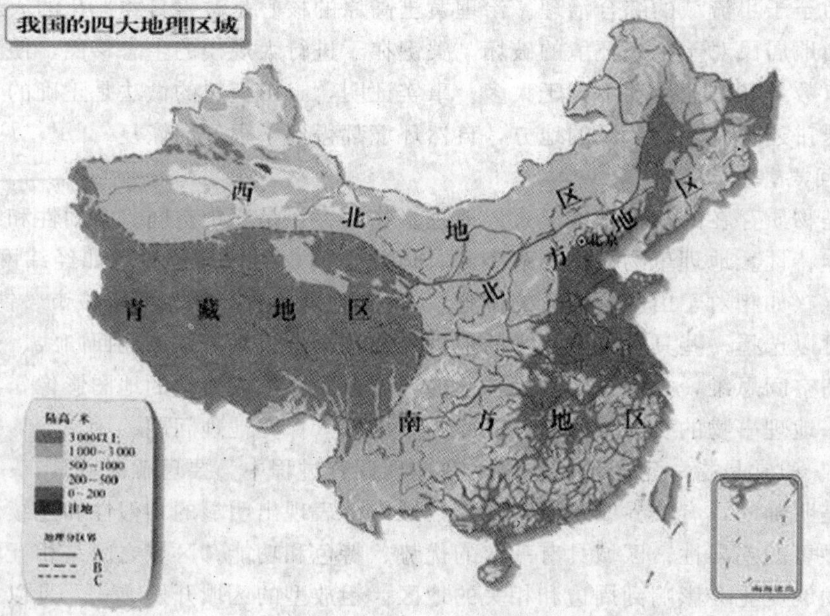

图 4.3　中国地理区域划分

6. 协调思维

人地关系是指人与地理环境之间的相互作用和相互联系。这里的“人”是指社会性的人，是在一定地理空间中从事生产活动和社会活动的人；这里的“地”是指与人类活动有着密切联系的地理环境。人地关系的基本内涵主要表现在以下方面：人类是地理环境发展到一定阶段的产物，地理环境为人类的生存与发展提供了资源和场所。在不同的历史时期，地理环境对人类社会的发展有着不同程度的制约作用。在长期的发展过程中，人类一方面逐渐适应地理环境的变化，不断提高其生存发展的能力；另一方面又在越来越广泛地开发、利用和改造自然环境，使其更加适合于人类的生存与发展。人类活动使原始的自然环境发生了巨大变化，形成了自然与人文相融合的地理环境。

根据我国基本国情，协调人地关系可以从以下途径进行：一是控制人口规模。不但控制人口的数量，还要提高人口的质量。二是转变发展模式。现阶段重点发展循环经济，构建环境友好型、资源节约型社会。三是协调人地关系。主要是协调经济社会发展与资源环境保护的关系，协调眼前利益与长远发展的关系。我国可持续发展的核心可以概括为“代内公平，代际公平，人地协调”，即必须采取一系列行之有效的措施，确保当代人与人之间、当代人与子孙后代之间的公平发展，确保人与地理环境之间的协调发展。我国可持续发展将要跨越三大“零增长”台阶。第一个台阶是：在2030年实现人口总量的零增长，全国人口要控制在16亿以内，人口质量不断提高。第二个台阶是：在2040年实现资源和能源消耗总量的零增长，同时实现社会财富的极大增长。第三个台阶是：在2050年实现环境生态破坏总量的零增长，生态质量明显改善，生态安全确有保障。为了确保这些目标的顺利实现，我国必须实行最严厉的耕地保护政策，实行严厉的环境生态保护政策和水资源保护政策。我国将要建设全面的高效率的可持续发展体系。包括环境友好型和资源节约型的经济体系、发展公平型的社会体系、提升竞争力的科技体系、人地关系协调的生态体系、人地协调发展的环境体系、全面提高国民整体素质的人口体系。

7. 逻辑分析与综合思维

分析和综合是一对重要的逻辑概念，也是认识客观事物及其运动变化过程的智力工具和基本方法。地理调查研究需要具备综合逻辑思维、辩证逻辑思维和因果逻辑思维。

综合逻辑思维：地理科学具有很强的应用价值和优势，是采取综合的方法对地理环境展开探索、分析和策划，并对地理环境各方面的条件展开综合评价。尤其对地理要素的综合分析和对地理系统的综合分析，地理综合逻辑思维注重分析，更注重综合。综合思维既是地理逻辑思维的起点，也是其终点。

辩证逻辑思维：人类社会体系依靠自然生态体系而生存和发展，自然生态体系受到人类活动影响而不断更新。了解和探索地理系统的子系统矛盾运动和其发展走向，需要探索者具备较强的辩证性逻辑思维。

因果逻辑思维：地理要素之间存在着一定的关联，相互关联的地理要素之间最主要的联系就是因果关系。只有掌握地理要素之间的因果联系，才能加深对地理知识的深入理解。

聚合思维法：是指从不同来源，不同方向探索一个正确答案的思维方法。如我国气象学家竺可桢教授通过长期对气温、气压、风向和湿度等气候要素的观察，并仔细观察冰的初冻、融化以及物候现象等，得出了我国近五千年以来的气候变化规律。

逆向思维法：这是以背道常规现象、由结论推导原因或条件的思维方式。如，近年来在青藏高原发现了岩溶地形，这一反常现象怎样解释？按青藏高原现在的自然条件，不能形成岩溶地貌。但如果反过来由果索因，从青藏高原的发展历史来探寻答案，则问题就解决了。

类比思维法：通过联想分析比较，综合归纳，把已经熟知的地理知识、地理规律、思维经验与所研究的地理现象、过程相联系，找出它们的相似性，并用类似方法分析、处理问题的思维方法。如讲到等深线、等降水量线、等压线时，教师只要提示学生与等高线相对比，就可以很容易地理解这些概念。

4.1.4　地理调查、地理国情调查与地理国情普查

地理国情调查是针对地理国情要素的地理调查，包括地表覆盖和地理国情单元的调查，这是一项特殊的统计调查。开展地理国情调查的具体途径就是地理国情普查，按照设计的地理单元大小对地理国情要素开展全面的统计调查即为地理国情普查。地理调查、地理国情调查与地理国情普查的关系如图 4.4 所示。

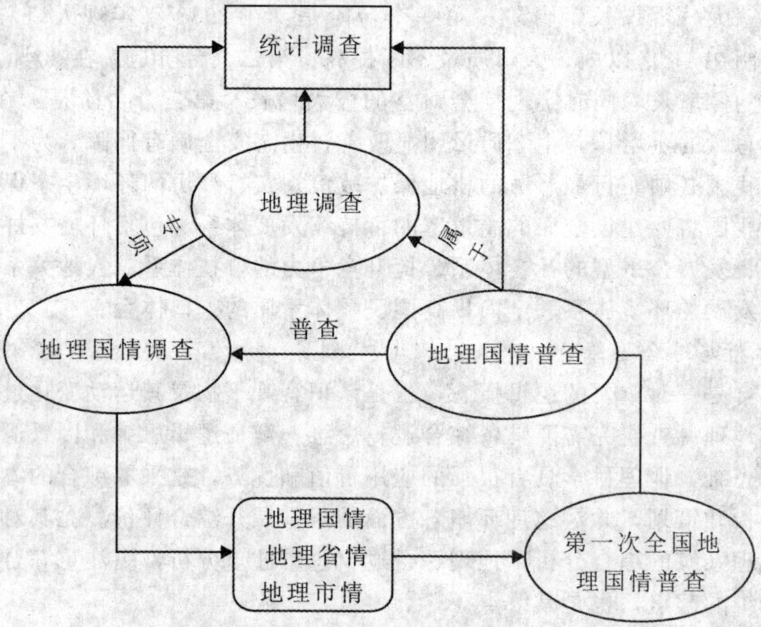

图 4.4　地理调查、地理国情调查与地理国情普查关系框图

(1) 地理调查、地理国情调查和地理国情普查都是一种统计调查，需要遵循统计调查的原则和数据分析方法。

(2) 地理国情普查是实施地理国情这项特定的地理调查的具体方法，是以确定的地理单元进行的全面统计调查。

(3) 针对地理国情要素的地理调查，根据国家对开展地理国情监测的需要，确定以全面普查的形式，摸清地理国情要素的状况，建立地理国情监测本底数据库，为开展地理国情监测业务奠定基础。

(4) 全国第一次地理国情普查的对象和地理单元确定是以面向全国地理国情监测这一尺度开展的地理国情调查，随着地理监测业务和应用的不断推进，还需不断调整地理对象

和地理单元，形成多尺度、多视角、从宏观到中观的地理省情、地理市情调查和监测。

4.1.5 地理调查研究方法

地理调查研究的对象是地球表层的地理要素，它本身是一个“人和地”的巨大系统，具有时空演变特征，需要采用最恰当、最适合的思维和方法，将地理调查获取的地理要素进行加工、处理、归纳、分析，发现规律，提出解决地理问题的方法。地理调查研究方法包括：定性描述法与定量分析法、地理区划法、地理类型法、典型地段调查法、系统分析法、地理信息系统（GIS）法等。其中，GIS法是工科地理研究和应用的主要方法，也是后续章节介绍的重点。下面分别对上述方法做简要介绍。

1. 定性描述法与定量分析法

定性描述法是地理学传统的研究方法，当然，为了使定性描述的内容更加确切，并不排斥数量指标的应用。现代地理学的定型描述常常和定量分析法结合起来使用。具体表现为：描述法和比较法，常常结合起来使用。比如自然特征的描述：地质、地貌、气候、水文、土壤、植被等，定性描述语言、定量指标、绝对量、相对量等。再如，经济发展水平的描述：经济部门、发展水平（绝对水平、相对水平）、存在问题、解决对策（相对宽泛和概括）与措施（相对具体）。比如陕西旅游资源比较丰富（定性语言），要有数量指标予以支撑：旅游业收入（绝对收入、在国内排名）、从业人数（绝对数量、排名）、旅游资源类型及吸引力等。

2. 地理区划法

地理区划就是区域划分，这是“空间性”研究的一种行之有效的方法，现在已有一整套的理论和等级单位系统。把这些具体方法应用到地理学问题研究中去，使地理学问题研究更加深化，反映地理学特有的区域差异。比如，研究一个地区的经济发展，不但要从整体上研究经济发展的总体特征，经济部门的发展现状和布局结构，而且要用区划的方法，从区域差异上研究经济发展与布局的区域差别，使经济发展的对策落实到具体的地域当中。

3. 地理类型法

地理类型研究方法就是分类研究，这是群类归并分析的一种行之有效的方法，现在已有一整套的理论和分类等级单位系统。把类型归并的方法应用到地理学，尤其是资源研究中去，加强资源的类型研究，有助于各类资源的特征和评价的分析。分类研究应该从分类的原则、依据、指标、分类系统的的思路来研究既定的地理调查研究问题。

4. 典型地段调查法

典型地段调查法是为了简化和深化地理学问题而采取的一种行之有效的抽样调查方法。把一个大区域的问题，通过微小区域的典型地段研究，使研究的问题简单化；也正是把区域缩小，才使问题研究更加深入，有利于采用多种实验手段的数量方法。比如经济指标的抽样调查、经济问题的实证分析、自然特征和自然资源的典型地段调查，等等。典型地段调查法是从点到线、由线到面，实现区域研究目的的起始点和基本方法。

5. 系统分析法

系统分析法是从地理系统的角度，运用数学方法，对地理学涉及的自然资源利用等问题进行系统地分析研究。这种方法一方面使地理学研究趋于定量化，另一方面也使优化及预测能够得以实现。数学方法较多，主要有数理统计法、线性规划法、动态预测法、层次分析法等。

6. GIS 法

对于地理工作者来讲，GIS 技术的最大魅力在于其提供的空间分析工具。运用这些工具，研究人员可以开发出研究课题所需的空间分析模型。

自然资源调查的结果是地理空间数据，表达和储存这些数据的传统手段主要是地图。GIS 对资源调查的技术支持主要表现在数据的管理上：

（1）解决了因绘图介质变形造成的空间数据误差问题，有利于空间数据的长期保存；

（2）查询快捷，便于数据更新；

（3）方便了地图的拼接、分幅及投影转换，使大型地理空间数据库的建立成为可能。

此外，遥感技术所获得的数据已成为目前资源调查的主要数据来源。对遥感图像的解译离不开地面知识，因此将遥感信息结合进 GIS 数据库，利用地面高程和土地覆被信息可以提高图像解译的效率和准确程度。

GIS 对资源评价的技术支持主要表现在数据重新分类和数据综合两个方面。单要素评价是根据某种利用的要求对该项要素的数据进行的重新赋值。因评价方案的不同，赋值的方法或为分等法，或为依据一定规则进行的打分。在 GIS 系统中，赋值是通过数据重新分类实现的，在此基础上通过多图层操作（或称地图代数）快速完成这种评价运算。

近年来，随着可持续发展概念的提出和建立综合的可持续发展指标体系的要求，环境监测的范围扩大到土地质量、土地覆被（主要是森林和湿地等）、温室气体排放及自然灾害等许多领域。

遥感技术是环境监测的主要手段之一。通过与数字地形模型和原有土地覆被数据库的连接，GIS 技术可以辅助遥感图像的解译。此外，GIS 技术还可以在空间数据库管理和不同时像的地图比较方面，辅助环境监测工作。例如森林火灾和洪水影响区的监测和预警，GIS 系统可以通过遥感图像实时确定灾害的发生地和空间范围，通过降雨、洪峰流量、总洪量、风向、地面高程、土地利用、居民点密度及交通路线等其他来源的数据，模拟洪水或火灾的空间过程，预测灾害损失，并通过遥感时像订正模型，辅助灾害监测和救灾工作。

4.2　地理调查的空间基准

4.2.1　坐标系统

坐标系统是描述物质存在的空间位置（坐标）的参照系，通过定义特定基准及其参数形式来实现。为了描述或确定位置，必须建立坐标系统，坐标只有存在于某个坐标系统才有实际的意义与具体的位置。

坐标系统通过一组坐标来定义空间位置，坐标是描述位置的一组数值。按坐标的维度一般分为一维坐标（公路里程碑）和二维坐标（笛卡儿平面直角坐标、高斯平面直角坐标）、三维坐标（大地坐标、空间直角坐标）。

1. 一维坐标系统

选择某一坐标点为坐标原点，以某个方向为正方向，选择适当的标度建立一个坐标轴，就构成了一维坐标系，适于描述物体在一维空间运动（即物体沿一条直线运动）时物体的位置。

线性参照系统就是一个典型的一维坐标系统。线性参照系统是使用沿测量的线状要素的相对位置存储地理位置的方法。距离测量值用于定位沿线的事件，要素上的测量值用于使用各种约定来定位点事件和线事件。

如图 4.5 所示，从测量值 18 处开始，到测量值 26 处结束。线从测量值 28 处开始并延伸 12 个单位。

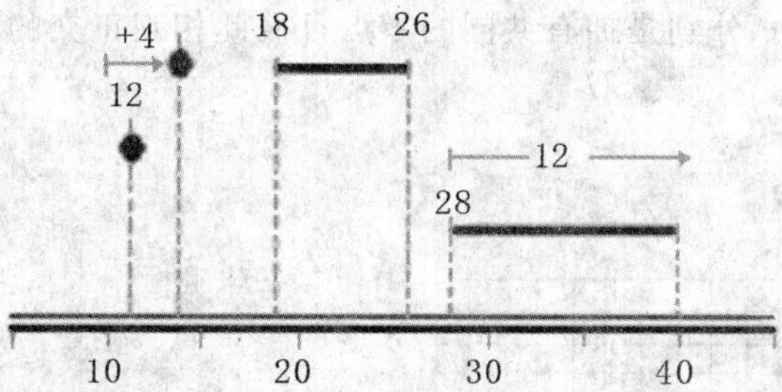

图 4.5 线性参照系统

在公路、铁路、水运交通领域，许多位置以沿线性要素事件的方式记录，例如，使用“沿国道 287 参照英里标记 35 以东 27m”这样的约定记录交通事故发生地的位置。此外，许多传感器使用沿线（沿管线、道路、河流等）的距离测量值或时间测量值来记录沿线状要素的条件。因此，采用线性参照建立一维坐标系统得到广泛应用。

里程桩号就是一个典型的线性参照一维坐标系统，沿着道路前进方向，起点处的桩号是 K0.000，每隔一定距离（如 100m）做 1 桩号标记，并在相应有需要的地方进行标记，比如起点桩号 K200.500，终点桩号 K350.800（K200.500～K350.800），意为公路 200km 处再过 500m 为开始处，直到 350km 再过 800m 处的这段路。（其中，K 为 km），据此可以计算路长 350.800－200.500＝150.300（km）。

里程桩号系统中，出现 K0.000－100 情况，这种有负的情况，说明道路是沿两个方向延伸的，有一个是正方向，另一个则是反方向，类似坐标轴。例如：规定 k0.000 为中桩编号，东面为正西面为负，东面 100m 表示为 K0.000＋100，西面 100m 则表示为 K0.000－100。

2. 二维坐标系统

二维坐标系即平面直角坐标系，为在平面内两条相互垂直且有公共原点的数轴组成的坐标系即二维坐标系。通常有平面直角坐标系、自然坐标系、极坐标系等。如图 4.6 所示。

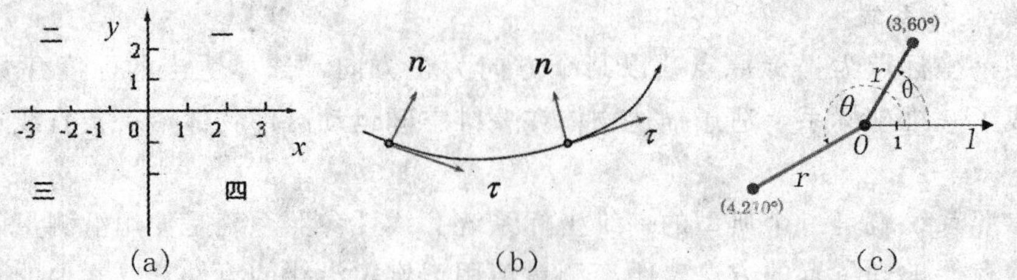

图 4.6　二维坐标系统

3. 三维坐标系统

三维坐标系统有三种形式：

(1) 三维笛卡儿坐标系：三维笛卡儿坐标（x，y，z）是在三维笛卡儿坐标系中点的表达式，其中，x，y，z 分别是拥有共同的零点且彼此相互正交的 x 轴，y 轴，z 轴上的坐标值。如图 4.7 所示。

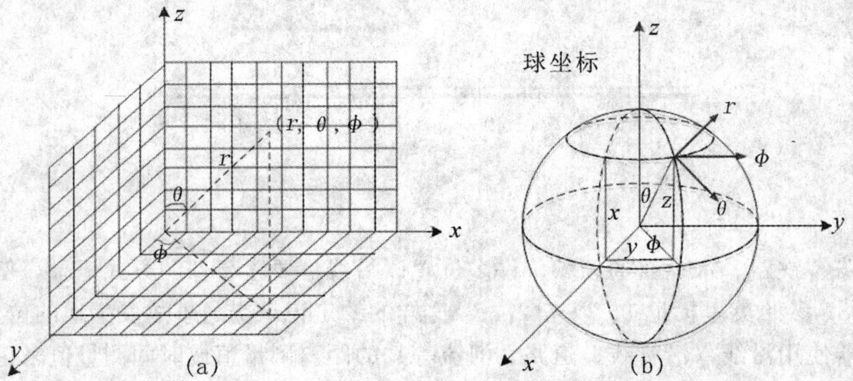

图 4.7　三维坐标系统

(2) 圆柱坐标系：圆柱坐标（ρ，θ，z）是圆柱坐标系中点的表达式。设 P（x，y，z）为空间内一点，则点 P 也可以用这样三个有次序的数 ρ，θ，z 来确定，其中 ρ 为点 P 在 xOy 平面的投影 M 与原点的距离，θ 为有向线段 PO 在 xOy 平面的投影 MO 与 x 轴正向所夹的角。圆柱坐标系和三维笛卡儿坐标系的点的坐标的对应关系是

$$x=\rho\cos\theta,\quad y=\rho\sin\theta,\quad z=z$$

(3) 球面坐标系：球面坐标系由到原点的距离、方位角、仰角三个维度构成。球面坐标（ρ，θ，ϕ）是球面坐标系中点的表达式。设 P（x，y，z）为空间内一点，则点 P 也可以用这样三个有次序的数 r，ϕ，θ 来确定，其中 r 为原点 O 与点 P 间的距离，θ 为有向线段与 z 轴正向所夹的角，ϕ 为从正 z 轴来看自 x 轴按逆时针方向转到有向线段的角，这里 M 为点 P 在 xOy 面上的投影。这样的三个数 r，ϕ，θ 称为点 P 的球面坐标，这里 r，ϕ，θ 的变化范围为 $r\in[0, +\infty)$，$\phi\in[0, 2\pi]$，$\theta\in[0, \pi]$，$r=$常数，即以原点为球心的球面；$\theta=$ 常数，即以原点为顶点、z 轴为轴的圆锥面；$\phi=$ 常数，即过 z 轴的半平面。其中

$$x = r\sin\theta\cos\phi, \quad y = r\sin\theta\sin\phi, \quad z = r\cos\theta$$

4.2.2 地理坐标系

地理坐标系（Geographic Coordinate System），是使用三维球面来定义地球表面位置，以实现通过经纬度对地球表面点位引用的坐标系。

地理坐标系可以确定地球上任何一点的位置。首先将地球抽象成一个规则的逼近原始自然地球表面的椭球体，称为参考椭球体，然后在参考椭球体上定义一系列的经线和纬线构成经纬网，从而达到通过经纬度来描述地表点位的目的。经纬度通常分为天文经纬度、大地经纬度和地心经纬度。常用的经度和纬度是从地心到地球表面上某点的测量角。通常以度或百分度为单位来测量该角度。需要说明的是经纬地理坐标系不是平面坐标系，因为度不是标准的长度单位，不可用其直接量测面积长度。

一个特定的地理坐标系是由一个特定的椭球体构成的，其中椭球体是一种对地球形状的数学描述。根据选定的地球椭球体的不同，常用的地理坐标系有以下几种：

1. WGS－84 坐标系

WGS－84 坐标系（World Geodetic System 1984 Coordinate System）是一种国际上采用的地理坐标系。坐标原点为地球质心，其地心空间直角坐标系的 Z 轴指向 BIH（国际时间服务机构）1984.O 定义的协议地球极（CTP）方向，X 轴指向 BIH 1984.0 的零子午面和 CTP 赤道的交点，Y 轴与 Z 轴、X 轴垂直构成右手坐标系，称为 1984 年世界大地坐标系统。

WGS－84 坐标系采用的椭球是国际大地测量与地球物理联合会第 17 届大会大地测量常数推荐值，其四个基本参数为：

长半径：$a = 6378137 \pm 2\text{m}$；

地球引力和地球质量的乘积：$\text{GM} = 3986005 \times 10^{8}\,\text{m}^3\text{s}^{-2} \pm 0.6 \times 108\text{m}^3/\text{s}^2$；

正常化二阶带谐系数：$\text{C20} = -484.16685 \times 10^{-6} \pm 1.3 \times 10^{-9}$；

地球重力场二阶带球谐系数：$\text{J2} = 108263 \times 10^{-8}$；

地球自转角速度：$\omega = 7292115 \times 10^{-11}\,\text{rads}^{-1} \pm 0.150 \times 10^{-11}\,\text{rad/s}$；

扁率 $f = 0.003352810664$。

2. CGCS2000

CGCS2000 是 2000 国家大地坐标系的缩写，该坐标系是通过中国 GPS 连续运行基准站、空间大地控制网以及天文大地网与空间地网联合平差建立的地心大地坐标系统。CGCS 2000（中国）国家大地坐标系以 ITRF 97 参考框架为基准，参考框架历元为 2000.0。

CGCS2000 原点为包括海洋和大气的整个地球的质量中心。Z 轴指向 BIH1984.0 定义的协议极地方向（BIH 国际时间局），X 轴指向 BIH1984.0 定义的零子午面与协议赤道的交点，Y 轴按右手坐标系确定。2000 国家大地坐标系采用的地球椭球参数为：

长半轴 $a = 6378137\text{m}$；

扁率 $f = 1/298.257222101$；

地心引力常数：$\text{GM} = 3.986004418 \times 10^{14}\,\text{m}^3/\text{s}^2$；

自转角速度：$\omega=7.292115\times10^{-5}$ rad/s。

3. 1980 年国家大地坐标系

1980 年国家大地坐标系（简称西安 80）采用地球椭球基本参数为 1975 年国际大地测量与地球物理联合会第 16 届大会推荐的数据。该坐标系的大地原点设在我国中部的陕西省泾阳县永乐镇，位于西安市西北方向约 60km，故称 1980 年西安坐标系，又简称西安大地原点。基准面采用青岛大港验潮站 1952—1979 年确定的黄海平均海水面（即 1985 国家高程基准）。西安 80 坐标系是参心坐标系，椭球短轴 Z 轴平行于地球质心指向地极原点方向，大地起始子午面平行于格林尼治平均天文台子午面；X 轴在大地起始子午面内与 Z 轴垂直指向经度 0 方向；Y 轴与 Z 轴、X 轴成右手坐标系；椭球参数采用 IUG 1975 年大会推荐的参数：

长半轴：$a=6378140\pm5$m；

短半轴：$b=6356755.2882$m；

扁　率：$\alpha=1/298.257$；

第一偏心率平方 $=0.00669438499959$；

第二偏心率平方 $=0.00673950181947$。

椭球定位时按我国范围内高程异常值平方和最小为原则求解参数。

4. 北京 54 坐标系

北京 54 坐标系（BJZ54）是以克拉索夫斯基椭球为基础，经局部平差后产生的坐标系。其椭球坐标参数为：

长半轴：$a=6378245$m；

短半轴：$b=6356863.0188$m；

扁率：$\alpha=1/298.3$。

不同的地理坐标系采用不同的地球椭球体，不同地理坐标系间的转换关系通常通过七参数法、四参数法按照最小二乘原理求取，是一个不可逆转换，因此，不同地理坐标系直接的坐标转换存在误差。

4.2.3　空间直角坐标系

地球是一个球体，球面上的位置，是以经纬度来表示的，经纬度称为“球面坐标系统”或“地理坐标系统”。在球面上计算角度距离十分麻烦，而且地图是印刷在平面纸张上的，要将球面上的物体绘制到纸上，就必须展平，这种将球面转化为平面的过程，称为“投影”。经由投影的过程，把球面坐标换算为空间直角坐标，便于印刷与计算角度与距离。通常，将地理坐标系按照不同的投影方法得到的坐标称为空间直角坐标。

不同地理坐标系可以选择不同的投影方式得到其空间直角坐标。常用的投影方式有高斯—克吕格（Gauss－Kruger）投影和通用横墨卡托（UTM）投影，坐标投影是一个可逆的变换。

1. 高斯—克吕格投影

高斯—克吕格（Gauss－Kruger）投影简称“高斯投影”，又名“等角横切椭圆柱投影”，是地球椭球面和平面间正形投影的一种。由德国数学家、物理学家、天文学家高斯

(Gauss，1777—1855) 于19世纪20年代拟定，后经德国大地测量学家克吕格 (Johannes Kruger，1857—1928) 于1912年对投影公式加以补充，故得名。该投影按照投影带中央子午线投影为直线且长度不变和赤道投影为直线的条件，确定函数的形式，从而得到高斯—克吕格投影公式。投影后，除中央子午线和赤道为直线外，其他子午线均为对称于中央子午线的曲线。设想用一个椭圆柱横切于椭球面上投影带的中央子午线，按上述投影条件，将中央子午线两侧一定经差范围内的椭球面正形投影于椭圆柱面。将椭圆柱面沿过南北极的母线剪开展平，即为高斯投影平面。取中央子午线与赤道交点的投影为原点，中央子午线的投影为纵坐标 x 轴，赤道的投影为横坐标 y 轴，构成高斯—克吕格平面直角坐标系。如图 4.8 所示。

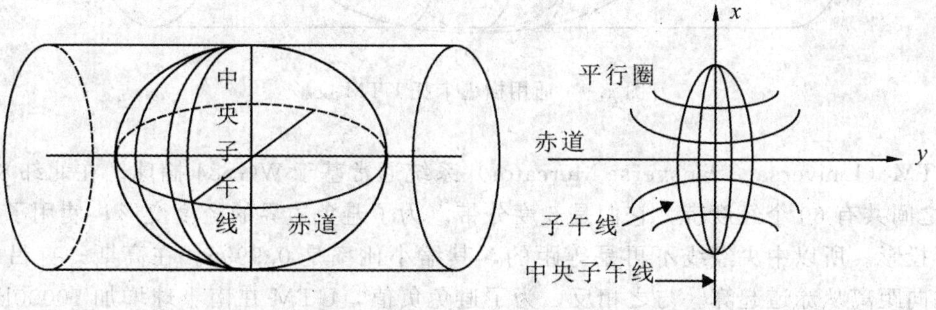

图 4.8 高斯—克吕格 (Gauss—Kruger) 投影

高斯—克吕格投影在长度和面积上变形很小，中央经线无变形，自中央经线向投影带边缘，变形逐渐增加，变形最大之处在投影带内赤道的两端。由于其投影精度高，变形小，而且计算简便（各投影带坐标一致，只要计算出一个带的数据，其他各带都能应用），因此在大比例尺地形图中应用，可以满足军事上各种需要，能在图上进行精确的量测计算。

2. UTM 投影

通用横墨卡托 UTM 坐标是一种平面直角坐标，这种坐标网格系统及其所依据的投影已经广泛用于地形图，作为卫星影像和自然资源数据库的参考网格以及要求精确定位的其他应用。在 UTM 系统中，北纬 84°和南纬 80°之间的地球表面积按经度 6 度划分为南北纵带（投影带）。从 180°经线开始向东将这些投影带编号，从 1 编至 60（中国北京处于第 50 带）。每个带再划分为纬差 8°的四边形。四边形的横行从南纬 80°开始。用字母 C 至 X（不含 I 和 O）依次标记（第 X 行包括北半球从北纬 72°至 84°全部陆地面积，共 12°）每个四边形用数字和字母组合标记。参考网格向右向上读取。每一四边形划分为许多边长为 1000000m 的小区，用字母组合系统标记。在每个投影带中，位于带中心的经线，赋予横坐标值为 500000m。对于北半球赤道的标记坐标值为 0，对于南半球为 10000000m，往南递减。如图 4.9 所示。

大比例尺地图 UTM 方格主线间距离一般为 1km，因此 UTM 系统有时候也被称为方里格。因为 UTM 系统采用的是横墨卡托投影，沿每一条南北网格线（带中心的一条网格线为经线）比例系数为常数，在东西方向则为变数。沿每一 UTM 网格的中心网格线的比例系数应为 0.99960（比例尺较小），在南北纵行最宽部分（赤道）的边缘上，包括带的重叠部分，距离中心点大约 363km，比例系数为 1.00158。

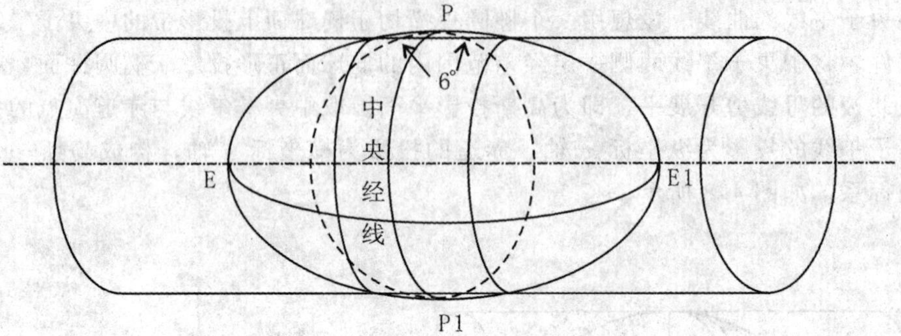

图 4.9　通用横墨卡托 UTM 投影

UTM（Universal Transverse Mercator）系统通常基于 WGS84 椭球。在北纬 84°与南纬 80°之间共有 60 个经度带，它们是 6 度分带。为了避免边界的经度变形，使用了相交柱面进行投影。所以中央经线不再是等距的，其缩小比率是 0.9996。在高斯—克吕格投影中，北向距离从赤道起算。与之相反，为了避免负值，UTM 在南半球增加 10000km。距离中央经线的距离，与高斯—克吕格投影一样，要偏移 500km。相应的坐标以 E（东）和 N（北）标明。中央经线分别为 3°、9°、15°等。南极点、北极点间的区域被分成 8 个维度带，并以字母标示。该系统用于美国和 NATO 的军用地图。由于 UTM 坐标系统的全球通用性，德国及欧洲都在使用该坐标系统。

4.2.4　地理调查坐标系统的选择

坐标系统的选择对地理调查来说是一项首先必须进行的工作，同时坐标系统选择的适当与否关系到整个地理调查工作开展、数据处理以及工程质量，因此，地理调查中对坐标系统的研究和选择是一项非常重要和必须的工作。

坐标系统选择应根据地理调查的区域范围、调查对象和应用方式，具体可以遵循以下原则：

（1）在经常需要投影变换而且覆盖面积较大的地理调查工作，应该使用地理坐标系统。

（2）笛卡儿直角坐标系统对于小面积的地理调查与统计较为适合。

（3）根据地理调查区域的形状来选择变形最小的投影。

（4）如果地理调查区域有地区标准的坐标系统或者规定要采用地区标准坐标系统时，应该使用地区标准。

（5）如果研究区的面积很重要，可以考虑使用一种等面积的投影进行面积计算，而数据在存储时可以使用另外一种投影。

4.3 地理调查的时间基准

4.3.1 时间基准的必要性

时间是一个古老而又新奇的课题，人类对时间和计时工具的研究永不停止，随着科学技术的不断进步，人类对时间的计量精度也越来越高。人类的日常生活、工作、科学研究、导航、地理调查、测绘等工作都需要时间。随着科学技术的进步，选择用做时钟基准的物理运动也越来越稳定，时间测量的精度因而也越来越高。历经3500多年，人类从以日晷、水钟、沙漏，进而以机械钟、石英钟，乃至现在的原子钟作为计时工具，时间测量精度不断提高，对时间的测量精度正式跨入了飞秒时代。

所谓时间基准，就是在当代被人们确认为是最精确的时间尺度，长期以来，人们一直在寻求着这样的时间尺度。时间基准是建立统一的绝对时间，并进行时间同步、授时的关键。

时间同步在互联网、无线传感器网络、通信、传感器数据融合处理等许多领域得到了广泛的应用，时间同步首先要建立高精度的绝对时间，然后将精确的绝对时间传递到需要授时的业务网络或者设备，最后是调整授时设备的工作时钟，使其与精确绝对时钟同步。

同样，对于地理调查和动态监测而言，也需要建立统一的时间基准，才能进行监测对象的时序变化分析，从而为地理监测对象的变化规律和预测奠定基础。开展地理调查工作，首先就需要确定时间基准。

4.3.2 常用的时间基准

1. 国际原子时IAT

目前，全世界大约有20多个国家的不同实验室分别建立了各自独立的地方原子时。国际时间根据比较、综合世界各地原子钟数据，最后确定的原子时，称为国际原子时(International Atomic Time，IAT)，是以精确的秒的定义为基础的时间。

原子时计量的基本单位：原子时秒，由原子钟导出。原子时秒的定义：铯－133原子基态的两个超精细能级间在零磁场下跃迁辐射9 192 631 770周所持续的时间。

1967年第13届国际计量大会（CGPM）决定，把在海平面实现的上述原子时秒，规定为国际单位制中的时间单位。根据原子时秒的定义，任何原子钟在确定起始历元后，都可以提供原子时。由各实验室用足够精确的铯原子钟导出的原子时称为地方原子时。

TAI的起点规定为：取1958年1月1日0时0分0秒世界时（UT）的瞬间作为同年同月同日0时0分0秒TAI。(事后发现，在该瞬间原子时与世界时的时刻之差为0.0039秒。这一差值就作为历史事实而保留下来。)

在确定原子时起点之后，由于地球自转速度不均匀，世界时与原子时之间的时差便逐年积累。由于世界时存在不均匀性和历书时的测定精度低，自1967年起，原子时已取代历书时作为基本的时间计量系统。

2. 恒星时 ST

恒星时 ST（Sidereal Time）是天文学和大地测量学标示的天球子午圈值，是一种以恒星为基础的相对于原子时不十分精准的时间系统，以地球相对于恒星的自转周期为基准的时间计量系统，即从某一恒星升起开始到这一恒星再次升起。

春分点相继两次上中天所经历的时间称为恒星日，等于 23 时 56 分 40.9 秒平太阳时，并以春分点在该地上中天的瞬间作为这个计量系统的起点，即恒星时为零时，用春分点时角来计量。

为了计量方便，把恒星日分成 24 个恒星小时，1 恒星小时分为 60 恒星分，1 恒星分分为 60 恒星秒。所有这些单位统称为计量时间的恒星时单位，简称恒星时单位。按上述系统计量时间，在天文学中称为恒星时。

真恒星时：考虑地球自转不均匀的影响。

平恒星时：不考虑地球自转不均匀的影响。

3. 太阳时

太阳时是指以太阳为基础的相对于原子时不十分精准的时间，简称平时，也就是人们日常生活中所使用的时间。

真太阳日：太阳连续两次经过上中天的时间间隔，称为真太阳日。我们知道，地球是沿着椭圆形轨道运动的，太阳位于该椭圆的一个焦点上，因此，在一年中，日地距离不断改变，一年四季的真太阳日长短不等。根据开普勒第二定律，行星在轨道上运动的方式是它和太阳所连接的直线在相同时间内所划过的面积相等，可见，地球在轨道上做的是不等速运动，这样一来，一年之内真太阳日的长度便不断改变，不易选做计时单位，于是引进平太阳日的概念。

平太阳日：天文学中由一个假定的太阳（平太阳）在天赤道上（而不是在黄赤道上）作等速运行，其速度等于运行在黄赤道上真太阳的平均速度，这个假想的太阳称为平太阳，这个假想的平太阳连续两次上中天的时间间隔，称为一个平太阳日，这也相当于把一年中真太阳日的平均称为平太阳日，1 平太阳日又分为 24 平太阳时等。通常所谓的“日”和“时”，就是平太阳日和平太阳时的简称。平太阳在该地下中天的瞬间作为平太阳时零时。

4. 世界时

世界时是指以本初子午线的平子夜起算的平太阳时 UT（Universal Time），又称格林尼治平时或格林尼治时间。各地的地方平时与世界时之差等于该地的地理经度。1960 年以前曾作为基本时间计量系统被广泛应用。由于地球自转速度变化的影响，世界时不是一种均匀的时间系统。后来世界时先后被历书时和原子时所取代，但在日常生活、天文导航、大地测量和宇宙飞行等方面仍属必需；同时，世界时反映地球自转速率的变化，是地球自转参数之一，仍为天文学和地球物理学的基本资料。

5. 格林尼治标准时（GMT）

格林尼治标准时间（Greenwich Mean Time，GMT）是指位于伦敦郊区的皇家格林尼治天文台的标准时间，因为本初子午线被定义在通过那里的经线。理论上来说，格林尼治标准时间的正午是指当太阳横穿格林尼治子午线时的时间。由于地球在其椭圆轨道里的运动速度不均匀，这个时刻可能和实际的太阳时相差 16 分钟。地球每天的自转是有些不规则的，而且正在缓慢减速。所以，格林尼治时间已经不再被作为标准时间使用。现在的标准时间——协调世界时（UTC）——由原子钟提供。自 1924 年 2 月 5 日开始，格林尼治天文台每隔一小时会向全世界发布调时信息。而 UTC 是基于标准的 GMT 提供的准确时间。

格林尼治标准时间是 19 世纪中叶大英帝国的基准时间，同时也是事实上的世界基准时间。当时主要为了 1840 年之后的铁路系统服务。它以格林尼治天文台的经线为 0 度经线，将世界分为 24 个时区，除了在特定时期受到仇外心理、民族主义和某些反英心绪的影响之外，它的地位一直未曾动摇。

6. 协调世界时 UTC

协调世界时，又称为世界标准时间或世界协调时间，简称 UTC（从英文“Coordinated Universal Time”/法文“Temps Universel Cordonn é”而来），是最主要的世界时间标准，其以原子时秒长为基础，在时刻上尽量接近于格林尼治平时。中国大陆采用 ISO 8601：2000 的国家标准《数据元和交换格式　信息交换　日期和时间表示法》（GB/T 7408－2005）中亦称之为协调世界时。中国台湾采用 CNS 7648 的《资料元及交换格式　资讯交换　日期及时间的表示法》（与 ISO 8601 类似）称之为世界协调时间。

7. GPS 时

GPS 是全球定位系统（Global Positioning System）的简称，GPS 系统内部所采用的时间系统是 GPS 时，GPS 时间系统采用国际原子时的秒长作时间基准，其时间零点定义为处于 1980 年 1 月 5 日夜与 6 日晨之间的子夜。GPS 时间系统在标示时间时所采用的最大时间单位为周（Week，即 604800 秒），其标示时间的方法是从 1980 年 1 月 6 日 0 时开始起算的周数（Week Number，WN）加上周内时间（Time of Week，TOW）的从每周周六/周日子夜开始起算的秒数。GPS 卫星所发送的导航电文中的时间信息的标示就是采用这样的形式。

8. 北斗时

北斗授时类似于 GPS 授时，也是卫星授时的一种，采用中国的北斗导航系统进行高精度授时。

“北斗一号”为用户机提供两种授时方式：单向授时和双向授时。单向授时的精度为 100ns，双向授时的精度为 20ns。单向授时技术与 GPS 相似，当用户需要时间服务时，用户机接收 BD－1 中心站出站信号，从中解出调制在伪随机码中的时间信号、时间信息和 BD－1 卫星的精确坐标参数。用户机根据中心站的坐标，卫星坐标、导航电文中的电波传播修正参数及事先测定的接收机天线坐标，就可以计算出电波从地面中心站到接收机的时延。将接收到的时间信号扣除该时延和接收机时延，这样就实现了与中心站的时间同步。由于“北斗一号”时间与 UTC 保持同步，也就实现了用户机时间与 UTC 时间的同步。单向授时根据模型来扣除时延，因此其时间同步误差比双向授时要大，约为 100ns。在该种授时方式下，由于时延模型参数由地面中心站掌握，用户机需要具有稳定的通道时延。另外，接收机还必须具有尽可能小的噪声误差。

BD 双向授时技术授时，用户机接收 BD－1 发出的询问信号，经固定延迟后，再通过广播导航电文的“北斗一号”卫星发回带有用户标志的回答信号，中心站收到回答信号后通过计算就可得知电波往返的时延。由于电波往返的路径是一样的，同模传播误差可以抵消，因此可以认为单向时延是往返时延的 1/2。中心站将此时延值通过导航电文告知该用户。定时接收机根据此时延和导航电文中的时间信息及解调伪随机码获得的时间信号就可以实现与中心站的时间同步。双向授时时间同步误差较小，一般为 20ns。与单向授时相同，对用户机设计提出的要求是具有稳定的通道时延（即要求接收的出站信号从接收机天线相位中心到中频量化之前所经历的时延、发射的入站信号从 DA 转换器到发射机天线相位中心所经历的时延都尽可能的稳定）。另外，接收机还必须具有尽可能小的噪声误差。

9. GMT、UTC、GPS 时和北斗时的区别与转换

GMT 手表就是可以显示两个或两个以上时区时间的手表。无论用什么方式，显示多个时区最直接的方法就是在一个表壳里安装多枚机芯。不过最经济也最常见的方法还是附加一个带有 12 小时或 24 小时时标刻度的旋转表圈。旋转表圈的使用方法很简单，将表圈上对应第二时区时间的数字对齐表盘的时针即可，如果表盘时间是伦敦时间，那么将表圈顺时针转动 1 小时，指示的就是欧洲大陆时间，逆时针转动八小时，则是美国西海岸时间。

将表盘时间设定为家乡时间还是目的地时间取决于使用者的偏好，但由于 12 小时手表无法辨别白天晚上，通常还是设定所在地时间比较合理。有一个事件的发生使得 GMT 的定义复杂化了：1972 年 1 月 1 日，UTC（协调世界时）成为新的世界标准时间。为了方便，通常记成 Universal Time Coordinated。同样为了方便，在不需要精确到秒的情况下，通常也将 GMT 和 UTC 视为等同。尽管 UTC 更加科学更加精确，但是对于手表玩家和收藏者来说，GMT 仍是更加受欢迎的。不少人认为，UTC 是巴黎图谋世界计时中心地位的一种手段。事实上，UTC 是以原子时为基础，在时刻上尽量接近世界时的一种时间计量系统。UTC 的出现是现代社会对于精确计时的需要。

原子时与以往的计时系统不同，它非常精确并且不以某地的平均太阳时为基准，但是遇有地球自转速度不均匀，原子时与世界时之间的时差便日积月累，因此，UTC 会在一段时期后加上正或负的闰秒来补偿。因此协调世界时与国际原子时（TAI）之间会出现若干整数秒的差别。位于巴黎的国际地球自转事务中央局（IERS）负责决定何时加入闰秒。

4.3.3　统计调查中的时间基准

统计调查中需要确定时间基准，包括两个方面，一是采用的时间基准，二是普查登记的标准时间，通常，在我国开展的统计调查采用北京时间，即格林尼治标准时（GMT−8）。

1. 全国人口普查时间基准

第一次全国人口普查登记的标准时间为：1953 年 6 月 30 日 24 时（GMT+8）；

第二次全国人口普查登记的标准时间为：1964 年 6 月 30 日 24 时（GMT+8）；

第三次全国人口普查登记的标准时间为：1982 年 7 月 1 日零时（GMT+8）；

第四次全国人口普查登记的标准时间为：1990 年 7 月 1 日零时（GMT+8）；

第五次全国人口普查登记的标准时间为：2000 年 11 月 1 日零时（GMT+8）；

第六次全国人口普查登记的标准时间为：2010 年 11 月 1 日零时（GMT+8）。

2. 全国经济普查时间基准

第一次全国经济普查标准时点为：2004 年 12 月 31 日 24 时（GMT+8）；

第二次全国经济普查标准时点为：2008年12月31日24时（GMT+8）；

第三次全国经济普查标准时点为：2013年12月31日24时（GMT+8）。

3. 全国农业普查时间基准

第一次全国农业普查标准时点为：1997年12月31日24时（GMT+8）；

第二次全国农业普查标准时点为：2006年12月31日24时（GMT+8）。

4. 其他全国普查时间基准

第一次全国水利普查时间基准为：2011年12月31日24时（GMT+8）；

第一次全国地理国情普查时间基准为：2015年6月30日24时（GMT+8）。

4.4 地理网格

随着数字化测绘技术体系的全面建立和数字城市建设的大力推进，我国已经积累了多尺度、多时相、多种类的地理信息资源，为开展地理国情调查和监测奠定了必要的基础。如何集成这些丰富的地理信息资源，并在此基础上进行对比分析，提供地表主要地理要素的分布及变迁信息，形成权威的监测成果，是地理国情调查和监测需要解决的问题之一。

地理网格是一种科学、统一、便捷的空间定位参照系统，可以实现自然与人文边界的转换，从而进行统一空间基底下的综合分析。目前国内外为解决多源、多尺度地理信息的整合与应用分析，纷纷采用地理网格对空间数据进行组织和应用，取得了许多成功应用。地理网格是地理调查及其数据融合和统计分析的关键支撑技术。

4.4.1 地理网格的起源与发展

近年来，地理信息系统技术广泛普及应用，采用网格形式对自然、社会、经济信息进行组织和应用的实例已不鲜见。为适应科学技术的进步与发展，支持地理数据的共建共享，满足应用需求，方便多源、多尺度地理空间信息的整合与应用分析，提供科学、一致和实用的地理空间定位网格。

地理网格是一种对地理空间分布进行划分的方法，在二维离散的网格化空间上表达复杂的地表时空分布与动态变化，即以网格为单元描述或表达地物的属性分类、统计分级以及变化参数、虚拟现实等。地理网格起源于中国的“井田”制度，在过去2000多年中，地理网格系统不断演化和发展，形成了当今的精确定位、海量数据分析与复杂系统模拟的综合体系。

1. 我国地理网格的发展

地理网格系统在我国有着悠久的传统。上古时代的井田制是网格系统的最好体现。所谓“井田”，就是具有一定规划、面积和疆界的方块田，是我国奴隶社会的土地国有制度。长、宽各百步的方田称为一“田”，一田的面积为百亩，作为一“夫”，即一个劳动力耕种的土地。井田规划各地区不一致。有些地方采用十进制，有些地方则以九块方田称为一“井”。因为把九块方田摆在一起，恰好是一个“井”字形，井田的名称就是这样来的。一井的面积是方一“里”；一百井是方十里，称为一“成”，可以容纳九百个劳动力；一万井是方百里，称为一“同”，可以容纳九万个劳动力。在井田的田与田、里与里、成与成、同与同之间，分别有大小不同的灌溉渠道，称为遂、沟、洫、浍；与渠道平行，还有纵横的通行道，称为径、畛、途、道。各种渠道的大小、深浅和通道的宽窄，都有一定的规格。

我国古代科学家张衡（78—139 年，后汉时期）利用“网络天地而算之”，从而创建了矩形网格坐标系统。由井田而衍生出“计里画方”的“制图六体”，开始赋予网格以二级坐标和方位的含义。贾耽（730—805 年）编制了《海内华夷图》，流传 500 多年，南宋刻石《禹迹图》也以该图为依据。我国地图学家在 11 世纪所完成的《华夷图》和《禹迹图》为当时的杰作。《禹迹图》大约绘制于公元 1100 年前后。在图中，明确运用地理网格帮助快速量测和分析，比例尺是每格相当于百里。禹迹图长宽各一米多，图中采用计里画方的绘制方法，每方折地百里，横方 71，竖方 73，总共 5110 方。其中水系、海岸尤接近现今地图的形状。所绘内容十分丰富，行政区名有 380 个，标注名称的河流近 80 条，标名的山脉有 70 多座，标名的湖泊有 5 个。据图中所绘来看，尚保存有部分唐代地名，可以推知系根据贾耽《海内华夷图》中《禹贡》九州部分缩制，因而称为《禹迹图》（陈述彭，1980）。朱思本（1273—1332）编制了《舆地图》，罗洪先（1504—1564）继承了朱思本的《舆地图》，编制了《广舆图》，创建了地图集的形式。如图 4.10 所示。利玛窦（1522—1610）、徐光启将地图经纬度和西方测绘技术介绍到中国，实现了两种网格的融合。陈述彭先生深入论述了基于地理网格的地理空间分析与地理综合分析，李德仁院士等论述了广义和狭义的空间信息网格体系，并在武汉城市信息网格中得到应用，王家耀院士等学者论述了网格 GIS 研究和发展的内容。

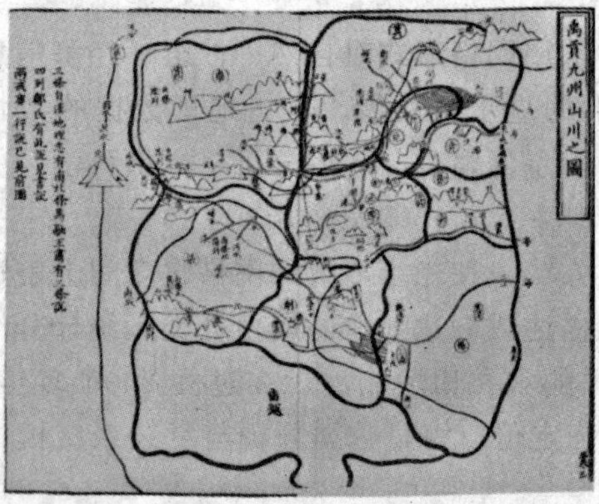

(a) 井田

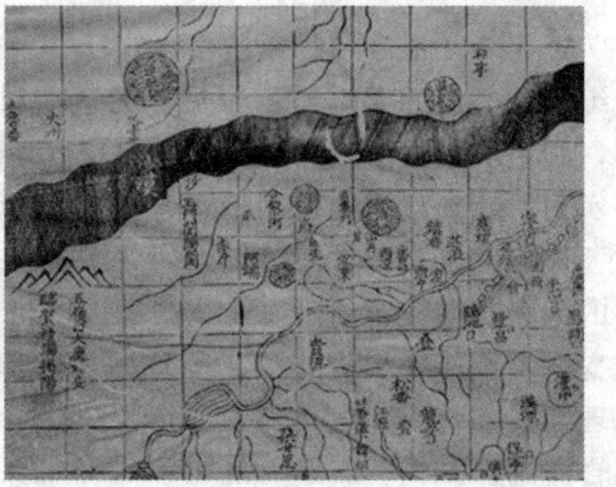

(b) 计里画方

图 4.10　我国古代的网格

2. 西方地理网格系统的发展

在西方的地图发展史上，埃拉托色尼（公元前 275—前 193）创立了古老的经纬网系统，并在基础经纬网之上，叠加了一套被称为“ 普林特框格（Plinthes）”和“斯弗拉吉德斯框格（Sphragides）”的几何图形。前者呈长形条带状，后者呈不规则形状，它们组成了地图的第二级网格系统，作为一级经纬网格的补充，其作用是便于标明各地区的位置和范围，他的世界地图采用了南北线和东西线骨架，但它们间隔不等。希帕库斯（Hipparchus，公元前140年在图书馆工作）是第一位将圆划分为360°的学者，也是第一位试图将地区曲面展开为平面的学者，并创立了用经纬度来确定事物位置的理论。托勒密（90—168），在地图上使用了新的经纬网格（采用希巴尔乔士的分法将赤道分为360°，采用马陵尼牛士的假定将幸福岛作为标准经线）。墨卡托（1512—1594）首次使用Atlas（希腊神话中的撑天巨人）作为地图集的专业名词；他的地图创作和理论，结束了托勒密的传统，开辟了近代地图的先河。

自从1929年芬兰地理学家Granean采用1km×1km的方里网格研究自然和社会现象开始，地理网格技术就在各个领域得到应用和发展。美国的圣地亚哥城市，把地理网格技术应用于人口预测，收到了良好的效果。加拿大的多伦多市，将地理网格技术用来进行交通管理，并一直沿用至今。进入空间信息时代，遥感技术的进步与发展，赋予了网格地图新的生命活力和意义。地理网格作为一种研究手段也有了巨大的发展。美国利用气象卫星获得大量的1km×km网格数据，不仅为全球温度变化、气候特点研究提供了丰富的数据资源，并将其应用于碳循环、叶绿素、初级生产力估算、厄尔尼诺现象、台风预报等方面，效果显著。

4.4.2 地理网格的定义与功能

广义的地理网格是指用离散的多边形来近似表达连续地球曲面的模型，以正方形为基本网格单元的地理网格模型称为狭义地理网格。基于欧氏平面几何空间并以正方形为基本网格单元的地理网格模型称为栅格模型，栅格模型是狭义地理网格模型的一个特例。

地理网格由一系列离散而规则的单元、按照一定规则组合而形成对地理实体的表达体系，是地理网格模型的具体应用实例。组成网格系统的面状单元称为格元，格元的边称为格边，格元的角点称为格点。另外，每一个网格系统有一个预定义的坐标系，以规定格元的相互关系和空间位置；有一组数值描述网格系统的规模（如行列数）、格元空间尺度（有时称为空间分辨率）等地理网格系统参数。

在传统的制图学中，地理网格多作为一种坐标参照系得到广泛的应用，例如我国1:5万地形图上的公里网格就是一种辅助的平面直角坐标系。在GIS研究中，地理网格首先被看做一种与矢量空间数据模型相对应的另一种空间数据表达模型。国内外GIS学者对地理信息系统的这两种基本空间数据模型及其相互转换开展了大量的研究，一致认为：矢量数据模型在地理现象的精确表达、有限数据存储等方面，较栅格数据模型优越。然而，栅格数据模型实现了数据的空间定位（隐含式）、属性表征、表达精度等融合，这是矢量数据模型所不具备的特征，特别是在椭球体空间下，传统GIS的矢量数据模型存在明显的缺点。因此，地理网格数据模型是一种非常简捷而优越的空间数据模型，并可以充分利用现代矩阵理论和场理论的分析方法。

随着对地观测、地理信息系统技术和地理国情监测技术的发展和应用，地理网格系统的功能得到进一步发扬和扩展。地理网格的四大功能如下：

1. 地理网格为地理综合分析提供了理想平台

社会经济数据多是以行政单元进行统计的，而自然条件数据多以自然单位为基础。通过对地理数据的栅格化，则可以将自然与人文数据转换到统一的地理网格系统，从而为实现自然与人文数据的综合分析提供了新的统一基础，故可以称地理网格为地理研究的第三单元体系。在地理网格系统中运用四分树或三角网的概念和数据处理的方法，就有可能具有多层次的统一空间分析功能。另外，现代矩阵理论和场理论为地理网格的空间分析提供了较为完备的理论基础。

2. 地理网格为多尺度地理空间数据融合提供了有效方法

不同空间分辨率的地理网格系统之间具有严格的变换关系，从而为分布不均匀、尺度不等的地理现象的数据融合提供了统一的方法基础，进而为多要素的空间叠加分析提供了基础。

3. 遥感像元为现代地理网格提供了科学数据基础

像元实质是空间分辨率很高的网格地图的基础。同时，卫星遥感像元能为现代网格地图提供全新的数据源，赋予网格地图以无穷的生命力，使之具有很高的定位精度和丰富多样的可即时更新的信息源；而遥感信息业需要多层次的网格地图系列，来简化多源遥感数据的融和、数据压缩于图像处理技术。

4. 数字栅格地图

数字栅格地图（DGR）既保留了现有模拟地形图的全部内容与视觉效果，又能被计算机处理为数字产品。经过图幅的定向和几何校正处理，不仅能保留原始模拟地图的精度，而且能在定位及长度、面积测量中提高数字精度。因此网格地图可以作为地理信息系统的空间背景数据而广泛应用。

4.4.3　地理网格与统计单元

在地球科学的研究中，如全球变化研究、不同空间尺度的土地利用覆盖变化研究等，普遍认为产生变化的原因是自然因素和人文因素的综合作用。因此，科学家们要从自然因素和人文因素两大方面入手，深入分析产生变化的驱动力，在此基础上建立相应模型，进而对科学问题进行描述、解释、预测和提出应对措施。在模型的构建过程中，用于模型构建的数据往往有着不同的统计单元，统计单元的不同，不便于利用多源数据进行相关比较和分析，不能充分发挥已有数据的效益。

实践证明，多源数据的地理空间网格化是解决这一问题的有效方法之一。在 GIS 技术的支持下，经过网格化处理的数据及其派生出的结果，在时间上可以形成以网格为基础的数据序列，便于动态规律分析。在空间上可以形成网格间数据梯度，可以以不同单元为基础进行空间分异规律研究，同时也便于和遥感数据结合。可见，网格化数据具有匹配和融合多源数据的优势，特别适合空间模型的构建、实现和表达。

鉴于此，地理网格的选择与划分，是开展地理调查、统计和监测的一项基础性工作。在数字化矢量图的基础上，并根据已有数据和研究精度要求，进行网格系统选择，以一定大小的网格对其进行网格化，生成基于网格的地理调查数据，为地理统计、分析、可视化和监测奠定基础。

在进行地理调查数据网格化时，应遵循以下原则：

1. 针对性原则

对数据进行网格化时，首先要对各网格化指标的具体特点进行分析，并有针对性地进行网格化。根据各指标数据的不同特征选择合适的数学模型或网格化规则对其进行网格化。指标数据特征不同，采用的数学模型和网格化规则也不同。如对GDP指标的网格化，就可以用整个区域的人均GDP与网格内总人口数相乘得到，而对区域内人口自然增长率等其他指标进行网格化时则不能采用同样的方法。

2. 实际性原则

进行数据网格化时，应根据研究区域的实际情况、研究精度实际要求及研究中所获得数据源的实际质量，从实际情况出发，进行网格系统的选择。从总体上讲，网格越小，其研究精度就越高，但调查统计的工作量越大。对于一个研究区域，如果网格的大小和整个研究区域相当，显然没有实际意义。同样网格太小也会失去意义，如1m网格上的人口自然增长率就没有什么实际意义。

3. 综合性原则

在进行数据网格化时，应充分考虑各指标的具体情况及对其产生影响的各种因素。如对人均草原面积指标进行网格化时，应考虑到该指标会受到自然环境条件和社会经济因素的影响。表现自然环境条件的海拔、地貌、湿润度等和表现社会经济条件的人口密度、产业结构等因素均会对其产生影响，在进行网格化时应综合考虑上述因素，并选择合适的数学模型或建立网格化规则，以实现对其科学准确的网格化。

数据网格尺度的选择与确定，首先是根据研究区域的范围所确定的空间幅度，选择制图比例尺；然后根据其空间幅度及其制图比例尺，来确定网格大小与分辨率。理论上，GIS中空间数据网格的大小可以是无级的，即可以小到无穷小，也可以大到无限大。但在实际的GIS空间数据管理与组织时，其网格大小是有尺度性或者有尺度性制约的。制约地理空间数据网格大小的主要因素有人的肉眼辨识效果、数据实现的精度保证、数据量大小、数据源的特征等方面。而人们确定空间数据网格大小，从本质上说，就是确定一个阈值，在这个阈值上，既能达到人类肉眼辨识效果的要求，又能较好地实现网格地理空间数据的数据精度与数据量之间的平衡。

4.5　全球和国家地理网格

4.5.1　全球地理网格

全球离散网格系统研究是当今GIS研究的重要前沿方向，除了经典的经纬度坐标系统、栅格系统和直角坐标系统以外，当今GIS学者提出并研究了其他各种全球网格模型系统，其中以基于柏拉图立体的全球网格模型（如Fuller剖分模型、用于制图综合的QTM模型等）最为普遍。Dutton的系列论文研究了基于三角形分割的全球网格模型（QTM），包括三角形网格几何模型的选择、四进制分割方法、分级坐标系的论述及数据编码等；Goodchild、Fekete、Lee & Samet 、Kimerling、Tobler &Chen等学者提出了基于三角形（QTM）、菱形或多边形分割研究全球网格模型的思路。鉴于全球网格模型研究的重要性，第一届“全球离散网格国际会议” （International Conference on Discrete Global Grids）于2000年在美国召开；2004年召开了第二届会议，议题涉及全球网格的设计方案、网格系统的互用性、误差及变形、数据分级与编码、空间分析与应用等。

地理信息系统在表达和分析地理空间时，深受地图学理论影响。无论是早期的栅格数据模型，还是矢量数据模型，以及现代矢栅混合数据模型与面向对象数据模型，均以平面欧氏几何学和笛卡儿直角坐标系为基础，并建立起相应的空间数据模型和分析体系。然而，地球是一个近似椭球体，地球椭球面属于非欧氏空间。当 GIS 应用于处理较大尺度的空间问题，尤其是处理全球尺度的问题时，这种建立在欧氏几何学基础上的 GIS 系统，在基础的长度、面积等几何量的量算上，则出现明显的偏差，从而使 GIS 系统的有效性和准确性受到质疑。因此，需要研究和发展基于非欧氏几何的空间数据模型，以从根本上解决这种对立性的矛盾。

当前全球离散地理网格系统主要是经纬网和球面剖分三角网。经纬网格的网格格元的变异性较大，特别是在两极地区；而基于球内切正多面体的离散网格系统，剖分网格系统多为三角形系统，难以符合地球椭球体的要求，与现代空间测量所采集的像元数据不吻合，网格系统的实用性较差。因此，研究和发展基于矩形的地理网格系统是当今 GIS 应用的需要。

全球地理参照系统（World Geographic ReferenceSystem，GEOREF）由美国军方提出，其目的是为空间作战的交互服务提供一种基于经纬度的统一定位的基础框架。对于空间的任意一个点，都被分配到唯一的一个网格单元上。GEOREF 是一种典型的以经纬跨度为基础所构建的球面离散网格系统，它将全球按照经纬跨度分割为三级网格系统，同级别的每一个网格单元在经纬跨度上保持一致，从而把整个地球表面按照经纬度分割成一系列的四边形网格单元，如图 4.11 所示。当然由于地球椭球体的性质决定了它们的实际距离是不等的，并且在两极地区四边形的格元收敛于称为三角形的格元。但作为一个统一的定位框架，这种划分是非常直观的。

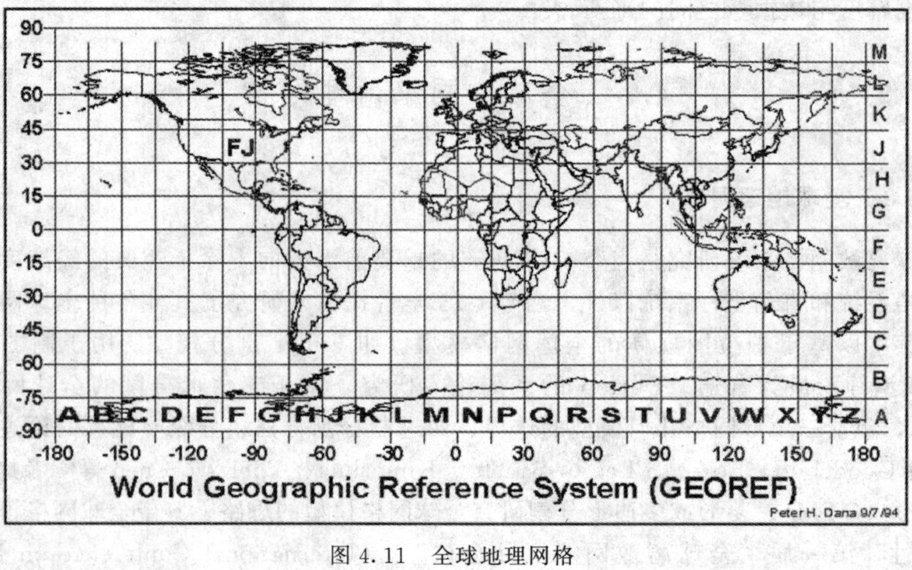

图 4.11　全球地理网格

具体的分割方法为：

(1) 在经线方向上，共划分为 24 个区，每一个区的跨度为 15°，起始位置为西经 180°，并分别利用英文字母 A 到 Z 进行编号，编号中不使用 I 和 O。在纬线方向上，从南极开始，共划分为 12 个带，每一个带的跨度为 15°，同样使用英文字母按照顺序进行编号。此时共把地球表面划分为 24×12 个网格单元，构成了这个网格系统的一级剖分单元，每一个单元的跨度均为 15°×15°。显然，在极地地区四边形的网格收敛为三角形的网格。

(2) 在一个网格单元的基础之上，继续将跨度为 15°的一个网格细分为跨度为 1°的二级子格元。同样利用英文字母对这些子格元按照一定的顺序进行编码，由此便构成了跨度为 1°×1°的覆盖整个地球表面的二级网格系统。

(3) 在二级 1°×1°的网格系统上，将每一个二级格元按照 1′的跨度进行细分，构成了跨度为 1′×1′的三级网格系统，编码的顺序定位自西向东和自南向北。

4.5.2　国家级地理网格

地理离散网格系统提出的最初目是为了规范不断累积的各类海量空间信息的统一定位，从而保证各类数据采集、存储、统计、分析和交换的一致性，并提供多源、多尺度地理空间信息整合的规范和定位框架。在这样的一个应用前提下，多尺度经纬网所构成的网格体系就是一个很自然的选择，包括我国在内的许多国家就是以经纬网为基础来制定相应的国家网格标准。虽然以经纬网的细分为基础的离散网格系统在网格的一致性、网格的变形和误差等方面存在一定的缺陷，但是由于其构造过程简单，并且与现有的测绘成果之间的联系比较紧密，因此在面向大区域的同一定位和海量数据分幅管理中被广泛使用。一些国家和组织就是以经纬网为基础制定了各自的离散网格标准，虽然这些标准制定的具体目的和方法有一些差别，但都是以现有的经纬网格的多层次细分为基础来进行构建的。

为了开发基于位置的服务和相关应用提供更加快捷、准确的定位方法，以及提高位置服务和已有的平面地图产品之间的互操作性，美国联邦地理数据委员会于 2001 年颁布了美国国家网格（UnitedStates National Grid，USND）。USND 是建立在 NAD83 和 WGS84 基准上的以 UTM 投影为基础的多层次的二维平面网格模型。初级的网格在纬线方向上自西向东以 6 个经度大小为划分间隔，依次使用数字 1～60 进行标识，在经线方向上，自南极 80°到北极 84°以 8 个纬度大小进行划分，依次使用字母 C 至 X 表示，如图 4.12 所示。例如 1N 代表了西经 180°～174°，北纬 0°～8°之间的区域。一个初级网格区域大小应该在 100km 的范围内，即在此基础上，以 100km 的投影长度为单位进行第二层次网格的构建，并使用两个英文字母进行编码。第一个字母标识了行所在的位置次序，第二个字母表明了列所在的次序。显然，这不是一个完全等距的划分，误差总是出现在第一级网格的边缘部分。由此，使用四个编码表示的二级网格提供了精度在 100 km 的定位框架。在此基础之上，可以使用不同长度编码来表达不同精度层次网格。USND 可以根据不用的应用使用不同的层次和精度表达。显然，只要所提供的坐标信息的经度足够高，网格的分辨率足够小，就可以对二者进行更加准确的定位。

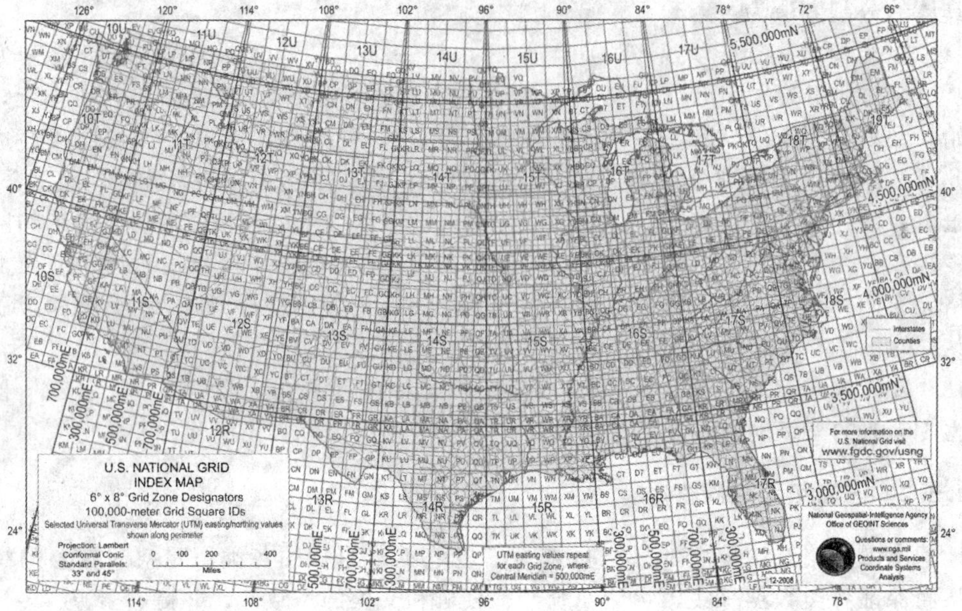

图 4.12　美国地理网格

英国国家网格（British National Grid References，BNGR）采用的是以米制为基础的公里网格划分方式，直接在投影的二维地图上按照既定的公里网格的长度进行网格的划分。BNGR 的第一级网格系统是由跨度为 100 km×100 km 的网格单元构成，并使用两个英文字母进行编号标识。其编码的起始位置设在右下点；BNGR 的二级网格是由一级网格进行 10 km×10 km 的细分而来，三级网格则是在二级网格的基础之上继续进行 1 km ×1 km 的划分而来，以此类推，可以进行更细致的网格分割，如图 4.13 所示。

4.5.3　中国国家地理网格

我国现行的《地理网格》规定的编码规则，因和投影分带有关，编码不唯一而且编码较长，不利于空间定位服务和唯一空间地址编码的建立。目前除国家基本比例尺地图和基础地理信息数据产品外，公开使用的网格主要是以区域、城市和街区为单位的区域网格。如国内的导航电子地图开发企业在产品中使用了自己的地理网格编码，北京、武汉等城市开展了网格化精细管理，并开发出局部网格编码体系等，但这些不同网格之间兼容性差、转换困难。

为了规范大批涌现的社会经济网格地理信息的空间定位，保证各类数据采集、存储、统计、分析和交换的一致性，提供多源多尺度地理空间信息整合的科学、一致、规范的定位框架，我国于 2009 年 6 月 1 日正式颁布全国统一的地理网格系统标准《国家地理网格标准》(GB/T 12409—2009)，规定了地理网格系统划分的规则和编码方法，建立了我国地理网格系统和代码。地理网格可以采用地理网格坐标（纬度和经度）系统和直角坐标网格系统。这两类网格系统间具有严格的数学关系，可以相互转换。网格系统按比例关系分级，形成完整的体系。需要时，网格系统可以进一步细分扩充，不会改变原网格体系的系统性。

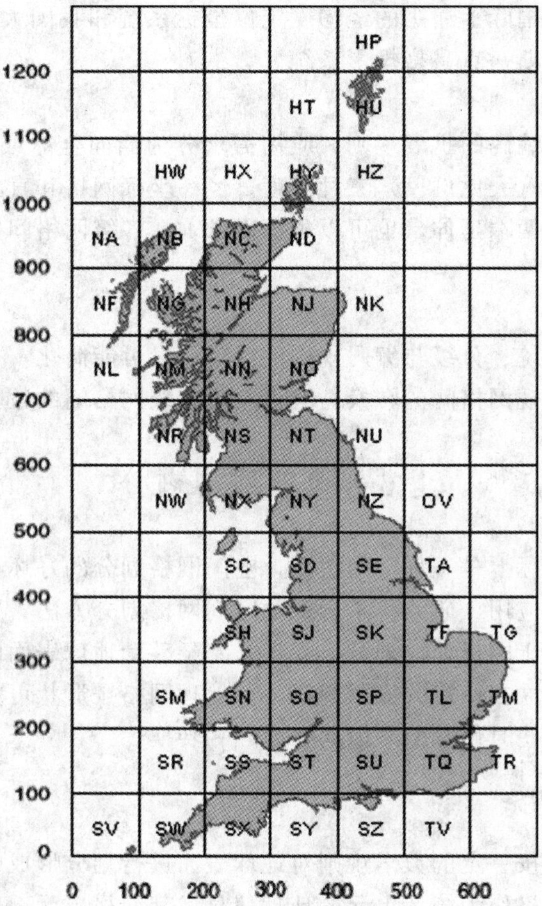

图 4.13 英国地理网格

中国国家地理网格基于我国基本比例尺地形图中 1∶100 万地图分幅与编号，以边长为 100 km 的正方形网格作为基本单元，形成国家地理网格体系。网格体系充分考虑了不同使用需要，第二级以下不同等级网格按 10 倍关系划分，同时为满足实用性在每一级网格上增加了按两倍关系划分的补充网格，以弥补相邻等级网格大小范围相差过大的不足。网格边长系列包括 100km、50km、10 km、5 km、1 km、500 m、100m、50m、10m、5m、1m 等，如果需要还可以进一步划分。

《国家地理网格标准》（GB/T 12409—2009）中对地理网格的设计原则做出以下规定：

1. 科学性

地理网格采用经纬坐标网格（以经、纬网划分的网格）和高斯—克吕格投影直角坐标网格（以公里网划分的网格）相结合的方式，这两类网格间具有较严密的数学关系，可以相互转换。

2. 系统性

地理网格分级呈一定递归关系，形成完整的网格分级系列。

3. 继承性

经纬坐标网格采用国际上通用的经纬度定位坐标系统和我国大于或等于 1∶50 万系列比例尺地形图采用的高斯—克吕格投影系统。

4. 可扩展性

标准中给出分级和编码的扩展规则，应用需求分为面向全球或全国（小比例尺）、省区（中比例尺）和城乡（大比例尺）三种尺度。经纬坐标网格和直角坐标网格均可以在给定的分级系列基础上向两端延伸，也可以根据需求，在各级网格间按照一定的规则扩展网格间隔。

5. 实用性

网格系统的坐标系统、分级与编码规则的设定尽量可能简化，并辅以软件工具，既可严格、快速、方便地实现网格间的转换，有可实现各级网格间的数据合并和细分处理。

4.6　地理网格划分

地理网格的划分实际上是一种空间建模，空间网格划分的好坏，直接影响到整个网格系统建立及其基于此的应用，研究科学合理的空间网格划分方法，可以为建立更为科学的管理系统奠定基础。关于网格如何划分，无论是基于整个地球表面的网格划分还是小区域的网格划分，一般都建立在一定的应用前提下。地理网格按形状可分以为规则网格体系与不规则网格体系，在某些时候它们可以共存、互相转换。

4.6.1　规则地理网格

规则的地理网格是按一定的数学规则对地球表面进行划分形成的地理网格，可以用于表示呈面状分布、以网格作为统计单元的地理信息，其网格单元一般为方格、三角形或六角形等规则形状。通过对地理网格划分的深入分析研究，我国地理信息系统采用三种地理网格系统：4°×6°网格系统、直角坐标网格系统和自行设计网格系统。

1. 4°×6°网格系统

以纬度 4°和经度 6°进行划分而构成的多级地理网格系统，主要适用于表示陆地与近海地区全国或省（区）范围内各种地理信息等。其分级如表 4.1 所示。

表 4.1　**网格系统分级**

网格等级	1	2	3	4	5	6	7	8
网格单元边长	30″	15″	7.5″	3″	1.5″	0.75″	0.3″	0.15″
比例尺	1∶100 万	1∶50 万	1∶25 万	1∶10 万	1∶5 万	1∶2.5 万	1∶1 万	1∶5 千

2. 直角坐标网格系统

将地球表面按数学法则投影到平面上，再按一定的纵横坐标间距和统一的坐标原点对其进行划分而构成的多级地理格网系统。主要适用于表示陆地和近海地区为工作规划、设计、施工等应用需要的地理信息。其分级如表 4.2 所示。

表 4.2 直角坐标网格系统

网格等级	1	2	3	4	5	6	7	8
网格单元边长	1000	500	250	100	50	25	10	5
比例尺	1:100 万	1:50 万	1:25 万	1:10 万	1:5 万	1:2.5 万	1:1 万	1:5 千

直角坐标网格的比例尺与网格等级不是唯一对应的，一种比例尺对应两种网格等级，用户可以根据需要选择一种。

3. 自行设计的网格系统

在地理信息系统中，还需要用到 1:2000、1:1000 和 1:500 的地形图，在国家标准中未规定它们的网格等级和网格单元边长，可以根据实际需要自行设计网格系统（一般为 2.5m、2m、1m 或 0.5m 的格网)。

上述三种地理网格均按坐标象限、经纬度或直角坐标进行划分，具有严格的数学基础，因此它们之间可以相互转换。三种网格的分级各呈一定的层次关系，构成完整的系列，便于组成地区的、国家的或全球的网格体系。

规则地理网格是空间数据处理中常用的建模方式。遥感像元是现代规则地理网格的基础。规则地理网格的突出优点是可以直接利用遥感、数字摄影测量、扫描等方式获取的栅格形式的数据，且结构简单，比较容易实现地图或图像的叠加组合及进行各种空间分析。其缺点是不能精确记录点和线状目标，难以建立地物间的拓扑空间关系，会破坏地物的完整性。

4.6.2 不规则地理网格

不规则地理网格是指形状上没有一定规律的地理网格，可以当做拓扑多边形处理。不规则地理网格又可以根据不同的职能划分为不同的地理网格。

地籍是记载土地的位置、界址、数量、质量、权属和用途等土地状况的簿册。宗地是地籍的最小单元，是指以权属界限组成的封闭地块。在我国，城市的外部空间发展受到建设用地的限制，内部空间发展受到包括公用地籍在内的宗地的制约，任何宗地内，利益主体的发展不可能超越宗地的边界，因此，地籍是城市管理的基本空间单元，即地理网格，也是一种典型的不规则地理网格。地籍除采用簿册进行登记外，还绘制了反映土地位置、界址、数量、权属和用途等内容的地籍图，做到图与簿册相匹配，以满足管理的需要。

行政区划境界是城市管理应用中最普通的一种不规则地理网格，每个城市按照行政区划可以分为市辖区、街道办事处、社区若干个等级。行政区划境界和以权属界线划分的地块共同构成不规则等级空间网格体系，它们是城市管理的基础和法律依据。这些等级不规则网格对应不同的时空尺度，通过对不规则网格体系赋予标识符（进行编码)，可以使得任何一个点都有一组合适的多层次网格单元与之对应。

另外，城市不同的职能部门根据自己的需求划分出独特的地理网格单元，比如房屋规范检查区、公众健康护理区、垃圾收集路线区、供水区、巡警区、城市绿化区、火警区，等等。它们的网格边界各不相同，多数城市管理部门在划分管理分区时常常以行政区划和道路作为边界，因此，这些管理分区与城市地籍具有相容性，它们之间是包含与被包含的关系，通过聚合与分解手段，能将这些数据进行整合，不规则网格体系的动态变化十分接近城市社会、经济、自然的真实过程，有利于时空行为过程的建模，因此，有可能依据不规则网格模拟城市的发展模式。

4.6.3　城市管理地理网格

近年来，地理网格应用最有成效之一的就是数字化城市管理。在数字化城市管理中，由于所研究区域是局部的、小范围的，地表的球面变形因素可以适当忽略。城市管理地理网格划分有基于方里网的规则网格划分，也有非规则形状的地理网格划分，一般有按照道路街区、行政区划和方格网三种划分方法。

1. 按方格网划分的规则城市管理地理网格

数字化城市管理中方格网的划分就是在城市标准地形图上按照长和宽均为 100m 划分成规则网格，这样每个网格单元的面积都是 1 万 m^2，称为万米单元网格。这些万米单元网格将城市划分为一个个规则的地理网格，每个地理网格以其中心点的坐标来确定其地理位置。如果有需要可以根据网格内实际地物的密集程度再进行地理网格的细分，如在地物比较稀疏的地方不需要网格的细分，而在地物比较密集的地方根据管理需要细分成从高级到低级的不同粗细的地理网格。

如图 4.14 所示为某城区按规则方格网划分的地理网格。

图 4.14　某城区规则方格网划分的地理网格

按照方格网划分的城市管理地理网格是一种规则的网格，划分方法比较简单，有利于地理空间信息的存储、管理以及空间分析，适用于各种应用，而且容易合并和拆分，构建专业应用网格。但是不能保证地物的完整性，许多地物被拆分落在不同的地理网格里面，因此单元网格的属性信息可能不单一，在同一网格中可能存在多个不同属性事物的情况。

北京市东城区万米单元网格就是一种按照方格网划分的城市管理地理网格。针对东城区自然地理布局和行政区域划分现状，在大比例尺地图上，根据属地管理、地理布局、现状管理、方便管理、管理对象整体性等原则，把全区 25.38km^2 的范围划分为 1652 个网格单元，从而使东城区在空间层次上形成四个层面，明确了每个层面城市管理的责任人。第一个层面是指东城区整个区域，城市管理的责任人是区政府；第二个层面是 10 个街道，责任人是街道办事处；第三个层面是 137 个社区，责任人是社区居委会；第四个层面是网格单元，责任人是驻地单位和门前三包负责人。利用万米单元网格的管理办法管理城市，能够实现监督员和城市管理问题的准确定位，将原来的管理层面由三级责任人变为四级责任人，细化责任；全区 1652 个单元网格由 137 名监督人员进行监督负责。每个监督人员分管大约 12 个网格单元、$18\times10^4m^2$ 和 1400 个城市部件。由以前每十几个人共同管理 2～5km^2，缩小为每人管理 $18\times10^4m^2$，大大减少了管理的流动性和盲目性，实现了由粗放管理到精确管理的转变，从技术上入手，改变了以前的管理方式。

2. 按道路街区划分的不规则城市管理地理网格

城市中除了建筑物，分布最密集就是四通八达的道路，城市道路天然地把城市划分成了不同的街区单元。道路街区本身就是一种不规则的网格，因此，人们可以根据道路来进行城市地理网格的划分。按照道路街区划分地理网格的基本思想是：以城市主干道路为界限划分基本地理网格，在每个街区的基本网格里面根据实际的地理分布以及非主干道路划分出不规则的地理网格单元。

按照街区路网划分地理网格单元时要遵循以下几点原则：

(1) 在适当比例尺的地形测量数据的基础上进行划分；

(2) 最大边界就是街区的边界，一个街区至少有一个地理网格单元；

(3) 按照城市中的街巷、建筑物分布、绿地、广场、河流等自然地理要素布局进行划分；

(4) 保持院落和建筑物的完整性；

(5) 单元网格划分必须是无缝、覆盖整个城市；

(6) 道路要作为独立的地理网格进行划分。

如图 4.15 所示为某城区按道路街区划分的地理网格。

按道路街区划分的不规则城市管理地理网格划分的优点是街区路网在城市地图上或遥感影像上都有很明显的边界线，因此划分单元网格时比较容易划分。其缺点是可能和行政区划界限有交叉；比如，一个地理网格单元里面可能有属于不同社区的地物，造成了和行政区划管理的冲突。对应地，地理网格的编码以及网格内部件的编码与行政区划编码也不一致。道路作为一个独立的单元网格单独划分，会在道路的交汇处引起管理交叉或者缺位等现象；此外，道路单元网格以及和道路相邻的单元网格各需要网格管理人员的配备，会造成人力资源的浪费。

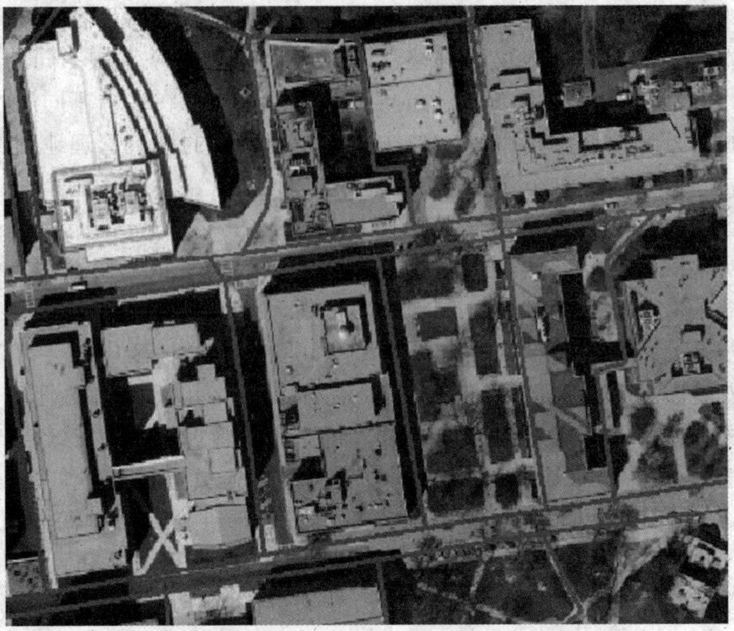

图 4.15　某城区按道路街区划分的地理网格

3. 按行政区划划分的城市管理地理网格

数字化城市管理中地理网格大多采用的是按行政区划划分的方法。在城市管理体系中，城市的下一级管理机构是市辖区，设有区人民政府，是城市的基层政权，相当于县。市辖区下设有街道办事处，作为基层管理机关。街道办事处又包括不同的社区，社区是指居住在一定地域范围内的人们所组成的生活共同体。地理网格是按照市—区—街道—社区逐级划分。市、区、街道、社区界线都是具有一定法律意义的界线，一旦确定不容再修改，除非权威部门修改了该界线。社区是城市的基本网格，在社区的基础上再进行单元网格的划分来满足城市管理和其他职能部门的共同需求。按照行政区划划分地理网格的基本思想是：按照市—区—街道—社区逐级划分，在社区的基础上，依据地理布局、方便管理、管理对象整体性等把城市划分成若干个形状、面积相似的地理单元网格。

按照行政区划划分地理网格要遵循以下原则：

(1) 在适当比例尺的地形测量数据的基础上进行划分；

(2) 单元网格的最大边界就是社区，一个社区最少要有一个单元网格；

(3) 建筑物、城市市政管理对象不能被拆分，否则管理对象位置的描述就会产生歧义；

(4) 单元网格的划分要与现状管理相匹配，不拆分独立院落；

(5) 单元网格划分必须是无缝、覆盖整个城市。

如图 4.16 所示为某城区按行政区划划分的地理网格。

按照行政区划划分的地理网格将城市空间信息划分成了四个层面，并实行了责任到人的原则。第一层面是市辖区，负责人是区人民政府；第二层面是街道，负责人是街道办事处；第三层面是社区，负责人是社区委员会；第四层面是网格单元，负责人是网格管理员。这种划分方法层次较清晰，网格、网格内部件编码与行政区划的编码统一，不容易出现管理交叉或管理缺陷的现象。

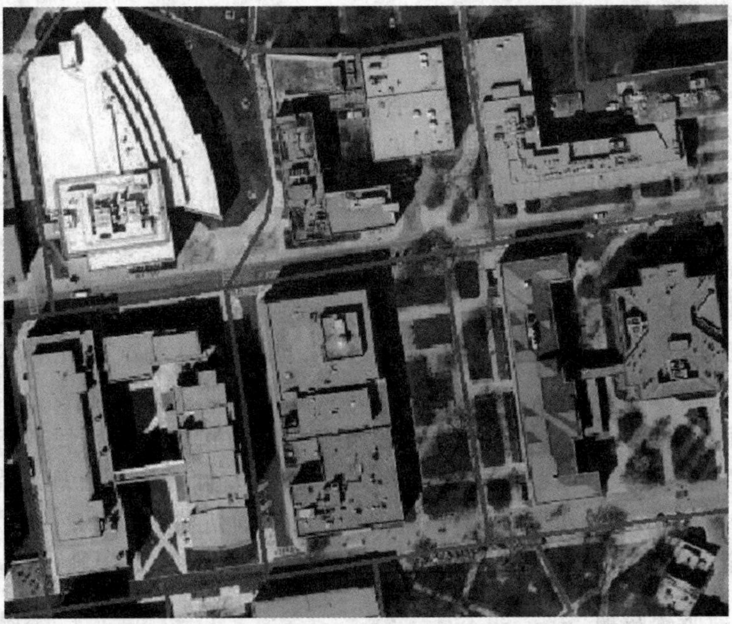

图 4.16 某城区按行政区划划分的地理网格

4.7 地理调查的基本程序

对地理事物或对象开展调查研究，完成调查任务或生产任务是一种有计划、有目的、有意识的认识活动，需要经历一个科学而严密的思维过程，在此基础上指导野外地理调查工作，收集整理资料，开展理论研究。地理调查的基本程序主要包括问题确定、资料收集整理、方案设计、调查实施、地理调查数据处理、统计分析和撰写地理调查报告等七个阶段。

4.7.1 地理调查问题的确定

就地理学而言，有大量的地理调查任务和课题需要研究，这就要根据各单位各人的特长、条件、人员结构等来选择地理调查和研究项目。涉及全球、全国大范围区域的地理调查，如水利调查、地理国情普查、土地调查，需要大量的人力、物力和财力，因此，开展地理调查，首先需要论证确定地理调查的问题和目标，完成地理调查项目立项。

地理调查的问题可以是一个理论问题，也可以是一个应用问题。要通过系统性的需求研究和科学论证，确定调查的目标、对象和范围。地理调查问题的提出应该来自于实际需求，需要从感性认识和理性认识两个方面统筹考虑。

地理调查问题的提出需要有地理思维，地理学的视角首要是基于人地关系，基于对区域、空间或地理对象的认知。为了使地理调查项目或课题更加确切和有计划性，还应查阅相关资料及其研究状况，了解与该课题相关的研究动态。

在向相关部门申报地理调查研究课题时，需要填写有关表格，具体内容大致包括：

(1) 课题名称、主持单位、协作单位。

(2) 国内外研究现状与水平等。

(3) 研究目的、要求、科学价值及内容。

(4) 研究的步骤、工作方法和完成时间。

(5) 课题或项目负责单位和负责人。

(6) 经费预算。

针对地理调查的问题和目标，需要组织不同层次的专家论证评审。

以“地理国情监测”项目为例，2010 年 10 月国家测绘局着手开展了地理国情监测项目建议书的立项工作；2010 年 12 月 20 日，国务院副总理李克强首次要求国家测绘局“加强基础测绘和地理国情监测”；2011 年 3 月，我国测绘界的学者专家对地理国情监测项目进行了评审和论证；2011 年 3 月 7 日，国家测绘局和陕西省人民政府举行合作开展地理国（省）情监测试点签字仪式；2011 年 5 月 23 日，国务院副总理李克强在视察中国测绘创新基地时的讲话中，重点强调要组织开展地理国情监测工作；2011 年 9 月，国务院领导同意在全国实施地理国情监测工作。

4.7.2　资料收集整理

根据地理调查的目标、范围和对象，广泛开展资料收集和整理工作，为地理调查方案设计和具体调查的工作开展提供资料。

地理调查的资料搜集整理应该包括以下方面：

(1) 国内外相关研究方法、研究成果和研究领域的文献检索。

(2) 已有统计资料的收集、整理和分析，对调查问题、调查对象和调查范围内相关的统计资料进行搜集，包括各种统计年鉴、各级政府公报以及已有的调查报告等，对这些资料进行整理分析。

(3) 调查对象、调查区域的各种地理信息资料，包括系列比例尺地形图、影像图、控制测量资料等，为地理调查工作的开展提供地理参考资料。

(4) 其他资料：如调查公函、身份证明、调查地点资料等与地理调查工作开展相关的资料准备。

4.7.3　调查方案设计与评审

调查方案设计和评审包括如下方面：

1. 确定调查内容

根据调查目的和任务，逐一确定调查的内容。

调查内容的确定要以需求为导向，分析国家重大战略和发展规划的需求，综合考虑各个行业在规划、管理等日常业务工作中对地理环境、资源、设施等的需求，确定地理调查具体内容要求。

调查内容的确定还需要考虑相关信息的采集、存储、分析和应用必须具有可操作性。

2. 建立指标体系

开展调查，首先要明确调查什么，取得什么样的资料，这就必须确定指标。然而，调查不能仅仅停留在定性上，还要取得定量的数据。例如，对土地进行评价（划分等级）时，影响其质量的因素有很多，农业上有坡度、土层厚度、质地、pH 值，排灌条件，洪涝灾害、养分等；工程上有地基承载力、洪水淹没程度、坡度、侵蚀程度等。又如讨论城市发展时，影响城市发展的因素也很多，必须从大量的因素中选取一系列参数（包括绝对数、百分比、人均占有值等）作为衡量现状和预测未来发展的指标。这些指标应该是相互关联的，而不是孤立分散的，以便能够全面反映某区域特征的面貌。

3. 实施方案制定

实施方案主要包括以下要点：

(1) 人员落实与分工。

(2) 拟定工作分类方案。如土地利用分类、土地分类、土壤分类、地貌分类等，并对各项分类作出解释。

(3) 确定制图比例尺。根据任务和达到的精度来确定成图比例尺、工作底图、野外用图等。

(4) 制订样品采集计划。

(5) 日程安排。

(6) 统一技术规范。

4. 试点调查

试点调查的目的在于统一思想、统一工作方法等。

5. 方案评审

结合试点调查成果，对实施方案中涉及的调查内容、调查指标和技术规范进行梳理，在此基础上形成本项目的实施方案，并组织不同层面上的专家评审，作为下一阶段地理调查大范围开展的依据。

4.7.4 调查实施

1. 准备阶段

收集工作地区已有资料，具体包括：

(1) 工作底图和地形图，根据成果要求决定。还有地物要素图、透明聚酯薄膜地形图、像片平面图、专题地图（植被、地质、地貌等）。

(2) 遥感资料，如航空像片和卫星图像等，最好有不同日期的像片。

(3) 各种地理、地质相关的组成成分资料。

在分析已有资料的基础上，修订工作方案。

拟订详细调查提纲和确定调查线路。根据要求和试点调查的经验，进行拟订。

准备调查用具。主要准备野外考察用的必备仪器，采集样品的工具、文具用品及表格、生活用品等。

2. 调查阶段

地理调查实施分室外和室内两个阶段。

(1) 室外阶段主要进行野外调查。

(2) 室内阶段对已有文献资料的收集与整理。

(3) 进行阶段整理。对每个阶段收集来的资料做初步整理，检查有无遗漏等。

3. 室内整理阶段

对收集来的资料、图件、照片、样品进行分析整理，归类，去伪存真，编目录，便于查找。

4.7.5 地理调查的数据处理

地理调查数据处理包括地理定位处理、多源地理数据同化和地理网格化处理等内容。

1. 地理定位处理

地理定位处理采用定量量测、自动化遥测、计算机技术，以及多元数理统计等方法。地理定位处理较普遍地执行系统方法，即对于一个复杂的，有一定整体性、典型性，但空间范围相对较小的地理系统，进行全面细致的、互相联系的定量分析。一般情况下，地理定位处理包括以下主要环节：

(1) 地理定位处理的目标及所要解决的问题；

(2) 尽可能全面、连续、准确地进行地理空间信息的采集；

(3) 地理信息实施有效的存储、整理和分析；

(4) 进行单要素分析或建立子模型；

(5) 进行多要素分析或建立综合模型；

(6) 对建模型进行优化，并进行稳定性分析和风险性分析；

(7) 综合模型的运行评价和经济分析；

(8) 综合模型的全面检验，并及时对其实现目标函数能力进行判定。

在以上环节中，地理定位处理尤其强调地理信息采集的准确性、综合性和连续性，并以此补救地理考察的粗疏和不足。地理定位处理通过一系列各类传感器的布设、不同的信号传输以及不同的结果输出等，保证高效率、高精度、全天候和同步性地取得原始信息，使得地理模型的主要参数有严格的数量化指标。在典型地理位置或区域，对地理系统有关要素进行连续观测，对所获取的地理信息加以整理、分析和研究，由此去认识、总结和检验地理规律。

2. 多源地理数据同化

来自多种途径获取的地理调查数据存在着多源性，主要表现在以下方面：

(1) 地理调查数据的多语义性。对于同一个地理信息单元，在现实世界中其几何特征是一致的，但是却对应着多种语义，如地理位置、海拔高度、气候等自然地理特征；同时也包括经济社会信息，如行政区界限、人口、产量等。

(2) 地理数据存在着多时空性和多尺度性。地理数据具有很强的时空特性。一个数据源既有同一时间不同空间的数据系列，也有同一空间不同时间序列的数据。不仅如此，地理数据会根据系统需要而采用不同尺度对地理空间进行表达，不同的观察尺度具有不同的比例尺和不同的精度。

(3) 获取手段多源性。获取地理空间数据的方法有多种多样，包括来自现有系统、图表、遥感技术、GPS技术等。这些不同技术手段获得的数据其存储格式及提取和处理手段都各不相同。

(4) 存储格式多源性。

(5) 空间基准不一致。不同来源的空间数据有着不同的坐标参考体系和不同的投影方式。

多源地理数据同化是把不同来源、格式、比例尺、多投影方式或大地坐标系统的地理空间数据在逻辑上或物理上的有机集中，进一步通过融合处理，提高地理调查数据的几何定位精度，为后续统计分析提供高精度、高质量的地理空间数据支撑。

3. 地理网格化处理

根据选定的地理网格，对各种地理调查数据进行网格化处理，为地理调查数据赋上统一的网格编码，为地理调查数据的统计分析奠定基础。

4.7.6 调查数据统计分析

1. 社会经济人文统计资料的收集和整理

搜集不同层面上的统计资料。社会经济人文统计资料包括：自然资源与自然条件；国民经济主要指标、国民生产总值及指数、社会总产值及构成；工农业总产值及指数、各地区工农业总产值及占全国比重；国民收入及构成、消费和积累比例；少数民族地区的自然、人口与主要经济指标；城市主要经济指标；人口和劳动力指标、人民生活水平指标及城市建设、环境保护指标；各经济部门的指标，包括工业、农业、运输、邮电、建筑、商业与服务、文教卫生、对外贸易、旅游等。对收集来的资料进行加工整理，保证资料的真实性、典型性、充足性和可比性。

2. 统计资料的地理编码处理

以统计区域的地理空间数据为基础，对统计资料进行地址匹配，实现统计资料的空间化。

3. 统计分析

对地理学而言，数学模型通常以方程式或方程组来描述地理客体或组成成分的相互关系，其中一些是已知数（如辐射平衡、水资源量），另一些是未知数（如径流、生物量），这些数值在选择过程中取决于对地理过程与作用机制的认识水平。

目前对地理调查数据进行统计分析，比较普遍采用的模型是数理统计中的相关分析、回归分析、多元分析、聚类分析等。采用何种模型，要视地理调查阶段、研究目的、地理系统的性质而定。一般地，研究地理地域分异规律常用空间模型、功能模型、动态模型等。同时，要注意在建立模型时，需要具备完整、准确、可靠的监测资料和野外调查资料。

4. 统计专题制图

地图是人文环境与自然环境的再现，地图可以分为两类：普通地图和专题地图。专题地图就是突出而完备地显示一种或几种自然和社会经济现象及相关概念的空间分布的定性、定量或发展变化规律的地图。专题地图作为对地理调查专题数据或属性数据最有效的可视化工具，不仅能够将地理调查中的专题信息进行渲染和直观的可视化分析，而且能够对地理信息进行深加工，发掘隐含在数据中的内在规律及相互联系，为人们获取某种或某些特定的信息提供一个有效的技术手段。

统计专题地图可以划分为定性专题地图和定量专题地图。定性专题地图用于表示种类或名称现象数据的空间分布和定位特征，定量专题地图则强调不同位置上空间地理目标的数量。

制作统计专题地图是根据某个特定专题对地图进行“渲染”的过程。所谓专题渲染，就是以某种图案或颜色填充来表明地图对象（点、线、区域）的某些信息（例如人口、大小、年降雨量、日期等），亦即，这类渲染存在着主题，经过这样渲染的地图就是专题地图。利用统计专题地图制作系统，可以根据数据库表中特定的值，赋给地图对象颜色、图案或符号，从而创建不同的统计专题地图。

统计专题地图是最典型的定量专题地图。地物或现象的属性信息或变化发展规律和趋势隐藏于大量的统计数据中，统计专题地图的主要目的就是将这些隐藏于统计数据中的有用信息和发展趋势以可视化的图形方式显示出来，让用户通过图形视觉感受获取知识和信息，完成信息传输功能。

统计专题地图的一个显著特征就是能将数据库中的信息进行直观的可视化分析。统计专题地图是用于分析和表现数据的一种强有力的方式。用户可以通过使用统计专题地图的方式将数据图形化，使数据以更直观的形式在地图上体现出来。当使用专题渲染在地图上显示数据时，可以清楚地看出在数据记录中难以发现的模式和趋势，为用户的决策支持提供依据。

4.7.7　撰写地理调查报告

1. 调查资料归档

调查的技术归档是地理调查工作的最后一道工序。一般在调查、总结结束之后，将全部具有保存价值的原始资料、数据、图表、文字、音像等各种形式的载体文件加以系统整理，填写科技档案说明书，注明密级，由调查项目的技术负责人审核签字，送档案室保存或输入信息数据库。

如果是大协作课题，各协作单位应将所有技术资料送主持单位，保存在主持单位。这是调查、研究的历史记录，也是检查调查和研究工作质量、评价科技成果、考核科技人员、衡量科技管理水平等的科学依据。最后，将研究报告连同技术档案送请相关组织部门审查。

2. 撰写地理调查报告

地理调查报告需要包括以下内容：

（1）地理调查技术总结；

（2）地理调查工作总结；

（3）地理调查基本统计报表；

（4）地理调查质量检查报告；

（5）地理统计分析与建议。

复习与思考题

1. 试简述地理调查的特征，地理调查研究方法有哪些？
2. 试简述地理调查的空间基准，如何选择坐标系？
3. 试述时间标准建立的必要性。有哪些时间标准？
4. 试简述地理网格的定义、功能及其与统计单元的关系。
5. 试简述全球地理网格、国家级地理网格。
6. 地理网格划分有哪些方法？城市管理地理网格可以采取哪些不同的方法？
7. 试简述地理调查的基本程序。

第5章 地理调查中的测绘遥感技术

地理国情调查是一项面向国情的专项地理调查。地理国情调查需要对地理相关的国情进行动态测绘、统计和分析研究，我国地域辽阔，地理国情复杂，与此同时，经济、社会快速发展，地表变化频繁，必须充分利用当前航空、航天、低空和近地面遥感、移动测绘和水下测量等对地观测的最新技术手段，建立从空中到地面、从宏观到微观的地理国情调查信息实时获取、快速自动处理、网络化信息服务和社会化应用的地理国情调查和监测体系。地理国情调查的数据获取是地理国情调查和监测的入口和基础，是开展地理国情调查和监测数据处理和应用的前提。

本章在总结和分析地理国情调查数据类型、特点和要求的基础上，对各种空、天、地一体化对地观测技术进行地理国情调查数据获取的方法进行了介绍，介绍了各种对地观测技术在地理国情调查和监测中的应用范围，构建了空、天、地一体化的地理国情调查和监测数据保障体系，保证了地理国情调查和监测数据的时效性、准确性、覆盖范围以及获取处理发布的便捷程度，确保地理国情调查和监测成果的真实、可靠与准确。

5.1 地理国情调查与测绘遥感数据

地理国情调查和监测需要各种类型、不同时相、不同分辨率的地理空间数据支撑，开展地理国情调查和监测首先需要解决数据源的问题。航天遥感适合大范围的地理国情调查和监测数据的获取，单位成本较低，但其时效性差，并受到天气、云的影响较大。航空遥感可以获得更高分辨率的影像数据，但受制于航空管制，一般成图周期较长，成本相对较高。低空遥感为局部、高分辨率地理国情调查和监测提供了一种机动灵活的手段，被广泛应用于灾害应急等方面。地面车载和船载移动测量为地理国情调查和监测提供了一种机动灵活的方式，其成本相对较低，但只适合带状范围地理国情调查和监测。众源模式为地理国情调查和监测提供了一种新的模式，成本更低，但需要解决数据质量和数据融合处理分析等问题。总之，各种地理国情调查和监测的数据获取技术特点各不相同，需要结合具体的地理国情调查和监测的内容和要求，选择合适的地理国情调查和监测数据获取手段。

5.1.1 地理调查中测绘遥感数据类型和作用

地理国情调查和监测数据包括基础地理信息数据、地理国情变化数据和实时动态地理国情数据三种类型。

1. 基础地理信息数据库

基础地理信息数据又称为本底数据，是各级测绘部门围绕基础测绘业务开展所取得的成果资料，是符合国家规定的技术规范和标准要求的数字化的测绘成果数据库。基础地理信息数据库包括矢量地形要素数据库、栅格地图数据库、地名数据库、数字高程模型数据库和正射影像数据库等。按照不同的比例尺，基础地理信息数据库的精度、详细程度和应用范围也不尽相同。

国家级基础地理信息数据库比例尺分为1∶100万、1∶25万和1∶5万三级，省级基础地理信息数据库比例尺分为1∶25万、1∶5万和1∶1万三级。通常，地理国情调查和监测的本底数据库以国家级基础地理信息数据库为主，地理省情监测的本底数据库以省基础地理信息数据库为主，地理县（市）情监测的本底数据库以县（市）级数字城市或地理信息共享服务平台提供的大比例尺基础地理信息数据为主。但是，针对重点工程、突发应急事件的地理国情调查和监测也采用大比例尺的基础地理信息数据，如四川省汶川震区地理国情调查和监测需要1∶1万基础地理信息数据甚至1∶500地理信息数据作为本底数据库。

在开展地理国情、地理省情监测工作中，1∶5万基础地理信息数据是最重要、最基础和应用最广的本底数据库。1994年，国家测绘局（2011年更名为国家测绘地理信息局）建成了全国1∶100万地形数据库、数字高程模型数据库以及1∶400万地形数据库等；1998年完成了全国1∶25万地形数据库、数字高程模型和地名数据库的建设；1999年建设了七大江河重点防范区1∶1万数字高程模型（DEM）数据库和正射影像数据库；2000年建成了全国1∶5万数字栅格地图数据库；2002年建成了全国1∶5万数字高程模型（DEM）数据库，并更新了全国1∶25万和1∶100万地形数据库；2003年建成了1∶5万土地覆盖数据库、地名数据库和TM卫星影像数据库。“十一五”期间，国家测绘地理信息局组织实施了“西部测图”和“1∶5万更新”两项重大工程，2011年完成了覆盖我国全部陆地国土范围的24182幅最新1∶5万地形图数据及数据库建设，为地理国情调查和监测提供了翔实、准确的本底数据库。

国家1∶5万基础地理信息数据库是覆盖全国范围的精度最高、内容最丰富的基础测绘成果，是用途最广、使用频率最多的品种之一，是国民经济建设、国防建设、国土整治、资源开发、环境保护、防灾减灾、文化教育等不可或缺的基础性、战略性信息资源，是促进经济社会可持续发展的基础工具和重要保障。国家1∶5万基础地理信息数据库主要包括地形数据库（DLG）、地名数据库、数字高程模型（DEM）、数字栅格地图（DRG）数据库和1m或2.5m数字正射影像库（DOM）等。

1）地形数据库

地形数据库是将国家基本比例尺地形图上各类要素，例如境界、交通、居民地、地形、水系、植被等，按照一定的规则和标准进行分层和分类编码，对各要素的空间位置、属性信息及相互之间的空间关系等数据进行采集、编辑和处理建成的数据库。省级地形数据库的比例尺分为1∶25万、1∶5万和1∶1万三级；国家级地形数据库的比例尺分为1∶100万、1∶25万和1∶5万三级。全国1∶5万矢量地形要素（DLG）数据库：按高斯—克吕格投影和地理坐标两种坐标系统分别存储，共包括居民地、铁路、公路、境界、地形、水系、辅助要素、其他要素、坐标网以及数据质量等数据层共 400 多种地形要素构成，其中包括地形要素间的空间关系及相关属性信息，数据库现势性达到 2006—2010 年。

全国 1∶5 万矢量要素数据库是地理国情调查和监测最主要最全面的本底数据库资源，是开展地理国情调查和监测工作的基础，为地理国情调查和监测的调查、统计分析、可视化提供数据资源。

2）地名数据库

地名数据库将国家基本比例尺地形图上各类地名注记包括居民地、海洋、河流、湖泊、岛屿、山脉、山峰、沙漠、盆地、自然保护区等名称，连同其汉语拼音及属性特征如归属、类别、行政区代码、网格号、交通代码、图幅号、图名、图版年度、更新日期、高程、X 坐标、Y 坐标、经度、纬度等数字化后建成的数据库。该数据库与地形数据库之间通过技术接口码连接，可以作为单独的关系型数据库运行，也可以相互访问。

全国 1∶5 万地名数据库：以最新版的 1∶5 万地形图作为基础工作图，充分利用民政部门提供的全国及省级行政区划简册、地名录（志）、地名普（补）查图等地名资料，以及最新的测绘成果，采用内业与有重点的实地核查相结合的地名更新方法，进行全国范围内建制村以上地名数据的核查与采集。目前，1∶5 万地名数据库包含占全国 99%以上的居民地 440 万个及 595 万条地名。

地名是测绘地理信息产品的不可缺少的要素之一，地名的直观性和高度概括性是其他要素不可比拟的，地名与其他要素一起综合反映地理单元特征。1∶5 万地名数据库对于指导实际的地理国情调查和监测野外调查工作、地理国情调查和监测数据与其他部门统计资料的关联分析十分重要。

3）数字高程模型数据库

数字高程模型（DEM）数据库是在平面 X、Y 域上按照一定的格网间隔采集地面高程而建立的规则格网高程数据库。该数据库可以利用数字摄影测量方法，直接从航空摄影影像采集。也可以利用已采集的矢量地貌要素（高程点、等高线或地貌结构线）和部分水系要素作为原始数据，通过数学内插获得。

1∶5 万数字高程模型数据库：1∶5 万数字高程模型主要采用全数字方法生产。部分利用 1∶5 万数据库数据、通过构建 TIN 和 GRID 处理，生成 25m×25m 格网形式的全国 1∶5 万数字高程模型。

1∶5 万数字高程模型数据库是地理国情地形监测分析、国情三维可视化的基础资料，也是开展地理国情调查和监测各种遥感影像资源正射纠正不可或缺的数字资源。

4）数字栅格地图数据库

数字栅格地图（DRG）数据库是根据已有的 1∶5 万基础地理信息数据库按照地图制图出版要求以栅格图像方式输出的栅格数据库。库体中存储和检索的最小单位为图幅，可以按图幅/区域进行管理。全国 1∶5 万 DRG 数据库是现有 1∶5 万模拟地形图的数字形式，按地面分辨率 4 米输出。按照 1∶5 万地形图分幅存储，存储格式为 TIFF（LZW 压缩）。全国 1∶5 万 DRG 数据库在空间上包含 19000 多幅 1∶5 万地形图数据，覆盖整个国土范围的 70%～80%。

全国 1∶5 万数字栅格地图数据库主要用于地理国情调查和监测调查工作底图，也是地理国情调查和监测数据可视化与网络在线发布的载体。

5）数字正射影像数据库

数字正射影像数据库是由各种航空航天遥感数据或扫描得到的影像数据经过几何校正、辐射校正，并利用数字高程模型进行投影差改正处理生成的正射影像，有时附之以主要地名、居民地、境界等矢量数据，构成的影像数据库。影像可以是全色的、彩色的，也可以是多光谱的。可以采用压缩方式存储影像数据以节约存储空间，其比例尺系列与地形数据库相一致。

全国1:5万数字正射影像数据库由20多万张航空像片和8000多景卫星遥感影像通过正射处理生产，按标准1:5万图幅范围裁切和镶嵌生成的1m或2.5m的数字正射影像库，其中80%的时相达到2007年以上，全面提升了数据的现势性。

全国1:5万数字正射影像数据库是地理国情调查和监测最全面、最真实的本底影像资源，是开展地理国情调查和监测变化检测的基础，也是地理国情调查和监测数据可视化表达不可或缺的资料。

国家系列比例尺基础地理信息数据库是地理国情调查和监测最重要、最基础的数据资源，也是各行各业开展地理国情调查和监测的必备数据资料，通过充分整合现有的国家、省市基础地理信息、数字城市基础地理信息及专题数据，可以全面摸清我国地理国情的基本现状，构建有层次的地理国情信息本底数据库。

2. 地理国情调查和监测变化数据

变化检测作为一种手段，已经广泛地应用于各个领域。国土资源和城市土地监测、森林资源监测、灾害动态监测、环境污染监测、国家重大生态工程监理，以及城市规划等方面都已涉及适时地、有效地进行变化检测。在已有的地理国情调查和监测本底数据库支持下，可以利用当前空天地对地观测数据，通过多源多时相变化检测分析，获取地理国情调查和监测的变化数据，为地理国情调查和监测提供时序、动态的地理信息数据。

地理国情调查和监测变化数据是指对不同时相的地理空间信息进行对比和变化检测结果，也可以是当前监测数据与本底数据库对比变化检测结果。目前已有的变化对比和动态检测方法主要是利用多源多时相的遥感影像、数字地形数据库、数字栅格地图数据库、数字高程模型数据库等进行。

地理国情调查和监测变化数据主要有以下类型：

（1）遥感影像变化检测图斑：以本底数据库或前期遥感影像为基础，将地貌、土地利用类型基本相同，水土流失类型基本一致的土地单元（地块）分为一类，以其为基础调查单元，然后将单元勾绘到地形图上成为图斑。通过对遥感影像分割处理或者矢量图套合，将整个影像划分成若干个小的区域，这样的区域一般称为图斑或者像斑。或者是单一地类地块，以及本行政界线，土地权属界线或线状地物分割的单一地类地块称为图斑。以图斑为单位，可以与本底数据库或前期遥感影像对比分析，可以得到遥感影像变化检测图斑。

（2）地形变化数据：地形变化主要涉及地理实体空间形态和位置的变化。通过GIS叠置分析可以得到地形变化数据。通常，地形变化数据可以结合文字资料、影像质量进行地形变化类型的判断，对部分地形数据进行合并或剔除处理。

（3）属性变化数据：由于时间的变迁，许多地理实体对象的类别、权属、数量及描述都会发生变化，通过对不同时相同一个地理实体的属性比对，可以得到属性变化数据。属性的变化直接影响着地理实体的状态和性质，是地理国情调查和监测的一项重要内容。属性变化数据一般首先通过空间叠置和缓冲区分析，得到具有相同空间坐标的地理实体；其次，通过查询地理实体的属性数据表，通过语义理解对属性变化进行判断；最后，统计汇总各个变化实体对象及其变化属性。自动化的地理实体属性变化检测是当前 GIS 智能分析和理解的一个重要研究方向，目前尚未有成熟的智能属性变化检测方法，需要大量的人工交换以提高属性变化数据的准确性和可靠性。

3. 地理国情实时监测数据

近年来，各种各样的突发事件常在人们意想不到的时间、以意想不到的方式发生，其发生的频率、速率和影响不断增加。据国家民政部发布的《2010 年全国自然灾害应对工作总结评估报告》显示，2010 年中国各类自然灾害共造成 4.3 亿人次受灾，因灾死亡、失踪 7844 人，紧急转移安置 1858.4 万人次；农作物受灾面积 $3742.6\times10^4 hm^2$，其中绝收面积 $486.3\times10^4 hm^2$；倒塌房屋 273.3 万间，损坏房屋 670.1 万间；因灾直接经济损失 5339.9 亿元人民币。预防和处置重大突发性紧急事件和自然灾害的应急救助、安全防御、反恐等公共安全系统设施建设，已经成为全世界不同国家和地区主管政府的重要政治工作内容。因此，迫切需要提供对灾情、疫情的动态监测，为各种应急事件处置提供决策支持。

传感网、互联网和网络通信技术的快速发展，为在线、实时获取与空间位置相关的动态监测数据奠定了基础。地理国情实时监测数据主要来自各种对地观测传感网的监测数据，通过高效并行处理和在线服务机制，提高地理国情调查和监测的时效性。

地理国情实时监测数据根据采用的传感器的不同、监测范围的大小和监测的时效性分类，一般以传感器时频响应可以分为高动态实时监测数据、实时监测数据、准实时监测数据等。

(1) 高动态实时监测数据：来自具有高采样频率的传感器获得的实时监测数据，通常数据率高于 1Hz，如 GPS 动态测量数据、视频监控传感器按照 25Hz 采集的视频图像、网络端口实时监测数据等。高动态监测数据一般用于对时间反应敏感的地理国情调查和监测应用，如大坝、边坡的形变监测，城市视频监控、舆情安全监测等。高动态监测数据由于数据率高，数据存储和传输压力增大，一般是在某个特定监测点安置传感器进行监测。需要研究监测数据实时在线处理方法。

(2) 实时监测数据：一般把数据率在 1Hz 以下，但响应时间优于 1 小时的监测数据称为实时监测数据，如通过无人遥感平台获取的无人平台遥感影像。实时监测数据需要通信链路以保障数据的实时性，监测的范围一般较小。

(3) 准实时监测数据：通常监测响应时间在 1 小时以上，1 天以内的监测数据可以称为准实时监测数据，如 MODIS 遥感影像、气象卫星遥感影像数据等。准实时监测为数据处理留下时间，对数据传输和数据实时处理要求相对较低，监测的范围一般也较大。

5.1.2　地理国情调查和监测数据获取的技术特点

随着传感器技术、航空和航天平台技术和数据通讯技术的进步，现代遥感测绘技术已经进入一个能够动态、快速、准确和多手段提供多种对地观测数据的新阶段，新型传感器不断涌现，为地理国情调查和监测提供了空、天、地一体化的对地观测体系，其主要技术特点如下：

1. 多传感器集成

在空间数据特别是三维空间数据采集与更新方面，传统的测绘手段都存在一定的局限性，不同的数据获取手段之间往往存在互补性，在这种认识的驱动下，利用多种空间数据采集手段，将各种空间数据采集传感器进行集成的系统随着计算机软件、硬件技术的进步相继推出。多传感器集成空间数据采集系统是指利用多种空间数据采集传感器进行全面高精度空间数据采集，为地理国情调查和监测数据采集提供全面、可靠、高效的方式。

2. 高分辨率

随着对地观测技术的进步以及人们对地球资源和环境的认识不断深化，用户对高分辨率遥感数据的质量和数量的要求在不断提高。高分辨率影像大幅度提高了人们对目标的空间辨识本领，为地理国情全面、精细、准确监测提供丰富的遥感影像资源。

3. 高光谱分辨率

高光谱影像以提供近乎连续光谱方式实现对目标的精细、精确描述，是现代遥感技术的一个里程碑式发展。由于高光谱影像在光谱分辨率方面的巨大优势，使得地理国情调查和监测可以获取众多连续波段的地物光谱影像，达到直接识别地球表面物质的目的，为遥感对地观测、地物识别及地理国情变化监测提供了更充分的光谱信息。

4. 高时间分辨率

高时间分辨率，是指可以重复获得一次新的信息需要的时间间隔，对于地理国情调查和监测地物动态变迁分析、作物长势动态、灾害监测、形变监测和环境监测具有重要作用。

5.1.3 地理国情调查和监测数据获取的要求

地理国情调查和监测需要利用现代对地观测技术和已有的测绘地理信息数据库成果，全面准确地监测、预报、分析各种国情，为国民经济建设、政府防灾减灾宏观决策提供服务。地理国情调查和监测数据的获取，需要综合采用当前各种对地观测资源和手段。地理国情调查和监测数据获取的要求如下：

1. 高可靠性

国家开展地理国情调查和监测工作的一个重要出发点就是利用来自非利益相关的测绘地理信息部门提供的数据，为政府决策部门各种社会发展规划和经济政策服务，高可靠的地理国情调查和监测数据是地理国情调查和监测工作的生命线。

2. 高时效性

地理国情调查和监测需要第一时间反映国情、省情和市情，需要采用各种快速响应对地观测手段，提高地理国情调查和监测数据获取的时效性，有效印验国家政策措施实施效果的正确性和有效性。

3. 准确性

真实和准确的地理国情调查和监测成果，能够客观反映社会经济指标的分布状况及其空间关系，揭示空间规律。因此，地理国情调查和监测数据获取需要集成多种信息，为全面准确掌握国情，提供准确的地理国情调查和监测数据。

4. 覆盖范围广

地理国情调查和监测数据获取需要综合反映效率，需要提供覆盖范围广、多种尺度的地理国情调查和监测数据，为制定宏观经济政策提供参考。

5. 灵活性

地理国情调查和监测数据要求数据获取、数据处理和信息发布全过程便捷灵活，为各个部门推广应用奠定基础。

总之，地理国情调查和监测作为测绘地理信息事业发展的战略任务，对监测数据的时效性、准确性、覆盖范围、获取处理发布的便捷程度等有较高的要求，需要统筹国内外航空航天遥感影像数据获取能力，获取满足要求的航空航天遥感影像，包括航空航天光学遥感数据、SAR 数据、机载 LiDAR 数据等，为开展重要地理国情信息普查、重要地理国情信息全国性监测和典型地理国情信息监测提供数据。

5.1.4　地理国情调查和监测数据获取方法分类

地理国情调查和监测数据获取方式，按照对地观测平台，可以分为航天卫星、平流层飞艇、航空机载、低空无人遥感、地面遥感和水下监测等，以上各种平台搭载可见光、红外、高光谱和微波等多种探测设备，并且相互配合利用，实现对地球陆地、大气、海洋的立体、实时的观测和动态监测，提供宏观、准确、综合、连续多样的地球表面信息和数据，为地理国情调查和监测提供多源、多分辨率、多时相的数据资源。如图 5.1 所示。

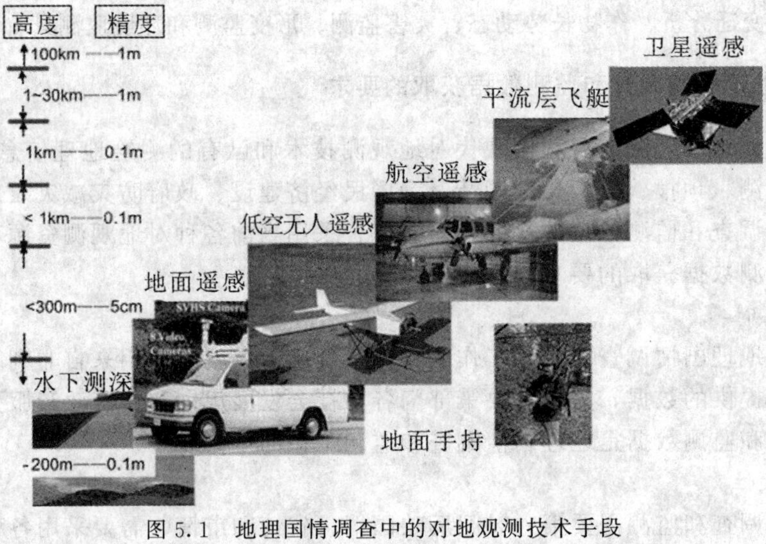

图 5.1　地理国情调查中的对地观测技术手段

各种对地观测地理国情调查和监测数据获取方法的特点、精度和适用范围如表 5.1 所示。

当前，对地观测技术得到长足发展，卫星遥感正朝着高空间分辨率、高时间分辨率、高光谱分辨率、宽像幅、全天时和全天候方向发展。空间分辨率方面，空间分辨率以每 10 年一个数量级速度提高，厘米级的遥感卫星指日可待；光谱分辨率方面，卫星携带的传感器工作波段覆盖自可见光、红外到微波的全波段范围，波段数已达数十甚至数百个，微波遥感波长范围从 1mm 至 100cm；时间分辨率方面，对同一地面目标进行重访周期日益缩短，从十几天到一天甚至一天多次重访，实现了全天时、全天候的对地观测；精度方面，差分干涉测量达到厘米级至毫米级精度。可见，对地观测系统和技术将实现全球实时的观测，在获取全球表面和深部的时空信息方面发挥越来越重要的作用，为地理国情调查和监测、环境监测和地球系统科学研究提供了基础条件。

表 5.1　**地理国情调查和监测数据获取方法分类**

获取方法	测量距离	精度	主要适用范围
航天遥感	100km 以上	1m	中小比例尺制图、国土资源和城市土地监测、灾害监测、农作物遥感、环境监测、气象监测等
平流层飞艇	1～30km	1m	中比例尺制图、国土资源调查、气象监测、农作物光谱遥感、海洋监测等
航空机载	1～1000m	0.1m	大比例尺测图、城市规划、公路勘测、铁路勘测、电力勘测及巡线等
低空	1000m 以下	0.1m	大比例尺测图、灾害应急监测、小范围选址、大遗址动态监测等
地面遥感	300m 以内	0.05m	大比例尺测图、灾害应急监测、重大工程动态监测、公路铁路运营管理等
水下监测	－200m	0.1m	海洋测绘、港口测量、河道测量、湖泊测量、水库测量等

此外，在对地观测技术突飞猛进的同时，对地观测活动的联合与协调也逐步地加强。大气层、水资源、碳循环、海洋、气象环境等对地观测内容具有全球性，没有任何一个国家或机构能够单独解决这些问题。当前，各国地球观测计划和遥感对地观测应用存在着重复，需要通过协调和合作使对地观测国际化。全球综合地球观测系统（Global Earth Observation System of Systems，GEOSS）的目的是对地球进行广泛、协调、持续的观测，以改善对地球现状的监测能力，提高对地球系统行为的预测水平，其目标是建立一个综合、协调和持续的全球综合地球观测系统，同时在灾害、健康、能源、气候、天气、水、生态系统、农业和生物多样性等 9 个社会发展领域开展应用和信息服务，为各国决策者提供从初始观测数据到专门产品的信息服务（郭华东，2009）。GEOSS 通过兼容目前国际上重要的观测系统，协调目前全球各自独立运行的各种环境监测平台、资源和网络，发展综合、持续的地球观测系统，支持系统间的协同工作能力，人类将会对地球系统进行更完全、更综合的观测和认识，并扩展在全球范围的观测、监测与预警能力。

地理国情调查和监测要充分利用 GEOSS 的地球观测数据共享与服务，在进行突发灾害事件如地震、洪灾、雪灾等，积极与 GEOSS 组织协调，为灾害应急事件应急响应提供多种来源、多种类型的数据资料。

5.2　航天遥感地理国情调查和监测数据获取技术

5.2.1　地理国情调查和监测可用的高分影像资源及其适用范围

现代遥感起步于 20 世纪 60、70 年代美国发射一系列探测地球资源的航天飞行器，如陆地卫星（Landsat）、天空实验室（Skylab）、海洋卫星（Seasat）以及热容量制图卫星（HCMM）等。20 世纪 80 年代以后的 10 余年是遥感技术发展的关键时期，以遥感技术为龙头，地学应用需求为驱动，技术日臻成熟，应用领域不断拓宽。以美国陆地卫星 TM 和法国 SPOT 卫星为代表的卫星遥感进入商业性运营，布置在全球近 20 个陆地卫星地面接收站几乎获得了地球陆地表面的完全覆盖。美国 NOAA 系列极轨气象卫星以其很高的时间重复频率（或称时间分辨率），方便的信息获取以及低价信息源吸引了广大遥感用户，成为卫星运行系统中的重要成员，在气象、水利、海洋、环境、工程建设、城市规划、地图测绘、农业、林业等领域得到广泛应用。进入 21 世纪后，高分辨率的商业遥感卫星，如 IKNOS、QuickBird，GeoEye、WorldView 的大规模推广应用，为地理国情调查和监测提供了众多层次、丰富的数据资源。此外，成像光谱仪技术同合成孔径雷达将是 21 世纪发展和改进的遥感传感器。随着小卫星群计划的推行，可以用多颗小卫星，实现每 2～3 天对地表重复一次采样，获得高分辨率成像光谱仪数据，多波段、多极化方式的雷达卫星，将能解决阴雨多雾情况下的全天候和全天时对地观测。图 5.2 给出了当前按照 GSD 划分的卫星遥感影像资源。

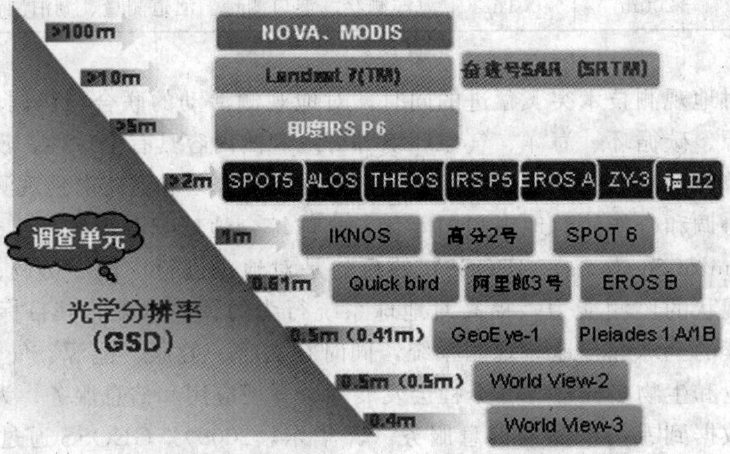

图 5.2　按照 GSD 划分的卫星遥感影像资源

可用于地理国情调查和监测的遥感数据源的发展趋势表现在以下几个方面：

（1）遥感平台：从地面向航空航天多层面发展。

（2）空间分辨率：由单一分辨率向多分辨率发展，由低分辨率向高分辨率发展。

（3）光谱分辨率：由多光谱、高光谱向超光谱发展。

（4）时相：由单时相、多时相向任意时相发展。

（5）视角：由单一视角向多视角发展，从临轨立体向同轨立体以及向 INSAR 发展。

当前，可用于地理国情调查和监测的高分辨率卫星遥感数据资源主要有：

1. TM/ETM＋卫星数据

TM（专题制图仪）传感器数据属于美国 LANDSAT 系列卫星，其第一颗卫星于 1972 年成功发射，至今已经发射了 7 颗，目前在轨运行的为 5 号星和 7 号星。TM 卫星为太阳同步轨道，平均轨道高度 705km，轨道倾角 98°，每 16 天对地球观测一次。TM 采用机械扫描方式观测，在 LANDSAT－7 上 TM 改进为 ETM＋，并追加了瞬时视场 IFOV 为 15m 的全色波段。数据通过跟踪及数据中继卫星 TDRS 传送到地面站。数据以景为单位，一景面积约为 185×185km^2，共有 7 个波段，数据辐射分辨率为 8 比特，可以用于陆地资源调查和环境监测等领域，是目前应用最为广泛的、最成功的地球观测数据。

科学实验研究可以通过网站 http：//glct. umiacs. edu/data 和 glovis. usgs. gov 免费下载 LandSat7、8 的数据。

2. SPOT 陆地资源卫星数据

2002 年 5 月 4 日凌晨当地时间 1 时 31 分，SPOT 5 号卫星在圭亚那卫星发射中心由阿里亚娜 4 号火箭运载发射成功，在保持 60km×60km 覆盖范围不变的前提下，SPOT 5 分辨率将有很大的提高，全色分辨率将达到 2. 5m，多光谱分辨率将为 10m，立体像对将采用同轨前后斜视的方式获取。SPOT 系统目前有四颗卫星处于正常运行状态中，SPOT 1 号、2 号、4 号和 5 号卫星。SPOT 系统具有多星运作优点，确保在纬度高于 40°以上的区域，SPOT 可以于任意一天观测到任意一点；在同一天内，SPOT 能以“双星”模式获取立体像对，即同一天内两颗不同的卫星以东西不同方向观测同一区域。

SPOT 卫星遥感影像是地理国情调查和监测最佳数据源之一，从分辨率上、精度上以及时相上能够满足大范围内、大规模修测更新地图和建立地理数据库，动态监测土地利用变化状况的需求。

3. IKONOS 卫星数据

1999 年 9 月 24 日，世界上第一颗可以提供高分辨率卫星影像的商业卫星 IKONOS 发射成功。IKONOS 卫星不仅能够提供高清晰、分辨率达 1m 的卫星影像，而且开拓了一个新的更快捷、更经济获得最新地球影像信息的途径。IKONOS 卫星处于太阳同步轨道上，可以在每日同一时间（10：30 a. m.）经过指定经度范围，卫星回访周期 140 天。由于卫星传感器有一定偏转角度，定制地区遥感影像，最快可以在当天就采集完成。

目前，IKONOS 提供的数据产品包括两种类型：CARTERRA GEO 产品和 CARTERRA 正射纠正产品，分别适用于国家、省和地区级政府、农业及基础设施规划、资源管理、环境调查、1∶10000 地形图制作和灾害应急等应用领域。

4. QuickBird 卫星数据

QuickBird 是 2001 年 10 月 18 日在美国发射成功的高分辨率商业遥感卫星，QuickBird 空间分辨率为 0. 61m，采用 1 个全色通道、4 个多光谱通道成像方式，成像幅宽为 16. 5km×16. 5km，能够满足更专业、更广泛应用领域的遥感用户，为用户提供更好、更快的遥感信息源服务。

QuickBird卫星影像能够用来确定和定位各种各样特征，例如街道中央线、建筑预定点、停车场等，主要用于大面积城市现状及其发展变化监测，为政府决策、城市规划、房地产开发、测绘、土地开发等提供卫星遥感数据。QuickBird还可以用于农作物估产、灾害防治、农业规划等多方面。

5. GeoEye—1卫星数据

2008年9月6日成功发射的GeoEye—1是当前技术最先进、分辨率最高的商业对地成像卫星。GeoEye—1卫星全色影像分辨率0.41m，多光谱影像分辨率1.65m，重访周期为3天，每天能够采集近$70\times10^4km^2$的全色影像数据或近$35\times10^4km^2$的全色融合影像数据，可以广泛应用于地理国情调查和监测大面积大比例成图、细微地物的解译与判读、土地利用覆盖监测等方面。

6. WorldView卫星数据

WorldView—I卫星于2007年7月发射，WorldView—II卫星于2008年发射。WorldView—I卫星运行在高度450km、倾角980°、周期93.4min的太阳同步轨道上，平均重访周期为1.7天，星载大容量全色成像系统每天能够拍摄多达$50\times10^4km^2$的0.5m分辨率图像。卫星具备现代化的地理定位精度能力和快速响应能力，能够快速瞄准要拍摄的目标和有效地进行同轨立体成像。WorldView—II卫星运行在770km高的太阳同步轨道上，能够提供0.5m全色图像和1.8m分辨率的多光谱图像，星载多光谱遥感器不仅具有4个业内标准谱段（红、绿、蓝、近红外），还包括4个额外谱段（海岸、黄、红边和近红外2）。多样性的谱段为地理国情调查和监测提供精确变化检测和高精度制图能力。

7. Pleiades卫星数据

Pleiades为法国国家空间研究中心的军民两用地球观测卫星，以满足欧洲军事及民用宽范围的应用需求，包括测绘、城市发展、水文学、地球物理学及火山学。第一颗Pleiades卫星已于2011年12月17日成功发射进入太空，分辨率为50cm，幅宽为20km×20km，第二颗卫星于2013年初发射。它们将会绕高度为694km的地球轨道运行至少五年，拍摄高分辨率图像。Pleiades卫星所搭载的高分辨率光学成像仪重200kg，配备一个全色及多光谱焦面。5片e2v CCD98—50装配到全色焦面上，每片传感器具有6000像元（共提供每行30000像元），采用背照式成像以增强灵敏度，具有时间延迟积分（TDI）功能以获取地面分辨率为70cm的高分辨率图像。多光谱焦面由5片e2V AT71554图像传感器构成，覆盖4个光谱波段，每片具有1500个像元，安装在焦平面上之后，每个光谱波段提供7500个像元。

Pleiades 1星之后又有Spot 6星，Pleiades 2星和Spot 7星于2012年到2014年之间相继发射。具有相同的架构设计以及在同一个的轨道上运行，这4颗卫星星座将保证至少到2023年，都能提供响应速度更快，获取能力更强的0.5m到1.5m影像产品，在地理国情调查和监测应用中具有广阔的前景。

8. 小卫星数据

早在20世纪80年代初，美国军方就提出现代小卫星概念。美国、俄罗斯、日本、欧空局、法国、英国、意大利都有自己的小卫星平台或星座，印度、韩国、瑞典、以色列等许多中小国家也都以研制小卫星为切入点，带动航天技术的发展。中国也研制和发射了数颗小卫星，如实践一4号小卫星、中国多光谱海洋水色小卫星、中国地球环境观测小卫星群、实践一5号空间科学探测小卫星、“航天清华一号”微小卫星等。

小卫星是指设计质量小于500kg的小型近地轨道卫星，具有很高的空间分辨率、成像范围大、覆盖率高、价格低廉等多种优势。现代小卫星系统大多采用低轨道和多颗卫星组成星座方式进行工作。小卫星星座通过正确设计和合理选择星座的卫星数、轨道平面数、轨道平面倾角、轨道平面相对距离、每个轨道平面卫星数、同一轨道平面卫星相对相位、相邻轨道平面卫星相对相位、每颗卫星的轨道高度及相应的轨道运行周期，可以大大缩短整个卫星系统对同一目标区的重访周期，从时间分辨率上提高卫星影像性能，在很大程度上提高地理国情调查和监测数据获取的时效性、准确性。

小卫星遥感因其造价低、运转周期短、小卫星群的资料相互备份、覆盖无死角、分辨率高等优点越来越受到人们的青睐。在对各类灾害，如洪水、林区火灾、地震、蝗灾、环境污染等进行观测时，小卫星重复观测时间可只有几小时。此外，由于其应用的针对性，小卫星可以提供时间周期短、高分辨率的遥感影像，为地理国情动态监测提供一条更便捷途径。

5.2.2 航天卫星遥感在地理国情调查和监测中的应用

航天卫星遥感可以大范围地获取不同尺度、不同分辨率、不同时相的遥感影像资料，是地理国情调查和监测最为主要的数据资源，也是地理国情变化检测的重要数据资源，主要用于大范围的地理国情调查和监测要素提取、变化检测和可视化表达。根据不同的地理国情调查和监测应用，可以综合考虑影像质量、影像空间分辨率、影像光谱分辨率及数据成本进行选择。

表5.2给出了不同航天卫星遥感资源的特点和主要适用范围。

表5.2　**地理国情调查和监测数据获取方法分类**

卫星类型	空间分辨率	光谱分辨率	成本	主要适用范围
TM/ETM	15m	7个	低	陆地资源调查和环境监测
SPOT 5	2.5m/10m	4个	低	地图修测更新，土地利用变化状况动态监测
IKONOS	1m	无	一般	基础设施规划，资源管理，环境调查，1:10000地形图制作等
QuickBird	0.61m	4个	高	测绘制图，农作物估产，灾害防治，农业规划等
GeoEye—1	0.41m/1.65	4个	高	大面积大比例成图，细微地物的解译与判读，土地利用覆盖监测等
WorldView	0.5m/1.8m	8个	高	高精度测绘制图，变化检测，交通规划等
Pleiades	0.5m	4个	高	高精度测绘制图，变化检测，国土资源调查等

续表

卫星类型	空间分辨率	光谱分辨率	成本	主要适用范围
资源 3 号	2.5m/5.8m	4 个	低	国土资源调查与监测，测绘，防灾减灾，农林水利，生态环境，城市规划与建设，交通规划，地理国情监测等
高分 1 号	2m/8m	4 个	低	国土资源调查与监测，防灾减灾，农林水利，生态环境，城市规划与建设，交通规划，地理国情监测等

航天卫星遥感是一个国家对地观测能力的体现，中国航天发展相关规划中计划用10～15年时间建立满足测绘地理信息需求的测绘遥感卫星体系，包括：光学立体测图卫星、干涉雷达卫星、激光测高卫星、重力测量卫星等。3 颗“资源 3 号”后续测绘卫星已纳入国家相关规划，2014 年初发射了“资源 3 号”02 星，实现两颗“资源 3 号”测绘卫星组网运行。它们将与其他业务卫星结合，实现每天获取全球任一点最新影像数据，为经济社会发展、地理国情调查和监测、国防建设以及应急救灾提供第一手资料。

5.2.3　“资源 3 号”卫星与地理国情调查和监测

2012 年 1 月 9 日北京时间 11 时 17 分，中国在太原卫星发射中心用长征 4 号乙运载火箭，成功将我国第一颗高分辨率立体测图卫星“资源 3 号”测绘卫星送入太空，火箭点火起飞约 12min 后，“资源 3 号”测绘卫星与火箭分离，成功进入高度约 500km、倾角约 97.5°的太阳同步轨道。2012 年 1 月 11 日上午，星上 4 台相机成功开机，获取了第一批卫星图像，目前已向全社会各应用部门近 400 家单位提供了 3 万余景、总数据量达到 20TB、覆盖面积累计超过 3500 万平方千米的卫星影像数据产品，为国家基础测绘重大工程提供了大量服务。主要应用于保障国家 1∶5 万基础地理信息数据库更新任务和地理国情调查和监测，为海岛礁测绘以及公众版国家地理信息公共服务平台——“天地图”提供网络影像服务需求。在土地利用动态监测、国土资源信息化管理、地质矿产资源调查与监测、生态环境监测、森林资源调查和森林灾害监测、农业资源调查、水资源和水利工程调查与监测、公路和铁路规划设计、灾情详查等方面进行了广泛应用。

“资源 3 号”测绘卫星是我国自主设计和发射的第一颗民用高分辨率立体测图卫星，与现有的资源类遥感卫星相比较，“资源 3 号”卫星图像分辨率高、图像几何精度和目标定位精度较高，卫星集测绘和资源调查功能于一体，主要用于 1∶50000 立体测图及更大比例尺基础地理产品的生产和更新以及开展国土资源调查与监测。资源 3 号卫星参数采用 10bit 量化三线阵 CCD 相机，正视影像分辨率为 2.5m，多光谱图像分辨率为 5.8m，全色和多光谱采用相同的幅宽。采用星载双频 GPS 接收机并多配备易损器件（主要是陀螺）实现定轨定姿，卫星系统标定可以实现少控制或无控制 1∶5 万测图（李德仁，2012；唐新明，2012）。

资源 3 号测绘卫星平台和载荷的基本参数如表 5.3 所示。

表 5.3 **资源三号测绘卫星参数**

卫星指标	指标参数
卫星重量（kg）	2650
星上固存容量（TB）	1
平均轨道高度（km）	505.984
轨道倾角（°）	97.421
降交点地方时	10点30分
轨道周期（min）	97.716
回归周期（d）	59
设计寿命（a）	5

资源3号测绘卫星上搭载4台光学相机，其中3台全色相机按照前视22°、正视和后视22°设计安装，构成了三线阵立体测图相机；另一台多光谱相机包含红、绿、蓝和红外4个谱段，用于与正视全色影像融合和地物判读与解译（李德仁，2012）。为了保证卫星影像的辐射质量，4台光学相机的影像都是按照10bit进行辐射量化，资源3号测绘卫星4台相机的主要参数如表5.4所示。

表 5.4 **资源3号测绘卫星载荷参数**

卫星指标	三线阵相机	多光谱相机
光谱范围（μm）	0.5～0.8	蓝：0.45～0.52　绿：0.52～0.59 红：0.63～0.69　近红外：0.77～0.89
地面像元分辨率（m）	下视2.1　前视3.5	5.8
焦距（mm）	1700	1750
量化比特数（bit）	10	10
像元尺寸	下视24576（8192×3）×7μm 前视16384（4096×3）×10μm	9216（3072×3）×20μm
静态传函	优于0.2	优于0.2
幅宽（km）	52	52
视场角（°）	6	6

资源3号测绘卫星三线阵卫星从下传原始数据开始，在完成数据解扰、解密、解压等工作后，生成商业软件可以接受的影像产品，该产品是对0级产品经辐射校正和传感器校正处理后形成的影像产品，产品带有严密成像几何模型和RPC模型。

“资源3号测绘卫星”的成功发射实现了我国民用高分辨率测绘卫星领域零的突破，

对我国测绘事业的发展具有革命性意义，是我国卫星测绘发展史上一座新的里程碑。从 2012 年 1 月 11 日接收第一轨图像开始，经过 2 个月的在轨运行测试和分析，无控制点系统定位精度优于 15m，少量控制点条件下，高程精度优于 3m，平面精度优于 4m，满足 1∶5000测图精度，达到甚至超过国际同类分辨率卫星 SPOT 5、P 5 和 ALOS 的几何质量（李德仁，2012；唐新明，2012）。

资源 3 号测绘卫星的主要任务是长期、连续、稳定、快速地获取覆盖中国的高分辨率立体影像和多光谱影像，为地理国情调查和监测中的国土资源调查与监测、防灾减灾、农林水利、生态环境、城市规划与建设、交通、国家重大工程等领域的应用提供服务（李德仁，2012）。主要体现在以下方面：

1. 地形测绘

可以测制 1∶5 万比例尺地形图，用于基础地形图的测制和更新以及困难地区测图和城市测图。同时，可以提供高分辨率的正射影像和 1∶5 万数字高程模型，为地理国情调查和监测提供基础地形数据。

2. 农林水土资源勘测

资源 3 号卫星可以为各种规模的农作物监测、农业工程规划等提供高分辨率卫星影像，满足农业资源调查、结构调整等方面的需求。而在林业领域，可以利用高分辨率影像对森林病虫害、森林火灾等进行调查和监测，及时提供危害范围和等级等信息。资源 3 号卫星提供的立体影像还可以获得植被、阴影、沙壤、轻壤等遥感分量图，融合影像色彩丰富、纹理清晰。此外，利用资源 3 号高空间分辨率卫星影像，可以提取江河流域的土地利用类型和植被信息，为一定水深的悬浮物和泥沙分布研究、河口近海水域盐度与温度测量、水体叶绿素浓度估算等提供重要的辅助决策信息。

3. 环境监测

在环境监测领域，资源 3 号卫星可以为流域水污染、大江、大河水环境质量、重大污染物泄漏、矿产资源开发的生态破坏、城市生态等多方面的连续监测提供 5～10m 空间分辨率的卫星影像，实现大范围、全天候、全天时的动态环境监测。

4. 交通勘测与监测

资源 3 号卫星的高分辨率影像可以用于公路、铁路的初步设计、交通绿化设计等领域。在输电线路工程中，应用卫星影像资料在缩短路径长度，避开不良地质带（如滑坡、崩塌、泥石流、强地震区等地段），减少房屋拆迁，选择较佳交跨越点等方面效果显著。

5.3　航空遥感地理国情调查和监测数据获取技术

5.3.1　数码航空摄影测量技术

1. 从胶片数字化航空摄影测量到数字相机数字摄影测量

航空摄影测量从产生到 21 世纪初，都使用光学相机获取模拟相片，即使进入数字摄影测量时代，也没有改变“数字摄影测量采用数字影像，准确地说应该是数字扫描影像”。胶片相机仍然是航空测量相机的主角，如 RC30。RC30 具有 GPS 辅助导航、姿态控制、相机前移补偿等功能，这种相机是目前功能最为完整和强大的传统胶片相机之一。尽管如此，受胶片相机对感光强度要求的影响，利用传统航空相机进行彩色航空摄影对天气要求非常高，常规胶片相机要求水平能见度在10km以上，这一要求在当前我国空气污染情况严重的背景下，一年中满足航空摄影要求的天气较为罕见，大大地增加了航空摄影的难度，减少了航空摄影可作业时间。

此外，由于目前航空影像无论是目视判读、自动匹配和检测，4D产品制作都是在数字影像上完成的，胶片影像必须通过冲洗、扫描才能生成数字影像。胶片相机与模拟影像存在增加了数字摄影测量流程中模拟相片数字化的过程，显然这一过程增加了摄影测量过程的时间和工作量，同时也带来了相片畸变、扫描误差等影响摄影测量精度的问题。传统模拟相片的胶片畸变并没有因为数字扫描得到解决，而数字扫描误差还会影响数字测图产品的精度和质量。同时，冲洗、扫描工序大大延长了整个摄影测量工作流程，降低了数据获取的速度，提高了数据获取成本。数字摄影测量的发展和应用急需数字航空相机采集真正的数字航空影像。

在2000年ISPRS阿姆斯特丹大会上，数字航空相机开始出现。2004年的伊斯坦布尔大会上，数字相机成为一个焦点，基于电荷耦合器件CCD（Charge Coupled Device）的数字相机正广泛应用于航空摄影测量。由于数字相机体积小、重量轻、像元的几何位置精度高、无需框标标定内方位元素坐标系、无需标准格网以改变底片变形，特别是生成的影像信号可以立即存放于影像存储卡，或直接与计算机相连接实现在线作业，实现真正的数字摄影测量（而不是数字化）乃至实时摄影测量。此外，由于CCD具有较高的感光性能，一般数码航空相机要求水平能见度在3km左右。采用数字相机可以获得数倍于传统相机航摄的可飞天气，一般天气晴朗，无大雾即可进行航飞。数码航摄仪可作业天数的增加，加快了航摄进度，从而提高了飞行效率，降低了数据更新成本，在地理国情调查和监测工作中具有广阔的应用前景。

2. 数码航空相机

数码航空相机按成像方式可以分为两类：一类是线阵航空摄影测量相机，另一类是面阵航空摄影测量相机。

（1）线阵航空摄影测量相机，主要有ADS40和ADS80两种产品。ADS40线阵相机由全色、红、绿、蓝和红外5种传感器组成，其彩色航片通过红、绿、蓝三波段的合成影像与全色影像融合得到。ADS40具有前扫、下扫、后扫等三个扫描传感器，其线阵宽度为12K像素。ADS80使用新型镜头SH81、SH82，可以同角度同时获取5个波段（R、G、B、IR、PAN）影像，能够高效率的获取真正的同一分辨率，高品质，高分辨率彩色，近红外及全色数字影像数据。ADS80相机同时集成全球定位系统、高精度的惯性导航定向系统（IMU）获取数字影像，大大减轻了外业大量像控测量工作。如图5.3所示。

（2）面阵航空摄影测量相机，主要有DMC、UCD和SWDC等产品，如图5.4所示。

DMC（Digital Mapping Camera）是ZEISS公司推出的面阵航空数字相机，由4台黑白影像的全色相机和4台多光谱相机组成，摄影时相机同时曝光，保证了类似胶片一样严格的几何精度，即使在GPS信号完全失去，运行器不稳定和光照条件较差的情况下仍然具有获得高质量图像的可能性。4台全色相机倾斜安装，互成一定的角度，影像间有1%

的重叠度，提供给用户的是经过辐射与几何纠正的、拼接成的有效（Virtual）影像。DMC 的像元尺寸为 12μm，焦距为 120mm，视场角为 69.3°/42°，影像尺寸为 7680×13824，最大连拍速度为 2 秒/幅，波段为黑白全色＋多光谱。DMC 具有电子 FMC（自动像缘补偿）和每像素 12 比特分辨率，获得的影像具有比扫描摄影胶片影像更好的品质。

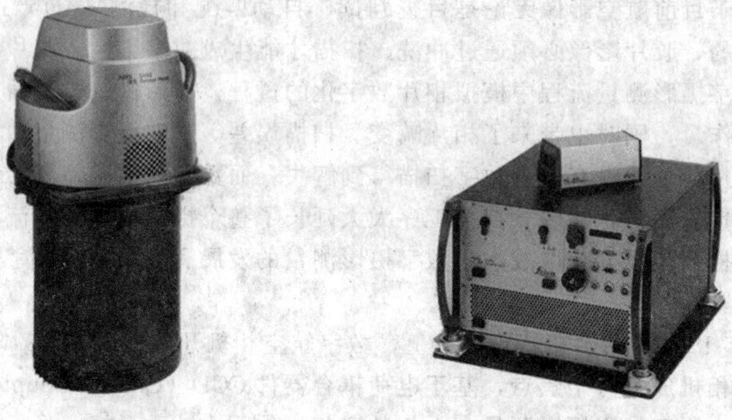

(a)　　　　　　　　　　(b)

图 5.3　ADS 线阵航空摄影测量相机

(a) DMC　　　　　　(b) UCD　　　　　　(c) SWDC

ZEISS公司　　　　　Vexcel奥地利　　　　　四维远见

图 5.4　面阵航空摄影测量相机

UCD（UltraCAM－D）是 Vexcel 公司于 2003 年推出的面阵航空相机，由 4 台黑白影像的全色相机和 4 台多光谱相机组成，但摄影时，按先后顺序曝光。UCD 焦距为 100mm，像元尺寸为 9μm，影像尺寸为 11500×7500，波段为黑白全色＋多光谱，视场角为 55°/37°。

SWDC（Si Wei Digital Camera）是具有自主知识产权的航空相机，由 4 个高档民用相机（单机像素数为 3900 万，像元大小为 6.8μm）经外视场拼接而成，集成了 GPS 和自动控制同步曝光技术。SWDC 焦距为 50mm / 80mm，像元尺寸为 6.8μm，影像尺寸为 15K×10K/14K×11K，像元角（弧度）为 1/7353－1/11764，辐射分辨率为 8/12bit 真彩色，旁向视场角为 91°/59°，航向视场角为 74°/49°，最短曝光间隔为 4 秒。

5.3.2 机载 LiDAR 技术

1. 机载 LiDAR 原理与组成

机载 LiDAR 集成三维激光扫描、高动态载体位置姿态测量（GPS/IMU）和高精度同步控制等，由测量系统载体、差分 GPS 系统、惯性导航系统（IMU）、三维激光扫描设备、CCD 相机成像设备、同步作业控制装置和计算机存储设备构成。目前国内外常用的作业平台主要是固定翼飞机和直升机，此外，还有飞艇，热气球等航空器。

机载 LiDAR 原理如图 5.5 所示。由空间可以确定坐标的一点（扫描器中心）发射出的激光脉冲经地表物体返回到接收器并由时间间隔测量装置自动记录时间计算出地表物到空中点的向量距离，从而由空间点坐标、向量距离以及方位计算出地面点三维坐标。首先，机载 GPS 通过与地面 GPS 接收机同步接收卫星信号，利用差分 GPS 技术解算得到激光扫描中心某一瞬间的空间位置。同时，惯性导航系统（IMU）实时测量飞机的三维姿态角度、速度和加速度，并结合 GPS 所获取的空间位置，拟合推导出激光扫描中心各个瞬间的空间位置及其姿态角。激光扫描测距系统则通过发射和接收激光脉冲，并通过时间间隔测量装置计算回波往返时间 t，通过其往返时间则可以计算出激光扫描中心到地表物的距离。进一步利用 GPS 所获取的空间位置以及 IMU 确定的三维姿态角和空间距离即可计算出地表物的空间位置。此外，仪器的安置偏差参数如激光测距光学参考中心相对于 GPS 天线相位中心的偏差、激光扫描器机架的三个安装角、INS 机体同载体坐标轴系间的不平行等可以通过检校来确定。

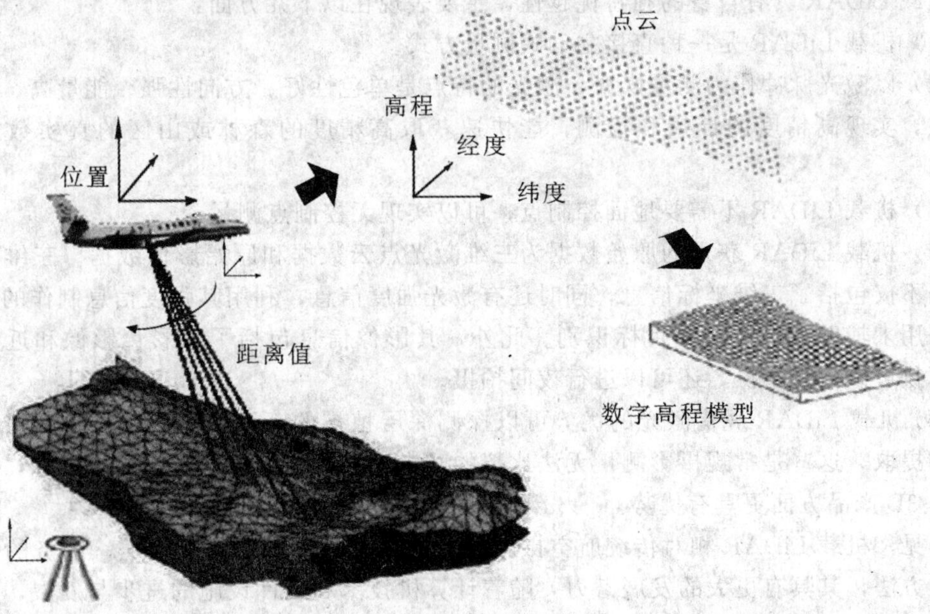

图 5.5 机载 LiDAR 测量原理

2. 机载 LiDAR 技术的特点

机载 LiDAR 与航空摄影测量具有显而易见的差异：

（1）航空摄影测量处理的数据是灰度影像，主要产品有DEM、DSM和正射影像，可以用于2D或3D重构、地物分类以及可视化。而机载LiDAR可以直接获取地表物三维点云坐标以及强度信息，影像包括真彩色影像和近红外影像，获取数据多元化，制作2D和3D产品更加方便，快捷。

（2）航空摄影测量处理理论及方法非常成熟，处理过程较为复杂。作为一种多传感器集成系统，机载LiDAR集成度高，数据后期处理自动化程度高，处理速度快。

（3）机载LiDAR采取激光脉冲测量，获取的原始数据精度较高，密度也大。但由于其是离散点测量，数据采集并不能保证采集到关键点地形。在地形起伏的地方得到的DEM往往因平滑而丢掉一些重要的地形特征信息，但在较平坦的地区，其精度可以达到10cm左右。

（4）机载LiDAR与航空摄影测量相比较，存在更多影响误差的因素，误差传播模型更加复杂。机载LiDAR系统的高程精度要受到平面精度的影响，系统的姿态误差对高程精度的影响会随着扫描角的增大而增大，尤其是飞行高度较高时，以及在坡度较大的地方平面位置的精度也会影响高程精度。

（5）由于激光扫描角度的限制，在大面积作业时，摄影测量与机载LiDAR相比更具优势，假设飞行高度和飞行速度相同，航带间的重叠度也一样，摄影测量（FOV为75°时）拍摄的区域面积是机载LIDAR扫描面积的2.9倍。

（6）生产时间上，航空摄影测量要比机载LiDAR生产周期长。

（7）就成本而言，对于同一项任务，用机载LiDAR实现的成本仅为用航空摄影测量实现成本的25％～33％。

机载LiDAR具有自身的独特优越性，主要表现在以下几方面：

（1）机载LiDAR是一种直接主动式测量方式。

（2）以激光脉冲作为测量媒介，激光的特点是单色性好、方向性强、能量高、光速窄等特点，实现高精度的计量和检测，能快速获取高精度的森林或山区的真实数字地面模型。

（3）机载LiDAR不需要地面控制点，可以实现无控制点测量。

（4）机载LiDAR获得的原始数据为三维激光点云数据和原始影像数据。三维激光点云数据不仅包括了三维坐标信息，同时还有激光强度信息，利用其强度信息制作的强度影像可以用来辅助边界检测和目标识别。此外，其影像信息包括了真彩色影像和近红外影像，不仅可以白天拍摄，还可以进行夜间拍摄。

（5）机载LiDAR凭借激光的优势可以探测深层植被的断面信息，进行森林植被剖面信息的提取，这些是常规摄影测量无法比拟的。由于其可以直接获取三维点坐标，因此其在制作3D产品方面更具有优势。

可见，机载LiDAR相对传统航空摄影测量，是一种更为方便、快速、经济的空间数据获取方法，其具有更大的发展潜力，随着计算机技术和硬件设施的进步与发展，其在数据处理和系统集成方面将有更进一步的提升潜力。伴随该技术的日益成熟，其应用领域也将越来越广。

3. 机载 LiDAR 与地理国情调查和监测

以固定翼飞机、直升飞机或无人机为搭载平台的 LiDAR 系统与传统航测相比较，在采集数字影像的同时，能够直接获取地面及地物要素的三维点云数据，可以在少量或无地面控制情况下保证较高的数据精度，提供丰富的数据成果，节省大量外业及内业作业时间，提高作业效率，在地理国情调查和监测中具有广阔的应用前景。

(1) 基于机载 LiDAR 的多尺度数字高程模型生产。从 LiDAR 系统获取的带三维坐标的点云数据中分离出植被点、建筑物点等噪声点和错误点，提取出地面特征点，然后通过这些地面特征点构建不规则三角网生成 DEM 数据，如图 5.6 所示。

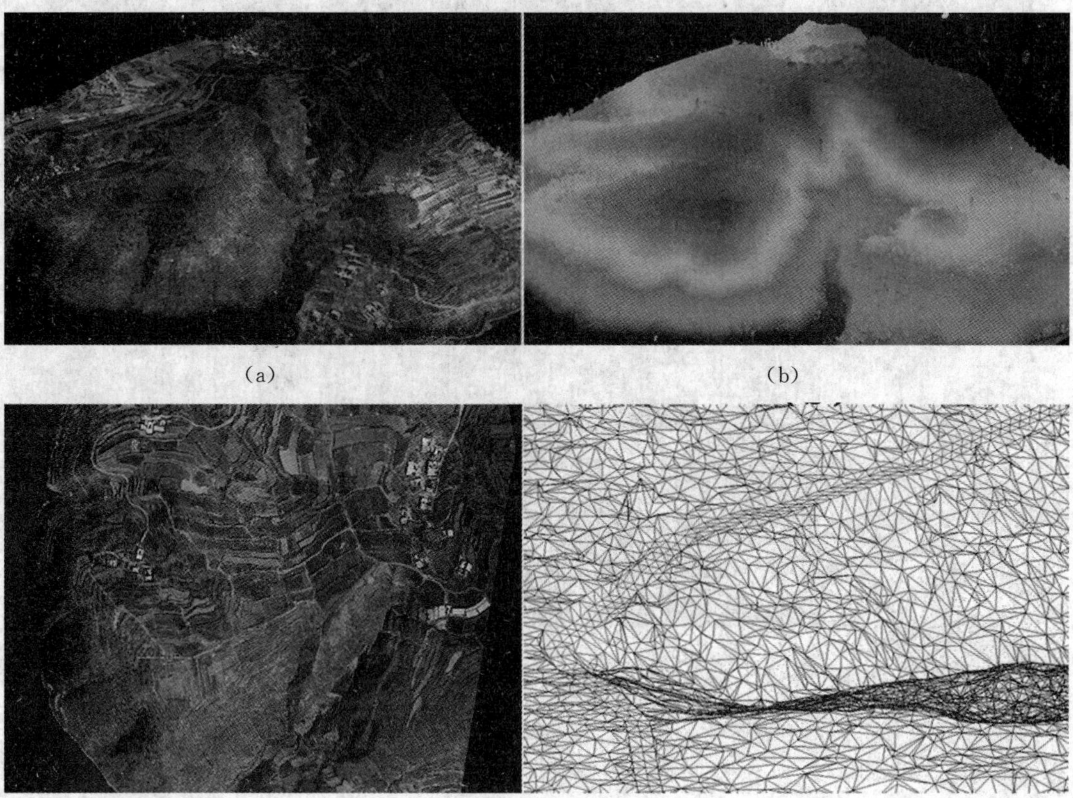

(a) (b) (c) (d)

图 5.6 机载 LiDAR 点云构 TIN

(2) 基于机载 LiDAR 的海岸带滩涂监测。我国是一个海洋大国，沿海滩涂面积广阔，如何对富饶而又广阔的海洋区域进行科学、有效、有序、可持续的开发具有极大的社会和经济双重效益。一直以来，由于滩涂处于海陆交界位置，具有地势平坦、高低潮位前后滩涂面积变化大、区域内难以布置有效控制点等特点，加上传统技术采集数据纹理性单一，内业生产困难，致使传统的航测手段很难获得精确的地理信息数据，无法满足 1∶10000 成果比例尺需求。

2010 年 5 月，浙江省测绘与地理信息局以舟山为试点开展 $130km^2$ 海岸滩涂测绘工作。舟山海涂滩涂测绘在无控制点情况下，采用机载 LiDAR 采集的高精度三维点云数据及高分辨率影像，生产 1∶10000 比例尺 DEM、DOM、DSM 产品，解决了传统航测在测图区域布设控制点的难题。DEM 精确反映海岸线、滩涂及周边地形，DSM 精确反映地形信息的同时，清晰反映地物分布，进行洪水淹没分析，DOM（数字正射影像）清晰反映地物分布，为海堤模型提供纹理，真实反映滩涂、海岸线及海堤现状，如图 5.7 所示。

(a)DEM　　(b)DSM

(c)DOM

图 5.7　机载 LiDAR 海洋滩涂测绘

5.4　低空无人遥感技术

5.4.1　低空无人遥感平台及其技术特点

现有的卫星遥感和航空遥感技术虽然能够获取大面积的地理信息，但因卫星受高度等因素影响，遥感影像分辨率难以保证。另一方面，载人飞机受空域管制和气候等因素的影响较大，缺乏机动快速的能力，使用成本高。无人飞行器的机动性、灵活性使得其不要求专用起降场地，升空准备时间短、操作控制较容易、运行成本低，城市的运动场、广场等都可以作为起降场地，特别适合在建筑物密集的城市地区和地形复杂地区及国内南部丘陵、多云地区应用。无人飞行器的安全性使得其能够在对人生命有害的危险和恶劣环境下（如森林火灾、火山、有毒液体等）直接获取影像，即便是设备出现故障，发生坠机也无人身伤害。此外，低空无人平台遥感为云下摄影，摄影方向任意，比地面摄影测量较小遮挡、场地限制少、效率高，可以在云下低空获取高清晰度的光学影像；可以低空、低速安全飞行，具有高机动性、低成本、小型化、专用化、快速、实时对地观测等特点，弥补了传统航测由于需要申请空域和受气候影响而导致的周期较长、小面积区域费用高等缺陷，低空无人平台遥感成为地理国情调查和监测的一个重要的手段。

无人机低空遥感采用数字摄影代替传统光学摄影进行空中拍摄影像获取数据，通过外业控制网的建立、调绘，结合内业影像数据处理，进行畸变改正、系统误差纠正、影像自动匹配、空中三角测量，然后在 JX4 及 VirtouZoo 测图系统下进行 DOM、DEM 生产，结合野外调绘及检测数据，制作大比例尺地形图 DLG。

5.4.2 低空无人遥感在地理国情调查和监测中的应用

近年来，随着我国社会经济的快速发展，无论从资源管理、城乡规划建设还是考古及地理国情调查和监测等各个领域，对遥感影像数据获取的要求都越来越高。作为普通航空摄影测量及卫星遥感获取信息的补充手段，在国家重大自然灾害应急、地理国情调查和监测、土地管理和城市建设规划等领域得到越来越广泛的应用。

在青海玉树地震、贵州关岭特大型滑坡、云南怒江滑坡和泥石流灾害、云南盈江、彝良地震等重大自然灾害事件中，低空无人遥感的应急救灾中发挥了重要作用。2012 年 9 月 7 日 11 时 19 分，云南省昭通市彝良县和贵州省毕节地区威宁彝族回族苗族自治县交界处发生 5.7 级地震，12 时 16 分，云南省昭通市彝良县发生 5.6 级地震。地震发生后，国家减灾中心于 7 日 16 时 30 分紧急启动“重大自然灾害应急监测无人机合作机制”，于 9 日 12 时成功起飞并实施无人机航摄任务。经过第一次无人机航摄，获得云南省昭通市彝良县南部地区的 736 张 0.1m 地面分辨率无人机影像，覆盖范围约 15km^2。通过对高分辨率无人机影像的初步解译，发现 302 省道上有一些滑坡引起的道路堵塞，在第一时间为灾区灾情评估、灾民救助提供了资料保障。如图 5.8 所示。

图 5.8 彝良地震无人遥感影像（摘自国家测绘地理信息局网站）

2011 年西安世界园艺博览会（简称世园会）是继 2008 年北京奥运会、2010 年上海世博会之后，在中国大陆举办的又一重大国际盛会，100 多个国内外城市和机构参展，参观游客 1200 万人次。陕西测绘地理信息局以西安世园会的监测作为切入点，在 2011 年 3 月 15 日，利用无人飞艇遥感系统获取世园会最新影像数据，制作发布了第一张世园会园区影像图，如图 5.9（b）所示，将获取的园区高清晰视频，实时传输到世园会指挥大厅，为相关部门进行指挥协调提供及时服务。2011 年 4 月 28 日，世园会开园期间，低空无人飞艇遥感系统被指定为唯一飞行器，携带最先进的遥感定位及数码摄影系统，在世园会上空巡航，如图 5.9（a）所示，对地面目标进行实时、精确的定位，为地面指挥提供实时监测数据。

（a）无人飞艇遥感平台飞行中

（b）西安世园会区影像图

图 5.9　西安世园会无人飞艇遥感平台地理国情调查和监测

我国地处太平洋西岸，濒临渤海、黄海、东海和南海，大陆岸线长 18000 多 km，岛屿 6000 多个，只有加强海洋测绘监测的能力才能更好地管理维护我国的海洋权益。我国正处于由一个陆地大国向海洋大国的迈进过程中，如何对周边海域进行常态测绘监测是一个非常关键的问题。长航时无人机作业时间长、速度快，适合大面积用海监测及离岸较远的海域监测，通过不同机型的搭配可以有效应对海域使用管理常态化或突发事件的机动监测工作。

如图 5.10 所示为中国测绘科学研究院海洋环境下超长航时无人机遥感系统航空摄影实验，实验获取了七连屿高分辨率无人机遥感影像和高精度 POS 数据，取得圆满成功。七连屿位于北纬 16°55′～17°00′，东经 112°12′～112°21′，距离海南万宁市 270km，距离永兴岛 10km。本次采用超长航时无人机遥感系统在海南万宁起飞和降落，飞行距离近 900km，飞行时间 583 分钟（近 10 个小时，该无人机飞行极限是 30 小时），获取了七连屿约 $50km^2$、0.12m 分辨率的航空影像。

目前，各地测绘地理信息部门已装备有 100 余架无人飞机，我国已初步建立起一个遍布全国的、超过 30 支无人飞机航摄系统应用队伍组成的专业低空遥感影像获取服务网络，为我国地理国情调查和监测及测绘地理信息应急保障工作提供了重要技术装备支撑。

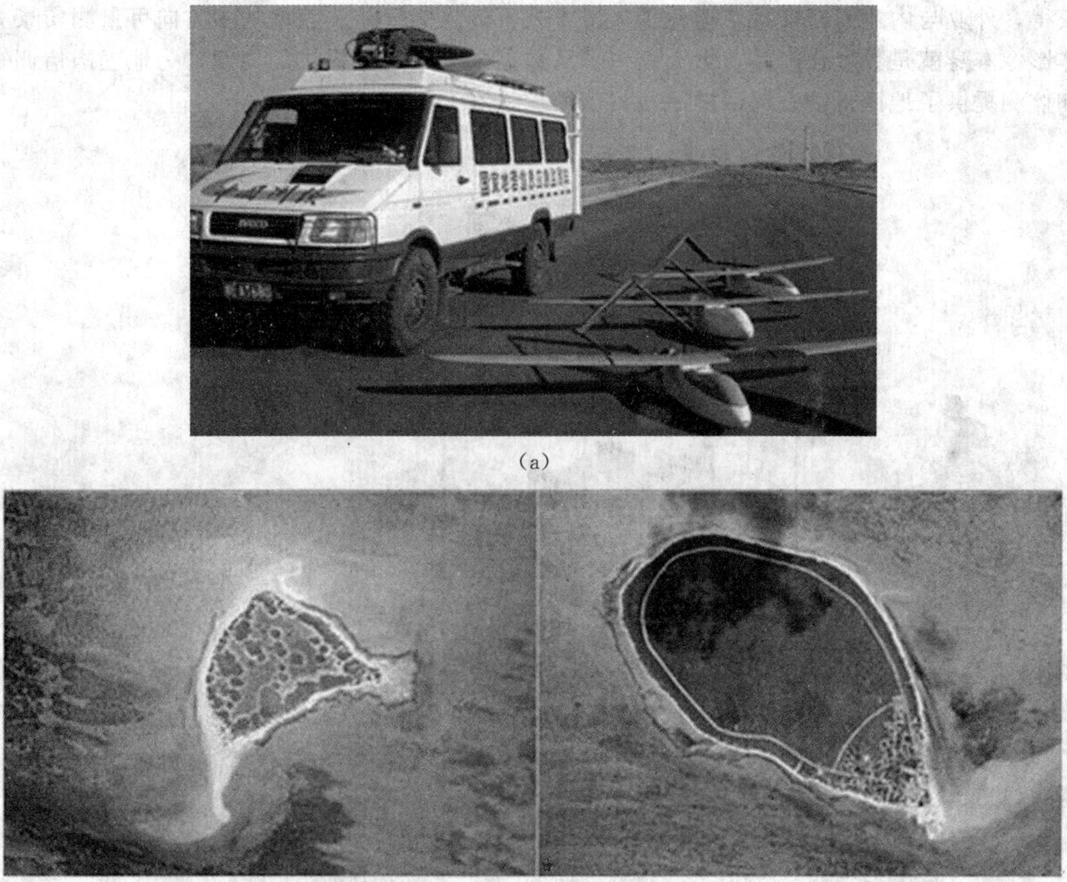

(a)

(b) (c)

图 5.10 长航时无人遥感海岛调查

5.5 地面车载移动测量技术

5.5.1 车载移动测量系统

地理国情调查和监测需要高时效性的地理空间信息支持。各种地理国情调查和监测应用中，由于不能有效采集数据和及时更新数据，直接影响地理国情调查和监测的准确性与可靠性。提高地理国情调查和监测数据获取的效率，已是当务之急。移动道路测量(Mobile Mapping System)是当今测绘界最为前沿的科技之一，代表着未来道路地理空间信息技术采集与更新技术的发展主流。这项技术是在机动车上装配 GPS（全球定位系统）、CCD（视频系统）、IMU（惯性导航系统）或航位推算系统 DR 等先进的传感器和设备，在车辆的高速行进之中，快速采集道路及道路两旁地物的空间位置数据和属性数据，如：道路中心线或边线位置坐标、目标地物的位置坐标、路（车道）宽、桥（隧道）高、交通标志、坡度、道路设施等，如图 5.11 所示。此外，车载移动测量在作业流程上形成了摄影测量的闭环自动控制，高精度的空间坐标数据与包含丰富属性信息的立体影像同时获得，外业与内业紧密衔接，避免了人工方式下的人为误差。获取的多方向可量测实景立体影像本身就是数字化产品，大大缩短了从数据采集到产品提供的周期，为地理国情调查和监测提供了地面机动、灵活的手段（李德仁，2006，2008）。

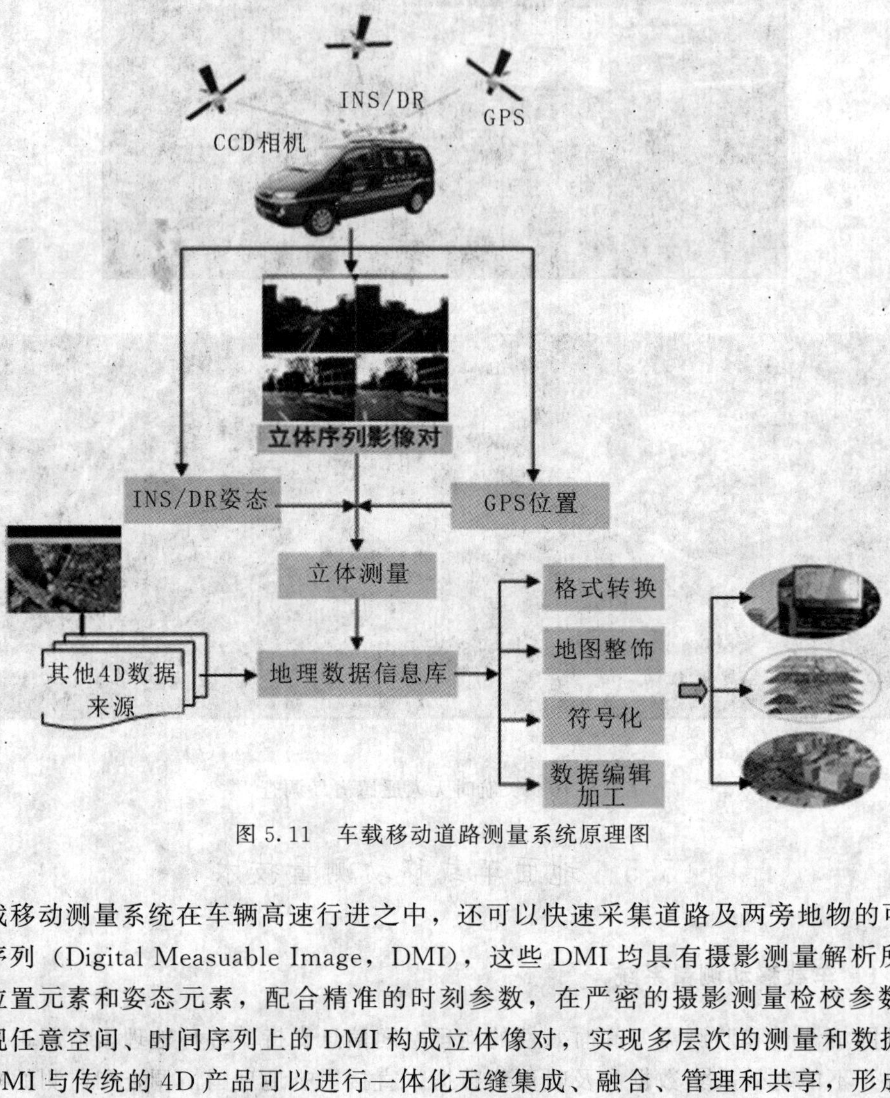

图 5.11 车载移动道路测量系统原理图

车载移动测量系统在车辆高速行进之中，还可以快速采集道路及两旁地物的可量测实景影像序列（Digital Measuable Image，DMI），这些 DMI 均具有摄影测量解析所需要的外方位位置元素和姿态元素，配合精准的时刻参数，在严密的摄影测量检校参数的支撑下，实现任意空间、时间序列上的 DMI 构成立体像对，实现多层次的测量和数据库无缝融合。DMI 与传统的 4D 产品可以进行一体化无缝集成、融合、管理和共享，形成更为全面的、现时性强的、可视化并聚焦服务的 5D 国家基础地理信息数据库，为应急测绘地理信息保障提供以数据为中心的测绘信息服务，实现一次数据采集，多次数据应用，真正达到聚焦测绘，按需测量。

5.5.2 可量测实景影像产品

可量测实景影像是指一体化集成融合管理的时空序列上的具有像片绝对方位元素的航空/航天/地面立体影像 DMI 的统称。可量测实景影像不仅直观可视，而且通过相应的应用软件、插件和 API 让用户按照其需要在其专业应用系统进行直接浏览、相对测量（高度、坡度等）、绝对定位解析测量和属性注记信息挖掘能力，而具有时间维度的DMI在空间信息网格技术上形成历史搜索探索挖掘，为通视分析、交通能力、商业选址等深度应用提供用户自身可以扩展的数据支持。

可量测实景影像与已有的4D产品集成应用主要有以下模式：

1. DMI与DOM+DEM的集成应用

DOM与DEM集成融合可以形成三维可视化模型，为数字城市、数字流域的主要表现形式，而可量测实景影像DMI可以直接进入数字城市，使得各种数字三维城市应用既可视又可量，如图5.12所示。

(a) DMI与三维地形集成　　　　(b) DMI与虚拟三维集成

图5.12　DMI与DOM+DEM的集成

DMI与DOM+DEM集成模式可以广泛应用于各种数字城市、数字社区、数字景区等，增强虚拟地理环境的沉浸感、现实感，为各种基于数字模型的规划、设计、旅游提供天地一体化的多视角和多通道的交互平台。

2. DMI与DLG+DOM集成应用

DOM与DLG集成融合是空间分析和基础地理信息数据库更新的主要形式，可量测实景影像DMI可以与DOM、DLG无缝集成，在此基础上实现一体化分析。DMI与DLG+DOM集成模式可以直接应用于基础地理数据库的更新、数据质量检查和地理国情调查和监测应用，如大比例尺道路网更新、竣工测量、道路设施（栅栏、标志、标线等）施工验收、数字社区等。

3. DMI与DOM+DEM+DLG的集成

将近地的DMI数据与高空拍摄的卫片/航片、数字线划图结合起来，可以构成一个从宏观到微观、完全可视化的地理信息数字库，为地理国情调查和监测数据表达提供可视化平台。同时，用户可以对地物进行任意标注，并将其链接到其他专业数据库（人口数据库、经济数据库、设备数据库、设施数据库等）中，实现地理信息、专业台账信息和图片/影像信息的有机结合，更好地发挥空间信息服务于地理国情调查和监测的功效，如图5.13所示。

图 5.13　DMI 与 DOM+DLG+DEM 的集成

DMI 与 DOM+DLG+DEM 集成模式可以用于大范围的空间分析、通视分析、信号覆盖分析等，并可以将做好的预案进行多角度、全方位的三维立体浏览，可以广泛地应用于数字战场、应急指挥、抢险救援等。

5.5.3　车载移动测量技术在地理国情调查和监测中的应用

地理空间数据的完整性、准确性、多样性和现势性对地理国情调查和监测服务应用起着至关重要的作用。从最初 Map Quest 单一的网上电子地图到 Google Map 推出卫星影像数据，都带来地理空间信息服务应用的革新和应用面的升级，而地理空间信息服务数据也在从一维、二维、三维到多维发展，其视角从传统的平面地图、俯瞰的卫星影像、更近距离地鸟瞰（微软的 Bird Eye）到近地面的 Street View（亚马逊的 A9 服务）、近地面 360°街图（微软的 Street Slider），其服务应用的深度和广度在不断扩大，对地理空间信息服务数据的采集、生产和更新提出越来越高的要求。事实上，包含更多信息的、可高精度量算的可量测实景影像资料是未来 GIS 应用和地理国情调查和监测不可或缺的地理信息资源，车载移动测量及可量测实景影像技术将在这一方面发挥越来越多的作用。车载移动测量技术在地理国情调查和监测中主要典型应用如下：

1. 城市街景动态监测

利用车载移动测量系统获取的可量测实景影像可以快速、高效、精确的采集满足数字化城管系统所需的综合市政设施、道路及其附属地物的电子地图数据、连续的街景影像数据和属性数据（铺装材料、分类信息），为道路、市政、环卫等部门的道路管理、新修道路验收，各种市政设施的管理维护，提供了有力的支撑和一种符合人眼视觉习惯的全新展现模式，也为数字化城市管理部件数据采集更新提供了一种快速高效的手段，如图 5.14 所示。

图 5.14 城市街景管理与动态监测

2. 大型场馆监测

奥林匹克森林公园和奥运场馆建设日新月异，采用传统的测绘技术无法做到实时、直观的工程建设监测（李德仁，2009），采用车载移动道路测量系统获取的可量测真三维图像、实景影像、多媒体视频和 360°全景图片，使得对象的表达更为全面和直观，从而实现奥运场所设施动态普查和进度监控，如图 5.15 所示。

图 5.15 车载移动测量奥运“鸟巢”普查和动态监测

3. 地理国情普查 DEM 更新与精化

随着经济建设快速发展，大量工业园、住宅区、交通网线、水利设施的建设，导致地形地貌发生了巨大变化。基于已有矢量地图 DLG 的 DEM 精化将会导致纠正后的影像存在较大偏差，尤其是新建道路及其附属设施（桥梁、隧道、路堤、路堑、护坡等），在高速公路处的 DOM 影像遇桥梁以及山体开挖时变形很大，呈扭曲现象，如图 5.16 所示。通过对车载移动测量系统获取的点云数据的滤波处理，对 DEM 数据进行更新，可以得到现势性更高的 DEM，满足地理国情普查 DEM 精化要求。

(a)　　(b)　　(c)　　(d)

图 5.16　公路 DEM 更新前后 DOM 对比

4. 国家地理信息应急监测车

地理信息应急监测车是以载车为平台，集影像获取、数据处理、成果输出、远程数据传输等功能于一体，实现影像及时获取、数据高效处理、影像地图现场制作、实时视频传输、卫星数据通信的机动、灵活、快速、高效的一站式、移动式应急测绘服务的保障装备。地理信息应急监测车集成了应急三维地理信息与任务规划系统、无人机遥感影像获取系统、地理视频采集系统、应急遥感影像快速处理系统、数据远程传输系统、应急运输保障系统和移动会议系统等 7 个子系统，如图 5.17 所示，为掌握灾情、组织指挥抢险救灾，提供了一套全新的、有效的全流程移动式应急测绘解决方案。

图 5.17　国家地理信息应急监测车（摘自人民网）

国家地理信息应急监测车具备长途越野能力，适应山区和高原各种路况，能快速到达指定灾区现场；测绘型和监测型两种无人机，具备弹射、滑跑、伞降等多种灵活的起降方式。测绘型无人机能在2小时内完成$20km^2$、5～20cm分辨率遥感影像获取；监测型无人机每架次能获取45分钟的灾区视频影像，并实时传输到地面工作站和远程应急指挥中心；遥感数据处理系统能在3小时内完成$20km^2$ 0.1m分辨率的遥感影像处理，快速构建航空影像区域连续立体模型，实现灾情的立体判读与解译；利用现场制作的正射影像，可以实现灾后影像的快速三维可视化，为现场应急辅助决策提供三维地理信息系统；采用卫星通信技术，构建最大8M带宽的远程通信网络，实现视频、语音的实时传输和至少2GB/小时的数据远程传输，为地理国情调查和监测提供了快速、机动的手段。

5.6 船载水上水下三维地形一体化测量技术

5.6.1 船载水上水下三维地形测量系统

水利工程水下地形高精度测量与三维数字化建库是国民经济建设中不可缺少的先进性和基础性工作，是水利治理开发、水资源利用、防汛抗旱保障体系和航道安全建设的重要组成部分，对发展水上交通运输、水量调度，水利工程的规划、建设和管理，支持水资源开发和利用等均具有十分重要的作用。同时，在经济全球化迅猛发展的形势下，世界各国都更加重视发展海洋经济。在目前轰轰烈烈的海洋开发热潮中，围绕着海洋权益和安全的斗争呈现出越来越复杂的态势。国家利益向海洋方向的不断扩展，国家领海主权与海洋权益的维护，都需要海洋测绘事业来保障和参与。海洋测绘是一项基础性和超前性工作，一切海上活动都离不开海洋测绘保障，特别是在大力开发海洋、利用海洋的今天，海洋测绘的作用愈来愈重要。海洋测绘中一项非常重要的工作就是海岸线、海岛礁水上水下地形的高精度测量。

船载水上水下三维地形测量系统将三维激光扫描仪、CCD相机、GPS/IMU、多波束测深声呐以及工业控制计算机集成到船载平台上，在船沿航道、海岛礁及海岸线航行时，同步采集三维激光点云、高分辨率影像、水下测深数据和定位定姿数据，通过事后数据处理和分析，得到岛礁、河流、渠道、水库、海岸线及水下地形三维空间数据，如图5.18所示。

通过多波束测深数据、三维激光扫描数据和GPS/IMU定位定姿数据的集成融合处理，船载水上水下三维地形测量系统可以一次性获取水上、水下三维地形数据，如图5.19所示，为建立海洋岛礁、江河航道测量与监测提供快速、直接和高精度的一体化测量方案。

5.6.2 船载水上水下三维地形测量在地理国情调查和监测中的应用

船载水上水下三维地形测量技术在地理国情调查和监测中主要应用如下：

1. 河道侵蚀监测

船载水上水下三维地形测量系统可以准确、快速监控堤防的高度、对悬崖侵蚀和冲击物堆积的定位以及侵蚀程度和堆积物体积的计算，为河道及岸线、海岸带的测量监测提供快速、准确的手段。如图5.20所示。

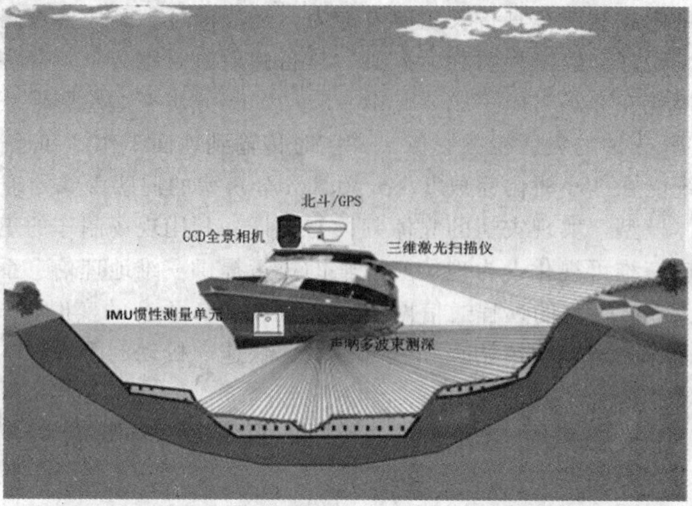

图 5.18　船载水上水下一体化三维地形测量原理图

图 5.19　水上、水下三维地形生成

(a)2000年　(b)2002年　(c)

图 5.20　河道侵蚀监测

2. 港口码头用地动态测量与监测

在测量河道、岸线的水上水下地形图时，可以获得河道、船闸、码头等可测量实景影像，通过不同时期的影像变化检测分析，对港口、码头用地状况进行动态测量与监测。

3. 河道地质灾害监测

河道岸线的地质灾害不仅与水面上灾害体的地形变化有关，而且与水下地形的变化有关，采用船载水上水下三维地形测量技术，可以同时获取水上水下三维地形，为地质灾害监测提供更为全面、准确的数据。

5.7 智能移动终端地理国情外业调绘核查技术

5.7.1 基于智能移动终端的空间信息采集技术

智能移动终端技术的迅速发展，给测绘工作带来了革命性的变化，也给地理信息外业采集、航空摄影测量外业调绘、地理国情监测工作，特别是地理国情普查外业核查和调绘工作带来了巨大的影响。由于智能移动终端技术具有携带方便、使用灵活、全天候观测、存储量大以及计算速度快、精度高等优点，智能移动终端技术在国内各省市的兴趣点采集、地理国情普查、航外调绘中得以广泛应用。而 Google 于 2007 年 11 月 5 日推出了基于 Linux 平台的移动终端系统软件平台——Android，该平台由操作系统、中间件、用户界面和应用软件组成，是首个为智能移动终端打造的真正开放和完整的移动软件，并融合了 GPS 技术，支持 GPS 的应用开发，为大量基于智能移动终端的地理空间信息采集应用开发奠定了坚实而广泛的基础。

基于智能移动终端的地理空间信息采集系统由于充分发挥了智能移动终端卓越的操作性能，具有以下优势：

(1) 智能移动终端内置了定位模块，能够提供 GPS 定位、Wifi 定位和运营商基站定位三种方式对用户进行定位。相对于 PDA＋GPS 的调绘方式作业员所需携带的东西更加轻便，有利于提高作业效率。如图 5.21 所示。

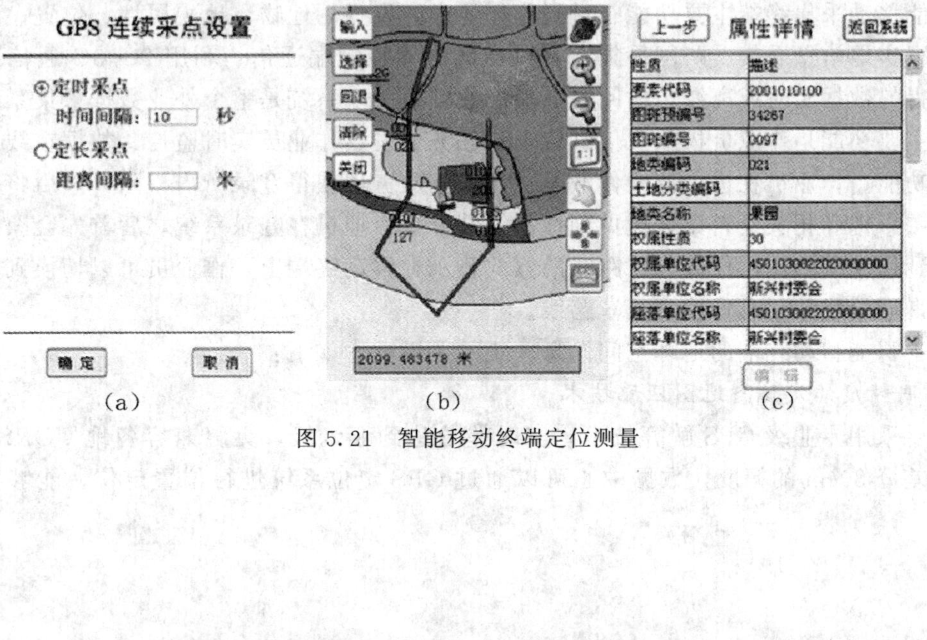

(a)　　(b)　　(c)

图 5.21　智能移动终端定位测量

（2）智能移动终端的视窗大小适合作业员进行文字输入和图形绘制工作，同时克服了 PDA CPU 处理速度慢、内存容量小、锂电池的容量低、在强光下屏幕影像不清晰的问题，同时，大容量的影像数据在存储和加载过程中非常流畅。如图 5.22 所示。

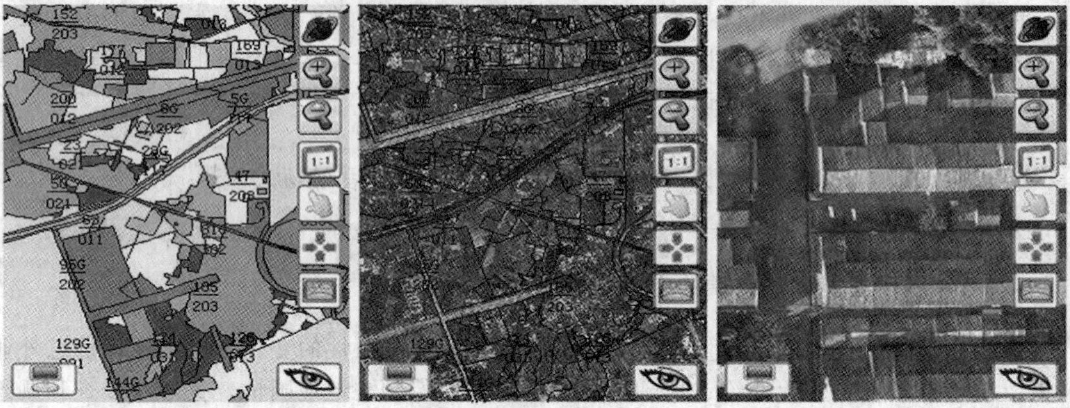

（a）　　（b）　　（c）

图 5.22　智能移动终端海量数据管理与浏览

（3）大容量的数据存储、高清 CCD 照相摄像功能以及自带的罗盘、陀螺仪定位定姿传感器使得其在地理空间信息采集方面，能够存储高清遥感影像并且非常方便地对底图进行放大缩小操作，对于信息非常密集的区域可以采用录音、摄像或者照像来进行采集，同时还可以记录摄像照像的姿态，从而避免传统手工调绘过程中底图在绘制大量符号之后难以辨识的问题。

（4）智能移动终端的通信功能为在线地理空间信息采集与更新提供了可能，通过移动通信模式进行任务在线跟踪、在线数据库访问和在线提交更新，但需要解决数据安全的问题。

基于智能移动终端的地理空间信息采集平台可以分为四层，从上到下依次为：空间信息服务层，服务管理发布层，无线传输层和移动终端层。如图 5.23 所示。

智能移动采集终端主要功能有对野外作业中所发现的地物、地貌属性、位置、影像等信息进行实地信息采集、路网采集、实时与服务器控制端通信、利用 2G/3G 通信网络将采集所得的数据实时或离线传输回服务端。数据服务端系统是整个外业数据采集系统的中枢，其主要功能是作业员权限及信息管理、任务分发、作业员实时监控、数据在线或离线传输等功能。作业员在进行调绘作业时首先访问服务器获得登录所需权限，然后将调绘所需的底图影像和相关资料数据拷贝到移动终端上。作业员在登录系统之后首先会获得服务器发送到移动端的调回任务，以路线的方式显示在移动终端上，作业员可以切换到在线模式下查询调绘线路信息，确定行车路线。

基于智能移动终端的地理空间信息采集的关键技术如下：

1. 高精度的定位与地图匹配技术

需要采用专业级 GPS 解算技术，实时差分达到亚米级，无缝兼容各地 CORS 系统，后处理差分 30cm 的精度，数据中心可以通过 GPS 定位系统进行位置定位，能够实时监控调绘、核查人员的位置，并可以记录动态目标轨迹。同时，需要解决高精度地图匹配问题，从 GPS 信号获取后的滤波处理算法，到对 GPS 轨迹趋势的自动计算与修正，再到根据矢量地图和遥感影像的自动判读与解析，高精度的地图匹配。

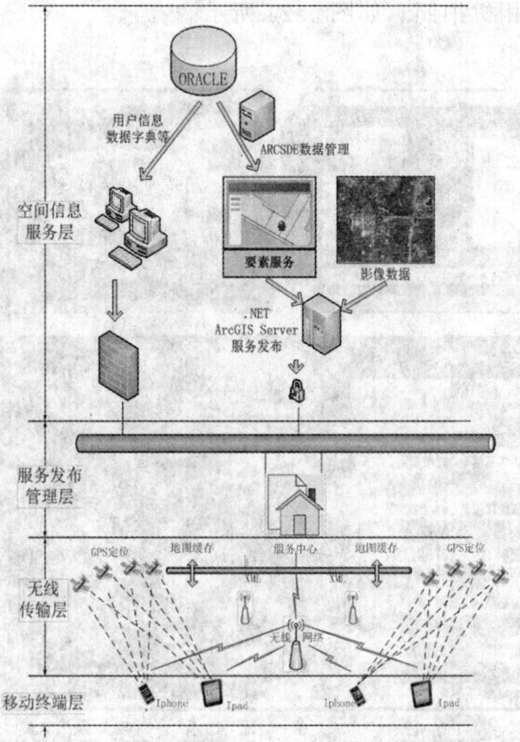

图 5.23 智能移动终端地理信息采集平台框架

2. 数据安全保护技术

由于基础测绘数据需要保密，保证基础测绘数据的安全是系统解决的首要问题。需要采用高可靠的安全加密技术，通过权限控制、网络控制以及硬件控制等方法，保证整个软件系统不会出现非法访问和空间数据的非法使用。

3. 大数据量装载和快速浏览技术

由于加载到 iPad 上的影像底图数据量较大，为了提高参考底图显示速率，对任务使用到的参考底图数据进行切片并构建瓦片金字塔，从而方便作业员快速浏览与操作底图数据。同时，需要采取“分块＋缓冲”的数据存储与读取策略，在地图浏览过程中，尤其是大数据的空间信息浏览时，只需要快速加载当前窗口范围内的地图数据，避免了因为数据量的过大而带来的地图数据打开、拖动缓慢，乃至系统内存不足，死机的问题。

5.7.2 智能移动终端在地理国情普查和监测中的应用

地理国情普查和监测需要解决地理国情监测内容的野外调查/核查、样本制作和实景照片采集等问题，智能移动终端的地理空间信息采集技术具有广阔的应用前景。

基于智能移动终端的地理国情外业调绘与核查系统以移动 GIS 平台为基础，以包含电子罗盘、GPS、高清摄像头等多模块的工业级三防 Android、iOS、Win7、Win8 平板硬件为支撑，实现地理国情普查外业调绘、核查和质检，主要包括用户管理、空间定位、地图浏览、数据采集及编辑、样本采集、实景照片采集、数据输出交换等功能，可完全替代传统的纸质地图调绘和相机拍照。如图 5.24 所示。

(a)　(b)　(c)

图 5.24　智能移动终端地理国情外业调绘与核查

5.8　众源式地理国情调查和监测数据获取技术

5.8.1　众源模式及其技术特点

众源（Crowd Sourcing）是 Web 2.0 时代出现的一种新兴的项目共同开发模式。大量互不相识的用户借助网络平台协作完成项目，如维基百科（Howe，2006）、百度百科、互动百科等。在众源模式下，任何用户可以借助网络工具、GPS 终端、带 GPS 的笔记本（如 iPad、iPhone）、PND（Personal/Portable Navigation Device）以及各种定位传感器、RFID（Radio Frequency IDentification）提供地理空间数据。众源地理空间数据是地球信息科学近几年中发展出现的新概念，是一种有别于传统测绘遥感的地理数据采集方式，是众源模式在地理信息领域的应用与表现，为地理国情调查和监测数据获取提供了一种全新的技术手段（J. Howe，2006；C. Heipke，2010；M. F. Goodchild，2010）。

众源地理空间数据获取容易、数据量大、时序性高，是一种新的低成本乃至免费的开放数据，众源的出现不但为地理信息学科发展提出了新的命题，同时也为地理信息科学的大众化应用和大众化服务提供了新的渠道，其具有以下典型特征：

(1) 不确定性：不同于传统专业测绘勘测机构，使用专门的仪器设备按照统一的生产规范和流程生成的地理数据，众源地理空间数据由缺乏足够地理信息知识和有效培训的非专业人员提供。此来源决定了其数据质量不确定性，对其使用时需要充分考虑其冗余性、有效性、完整性和精准性。

(2) 高现势性：传统的地理空间数据生产通常是由政府或机构按计划、有组织的周期性更新。众源模式下，个人利用带有 GPS 的终端或地图网站标注，可以将最新的地理环境变化收集，通过协同编辑，完成地理空间数据入库与更新，具有高现势性。

(3) 社会性：传统的地理空间数据缺乏社会化属性信息，众源地理空间数据来源于大众，具有很强的社会性，而大众用户活动的场所多集中在城市，并以交通为主要空间表现，其本身包含丰富的位置信息、语义信息和行为信息，可以弥补当前地理空间数据普遍缺乏的社会化属性信息问题。

(4) 开放性：众源模式采用开放开源平台、统一数据标准和协同工作规范，其数据成果必然是开放、共享的免费应用模式。

众源地理空间数据（CSGD）与自发地理信息（Volunteered Geographic Information，VGI）的区别在于众源模式下多用户数据相互校验与协同编辑，是借鉴当前开源软件或项目模式后 VGI 的拓展，具有比 VGI 更好的元数据、数据质量和可靠性。

5.8.2 基于 OSM 的众源地理国情调查及其适用领域

OSM（OpenstreetMap，www.openstreetmap.com）是一个开放源码、允许在线编辑的免费世界地图。OSM 首先由 SteveCoast 于 2004 年在英国伦敦大学学院发起，伦敦大学学院支持着整个项目的服务器等基础设备和设施。由于拥有伦敦大学学院强大的基础技术设备以及核心团队的支持，越来越多的技术工作者通过网络协同合作进行各种开发，以提升 OSM 各方面的性能（M. Haklay，2008；N. Zulfiqar，2008；A. Ather，2009）。随之，越来越多的普通用户也参与到 OSM 项目中来，到 2010 年 3 月，OSM 的在线注册用户数已从最初（2005 年 8 月统计）的十几人迅速增长至近 24 万人(Wiki. openstreetmap2010)。随着 OSM 的进一步发展及不同研究与应用对于地理数据获取的需求的不断增长，可以预见这一数值仍将保持不断增长的趋势。如图 5.25 所示。

OSM 的地图由用户根据手持 GPS 装置、航空摄影照片、卫星影像、其他自由内容甚至单靠用户由于对目标区域的熟悉而具有的空间知识绘制。据 Beyonav（http://www.beyonav.com）统计，截至 2011 年 1 月 29 日，OSM 道路网数据已达到 23 747 682km 和 14.9TB，覆盖全球 150 多个国家 10000 多个城市，并且正在以每周近 10 万公里的速度增长，其中中国数据也已达到 10 万多公里，包含北京、香港、上海、武汉、杭州和济南等多个城市的 GPS 行驶数据。

OSM 数据在地理国情调查和监测中主要用于：

1. 道路网变化监测与更新

OSM 以最新的卫星影像地图和大众用户上传的众多 GPS 行驶数据为资源，为道路网变化监测和更新提供了一种及时、有效的方式。如图 5.26 所示，众源组织采用 OSM 数据对伦敦路网进行更新与维护。

图 5.25 OSM 数据增长图（http：//www.beyonav.com）

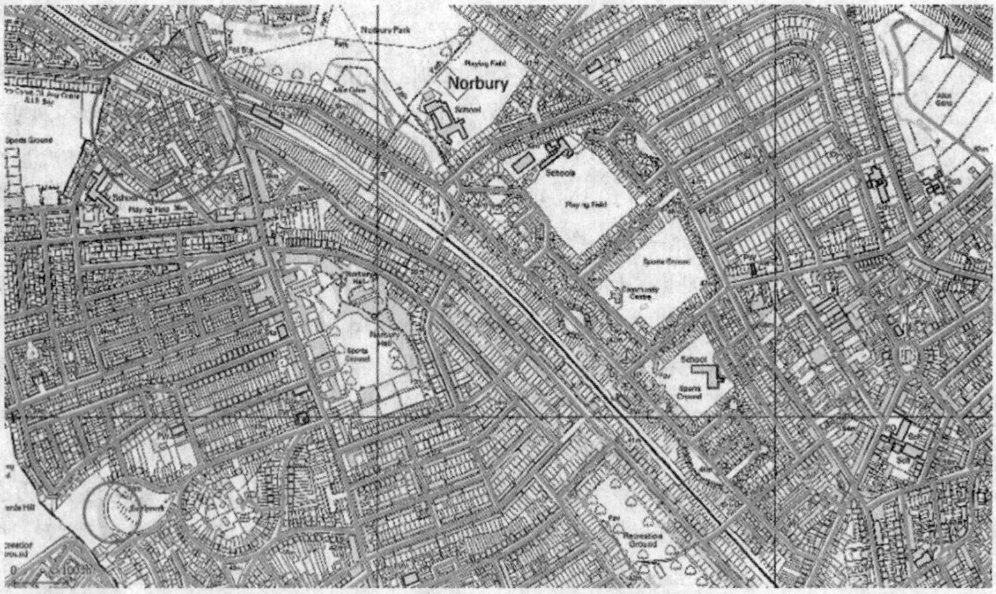

图 5.26 基于 OSM 的伦敦路网更新

2. 兴趣点动态更新

OSM 提供用户标注分享模式上传兴趣点空间坐标、名称、类型、电话号码甚至图片数据，可以用于兴趣点数据库动态更新。

3. 应急地图制作

OSM 提供了一种全新的在线协作制做最现实地图的模式。在 2010 年海地大地震中，OpenStreetMap 以 GeoEye 等公司提供的最新卫星照片为基础，又加入了许多工作人员和志愿者随时用随身的电脑或手机在地图上即时标注救护站、帐篷和倒塌的大桥等信息，绘制出海地灾区地图，被广泛应用于灾害救援模式，如图 5.27 所示。

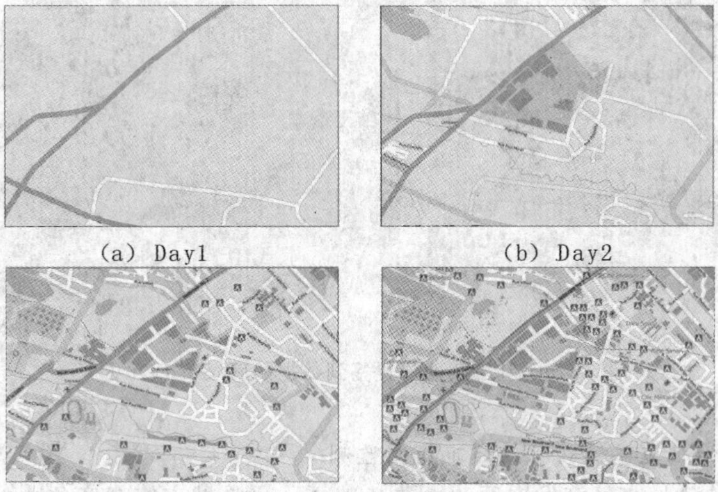

(a) Day1　(b) Day2　(c) 1Weeks　(d) 2Weeks

图 5.27　众源式灾害应急制图

5.8.3　基于社交网络位置签到数据的地理国情调查和监测

来自社交网络的众源位置签到数据是由大量非专业用户志愿获取并向大众提供的一种开放地理大数据，具有数据量大、现势性高、信息丰富和低成本等特点，为地理国情要素的调查、采集、更新和监测提供全新的手段。

1. 基于微博位置签到数据兴趣点（Point of Interest，POI）更新

微博作为 Web 2.0 时代新生网络的应用形式，在最近几年得到了迅猛的发展。微博的出现更加方便用户通过移动终端上传和分享自己感兴趣的信息，使之更适合现代社会快速生活节奏的需要。在美国，Twitter 用户数量突破 5 亿大关。在中国，街旁用户达到 500 万，新浪微博用户在 2013 年也突破 5 亿。微博的使用人群数量庞大，状态信息更新频繁、信息传播迅速，基于微博数据的分析研究成为了当下的热点领域。现在大部分微博社交媒体都支持移动定位和签到的功能，将位置（Location）和社交（SNS）结合起来，支持用户随时随地记录和分享地理信息位置，产生了大量的众源位置签到数据。

首先对微博位置签到数据进行质量分析，剔除坐标和名称异常点，在此基础上进行预

处理和地理配准，提高数据精度，降低数据冗余度，进一步对位置签到数据按照 POI 数据库类别进行分类，在此基础上选取特征点与已有的 POI 数据库配置，根据签到频次、签到用户类型对新增 POI 进行有效验证或 POI 存活状态进行判断，以此对 POI 数据库进行更新。

图 5.28 给出了采用微博位置签到数据武汉市 POI 数据库更新结果。

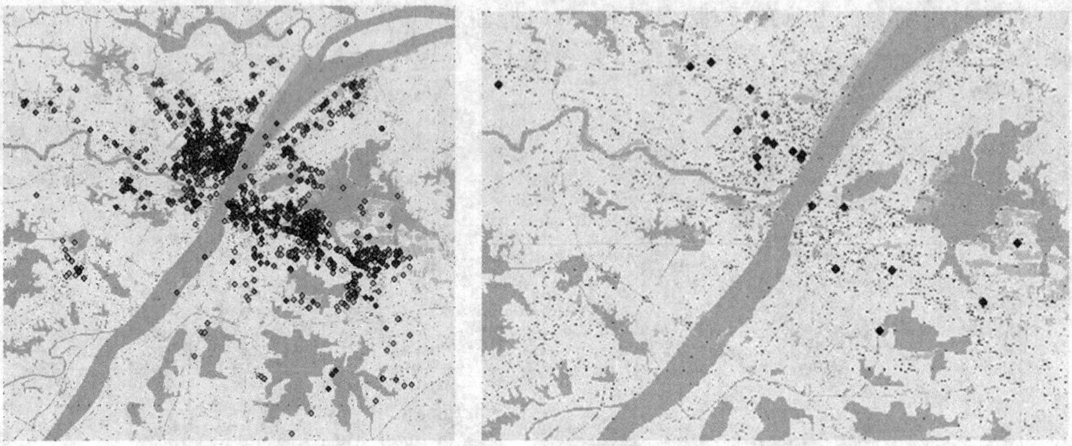

(a)　(b)

图 5.28　基于微博位置签到数据的武汉市 POI 更新

2. 基于微博位置签到数据的城市商圈监测

城市商圈作为城市经济发展原动力的基础之一，是城市综合竞争力的重要组成部分。商圈动态测定是指导城市经济布局的重要依据，对充分发挥商圈的社会效益和整体功能，推进城市化进程，促进国民经济持续发展具有十分重要的作用。国内外商圈研究主要有宏观角度和微观角度两方面。前者测定范围延伸过广，会使商圈测定掺杂许多其他因素，后者侧重于微观层面的企业商圈分析，都没有从整个城市视角对城市商圈进行测定。另外，常用商圈测定方法一般采用问卷调查方法，需花费较多的时间和精力，调查范围有限，影响商圈测定的准确性和全面性。

来自社交网络、微博的位置签到数据是利用带有 GPS 的智能终端记录某一时刻所处位置而产生的具有空间性、时间性和社会化属性信息的数据，这类数据记录生活轨迹，反映了人的日常生活行为，是一种重要的众源地理数据。位置签到数据多集中在城市，并以大众签到的兴趣点为主要表现形式，以街旁网为例，自 2010 年 5 月 13 日街旁网正式上线以来，街旁网注册用户数量以每周 20%的速度保持高速增长，截至 2011 年 9 月，街旁网用户数量已经超过 120 万。由于街旁网 70%以上的注册用户都将签到信息与社交平台绑定，因此平均每一次签到会拥有 400 个受众。街旁网每 5 秒（以 24 小时为计算基础）更新一次用户签到信息，包含了丰富的位置信息、语义信息和行为信息，因此从街旁网获取的位置签到数据不仅数据量丰富，而且现势性好，从侧面反映城市经济、文化分布态势。

通过对微博位置签到数据的预处理、探索性空间分析和空间聚类分析，可以得到位置签到数据高值聚类热点，进一步以兴趣点的签注人数为权重的聚类分析和构建标准差椭圆的方法可以精确确定城市商圈的范围与分布情况，从中观层面利用空间分析和挖掘等手段对城市热点和商圈进行探测与分析。

如图 5.29 所示，商业类热点在空间分布上呈明显集聚性，直观地反映了武汉市商圈分布。每个商圈集聚的商业类热点数量反映了商圈受欢迎的程度，该结果反映了大众日常生活行为与武汉地区商业经济分布的高度相关性，为监测城市商业圈分布及其发展趋势提供了一种新的方法，也为城市规划决策提供了客观、准确的参考。

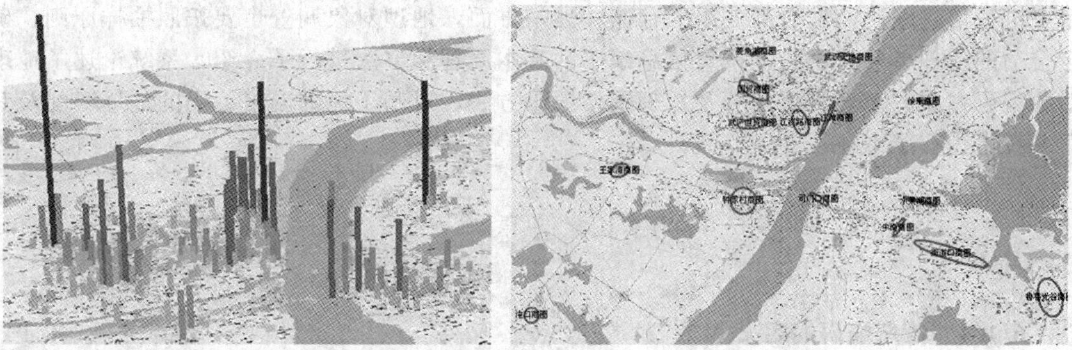

(a)　　　　(b)

图 5.29　武汉市基于微博位置签到数据的商圈调查与监测

复习与思考题

1. 地理调查中要用到哪些测绘遥感数据？这些数据各有什么作用？
2. 地理国情调查和监测数据获取有哪些要求？
3. 试简述航天遥感技术在地理国情调查和监测中的应用。
4. 试简述低空无人遥感技术在地理国情调查和监测中的应用。
5. 试简述地面车载移动测量技术在地理国情调查和监测中的应用。
6. 试简述智能移动终端 GPS 测量技术在地理国情调查和监测中的应用。
7. 试简述众源地理信息技术在地理国情调查和监测中的应用。

第 6 章　地理调查编码方法

地理调查与地理国情普查是面向地理对象的专业统计调查，一方面，地理对象调查结果要进行信息编码，进行高效组织存储；另一方面，地理对象调查也要按照抽样原则，确定合适的地理单元大小。本章对信息编码的基本原理和方法进行了介绍，系统论述了地理对象编码方法、地理网格划分及地理网格编码方法，对基于地理网格编码的地址匹配及其服务技术进行了论述。

6.1　信息编码

6.1.1　信息编码的定义

2008 年 5 月 12 日 14 时 28 分，四川汶川地区发生了里氏 8.0 级地震。受震后堰塞湖的影响，位于唐家山堰塞湖上游地区的北川县禹里乡水位持续上涨，越来越多的房屋、道路、农田被淹。5 月 28 日在相关部门对禹里乡进行航拍时，发现了村民在山间田地发出的求救信号。如图 6.1 所示。

图 6.1　“求救”信息编码

图 6.1 中航空遥感影像上表征的求救信号就是一种信息编码。在人们的日常生活中，用到大量的编码，如电话号码、身份证号、商品条形码、微信二维码等。可见，编码时刻影响社会和人类的生活。

在通信理论中，编码是对原始信息符号按一定的数学规则所进行的变换。使用编码的目的是要使信息能够在保证一定质量的条件下尽可能迅速地传输至信宿。在通信中一般要解决两个问题：一是在不失真或允许一定程度失真的条件下，如何用尽可能少的符号来传递信息，这是信源编码问题；二是在信道存在干扰的情况下，如何增加信号的抗干扰能力，同时又使信息传输率最大，这是信道编码问题。信源编码定理给出了解决前一个问题的可能性，并同时给出了一种编码方法；有噪信道编码定理指出存在着这样的编码，这种编码可以使传输的错误概率接近于信道的容量，从而给出了解决后一问题的可能性。

信息编码（Information Coding）是为了方便信息的存储、检索和使用，在进行信息处理时赋予信息元素以代码的过程，如图 6.2 所示。即用不同的代码与各种信息中的基本单位组成部分建立一一对应的关系。而用于信息编码的代码是用来表示事物的记号，这种代码可以用数字、字母、特殊的符号或它们之间的组合来表示。

图 6.2 信息编码

6.1.2 编码的功能和原则

信息编码的目的在于为计算机中的数据与实际处理的信息之间建立联系，提高信息处理的效率。编码应具备以下主要功能：

（1）鉴别：编码是鉴别信息分类对象的唯一标识。

（2）分类：当分类对象按一定属性分类时，对每一类别设计一个编码，这时编码可以作为区分对象类别的标识。这种标识要求结构清晰，毫不含糊。

（3）排序：由于编码所有的符号都具有一定的顺序，因而可以方便地按此顺序进行排序。

（4）专用含义：由于某种需要，当采用一些专用符号代表特定事物或概念时，编码就提供一定的专用含义，如某些分类对象的技术参数、性能指标等。

信息编码的基本原则是进行信息编码工作的最基本的要求，是确保信息编码科学、有效的重要手段。一般认为，信息编码需要遵循 8 项基本原则，即：唯一性原则、正确性原则、分类性原则、扩展性原则、统一性原则、不可更改性原则、重用性原则和简单性原则。

1. 唯一性原则

一种信息只能有一个信息编码，不同的信息有不同的信息编码，不同的信息编码表示不同的信息。这是信息编码的最本质的属性，也是信息编码必须遵循的原则。例如，为了有效地管理公司订单信息，每一个订单只能有一个订单编码。如果不同的订单有相同的订单编码，那么对订单信息的管理就会出现混乱。

2. 正确性原则

正确性原则是指信息编码应当科学、合理，既遵循信息编码的基本原理，又符合组织的实际情况；既能满足组织自身的需要，又能满足组织合作伙伴的特殊要求；既要符合国家的标准或规定，又应尽可能地遵守国际标准或惯例；信息编码既不宜过长，也不宜过短。在许多情况下，信息编码应采用折中的方式。

3. 分类性原则

分类是认识和描述信息的基本方式，信息编码应遵循分类性原则。该原则要求信息应按照合理的规则划分成不同的类别，使得同一类信息的编码在某一方面具有相同或相近的性质，这样便于管理信息系统的管理和使用。例如，为了对物料进行分类管理，采取了这样的编码方式：10 表示原材料，101 表示黑色金属原材料，102 表示有色金属原材料，1023 表示铝金属，10232 表示铝棒，等等。

4. 扩展性原则

随着组织的发展变化，组织中的管理信息也会随之发生变化。信息编码不能仅仅考虑组织当前的信息状况，而且应考虑组织未来的发展状况和需要。信息编码应具有足够的编码资源，以便满足组织不断增长的对信息编码的需求。这是信息编码的扩展性原则。

5. 统一性原则

统一性原则的含义是，组织中的信息无论是否采取统一的编码体系，只要有了唯一性的编码，那么组织中的所有部门都应使用这种唯一性的编码，不能出现各自为政、一码多用的现象，同一种信息只能有一种信息编码。只有这样才能准确地识别信息和充分地实现信息共享。

6. 不可更改性原则

信息编码是组织实现数字化管理的基础，是管理信息系统中各种信息最主要的标识和特征。也是组织最基础、最重要的规章制度之一。鉴于信息编码的重要性，信息编码规则确定并且信息编码使用之后，一般不允许改变。如果频繁地修改信息编码规则，那么有可能引起管理信息系统无法正确地识别信息和无法有效地执行管理功能，最终可能导致整个组织处于无序状态。这是信息编码不可更改性原则的要求。

7. 重用性原则

为了避免同一种信息有不同的编码，信息编码应当包含信息特征。例如，在编码产品零部件和工装夹具时，不宜使用自然序号、产品所属号等方式，而应依据零部件结构特征、工装夹具结构特征来编码，这样容易做到相同结构的零部件、工装夹具自然有相同的编码，类似结构的零部件、工装夹具有类似的编码，不同结构的零部件、工装夹具有不同的编码。在这种方式下，当为某个新零部件、工装夹具编写编码时，就可以很容易地发现具有这种结构特征的零部件、工装夹具是否存在，从根本上解决一物多码现象。这种有效地重用以前的知识、经验、成果的编码思想称为重用性原则。

8. 简单性原则

信息编码的最终目的是为了更好地管理组织信息。即使是使用基于计算机技术的管理信息系统来管理各种信息，但是这种管理方式仍然不可缺少人工的参与。因此，信息编码不宜过于复杂，应该在满足其他原则的基础上，尽可能地简单明了、容易识别、学习和使用，这样可以避免组织采用新的信息编码时，组织中的各级管理人员由于不习惯、不方便等原因拒绝使用新的信息编码或者消极抵抗新的信息编码的使用，从而最终可能导致新的信息编码被放弃。这是信息编码简单性原则的要求。

总之，信息编码要体现科学化、标准化、规范化、合理化，既要在逻辑上满足使用者的要求，又要适合于处理的需要，结构易于理解和掌握，尽量参照国家标准中有关分类标准体系，确保编码的唯一性、可扩展性和方便性。

6.1.3 常用的编码方法

用于信息编码的代码有两类，一类是有意义的代码，即赋予代码一定的实际意义，便于分类处理；另一类是无意义的代码，仅仅是赋予信息元素唯一的代号，便于对信息的操作。

常用的代码类型有：

(1) 顺序码，即按信息元素的顺序依次编码；

(2) 区间码，即用一代码区间代表某一信息组；

(3) 记忆码，即能帮助联想记忆的代码。

信息的表现形式多种多样，因而编码的方案也非常多。下面分别介绍几种典型的信息编码方法。

1. 语言文字编码

ASCII 是“美国信息交换标准编码”（American Standard Code for Information Interchange）的英文字头缩写，可简称为“美标”。美标规定了用 0～127 的 128 个数字来代表信息的规范编码，其中包括 33 个控制码、1 个空格码和 94 个形象码。形象码中包括了英文大小写字母、阿拉伯数字、标点符号等。语言文字编码还包括我国的一、二级汉字和常用符号的图形字符代码（GB5007—85），日文、韩文等其他文字与符号的“大 5 码”（BIG5）。

2. 条形码

条形码（Barcode）是将宽度不等的多个黑条和空白，按照一定的编码规则排列，用以表达一组信息的图形标识符，如图 6.3 所示。常见的条形码是由反射率相差很大的黑条（简称条）和白条（简称空）排成的平行线图案。

9 788420 532318

图 6.3　条形码

条形码可以标出物品的生产国、制造厂家、商品名称、生产日期、图书分类号、邮件起止地点、类别、日期等许多信息，因而在商品流通、图书管理、邮政管理、银行系统等许多领域都得到广泛的应用。

通用商品条形码一般由前缀部分、制造厂商代码、商品代码和校验码组成。商品条形码中的前缀码是用来标识国家或地区的代码，赋码权在国际物品编码协会，如 00－09 代表美国、加拿大；45、49 代表日本；69 代表中国大陆，471 代表中国台湾地区，489 代表中国香港特区。

制造厂商代码的赋权：在各个国家或地区的物品编码组织，中国由国家物品编码中心赋予制造厂商代码。

商品代码是用来标识商品的代码，赋码权由产品生产企业自己行使，标准商品条形 0 码。商品条形码最后用 1 位校验码来校验商品条形码中左起第 1～12 数字代码的正确性。商品条形码是指由一组规则排列的条、空及其对应字符组成的标识，用以表示一定的商品信息的符号。其中条为深色、空为浅色，用于条形码识读设备的扫描识读。其对应字符由一组阿拉伯数字组成，供人们直接识读或通过键盘向计算机输入数据使用。这一组条、空和相应的字符所表示的信息是相同的。

3. 二维码

二维码是用某种特定的几何图形按一定规律在平面（二维方向）分布的黑白相间的图形中记录数据符号信息的条码。二维码是 DOI（Digital Object Unique Identifier，数字对象唯一识别符）的一种。

在代码编制上巧妙地利用构成计算机内部逻辑基础的“0”、“1”比特流的概念，使用若干个与二进制相对应的几何形体来表示文字数值信息，通过图像输入设备或光电扫描设备自动识读以实现信息自动处理。在许多种类的二维条码中，常用的码制有：Data Matrix，Maxi Code，Aztec，QR Code，Vericode，PDF 417，Ultra code，Code49，Code16K 等，QR Code 码是 1994 年由日本 DW 公司发明。QR 来自英文 Quick Response 的缩写，即快速反应的意思，源自发明者希望 QR 码可以让其内容快速被解码。QR 码最常见于日本、韩国，并为目前日本最流行的二维空间条码。但二维码的安全性也备受挑战，带有恶意软件和病毒正成为二维码普及道路上的绊脚石。发展与防范二维码的滥用正成为一个亟待解决的问题。

微信二维码是腾讯公司开发出的配合微信使用的添加好友和实现微信支付功能的一种新方式，是含有特定数据内容、只能被微信软件扫描和解读的二维码。用手机的摄像头来扫描微信二维码，从而获得相关的名称、商户信息、折扣信息等。如图 6.4 所示。

图 6.4 微信二维码

6.1.4 信息编码的标准化

信息编码标准化工作根据信息化管理需求用代码表达事物（概念）或其特征，并将其标识原则和方法以标准（规范）的方式进行发布和管理。这项工作是一项基础性工作，影响面广且深远、推进难度大，具有以下 4 个基本特点：

1. 信息编码标准化本质上属于高层次的标准化

信息分类与编码标准化解决的是数据层面的规范化问题，所以应该结合企业信息化总体工程进行统一规划和部署，实现企业层面更广泛的协调和统一，为信息集成共享和资源整合优化铺平道路。

2. 信息编码标准化涉及多专业和多学科

信息分类编码标准化涉及设计、制造、管理、计算机、标准等多个学科和专业，各学科和专业相互交叉、相互渗透，所以一个编码方法往往需要计算机技术人员、工程技术人员和标准化人员共同研究确定，信息分类编码不仅要反映信息组织与管理的模式，而且要求具有科学性与实用性，需要各相关单位、部门及专业人员大力协同工作实现。

3. 信息编码标准化工作具有全过程、全方位的特点

制造企业的信息编码标准化工作范畴涵盖从产品、零部件到原材料、设备、工装等各种制造物资，从市场调查（军工产品的立项论证）到产品设计、制造、装配、试验、定型、使用直至报废的全过程，前端延伸到供应商，后端延伸到客户，具有全过程、全方位的显著特点。

4. 信息编码标准化工作以追求代码统一（唯一）为目的

实际工作中，对具体事物（或概念）进行分类与编码时，往往有多种方法可供选择，

这些方法各有其优、缺点，在很难判断哪一种方法是最佳选择时，追求代码统一（唯一）成为主要目的，这时，企业应当尽快确定一种方法，立为标杆，形成标准统一发布和使用。

6.2　地理编码的定义和作用

6.2.1　地理编码的出现及发展

计算机产生之前，在地理学和制图学的研究中就已经开始对地理位置、地理要素、实体以及它们的属性进行统计和分类（“代码表达”），例如：各种大地坐标系，地址，地名等，邮政编码和电话号码分区等。这是最原始和最本质的广义地理编码概念。这里，实体(Entity）是指地球上的一种真实现象，它不能再细分为同一种类型的现象。属性（Attri－bute）是指一个目标或实体的数量或质量特征。要素（Feature）是指具有共同特性和关系的一组现象（如道路）或一个确定的实体及其目标的表示（如某一条道路）。

1960 年随着计算机的出现并开始普及，地理学和制图学开始逐步实现计算机化，需要对空间位置信息、地理要素、实体和它们的属性进行计算机化表达，从而产生出与地理相关的编码的概念，即对地理空间信息的编码，以适应计算机存储和处理。这里，编码(Encoding）是指将信息分类的结果用一种易于被计算机和人识别的符号体系表示出来的过程，是人们统一认识、统一观点、相互交换信息的一种技术手段。编码的直接产物是代码。属性编码是指为识别地理实体的不同属性而设置的编码。地理属性的编码被认为是用于地理信息系统（GIS）的一种编码模型。

1970 年，美国人口统计局为解决人口普查问题，把地址、地理实体（或相关的地理特征）用计算机来编码表达（DLME，TIGER)。这里，地理是指各级普查和行政范围，而编码是指各种地理特征以计算机可读的形式表达出来。这样就实现了在人口普查中使用地理编码给划分出的普查地理区域分配数字代码，来代替普查区域的文字名称，以方便计算机处理。

近年来，随着地理编码的大众化，国内有一大批研究机构依据地址在人类生活中作为最主要定位手段的现状，把自己提供的地址匹配和地址定位功能叫做地理编码，这是地理编码的狭义化。究其原因应该是地址在人类生活中始终为最主要的定位手段。这种方法仅仅实现了地址与地理坐标之间的相互转换，而忽略了地址与其相关的地理实体和属性数据的空间关联关系。

综上所述，地理编码不仅涵盖了对信息资源中包含的地名、地址、地理要素或实体以及它们的属性进行编码，以方便计算机处理和表达，而且更重要的是依据这些编码来确定地名、地址、地理要素和实体以及它们的属性与地理空间位置的关联关系. 通过这种关联关系，人们可以建立信息资源基于地理空间位置进行组织和关联的模型机制，从而实现一定空间范围内信息资源整合，进而满足 GIS 系统的空间分析功能。

随着地理信息的广泛应用，地理国情监测、智慧城市、汽车导航、通信、物流和网络地图服务等产业的发展，人们需要建立一个全球统一的计算机编码（空间网格）来整合城市、全国乃至全球的信息资源，地理编码技术将会发挥越来越重要的作用。

6.2.2 地理编码与地址编码的定义

日常生活中，空间位置信息常常是以地名地址形式来描述的，例如，物流公司每天都要处理大量的货物地址清单，邮政部门每天要面对海量的通信地址。因此，人们在生活中交流位置信息时应用最广泛的是地名、地址，通常情况下地名、地址信息是用文字来描述的。但是，文字描述的地名、地址数据没有空间位置信息，无法与地理坐标关联并用于地理信息系统。因此，地名、地址往往无法满足定位、寻址和基于位置服务的需要，给用文字描述的地名、地址增加空间位置信息，实现地名、地址信息的空间定位、查询和基于位置服务是地理信息社会化应用和服务的一个关键问题。地理编码（Geocoding）技术正是解决这一问题的有效途径。

地理编码是基于地名、地址的定位、寻址和位置服务系统建立的基础，其相关研究已成为地理信息应用和服务研究的热点。但是因认识上的差异，人们对地理编码概念的理解不尽相同。

以下是关于地理编码概念的一些代表性描述。

联合国地理信息工作组（UNGIWG）的定义是：地理编码或位置编码是地理标识码，编码以字母或字母与数字结合的方式出现，用来确定特定位置，在特定地点或具体位置地理编码通常以位置代码（P－codes）的形式存在。并认为地理编码以一个通用的代码系统建立和共享位置信息，是在不同民族、文化、语言和机构之间建立的“共同语言”。

澳大利亚国家地址地理编码文件（G－NAF）中的定义为：地理编码是地址要素位置点空间坐标的确定。

美国人口普查局的拓扑集成地理编码与参考（TIGER）系统认为，地理编码又称为地址编码，是用数字或字母把文字描述的地址数据映射成地理坐标，并在地图上定位的过程，即把用文字描述的地理位置的地址数据与空间坐标关联，使地址信息转换成可用于地理信息系统的地理坐标。

维基百科的解释是：地理编码是将地理坐标（例如经纬度）赋予街道地址、地面点和地理要素的过程。有了地理坐标，街道地址、地面点和地理要素就可以被显示到地图上或运用到地理信息系统中。

在 ArcInfo 中对地理编码的定义是指在地理特征中加入地址属性，从而通过输入地址即能确定一个空间位置。在 MapInfo 中，所谓地理编码是指根据各数据点的地理坐标或空间地址（如省市、街区、楼层、房间等），将数据库中数据与其在地图上相对应的图形元素一一对应的过程。

从以上定义可以看出，地理编码有别于用数字或字母来表示地物这一通常的编码含义，地理编码是近年来因定位、寻址和基于位置服务要求而逐渐形成和发展起来的用于描述地理位置的概念，是按统一的规则确定地名、地址的地理空间位置，并用规范化的地理标识码描述，因此又称为地址编码。地理编码把用文字描述的地名、地址数据通过代码映射到地理空间上，建立地名、地址与地理空间位置的关联，并转换成用于地理信息系统的地理坐标，实现在地理空间上定位。利用地理编码技术可以将大量只有地名、地址属性的记录定位到地理信息数据或地图上，建立非空间信息与空间信息之间的联系，实现一定范围（如街区、行政区等）内信息的整合。

就广义的地理编码概念而言，地理编码的基本内涵是对地理对象进行空间位置标识、计算和处理的过程，这里的地理对象可以是具有一定地理意义和实用意义的地理实体（如某大厦）、地理要素类、地理区域和范围（如行政区域、街道、影像像素等）、地理国情普查的地理单元等。地理编码通过对地理对象在确定的参考系中按一定的规则赋予唯一的和可识别的代码，从而唯一地确定地理对象的空间位置，亦即建立地理对象与代码之间的映射关系，地理编码可以是地理对象与地址的映射，也可以是地理对象与坐标系统的映射。

较为狭义的地理编码概念，亦即目前常用的定义是，地理编码（Geocoding）又称为地址匹配（Address－matching），是指建立地理位置坐标与给定地址一致性的过程，亦即在地图上找到并标明每条地址所对应的位置。这里的地址已较为明确地指代为街道地址、行政区域等，其地理对象也明确为地理实体。

逆地理编码（Reversegeocoding）是指由一个地理坐标得到相应的地址表述的过程，是地理编码的反向过程。将地址模型中各个元素按照一定地址模型组合起来即可实现逆地理编码，如图 6.5 所示。

图 6.5　地理编码与逆地理编码

6.2.3　地理编码的作用

据专家分析，政府各职能部门拥有的大量业务信息中，80％的信息都与地理空间位置密切相关，但是这些信息几乎都没有空间坐标，因此无法与其他信息整合，无法实现可视化的空间分析。为了将这些空间信息与非空间信息，非空间信息与非空间信息进行集成与融合，真正为公众提供直观、生动的基于空间位置的服务，就需要建立空间与非空间信息之间的联系，地理编码正是建立这二者之间联系的最重要最实用的手段。

地理编码的作用主要体现在以下方面：

1. 为海量信息资源建立统一的空间索引

对于一个城市而言，建设地址编码数据库有着重大的意义。以北京市为例，在建立了北京市地名、路名、楼名和门址等数据库之后（包括地名的标准名称、地名的空间坐标、地名的唯一编码等），对空间信息就可以进行简单的查询和检索分析，以支持与位置相关的服务，如LBS、智能交通、移动梦网服务及影像数据库的查询等。对非空间部门的信息可以进行分析、统计、管理、制图和可视化表示，以支持政府的管理和决策。如通过对工商税务管理的各类企事业数据库进行分析，就可以生成各类空间专题信息系统：对房地产的评估，可以生成交通便利图、医疗卫生分布图、餐饮分布图，商业分布图，小区分布图、学校分布图、总体评估图。通过利用北京市普查办公室的各类普查数据库中的地址信息，就可以对大量宝贵的普查数据进行空间可视化分析，生成人口普查、工业普查、商业普查、教育普查、住房普查分布图。进一步可以进行人口与教育布局的空间分布合理性、进行商业网点的选址、房地产的地价指数分析等。

2. 实现海量信息资源的空间信息服务

在现实世界中，人们通过地址来寻找城市中的目标。这种现实世界的定位方式是通过一段文字来表达目标位置的。例如，人们用"海淀区知春路××号"来表示某一酒店的位置。在地理信息系统中，计算机是无法通过诸如以上文字叙述而直接寻找到目标的位置的。目标的位置是由其所在地的地理空间坐标确定的，如该地的经度和纬度，或是其在规定的大地平面坐标系中的 X，Y 值。然而，经度、纬度或是 X，Y 值对于普通用户来说，只是空洞的数字没有丝毫意义。虽然，现在可以通过全球定位系统（GPS）接收仪来轻易地知道自己所在的地理坐标，但这一串数字远不如街名、路名、门牌号更亲切实在。因此，地理信息系统需要一座沟通计算机地理信息与用户的桥梁，进行用户的现实世界语言同计算机空间信息语言之间的转换，而地理编码可以有效解决这一转换问题。

3. 实现信息系统与空间信息融合

目前，大多数信息系统中都包含了地址、联系方式等字段，但这些信息一直没有被充分利用。为了满足管理和决策上的需要，几乎每个行业或机构都以某种形式采集、处理、传播空间信息。在这种情况下，尤其是多种计算机应用环境下，对空间数据的综合利用和共享产生了障碍。通过地理编码可以实现原有信息系统和空间信息的融合，将日常的经济、教育、人文、历史、旅游、商业等一系列城市生活中的信息空间化，同时通过构建空间信息库，在空间信息支持下进行更有效、更深刻的空间分析和决策应用。

4. 实现可持续地理国情监测

对于地理国情普查和监测应用，同样需要对普查或监测对象进行空间定位、查询和统计分析，建立具有统一地理编码的地理国情监测本底数据库，为后续统计分析应用和监测奠定基础。

6.3　地理编码方法

6.3.1　地理编码的建立和实现的要求

在进行地理编码设计和实现时，应注意以下方面：

1. 必须明确需要编码的地理对象

地理对象不同，则实现地理编码的方法不同。

2. 必须遵循信息编码的原则

地理编码本身属于一种信息编码，需要遵循信息编码的唯一性、正确性、分类性、扩展性、统一性、不可更改性、重用性和简单性等基本原则。

3. 必须有确定的统一空间参考系统

地理编码为各类地名、地址规定统一的地理空间位置参考，实现地名、地址信息空间化，并用规范统一的地理空间坐标描述，因此地理编码需要与地理空间参考系结合。统一、规范和完整的地理空间参考系有利于实现地名、地址空间参考坐标的规范化，实现空间定位，并有利于确定不同地名、地址之间的空间位置关系。因此地理编码系统应基于统一的地理空间参考系，可以是基于坐标的或是基于地理标识的。

4. 采用相同的数据模型

地理编码是为满足地名、地址空间定位、信息空间分析，以及其他基本服务需要而搭建的，因此地理编码体系应符合完整、通用和易用等要求，并有利于与地理信息数据集成。这就要求地理编码基于相同的数据模型，使数据组织、结构和逻辑关系统一。在实现地理编码的过程中人们应更加注意的问题在于地理编码也是一种数据组织、数据模型建立或是已有数据重新组织的过程。地理编码也是一种地理空间的间接参考系，是整合多源空间信息资源的一个重要环节，成为基础地理信息数据作为空间基础框架整合信息资源的重要手段。

另外，地名、地址要有一定的大小和地面范围，不同地名、地址的大小和范围会有很大差异，并且地名、地址之间还存在行政隶属关系，各地名、地址之间有层次包含关系，所以描述地址的地理编码也要分级，例如 G－NAF 把地址分为区域、街道和宗地 3 级。因此，地理编码应基于一个结构化和分级的相同数据模型。

5. 建立规范的位置描述

地理编码既是地名、地址数据库建立的基础，又是交流位置信息的工具。地理编码用于地址的查询检索，需要通过统一地理坐标或代码与地理空间相结合，用于位置服务。因此，一个完善的地理编码系统中地名、地址地理位置点和代码描述应规范，以便于确定位置和反映不同地址之间的空间位置关系，从而有利于地名、地址数据创建、关联、分析和恢复，促进数据之间的交换，避免位置查询和共享时出现问题。因此地理编码需要基于规范统一的位置描述规则。

6. 需要空间数据和 GIS 软件支持

地理编码技术将只有名称和属性记录的地名、地址定位到地理空间，是地名、地址的地理位置描述。地理编码实现了空间范围（如街区、行政区等）内信息的整合，使非空间信息与空间信息集成，满足了空间分析（例如区位分析、选址分析等）定位和基于位置服务的需要。但是以上功能的实现需要地名、地址数据与地理信息数据相结合，如果没有一定比例尺和精度的空间数据支撑，空间分析和位置服务就无从谈起，地理编码就成了无源之水、无本之木，因此地理编码系统的应用和服务需要必要的空间数据支撑。

此外，地理编码是人们交流位置信息和位置服务的手段，需要为使用者提供地址服务，满足地名、地址查询检索的要求。因此，地理编码系统的功能需要利用地理信息平台来实现，通过构建数据库，实现对数据的统一存储和管理，通过 GIS 软件实现其应用和服务功能。国外广泛应用的地理编码系统通常基于地名、地址和地理信息数据库，建设地理信息系统平台，用于地名、地址服务。例如澳大利亚 G－NAF 是为满足城镇和郊区寻址需要，针对政府机关、紧急服务、商业以及社会应用而搭建的地理信息服务平台。

6.3.2 地理编码的一般方法和关键技术

一般来说，地理编码主要有以下两种方式：

1. 基于地理格网的地理编码

地理格网是按一定的数学规则对地球表面进行分割，形成彼此邻接又不交叉的多个多边形（四边形、三角形），并赋予标识符（即地理编码），这些多边形（格网单元）之间的空间关系是隐含的。如图 6.6 所示。

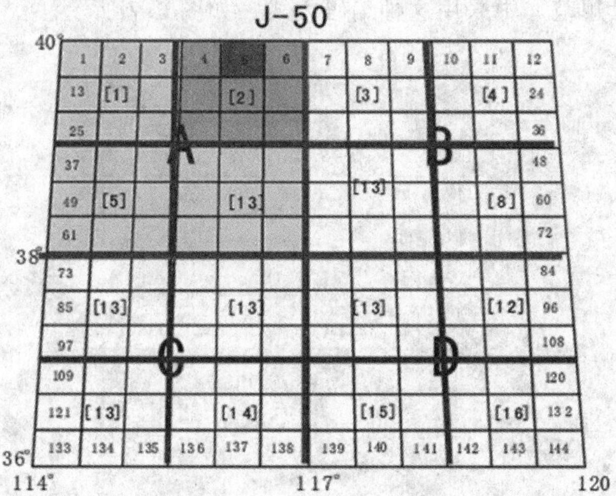

图 6.6 基于地理格网编码

基于地理格网的地理编码采用地理对象与地址通过格网建立相对关联的方法，建立地理对象的地址属性。实质是对地理对象的二维地理位置编码（实体→地理位置、格网坐标）和解码（地理位置、格网坐标→实体）。其实就是表示地理实体在地理格网中位置定位信息（直接指明或者给定一个大小视地理编码精度而定的范围），当建立格网之后，地理对象与编码（格网标识）之间的对应关系被唯一地确定了。美国、英国、澳大利亚等国家就是建立国家格网后以这种编码方式为社会提供各种地理实体基于位置的服务的。

基于地理格网的地理编码是一种适用性最广泛的地理编码方法。从地理编码的几个要素来说，几乎每一种地理对象都可以采用基于格网的地理编码方法；而地理格网本身就是一种基于地理标识符的间接空间参考系。

这种方法的优点在于定位精确，精度可以根据需要较为自由地控制，例如美国的编码精度可以控制在 1m 至 10km 之内，特殊应用甚至可以达到毫米级别。格网建立以后，各级之间关系明确、使用方便。而且格网经均匀裁切，可以无缝拼接。其缺点在于较难精确记录点状和线状地理实体，难以建立地理对象之间的空间拓扑关系。基于地理格网的地理编码需要建立一整套严密的从大地基准、参考椭球、投影方式、首选格网的规定、格网原点、格网划分规则、格网标识编码以及格网精度等各个方面去描述的格网系统，需要综合考虑包括确定编码的最小地理对象或单元在内的多种因素。而且这种方式要由人们接受和使用，尚需一定时间的推广和宣传。

2. 地理实体地址编址的地理编码

采用地理实体与地址建立直接关联的方法，建立地理实体的地址属性。这是针对地理实体的一种传统意义上的地理编码，该方法将地址、门牌、建筑物名、企事业单位名称等空间位置的自然语言描述转化为地址编码，实质就是建立地理实体与地址（空间位置）的一一对应关系，也是对地理对象的二维地理位置编码（实体→地址）和解码（地址→实体）。地理实体地址编址的地理编码一般建立在基于坐标的空间参考系中。这种方法应用较多，如行业标准《市政监管信息化地理编码》（征求意见稿）和北京市地方标准《北京市地址数据库的建设规范》中采用这种编码方式。如图 6.7 所示。

图 6.7　基于地理实体地址的地理编码

地理实体地址编址的地理编码的优点在于编码方式易于被人们接受，而且符合人们惯用的思维方式，推广容易。其缺点在于我国现在的地址使用的不规范性以及中文地址本身的不规范性和重复性，使得这种编码方式存在技术上的难点以及可能存在潜在的错误及漏洞，类似地址数据的标准化及其标准化处理工作量也是非常大的。而且由于我国地域辽阔，这种方式由于地址数据的特殊性而存有一定的地域局限性，不利于推广。

针对以上两种地理编码方法，地理编码实现需要解决以下关键技术：

1）地理信息分类

尽管通常的基础地理信息也是广义上的地理编码过程的实现，虽然这类信息是面向地理信息类的数据组织，但在基础地理信息中也直接或间接地包含一定的地址信息，基础地理信息分类中也包含着大量具有地理实体意义的类，也与目前地址编码实例中地理实体的分类具有较多的相同和相近。我们可以通过扩展、补充基础地理信息分类与代码，增加地理实体类，在属性数据中加入地址信息等，对基础地理信息数据进行再组织和再加工，实现面向地理实体的地址编码数据。

在地理编码的三个要素中，地理对象决定着参考系统的采用和编码规则的确定，也决定着地理编码采用的方法。地理对象应尽可能只是一种，或者是地理实体，或者是地理区域，多种地理对象同时进行地址编码时，会因为地理概念、地理区域与实体在空间的关系中的相关性等产生问题，影响地址编码规则的实现。

2）地理单元划分

明确最小地理对象（或称最小地理单元）的划分，对于地理编码的实现也具有不可忽视的作用，试想以城市管理的每一个部件（一个信箱、信号灯等）作为最小地理对象和以街道、单位为最小地理对象的地理编码将会存在很大的不同。

最小地理对象尽可能不可再分、相互不重叠、或在一个工作平面上可以连续分割空间且不交叉应是最小地理对象划分的基本原则。

3）地理语义

由于人们对各自领域内空间信息认知的不同，导致对同一地理现象观察描述会侧重于对象不同的切面，从而产生观点上的差异，形成语义异构。众多的地址编码信息和地理对象之间存在的语义异构，给地址匹配带来困难，比如“武汉大学正门”、“武大正门”、“武大珞珈门”描述的是同一个地理对象。通过地理语义对其进行地理本体构建和识别，实现异构语义对象的地理编码。

6.3.3 地理网格编码与地理国情监测

地理国情监测就是要对地理方面的国情进行动态的测绘、统计和分析研究，并及时发布地理国情监测报告。地理国情监测通过对地理要素的统计分析，分析各种国情地理信息的变化量、变化频率及地域差异，揭示其发展规律，并对其未来的发展演化方向进行分析预测，最终获取趋势信息，为国家进行决策提供科学的依据。然而，地理统计单元是地理要素统计分析的基础，地理统计单元的划分直接决定着统计分析的精度，所以研究地理统计单元划分的意义是非常重大的。

如果地理统计单元划分得比较合理，那么基于统计单元的统计分析的精度会比较高，相反如果选择了不合理的统计单元，那么统计分析出来的数据的精度可能难以满足精度的要求。所以，地理统计单元划分的意义不言而喻。

地理格网是一种科学、简明的定位参照系统，是对现有测量参照系、行政区划参照系和其他专用定位系统的补充，地理格网的应用，不但可以提高与空间分布信息集成效率，还可以减少数据精度损失和资源消耗。如同陈述彭院士所说：格网应用的优点在于打破采用行政区划单元的约束；压缩信息存储的空间；提高检索与更新的效率；技术易于普及和推广；适用于普查基本完成后的局部抽样统计；易与遥感图像像元匹配，应用便利、高效。

目前的统计数据都是以行政区划为统计单元进行统计的，虽然在数据获取方面具有一定的优势，但是在与其他统计单元的统计数据进行定量分析时，效率比较低，而且在处理一些实际问题时，这些基于行政区划的统计数据往往难以在精度上满足实际需要。除此之外，由于统计数据的统计单元一直是以行政区为单元进行的，当在政府决策中经常会遇到非行政区内的人口数量统计问题时，无法获得高精度的统计数据，或者得到的是错误的统计数据。例如，广播电视发射台站选址时，必须考虑发射台设置在不同地点时所覆盖的人口数量。还有洪水淹没区内常住人口的数量统计以及一次地震灾害所波及的受灾人口数量统计也存在这样的问题。

地理格网是各种数据融合的空间基底。空间数据集成是一个十分广泛的概念与技术，涉及空间数据的方方面面。不同的数据依附在不同的空间范围上，缺乏共同的空间基底，无法整合集成、实现共享，难以满足社会各方面的应用需求，更缺少在集成基础上有专业深度的数据挖掘。地理格网的提出和相关研究工作的开展，正是基于这样的需求而进行的。

地理格网的研究为多源、多时空尺度数据的集成与融合提供了一种新的思路和模式。像元尺度的数据集成和融合在遥感数据处理中较为常见，近年来开始应用于社会经济数据。将栅格技术应用于社会经济数据的处理，为资源环境等自然地理数据与社会经济数据的集成与融合创造了条件，为自然与人文综合研究提供了一种新的思路和模式。基于地理格网的种种优点，地理国情监测选择通过以地理格网作为载体对地理统计单元进行划分。

6.4　地理网格编码设计

6.4.1　经纬度地理网格及编码

经纬坐标格网按经、纬差分级，以不同的经、纬差格网作为分级和赋予格网代码的基本单元。

1. 经纬度坐标格网分级

经纬度坐标格网各层级的格网间隔为整倍数关系，同级格网单元的经差、纬差间隔相同。经纬坐标格网基本分为 5 级，如表 6.1 所示。

表 6.1　**经纬坐标格网分级**

格网间隔	1°	10′	1′	10″	1″
格网名称	1 度	10 分	分	10 秒	秒

2. 经纬度坐标格网编码

经纬坐标格网代码由 5 类元素组成，分别为象限代码、格网间隔代码、间隔单位代码、经纬度代码和格网代码。前 4 类元素为必选元素，格网代码元素根据线需要选用，后 2 类元素根据经、纬度数值计算生成，如图 6.8 所示。

象限代码由南北、东西代码组成，采用赤道和本初子午线的交点为原点，将全球分为西北、东北、西南、东南四个象限，象限代码表示为 NW、NE、SW、SE，如图 6.9 所示。

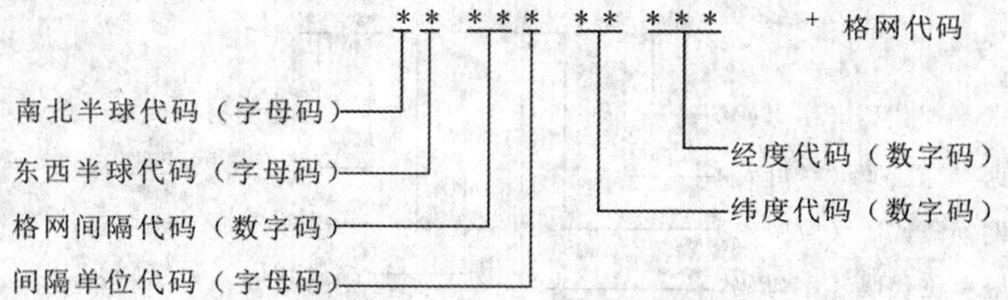

图 6.8　经纬度地理格网编码

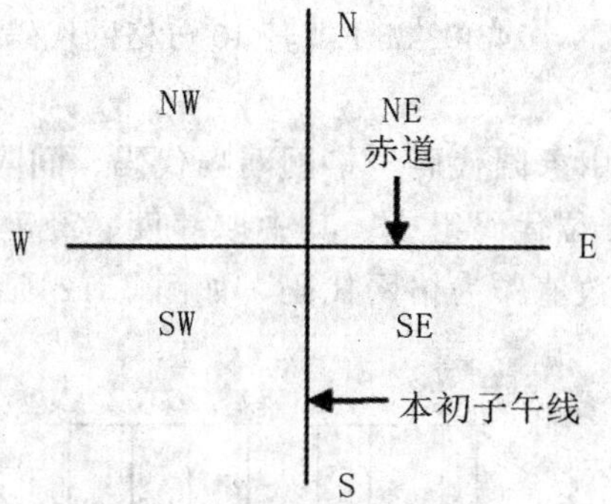

图 6.9　象限代码划分

经纬度代码由经度代码和纬度代码组成，分别取经度、纬度的整度数值计算生成，用 2 位数字码表示纬度和 3 位数字码表示经度；格网代码取经度、纬度的非整度数值计算生成，由于采用的格网间隔不同，格网代码长度为 0 位、4 位或 8 位。

3. 1°经纬度地理格网

1°经纬度地理格网由象限代码、格网间隔代码、间隔单位代码、纬度经度代码共 10 位代码组成，如图 6.10 所示。

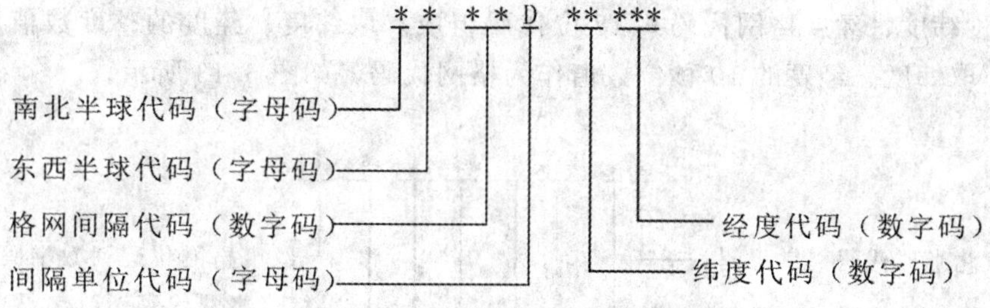

图 6.10　1°经纬度地理格网编码

例如，某点位于 75°41′15″N，143°02′35″E，其一度格网代码为：NE01D75143。

4. 10 分经纬度地理格网

10 分经纬度地理格网代码由象限代码、格网间隔代码、间隔单位代码，以及纬度、经度代码和分纬度、经度格网代码共 14 位代码组成。其中取纬度、经度的整度数值作为纬度、经度代码；取纬度、经度的 10 分位数值作为格网代码，如图 6.11 所示。

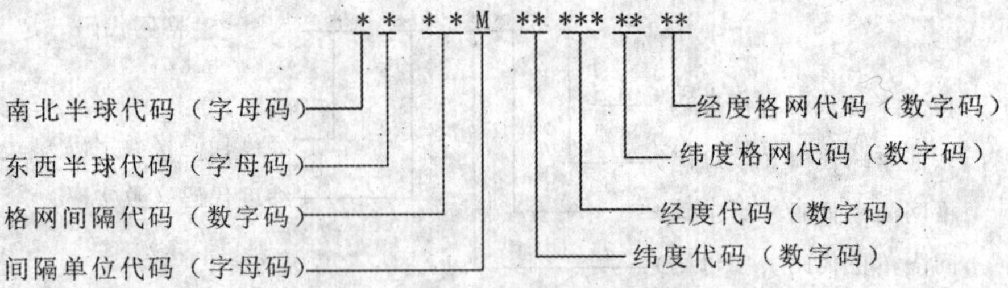

图 6.11　10 分经纬度地理格网编码

例如，某点位于 75°41′15″N，143°02′35″E，其 10 分格网代码为：NE10M751430400。

5. 分经纬度地理格网

分经纬度地理格网代码由象限代码、格网间隔代码、间隔单位代码、纬度经度代码和分纬度、经度格网代码共 14 位代码组成。其中取纬度、经度的整度数值作为纬度、经度代码；取纬度、经度的分位数值作为格网代码，如图 6.12 所示。

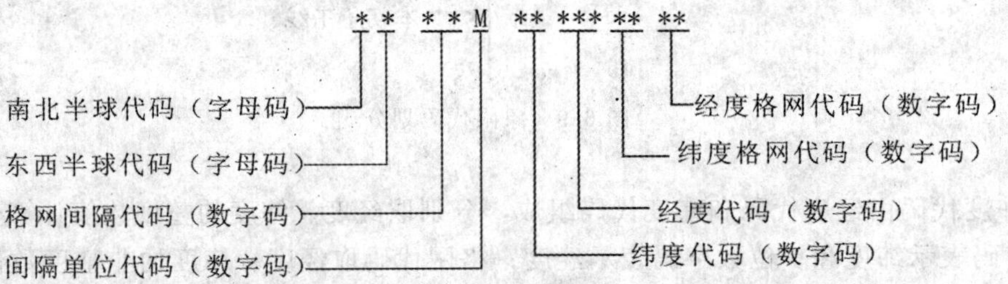

图 6.12　分经纬度地理格网编码

例如，某点位于 75°41′15″N，143°02′35″E，其分格网代码为：NE01M751434102。

6. 10 秒经纬度地理格网

10 秒经、纬度地理格网代码由象限代码、格网间隔代码、间隔单位代码、纬度经度代码和 10 秒纬度、经度格网代码共 18 位代码组成。取纬度、经度的整度数值作为纬度、经度代码；取纬度、经度的 10 秒位数值作为格网代码，如图 6.13 所示。

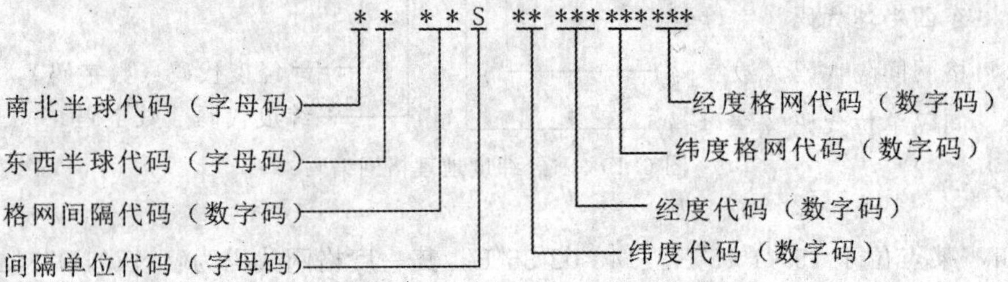

图 6.13　10 秒经纬度地理格网编码

例如，某点位于 75° 41′ 15″ N，143° 02′ 35″ E，其 10 秒格网代码为：NE10S7514302470015。

7. 秒经纬度地理格网

秒经纬度地理格网代码由象限代码、格网间隔代码、间隔单位代码、纬度经度代码和秒纬度、经度格网代码共 18 位代码组成。其中取纬度、经度的整度数值作为纬度、经度代码；取纬度、经度的秒单位数值作为格网代码，如图 6.14 所示。

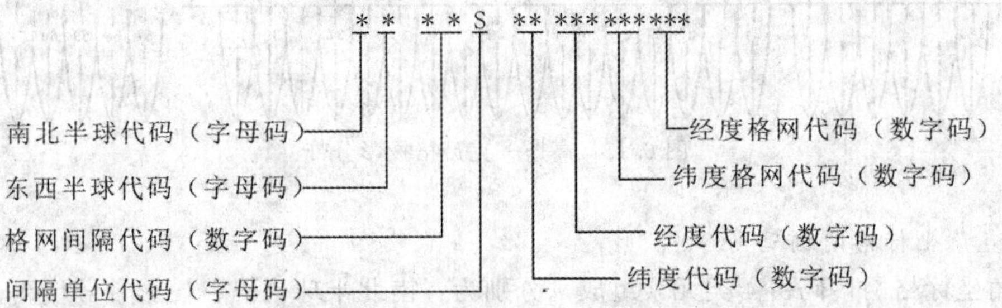

图 6.14　秒经纬度地理格网编码

例如，某点位于 75°41′15″N，143°02′35″E，其秒格网代码为：NE10M7514324750155。

8. 扩展经度、纬度地理格网

在 1 度格网的基础上向更大格网间隔延伸，如 2 度格网、5 度格网、N 度格网。也可以按一定间隔细分格网。细分的格网间隔宜与相邻基本层级的格网间隔成倍数关系。

例如，某点位于 75°41′15″N，143°02′35″E，求其 2 度格网、5 度格网、5 分格网、2 秒格网的代码。

5°× 5° 5 度格网代码：NE05D15028；

2°× 2° 2 度格网代码：NE02D37071；

5′× 5′ 5 分格网代码：NE05M751430800；

2″× 2″ 2 秒格网代码：NE02S7514312370077。

6.4.2　直角坐标地理网格及编码

直角坐标格网采用高斯—克吕格投影直角坐标系统，以百公里作为基本单元，逐级扩展。

1. 直角坐标格网分级

分级规则：各级格网的间隔为整数倍数关系，同级格网单元在 X、Y 方向间距相等。直角坐标格网采用高斯—克吕格投影，采用 6°或 3°分带，如图 6.15 所示。直角坐标格网系统根据格网单元间隔分为 6 级，以 100km 格网单元为基础，按 10 倍的关系细分，如表 6.2 所示。

表 6.2　直角坐标格网分级　（单位：m）

格网间隔	100000	10000	1000	100	10	1
格网名称	百公里	十公里	公里	百米	十米	米

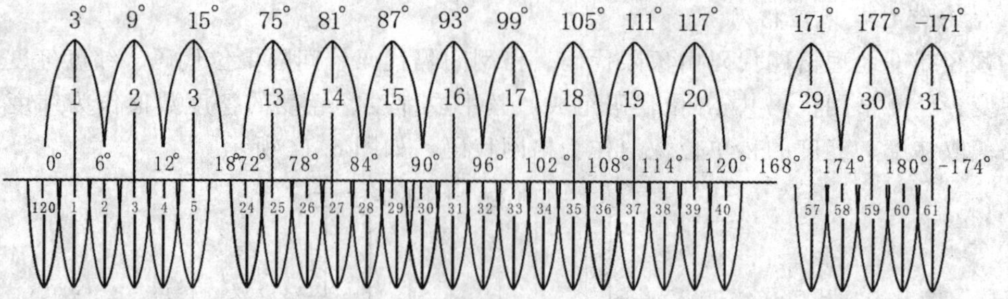

图 6.15　高斯—克吕格投影分带

2. 直角坐标格网编码

直角坐标格网代码由 4 类元素组成，分别为：南北半球代码、投影带号代码、百公里格网代码和坐标格网代码，如图 6.16 所示。

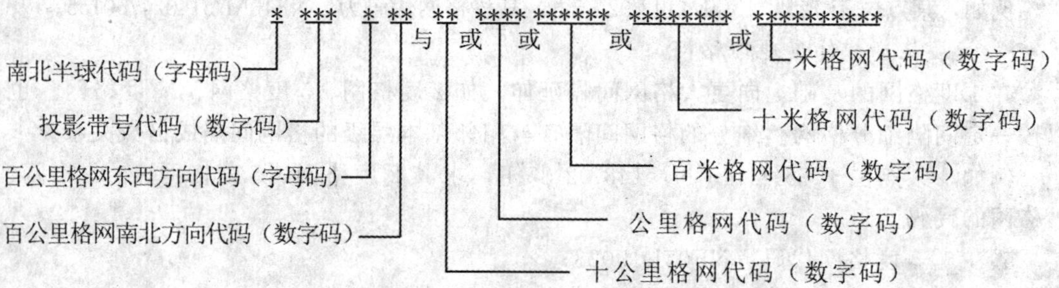

图 6.16　直角坐标格网代码

南、北半球代码，采用 1 位字母码。南半球用“S”表示，北半球用“N”表示。

投影带号代码，采用 3 位数字码表示。6°分带，全球共分 60 带，在投影带号前用 0 补足 3 位，投影带号代码分别为 001 至 060；3°分带，全球共分 120 带，投影带号加 100，投影代号代码分别为 101 至 220。

百公里格网代码采用 1 位字符与两位数字混合编码。采用 6°分带时，自西向东，每百公里用 1 位字符（A～H）表示；采用 3°分带时，自西向东，每百公里用 1 位字符（C～F）表示，由南向北，每百公里用两位数字（00～90）表示。

坐标格网代码根据选用的层级格网，字位长度从 2 位至 10 位不等，横坐标在前，纵坐标在后，结构如下：

（1）十公里格网代码为 2 位，由横坐标值和纵坐标的十公里字位数值取整构成；

（2）公里格网代码为 4 位，由横坐标值和纵坐标的公里字位数值取整构成；

（3）百米格网代码为 6 位，由横坐标值和纵坐标的百米字位数值取整构成；

（4）十米格网代码为 8 位，由横坐标值和纵坐标的十米字位数值取整构成；

（5）米格网代码为 10 位，由横坐标值和纵坐标的米字位数值取整构成。

例如，某点位于 39°55′N，116°30′E，其 6°带投影带号为 20，纵坐标值 4420395.9m，横坐标值为 457251.1m，可求得其所在的：

十公里格网代码：N020D4452；

公里格网代码：N020D445720；

百米格网代码：N020D44572203；

十米格网代码 N020D4457252039；

米格网代码：N020D445725120395。

6.4.3 全球栅格影像金字塔地理网格及编码

GoogleEarth、NASAWorldWind、GeoGlobe等三维可视化平台为全球宏观范围内空间数据（高分辨率影像、地形数据）集成管理、可视化、分析和决策提供了一种有效的手段。为了使用户缩放到不同区域时逐渐显示更多的细节，全球影像地形采用了多分辨率金字塔地理网格图层技术，对被显示的数据进行重采样，提取不同分辨率的瓦片图层，然后根据视距显示不同分辨率的地理网格所在的瓦片。

全球栅格影像金字塔地理网格对海量DOM影像数据采用分层分块金字塔模型对全球范围内的影像数据进行统一组织划分，如图6.17所示，通过四叉树索引的层次结构管理全球范围多分辨率的数据，使不同分辨率的数据在空间范围上可以相互重叠，以实现多分辨率数据接边的连续性。在数据调度时，可以根据访问要求调用其中的一个或多个部分。

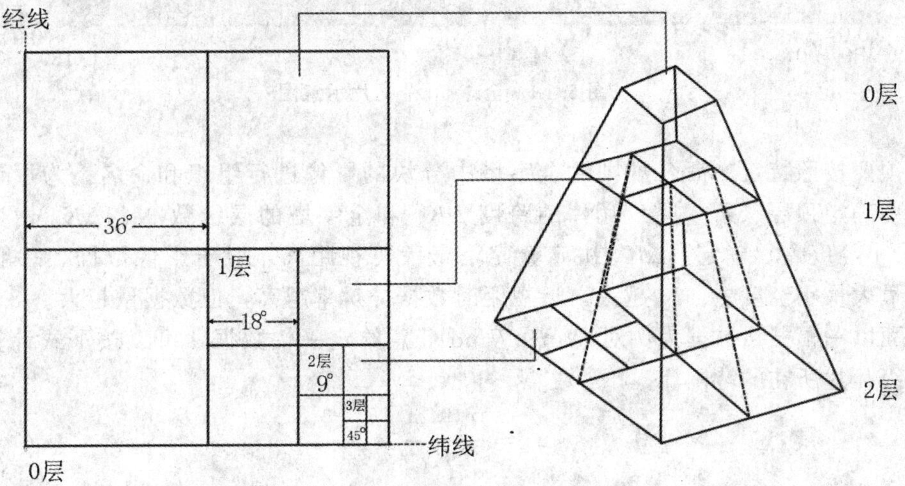

图6.17 金字塔分层分块组织模型

金字塔是一种多分辨率数据模型，其核心思想是分层和分块，即：对原始数据按不同分辨率重采样产生层；同一层数据按指定的格网大小均匀剖分。理论上，金字塔应该是一种连续分辨率的模型，但在构建过程中很难、也没有必要做到分辨率连续变化。因此，通常采用倍率的方法形成多个分辨率层次，即从金字塔顶层到底层，将每个块剖分成多个，而每个层中所有块的组合表示的范围不变。金字塔模型里同一图像的、连续更高分辨率的拷贝被称为地理瓦片，简称瓦片（Tile）。模型中，上一层的每一个瓦片一分为四，得到下一层四个瓦片。由于每个瓦片的大小是相同的，但是对应实际地理范围是不同的，所以同一层的每一个瓦片的分辨率相同；下一层瓦片的分辨率是上一层瓦片分辨率的两倍。

1. 栅格影像数据金字塔地理网格模型及编码

以一幅使用 WGS84 投影的地球全球地图为例，在 0 图层，将这幅影像分成 50 块瓦片，每一块影像跨度为 36°×36°，如图 6.18 所示。图层 1 在图层 0 影像的基础之上提高 4 倍的分辨率，亦即对于同一影像，它被分成 18°×18°的片段，因此产生 200 块信息的瓦片。在图层 2，分辨率提高到含有 800 块 9°×9°的瓦片，以此类推。

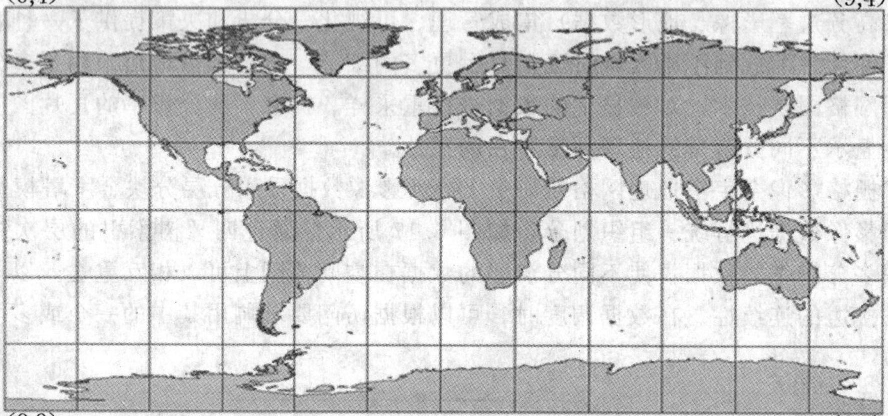

图 6.18　全球 50 个瓦片示意图

必须要按照特定的命名规则对金字塔中分块的影像进行组织和命名。为了创建金字塔，需要确定顶层（第 0 层）瓦片的跨度 ΔK_0 和金字塔的层级数 N。ΔK_0 由数据范围（最大最小经度差）确定。ΔK_0 决定金字塔最大可视距离。对于影像数据，一般取 ΔK_0 略大于最大最小经度差。N 越大，近视距时数据分辨率越高，但数据量越大。

下面以一幅栅格数据为例对 WorldWind 任意给定一幅数据，可以按下式计算其所在的每一级瓦片所在的范围。

$$i_0=\frac{B_0+90}{\Delta K_0}\times 2^k$$

$$j_0=\frac{L_0+180}{\Delta K_0}\times 2^k$$

$$i_1=\frac{B_1+90}{\Delta K_0}\times 2^k$$

$$j_1=\frac{L_1+180}{\Delta K_0}\times 2^k$$

式中，B_0，L_0，B_1，L_1 表示数据范围的最小最大经度和纬度；k（$0\leqslant k\leqslant N$）表示所在层数；i_0，j_0，i_1，j_1 表示数据在对应的金字塔的第 k 层，瓦片行列的起始和终止的号码，亦即得到了数据在第 k 层、以（$-180°$E，$-90°$S）为原点、单位跨度为 $\frac{\Delta K_0}{2^k}$ 的平面坐标系中范围。如图 6.19 所示，其中 Image 为待处理的数据。

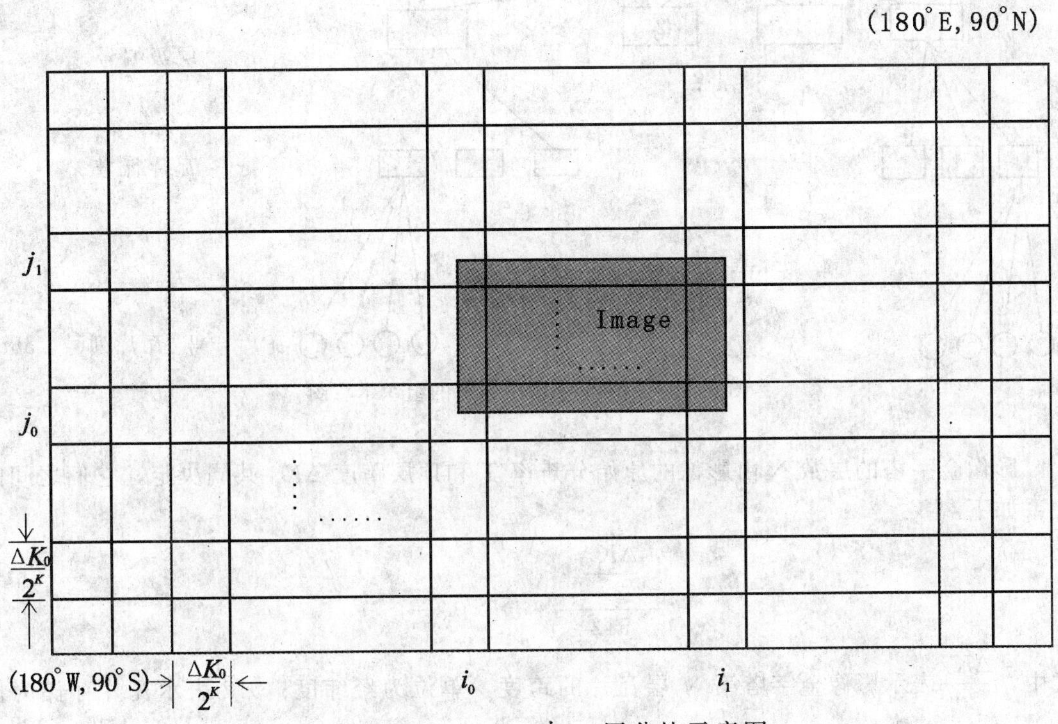

图 6.19　影像在金字塔第 K 层分块示意图

图 6.20、图 6.21 为影像金字塔瓦片组织结构。图中“数据集名称”、“层级编号”、“瓦片行号”为文件夹目录，处于上下级关系；“瓦片行号 _ 瓦片列号 .abc”为具体瓦片文件。瓦片名称中行列号对应着地理坐标，据此映射到金字塔影像可视化管理软件（如 NASA WorldWind）中显示，而在 NASA WorldWind 中可以根据地理位置查询到影像金字塔目录下的栅格影像对应瓦片。

NASA WorldWind 中第 0 层瓦片的跨度 ΔK_0 的取值必须能被 36 整除，并且最大不能超过 36。所以，对数据进行金字塔创建之后，金字塔底层瓦片的分辨率只能小于或等于原始数据的分辨率。

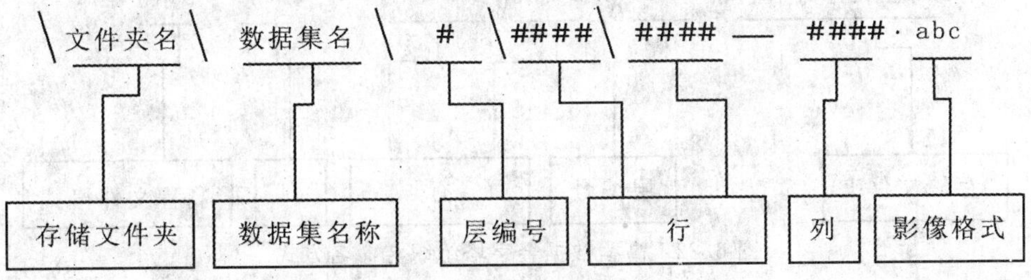

图 6.20　地理瓦片存储

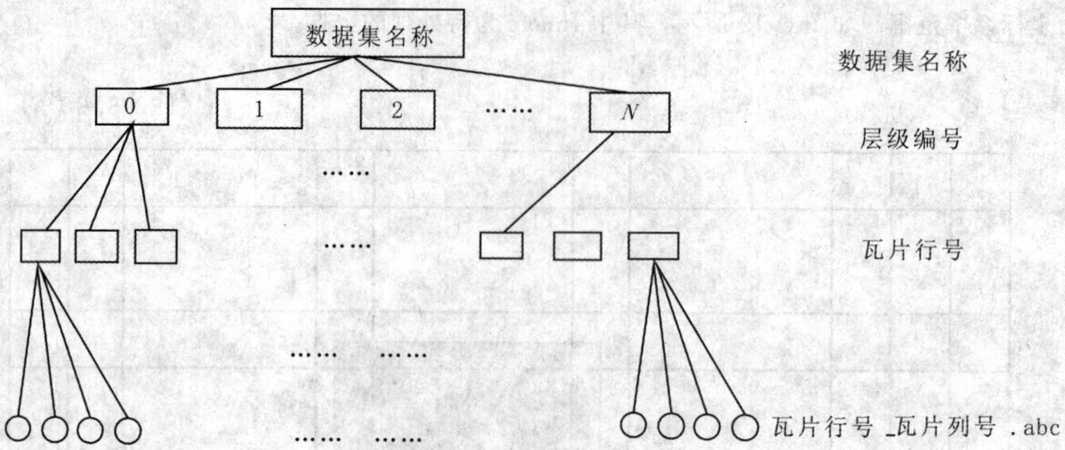

图 6.21　影像金字塔中瓦片的组织示意图

影像金字塔的层数 N 由影像的原始分辨率 T 和顶层跨度 ΔK_0 共同决定，它们之间的关系如下：

$$\frac{\frac{\Delta K_0}{2^N}}{512} * D \geqslant P3-2$$

式中，$\frac{\Delta K_0}{2^N}$表示影像金字塔第 N 层瓦片的跨度，单位为经纬度；512 表示瓦片存储为栅格图像的像素大小；D 表示 1 经度对应实际的地面距离，为 111111.1m；P 表示原始影像的分辨率，单位为米（m）。

2. 地形高程数据金字塔地理网格模型

高程数据金字塔与栅格影像数据金字塔具有一致性，也是分层分块组织的。在 WorldWind 中，高程数据金字塔顶层（第 0 层）瓦片的跨度 ΔK_0 的值为 20°，金字塔的层级数 N 最小值为 0，最大值为 11，一共 12 层。瓦片的存储格式为 BIL，该格式中存储 150×150 个点的高程值，各个高程点是均匀分布的。

创建完毕的高程金字塔数据以图 6.22 展示的组织与命名方式存储到数据服务器或者本地硬盘空间中。

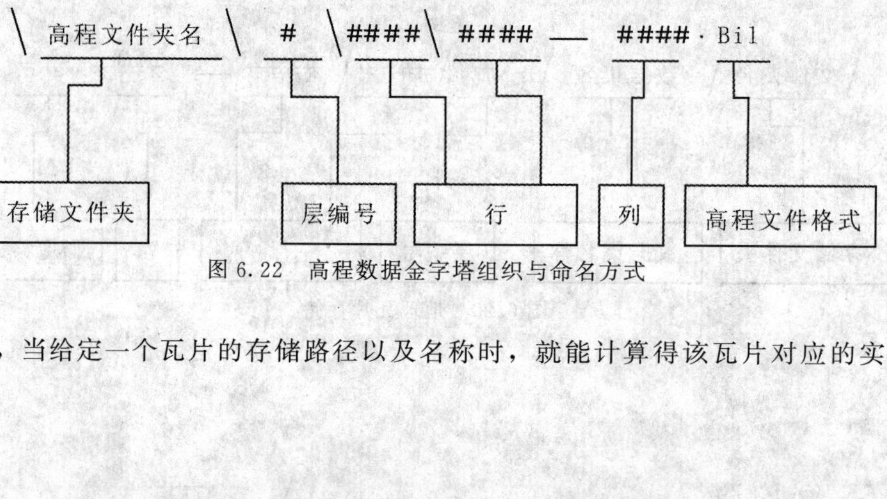

图 6.22　高程数据金字塔组织与命名方式

因此，当给定一个瓦片的存储路径以及名称时，就能计算得该瓦片对应的实际地理范围。

例如给定瓦片存储路径与名称“\dem \10 \5798 \5798_14924.bil”。从中可以知道：

(1) 高程金字塔数据集名称为“dem”；

(2) 当前瓦片在第10层；

(3) 当前瓦片对应的地理范围为：左下角（N23.2421875，E111.484375），右上角（N23.26171875，E111.50390625）。因此，该瓦片中各个高程点的平面坐标也能计算得到。

高程金字塔数据与栅格影像金字塔数据存储的不同之处在于：

(1) 栅格影像金字塔是按照数据集分别进行存储管理的，而高程金字塔数据都存储到同一个高程文件夹中。

(2) 栅格影像金字塔瓦片的存储格式是栅格影像常用的格式，如PNG、JPG、BMP等，每个瓦片大小都是固定的，而高程金字塔瓦片存储格式为BIL格式。

6.4.4　数字城管地理网格及编码

1. 按照行政区划划分的地理网格编码

按照行政区划划分的地理网格使城市空间信息形成了从市辖区到街道办事处、社区、单元网格的四级管理模式。因此，网格编码可以在市辖区码、街道办事处码和社区码的基础上进行。

按照行政区划划分的地理网格的编码应遵循以下标准：

(1) 一个单元网格在时间和空间定义上应有一个唯一的编码，单元网格变更时，其原代码不应占用，新增单元网格按照原有编码规则进行扩展。

(2) 单元网格分四类12位进行编码，依次是6位市辖区码、2位街道办事处码、2位社区码和2位单元网格顺序码，编码结构如图6.23所示。只在一个市辖区内进行地理网格划分时市辖区代码可以省略。

(3) 市辖区代码、街道办事处代码均应按照（GB/T2260）和（GB/TI0114）执行，社区代码按各地管理要求进行编码。

(4) 单元网格顺序码按从左到右、从上到下的顺序进行编码。

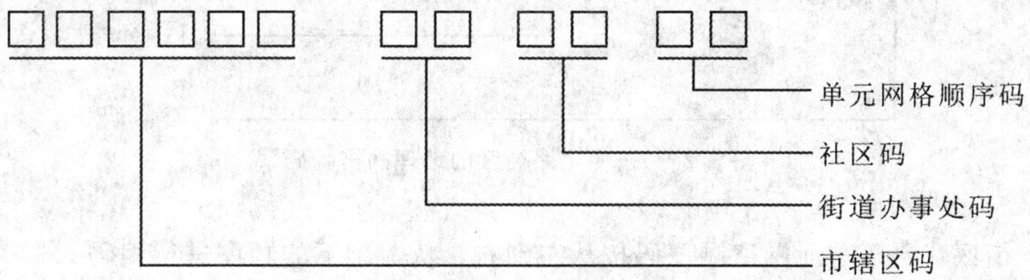

图6.23　按照行政区划的地理网格编码

按照图6.23中的地理网格编码方法示例如表6.3所示，表6.3中省略了辖区码。

表 6.3 按照行政区划的地理网格编码示例

序号	所在街道办事处	所在社区	网格编码
1	北大街办事处	沙坪	010101
2	北大街办事处	沙坪	010102
3	北大街办事处	沙坪	010103
4	北大街办事处	龙潭	010201
5	北大街办事处	龙潭	010202
6	北大街办事处	龙潭	010203
7	桥头办事处	银闸	010301
8	桥头办事处	银闸	010302
9	桥头办事处	银闸	010303
10	桥头办事处	银闸	010304

2. 按照道路街区划分的地理网格的编码

按照道路街区划分的地理网格是根据城市道路形成的自然街区来划分的，因此其网格编码不能在行政区划编码的基础上进行。我们可以先给街区单元编码，然后在街区内给单元网格编码。

（1）一个单元网格在时间和空间定义上应有一个唯一的编码，单元网格变更时，其原代码不应占用，新增单元网格按照原有编码规则进行扩展。

（2）单元网格分三类 10 位进行编码，依次是 6 位市辖区码、2 位街区码和 2 位单元网格顺序码，编码结构如图 6.24 所示。只在一个市辖区内进行地理网格划分时市辖区代码可以省略。

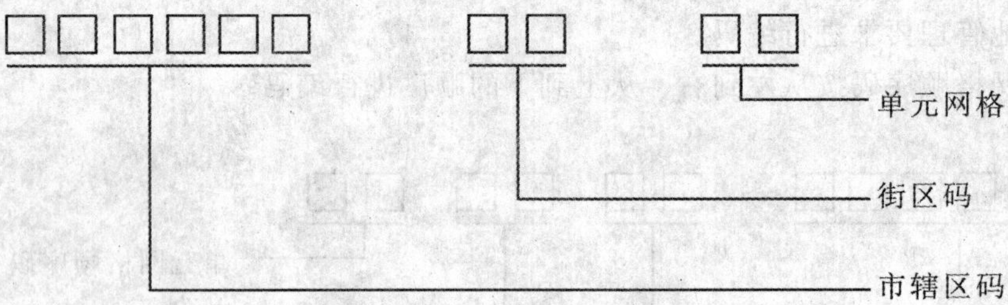

图 6.24 按照道路街区的地理网格编码

（3）街区代码、单元网格顺序码按从左到右、从上到下的顺序进行编码。

3. 按照方格网划分的地理网格的编码

由于这种地理网格是规则的方格网，因此在编码时比较容易，按照从左到右、从上到下的顺序进行编码即可。单元网格分两类 8 位进行编码，依次是 6 位市辖区码、两位单元网格顺序码，如图 6.25 所示。如果有二次细分网格，单元网格顺序码位数则增加两位，以此类推。

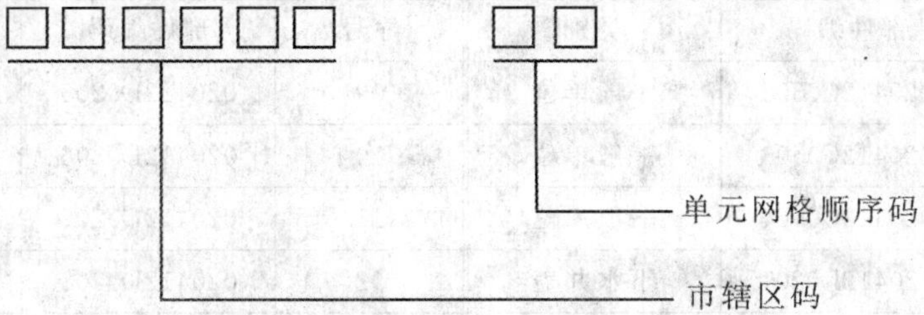

图 6.25 按照方格网的地理网格编码

4. 网格化部件编码

网格化部件就是地理网格中所包含的城市部件，城市中有大量的地理信息，比如，道路、河流、桥梁、湖泊、旅游景点、居民楼、商业网点、政府部门、宾馆饭店、车站、教育部门、金融网点、电信邮局、医疗卫生、娱乐场所、一般单位、道路附属物（路灯、垃圾箱、下水井盖），等等。为了有效地管理和利用这些信息数据，通常会把这些地理信息按照不同的类进行划分、存储和管理。分类时根据不同需要进行分类。

部件编码就是给网格化部件赋予身份证，网格中的部件被编码后就能和地理网格形成映射关系，通过网格就能很快地查找到这些部件的具体位置。部件编码是在网格编码的基础上进行的，依次是单元网格的编码、部件分类代码和部件顺序码。

图 6.26 中编码为 020412 的地理网格里居民地建筑物和街道下水井盖的编码，如表 6.4 所示。

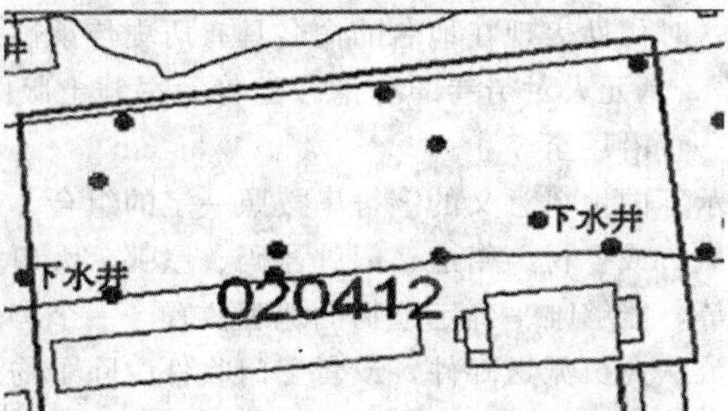

图 6.26 城管地理网格部件图

表 6.4 **部件编码示例**

序号	部件编码	类别	序号	部件编码	类别
01	020412C0501	一般单位	08	020412D0204	下水井盖

续表

序号	部件编码	类别	序号	部件编码	类别
02	020412C0502	一般单位	09	020412D0205	下水井盖
03	020412C0503	一般单位	10	020412D0206	下水井盖
04	020412C0504	一般单位	11	020412D0207	下水井盖
05	020412D0201	下水井盖	12	020412D0208	下水井盖
06	020412D0202	下水井盖	13	020412D0209	下水井盖
07	020412D0203	下水井盖	14	020412D0210	下水井盖

6.5　地址编码

6.5.1　地名、地址及其分类

地名是人们赋予空间某一特定位置上自然或人文实体的专属名词，蕴涵一定的位置信息，具有社会性、区域性、时代性的特征，如图 6.27 所示。社会性表现在地名的扩充有赖于社会的进步。在远古时代，由于人的活动范围局限于一定的区域，当时的地名信息只涵盖对其活动小块区域的地理实体描述。随着时代的进步、科技的发展，人类足迹已遍布了世界的每个角落，出现了诸如“火星”、“太平洋”等地名名称；区域性表现在地名是由地理实体存在区域的人对其进行的描述，其描述方式必然受到当地人思维、语系的影响，因而具有一定的区域性；时代性表现在地名的命名具有历史传承性。如，街巷的指示关键词“胡同”，源于蒙古语，是元人对街巷的称谓。随着元军领土版图的扩大，胡同就已成为北方街巷的通称，并一直沿用至今。

地址是由一连串表示不同地名意义的字符串按照一定的组合、优先规则排列形成的句子，内含国家、省份、城市或乡村、街道、门牌号码、屋邨、大厦等建筑物名称，或者再加楼层数目、房间编号等，能够唯一确定地物的地理位置。一个有效的地址应该是独一无二的，有助于邮差等物流从业员派送邮件，或者上门收件。除了物流业，其他例如朋友聚会、登门拜访、求职招聘、公司注册登记等，也必须有一个地址。

国内外学者通过对地址信息进行大量研究发现指意明确的地址信息应当包含的地名信息有行政区名、街巷名、小区名、门（楼）址、标志物名和兴趣点名 6 个类型。

1. 行政区名

行政区是指行政管辖的范围，包含市级、县级、乡级和行政村级四级行政区划范围。行政区名是对行政区规范名称的文字描述。

2. 街巷名

街是明确划分出车道和人行横道的通行区域，也称为道路。按照通行区域的宽度可以将街分为两类：一是路面较宽的巷道，称为路或街；二是路面较窄的巷道，称为巷、胡同。街巷名是对街巷规范名称的文字描述。

图 6.27 地名

3. 小区名

小区是人们居住相对集中的一块生活区域。在现实生活中的表现形式主要有以城镇居民住宅为主并配置有一定生活服务设施的城市住宅小区和经过长期聚集、以农业生产为主而形成的自然村落等。小区名是对小区规范名称的文字描述。

4. 门楼址

门楼址包括建筑物的门牌地址和楼牌地址，门楼址是用来区分门、楼规范名称的文字描述。

5. 兴趣点名

兴趣点是沿某条街巷或者在某个小区内具有地理表示作用的地理实体，如学校、单位、店铺、公共设施等。兴趣点名是对兴趣点规范名称的文字描述。

6. 标志物名

标志物是指在群众中具有广泛认知度的兴趣点，可以是具有地名意义的运输设施，如交通站台、立交桥等；可以是具有地名意义的企业，如医院、设计院等；也可以是具有地名意义的公共设施，如博物馆、养老院等。标志物名是对标志物规范名称的文字描述。

将地址信息按照上述描述归类分段后，有助于判断地址信息中缺少的成分，清楚数据描述的准确程度。

6.5.2 地址编码及存在的问题

地址编码是一种基于地理实体地址的地理编码方法。通过在地理实体中添加地址信息，从而通过输出一个地址即可查询到其对应的地理空间坐标。地址编码是地理编码的一种，随着 GIS 在人们生产生活中的作用越来越重要，对于根据文本地址快速、准确地查找其地理坐标的需求日益明显，尤其是在移动互联网服务领域，基于地址编码的位置服务被越来越多地应用。

地名、地址的地理编码流程如图 6.28 所示，主要包括地址标准化、地址匹配和地址量化 3 个关键步骤。为了实现这 3 个关键步骤，还需要相应的地址模型、地址词典、地址数据库以及相应的量化规则。

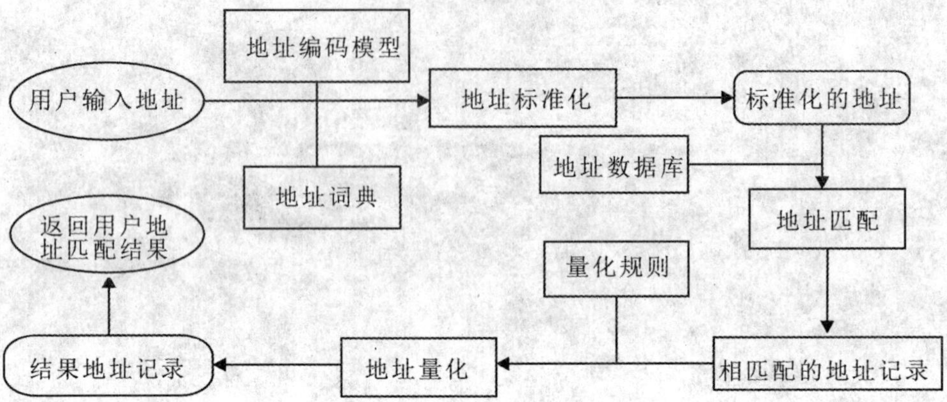

图 6.28 地名、地址地理编码流程框图

例如，要对“北京市海淀区复兴路 11 号”地址进行地理编码，首先要进行地址切分、标准化，即转化为“北京”（市名）、“市”（市级单位）、“海淀”（区名）、“区”（区级单位）、“复兴”（街道名）、“路”（街道单位）、“11”（门牌号码）、“号”（门牌后缀）等结构化、标准化的词组。然后，根据一定的地址匹配策略与 GIS 系统标准地址库中的地址信息进行比对，获得相匹配的地址记录集，并通过插值等方式获取一个对应的空间地理坐标值。最后，地理编码量化就是对地理编码过程的好坏程度进行数字化评价，将与“北京市海淀区复兴路 11 号”相匹配的一组地址，按照匹配程度由高到低呈现给用户。

当前，基于地理实体地名地址的地理编码方法、标准、模型和应用中存在以下方面的问题：

1. 地理编码概念和技术理解上的偏差

目前对于地址编码技术的理解，国内各相关部门各不相同。有的部门认为地址编码是对地理要素的信息分类和编码，有的部门认为地址编码是对城市的地名和地址进行的编码。北京市相关部门在过去几年中曾经花费很大精力开展过城市道路、道路交叉口、街坊代码信息标准化等工作，他们认为这就是地址编码。实质上这是对地理要素或实体及其属性进行编码，目的是通过编码对地理要素或实体进行唯一的标识，并没有涉及地理实体及其属性与地理空间位置信息（地理坐标）之间的关联。从地址编码的技术应用角度而言，这种理解是不准确的。

2. 国内地名、地址命名的无序性

中国现有的地名、地址体系异常复杂，地名相对混乱、无序，规律性低和缺乏统一的标准，造成国内目前在地址编码技术应用方面还仅仅局限于专业领域和部门内部，难以推广和普及。国内目前还没有针对地址数据内容方面的标准和规范，地址数据内容描述不统一，地址表述方式多样，造成个别部门和公司在开发地址编码软件工具时，地址数据重复采集。地址数据模型不一致，地址数据采集和整理方法各异，地址匹配信息重复生成等问题，给地址数据资源开发和利用带来了巨大的浪费。

相对于我国而言，国外许多国家在地址数据命名和表述方面要规范化得多。例如，国外的街道门牌号编排时，在道路两边分别按照奇数、偶数从小到大顺序排列。此外，国外在进行地址编码项目开发时，会有专门的部门或公司依据地址数据内容标准和规范负责区域性地址数据的采集和维护工作。例如，美国的 Geographic Data Technologies（GDT）公司，在许多 GIS 开发和应用项目中都负责生产和维护项目所需要的地址数据产品。

另外，国外有许多关于地址数据的内容标准和规范说明，例如美国联邦地理数据委员会（FGDC）的文化和人口数据附属委员会在 2003 年 4 月发布的地址数据内容标准公共草案，美国南卡罗来纳州信息资源委员会在 2000 年 4 月发布的地址数据库和地址道路中心线内容标准，以及美国邮政管理局在 2000 年 11 月发布的邮政地址数据内容标准，等等。这些标准和规范对地址结构、地址类型、别名、地址表达目的、地址相关描述信息、地址规范化标准和地址表达形式标准等作了详细的说明和描述。

3. 地址编码软件不适应性

国内目前还没有建成通用和标准的地址数据库，绝大多数的国外 GIS 软件中的地址编码模块不适用于国内，国内目前的 GIS 软件厂商所开发的地址匹配和定位软件也没有很好地与 GIS 软件进行集成，在应用服务方面也很不规范，不仅功能很不完善，而且也都没有提出适合国内信息系统应用的地址数据模型和标准。

在地址编码软件工具开发和应用服务的标准和规范方面，国外的研究和进展也比较成熟。目前，地址编码软件工具已经商品化，一些著名的 GIS 软件都有地址编码模块，如 MapInfo 的 MapMarker，以及 ArcInfo 的 Geocoding 等，其在商业竞争分析、公用设施选址和城市规划方面都有广泛的应用。例如，美国早在 20 世纪 70 年代就建立了全国的地址编码标准，并开发了通用的地址编码软件工具，20 世纪 90 年代后成功地应用于 TIGER 文件系统，在历次全国人口普查统计中发挥了巨大的作用。再如，MapInfo 公司的 MapMarker 是强大的地址编码工具，实现了基本的地址编码框架和地址匹配引擎。这些软件所提供的一套产品包括 MapMarker 地址编码引擎、标准的地址数据库、MapMarkerServer 和 GeocoderControl（OCX），以及其他的一些应用程序和范例介绍。同时，MapMarker 在地址编码过程中也给用户附加了许多控制工具，包括地址编码模式、策略、匹配设置参数等。在其具体的应用中，MapMarker 已经结合具体地区，如美国、加拿大，完成了这两个国家的地址数据库的建设。地址匹配引擎也具有较高的响应速度，在加拿大全国 1.5G 字节的地址数据量的情况下，进行地址匹配仅需 1 秒钟。但目前，MapMarker 仅适用于上述两个国家。

开放式 GIS 联合会在 2001 年 3 月就已经发布了 Geocoder Service Specification0.7.6 版本，对地址编码应用服务的参数和类型等进行规范性的说明。

总之，当前国内在地理编码技术应用和标准化方面还处于起步和探索阶段，有必要在地址数据内容和描述、地理编码数据采集和整理、地理编码数据模型和地址数据库构建、地理编码软件工具开发以及地理编码应用服务规范等方面进行标准化的研究和探索。

通过对国内外地址编码技术标准化的发展现状和趋势的对比分析，地理编码技术标准化工作应重点从以下几个方面着手进行：

（1）地址数据内容标准和规范。地址数据内容标准和规范中应该对地址要素、地址表述形式（地址结构）、地址数据类型、别名、地址表达目的、地址相关描述信息、地址规范化标准和地址表达形式标准等作详细的说明和描述。同时，也需要对不同类型和级别的数据编辑标准（如地址简写标准、地址有效性检查标准等）以及社会经济各部门对地址数据的“特殊”要求作出说明。其作用主要体现在：既能说明地址数据库创建的目的，又能说明地址数据库中的地址数据内容、类型及描述信息，有利于信息资源共享和地址信息的交换等。

（2）地址数据质量评价指标体系。显而易见，对于地址编码技术的实现来说，需要保障地址数据来源的可靠性（及时更新经常变化的数据），而且需要控制和提高地址数据的质量，用规范和标准的方式来定义各种类型的地址编码数据。而且，地址编码软件工具也需要实现对地址数据质量的控制（可以通过应用软件插件或模块来实现）。

关于地址数据质量的评价指标，关键在于确立地址数据质量的含义、内容、分类、分级、质量的评价指标等。

（3）地址数据采集和整理规范。在进行地址数据采集和整理之前，首先需要确定地址数据采集的内容和范围，然后确定地址数据采集的方法，最后再按照地址数据整理的要求，对采集回来的地址数据进行整理和编辑，再入库。

需要强调的是：地址数据的采集和整理必须依据不同的应用目的来制定地址数据的要求和规范；而且需要针对不同类型和粒度的地址数据制定相应的整理和编辑规范。同时还要考虑地址简写标准、地址类型标准、市政代码、邮政编码标准、地址有效性检查标准等（可以通过软件来实现）、地址规范化标准以及地址表达形式标准，等等。因此，需要针对地址数据采集和整理的整个流程，制定相应的标准和规范来进行约束，以保证地址数据采集和整理的质量，包括地址数据采集和整理方法、地址数据采集后的校验规则、地址数据采集和整理流程中的质量控制策略等。

（4）地址数据库设计、构建和维护规范。关于地址编码技术实现，关键和核心环节在于地址数据库的建立，因而地址数据模型的建立具有首要的地位和作用。地址数据模型不仅要对地址数据类型进行描述，而且要明确地址数据类型之间的联系。

作者认为：首先需要对地址数据库建设的原则和基本要求，包括先进性、标准化、现势性等进行说明；其次，需要说明：数据库系统支持的数据格式，对数据内容、类型及描述信息的要求，数据库备份和恢复以及数据库系统安全和保密的策略和方法；再次，需要对建库流程质量控制进行说明。

（5）地址匹配工具功能和测试规范。地址编码软件工具能够基于完备的地址数据库以及基础图层数据或专题图层数据，来给用户提供的数据库中的每一条记录赋予地理坐标值。同时，该工具在地址编码过程中也需要给用户提供许多控制工具和功能参数的选择。

应用地址编码软件工具要能够实现快速、批量的地址匹配，交互式的地址匹配等方式，来尽可能地提高地址匹配率和容错性；同时，也应该能够针对街道地址、邮政编码或街道交叉口等地址数据进行地址编码；可以依据匹配的地址数据类型来设置编码的结果代码，来表征匹配情况；对地址数据进行标准化处理，对数据表进行远程编码以及同时响应多个并发的地址编码请求，等等。

要实现上述目标，作者认为：不仅需要明确地址匹配软件工具的功能需求，还需要确定对地址编码软件工具的测试规范，明确规定对地址编码软件工具的性能和稳定性的要求等。

(6) 地址编码应用服务规范。对于地址编码服务，OpenGIS 委员会认为：地址编码是为用户提供通过网络进行访问的接口，实现了将相关的地址定位信息，例如地名、街道地址、邮政编码等，转换为规范化的位置信息，即地理坐标。

可以通过以下方式来访问地址编码服务：

①由用户输入的一个表格；

②远程调用地址编码服务的应用程序；

③由空间解析服务从文本（例如电子邮件、消息摘要）中提取出来的地理位置信息。

同时，地址编码服务要求输入的数据，比如文本字符串的格式应该满足地址编码服务的要求；每一种地址编码服务的实例都有相应的地理空间位置描述的数据表与之相关联；而且，地址编码服务的返回结果是包含几何要素特征或其他属性信息的要素或要素的集合，返回结果用 GML 格式来表达。其中，几何信息用规范化的 GML 语言来描述，而属性信息则用相应的地址编码类型来规范化描述。

但是，由于我国地址数据的特殊性，因此在明确地址编码应用服务规范时，不能照搬国外的经验，在参考和借鉴的同时，应提出我们自己的原则和规范，至少要包括地址编码服务的功能参数设置规范、地址编码服务类型规范和定义规则等。其中，地址编码服务的功能参数设置规范需要对地址编码的类型、服务质量、地址匹配操作类型、相关的约束条件和接口类型等进行描述；而地址编码服务类型规范则需要对地址编码服务的用例类型、地址编码服务类型的定义规则进行说明。

综上所述，实现国内地址编码技术的标准化，一方面能够规范和促进地址编码技术在国内 GIS 应用领域的使用和发展，进一步增强国产 GIS 软件产品的竞争力；另一方面能够提高我国 GIS 软件开发、应用服务以及产业化发展的水平，促进 GIS 技术更好地服务于政府、企业和社会公众。

6.5.3 典型的地址编码模型

1. DIME 模型

美国人口普查局在 1980 年的人口普查中提出了地理基础文件和双重独立地图编码文件。这两个文件含有调查获得的地理统计数据代码及大城市地区的界线的坐标值。DIME (Dual Independent Map Encoding) 文件提供了关于城市街道，住址范围以及与人口普查局的列表统计数据相关的地理统计代码的纲要图。在 1990 年的人口普查中，TIGER 取代了 DIME 文件。

1) GBF（地理基础文件）的概念

GBF (Geographic Base Files) 是指包含地理图形信息与属性信息的文件或数据库，如图 6.29 所示。典型的 GBF 包含以下信息：街道名称/街道交叉口、街道所有路段的地址范围 (Address Range)、人口普查地片编号、地理坐标、每个邮政编码覆盖区域的“质心”、行政区划界线，等等。

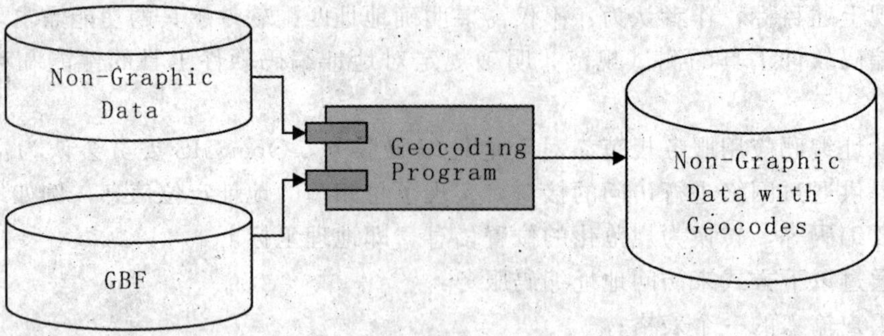

图 6.29　基于 GBF 的地理编码

GBF 的应用如图 6.29 所示，非图形数据库中的记录被关联到 GBF 中的匹配记录，于是可以获得原记录的相关地理空间信息。

2）DIME/GBF 结构

DIME 模型作为 GBF 的一种，其数据结构与两条示例记录如表 6.5。

表 6.5　**DIME 数据结构与实例**

字段名		
Segment ID	L20	L22
From Node	P15	P16
From Node Coords	23，24	34，24
To Node	P14	P15
To Node Coords	12，24	23，24
Street Name	Gadberry Dr.	Gadberry Dr.
Left Address LOW	1101	1021
Left Address HIGH	1199	1099
Right Address LOW	1100	1020
Right Address HIGH	1198	1098
Left Block Number	10	10
Right Block Number	6	7
Left Zip Code	34581	34581
Right Zip Code	34580	34580

其两条记录描述的现实模型如图 6.30 所示。

每条记录代表一个路段，字段 SegmentID 为街道路段的唯一标识，Node 为街道交叉点. 字段 From Node 与字段 To Node 分别表示路段的始末 Node。如图 6.30 所示，L20 路段的始末 Node 分别为 P15 与 P14，L22 路段的始末 Node 分别为 P16 与 P15。字段

From Node Coords 与 To Node Coords 为始末 Node 的地理坐标。字段 StreetName 为街道名，两条记录代表的是同一街道 GadberryDr. 的两个路段。字段 Left Address LOW 与 Left Address HIGH 分别表示沿路段 From Node 至 To Node 方向左侧的门牌号码的最小值与最大值，字段 Right Address LOW 与 Right Address HIGH 为右侧门牌号码的最小值与最大值。如图 6.30 中 L20 路段 Left Address LOW 与 Left Address HIGH 分别为 1101、1199，Right Address LOW 与 Right Address HIGH 分别为 1100、1198。按照一般规律，街道的两侧分别为奇数号码与偶数号码. 并且沿路方向上号码的大小是依次增大或减小的。

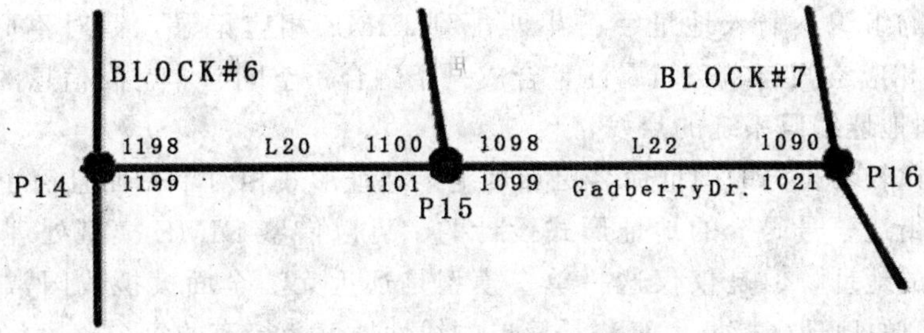

图 6.30 DIME 记录对应的现实模型

字段 Left Block Number 与 Right Block Number 分别为沿路段 From Node 至 To Node 方向左右两侧的街区编号。

字段 Left Zip Code 与 Right Zip Code 分别为沿路 Frum Node 至 To Node 方向左右两侧的邮政编码。

以示例数据来说明 DIME 模型 Geocoding 的工作流程，如图 6.31 所示。

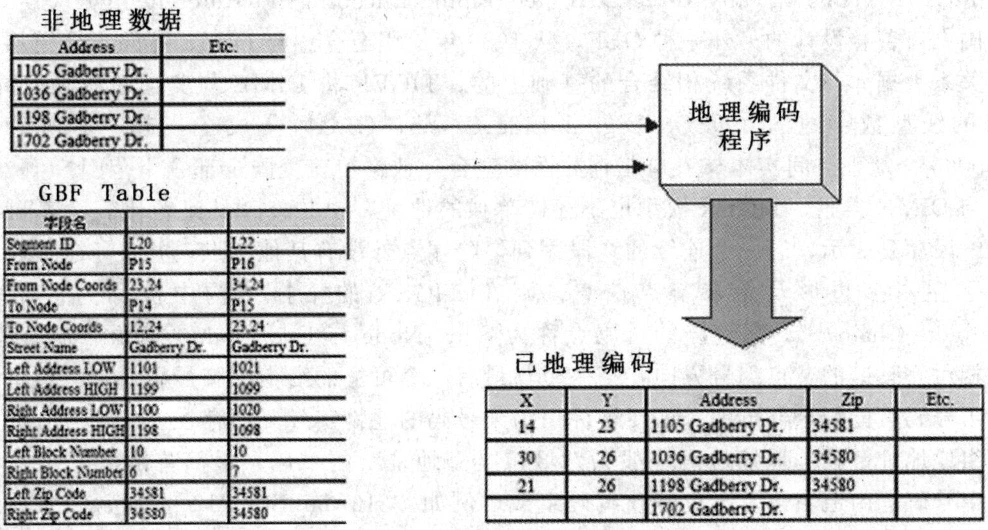

Address	Etc.
1105 Gadberry Dr.	
1036 Gadberry Dr.	
1198 Gadberry Dr.	
1702 Gadberry Dr.	

字段名		
Segment ID	L20	L22
From Node	P15	P16
From Node Coords	23,24	34,24
To Node	P14	P15
To Node Coords	12,24	23,24
Street Name	Gadberry Dr.	Gadberry Dr.
Left Address LOW	1101	1021
Left Address HIGH	1199	1099
Right Address LOW	1100	1020
Right Address HIGH	1198	1098
Left Block Number	10	10
Right Block Number	6	7
Left Zip Code	34581	34581
Right Zip Code	34580	34580

X	Y	Address	Zip	Etc.
14	23	1105 Gadberry Dr.	34581	
30	26	1036 Gadberry Dr.	34580	
21	26	1198 Gadberry Dr.	34580	
		1702 Gadberry Dr.		

图 6.31 DIME 模型地理编码过程

不含有中文信息的数据库系统提供一个 Address 字段，为地址字符串，如“1105 GadberryDr.”，经过建立在 GBF 基础之上的 Geocoding Program 处理，得出该地址的地理坐标为（14，23），邮政编码为 334581，以及其他信息。

3）DIME 功能分析

GBF 数据的索引与地址匹配：DIME 是基于普通文件的，因此 Geoeoding 程序要建立合理的数据结构组织并存储 DIME 的数据，且建立索引机制以实现输入地址字符串与 DIXIE 记录的匹配功能。

地理坐标的插值：其中 1105 并非路段 L20 门牌号码的最大值或最小值，而DIME/GBF 仅存储了路段始末 Node 的地理坐标，因此，得出的结果地理坐标要经过插值处理。

结果数据的组织：输入地址字符串匹配到 DIME 相应记录，针对不同的应用类型，提取 DIME 的相应空间与非空间属性整合成一条融合了空间与非空间信息的结果数据。

4）对我国地址编码系统的启发

与中国相比较，美国的地址命名更加规范，地址形式相对单一而且简单，DIME 数据模型是针对“街道＋号码”的地址形式设计的。可以借鉴 DIME 模型处理简单的“街道＋号码”形式的地址，但是仅仅这一单一模型是远远无法全面模拟我国常用的地址类型的。DIME 模型的地理坐标插值算法是简单的线性插值，街道的每个路段仅需记录始末两端、左右两侧 4 对门牌号码、2 对地理坐标，其他门牌号码的坐标由插值获得。因此不必存储所有门牌号与其坐标信息。这种处理方法也为我们的设计提供了思路，同样，针对我国复杂的地址使用情况则需要制定合理的插值算法，例如住宅区内楼房编号可能不是沿单一方向递增或递减，因此无法采用线性插值。另一方面，英文地址字符串单词与单词之间有空格分隔符，而中文地址字符串是连续的，我国的地址地理编码系统在索引与匹配算法上的难度更高。

2. TIGER 模型

TIGER（Topologically Integrated Geographic Encodingand Referencing）是为 1990 年美国人口普查设计的另外一种 GBF，从 1989 年使用至今。与 DIME 不同，该模型是建立在关系数据库与文件系统相结合的基础上的。TIGER 将 DIME 与美国地质勘探局 1：100K 的线型数字地图（USGS Digital Line Graph，OLG）集成在一起，实现了大于 50000000 个地理空间实体与人口普查数据的整合，数据覆盖美国全部领土范围。

与 DIME 类似，TIGER 模型也不存储单独的地址，也是以“地址范围”为基础。街道由线段序列表示，若一个连续的线段序列，除端点外没有其他交点，并且每条线段明确关联了左右多边形及始末节点信息，则在 TIGER 的拓扑结构中被称为“完整链（Complete Chain）”，完整链的首尾点称为 Start Node 与 End Node。术语“地址范围”是指相对完整链的节点编号方向，第一个与最后一个可能的沿街门牌号码对，即地址范围包含了号码可能的全部范围，即便被标识为某号码的地物实际并不存在。

组成地址范围的地址号码一般为“城市类型地址”的号码，最简单的“城市类型地址”由号码、街道名以及 5 位邮政编码组成，例如“213MainSt90210”，通常一条地址还提供更多的其他信息。

TIGER 模型的地址范围数据结构地址范围信息被存储在 RecordType 1 和

RecordType 6 两种类型的记录里。

地址范围分为基本地址范围与附加地址范围，RecordType 1 记录完整链的基本属性，包含了一个基本的地址范围信息，若一个完整链在单侧或左右双侧包含一个以上地址范围，则在 RecordType6 中记录其他附加地址范围信息。

图 6.32 由 StartNode 和 EndNode 标识的完整链 007654328，其 RecordType 1 和 RecordType 6 中与地址范围相关的字段如表 6.6 所示。

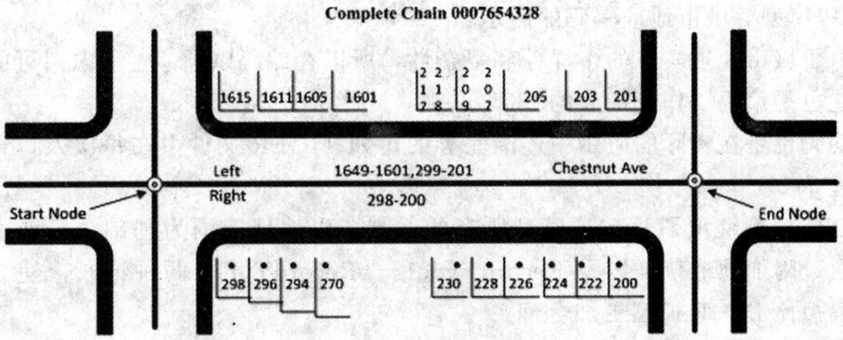

图 6.32 TIGER 模型

RT 字段为记录类型，分别为 1 或 6。TLID 为完整链的标识，并且起关联 RecordType1 与 RecordType6 的作用。由于一个完整链包含的地址范围可能为多个，因此同一个 TLID 可能关联到多条 RecordType6 记录，并通过 RTSQ 记录多条 RecordType6 记录的次序。FRADDL、TOADDL、FRADDR、TOADDR 分别为左右两侧的始末地址的可能号码。

表 6.6 **TIGER 模型记录**

Record Type 1				Address Range			
				Left Side		Right Side	
				Start	End	Start	End
RT	TLID	FENAME	FETYPE	FRADDL	TOADDL	FRADDL	TOADDL
1	007654328	Chestnut	Ave	299	201	298	200
Record Type 6				Address Range			
				Left Side		Right Side	
				Start	End	Start	End
RT	TLID	RTSQ		FRADDL	TOADDL		
6	007654328	1		1649	1601		

例如，实际街道图示右侧末节点端的地物号码为 208，由于其左侧对应号码为 201，为了保证地址范围的号码覆盖全部号码范围，因此 TOADDR 为 200 而非 208，尽管实际不存在号码为 200 的地物. FPADDL、TOADDL、FRADDR 的取值规则与此相同。

街道的左侧分为“1649—1601”与“299—201”两个范围，因此，“299—201”作为基本地址范围存储于 RecordTypel，“1649—1601”作为附加地址范围存储于 RecordType6。因为此完整链只有一个附加地址范围，所以只有一条 RecordType6 记录通过 TLID007654328 与 RecordType1 记录关联。

TIGER 模型对城市地址编码的启示：

(1) 由于城市地理实体的多样性和复杂性，所以在编码以前. 应考虑到可能出现的一切状况，这也是编码工作量最大的一部分。

(2) 编码也是在实际的应用中逐渐完善的，如 TIGER 文件中在每次人口普查时编码方案的改进。

(3) TIG 模型继承了 DIME 模型所有的优点，以地址范围为基础，拓展了地址范围的含义，通过附加地址范围以及 RecordType1－bRecordType6 两种记录，使该模型对现实情况的模拟比 DIME 模型更加合理。

3. ESRI 模型

ESRI 公司基于自己的 ArcGIS 平台设计的 Geodatabasel 为加拿大卡尔加里市设计的地址数据模型。Geodatabase 是建立在 DBMS 之上的针对空间数据与属性数据的统一的数据库设计接口，Geodatabase 不是 ESRI 的一个独立产品，而是实现于 ArcGIS 平台的 ArcSDE、ArcCatalog 等产品或组件之内的一个设计接口。

Geodatabase 可搭配的多种数据库，从最简单的 MSAccess，到 MSSQLServer、IBMDB2、Oracle，在 Geodatabase 之上可以对空间对象与非空间的属性表进行统一的数据模型设计，由 ArcGIS 平台转换为后台数据库系统的表结构。因此，该数据模型是完全基于 DBMS 的。

1) 四个分组介绍

该模型由 Addresses、Names、Zones 与 AddressableObject 四个逻辑分组构成，每个组由多个表或 Class 组成，组与组之间的相关表或 Class 由关系表连接，可以实现一对多以及多对多关联。

2) Addresses

表示地址的实体（Address）及地址的派生实体，包括子地址（SubAddress）及地址范围（AddressRange）。该组的 Class 或表并没有街道名称字段（各种名称字段存储于 Names 组）。但沿街号码存储于该组。SubAddress 有一个引用指向 Address，为 Address 划分更细的下一级地址单元，AddressRange 与 DIME、TIGER 模型功能类似。

3) Names

可以赋值给地址的名称，以及组成这些名称的最小元素。GeoName 为一条地址的全部的字符部分（除去数字号码部分），BaseName 字段为地址字符的核心部分。例如，地址“106MaeLeodTrailSE”，一条 Address 记录唯一标识此地址，号码 106 存储于 Address 的 House-Number 字段。通过关联 Address 与 GeoName 的关系表，将 GeoName 的一条记录“MacLeodTrailSE”关联至 gAddress，其中，“MacLeod”为 BaseName，为街道名最核心的部分。

4）Zones

各级行政区划及邮政编码区划单元，这些信息与地址相关联。主要包括 Province、City、PostalCode、Zone，其中 Zone 由指向 Province、City、PostalCode 记录的引用（在数据库中以外键来实现）组成，表示一个合理的 Province、City、PostalCode 组合。几个组之间 gqAddressesHaveNames、AddresseslfaveZones 等关系表关联。

5）AddressableObjects

包括所有拥有地址信息的实体。包括 Building、OwnershipParcel、CommunityFacility、Street。它们都为空间实体 Class，都有一个 Shape 字段存储空间数据。Building、OwnershipParcel、CommunityFacility 分别通过关系表与 Address、Sub-Address 关联，Street 通过关系表与 AddressRange 关联。这样含有图形数据的空间实体便与地址信息建立了关联。

4. G－NAF 地址编码模型

G－NAF 将澳大利亚国内地址按行政区划等级分为区域、街道和宗地（门牌号）3 级，并以相应地址所在地域范围的几何中心作为基本位置进行地理编码。同时，考虑不同使用者所关注的兴趣点位置不同，选择地址范围内的特定地物要素（例如邮箱、车道、建筑物入口、服务连接和计数点）或地址上确定的数学或几何参考点（例如公路线中点、块表面中心、房屋中心）等特征地点作为一般位置进行地理编码。G－NAF 文件由地址点要素记录、数学基础、地理坐标 3 部分组成，并以地理代码形式为地址提供一定精度的地理位置，用于城镇和乡村寻址系统。G－NAF 推进了澳大利亚地址信息系统的应用，满足了政府机关、紧急服务、商业和社会应用的需要。

5. 国际地理编码

在国际救助活动中需要基于通用地理语言确定救助对象的位置范围，因此联合国地理信息工作组（UNGIWG）与一些国家合作制定了地名地址位置的地理编码规则。该规则将地名地址按隶属关系分为国家、省、地区、城市或县、村庄和定居点共 6 级，并分别用规则代码表示，以确定相应地名地址的位置，其地理编码示例如图 6.33 所示。

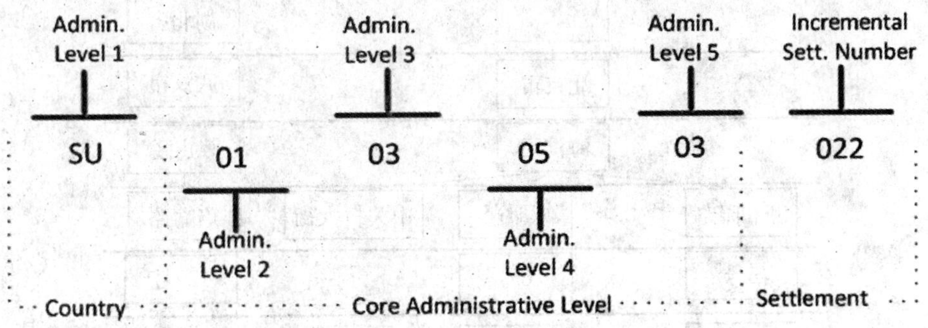

图 6.33　国际地理编码示例

6. 日本地理编码模型

日语文字包括汉字和假名两部分，从语言处理角度看，日语与中文非常类似（后文以中文来描述该地址模型)，与英语等字母语言不同，每个字至少需要两个字节表示（使用UrF－8 编码则需要 3 个字节)，且单词之间没有分隔符。因此，日本地址数据模型中的数据模型与匹配算法对于解决我国地址地理编码问题很有意义。日本地理编码模型的核心数据结构主要包括 Trie 树与地址树。

Trie 结构：它实际上是一棵 K 叉树，它的每个分支由输入的字符串构成，每个节点由输入字符串中每个字符构成。例如输入“北京大学”(它由“北”“京”“大”“学”四个字构成)，则 Trie 树根据这四个字构成一条分支。TRIE 根据输入的字符串的首字符来建立索引，给每条字符串建立分支。如图 6.34 所示。

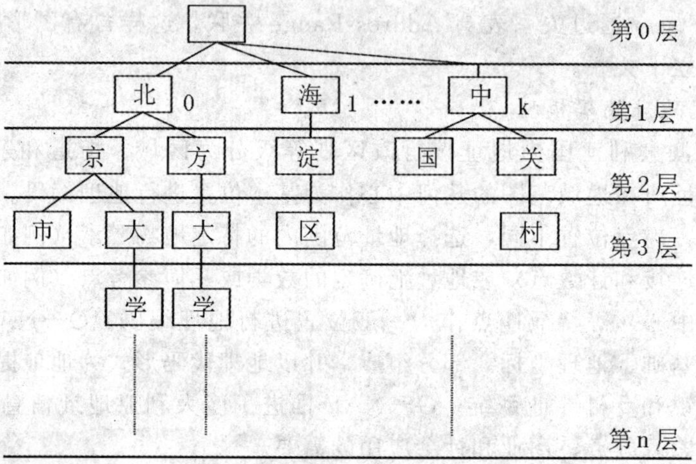

图 6.34　Trie 数据结构示意图

地址树为一个分层的地址模型，如图 6.35 所示。

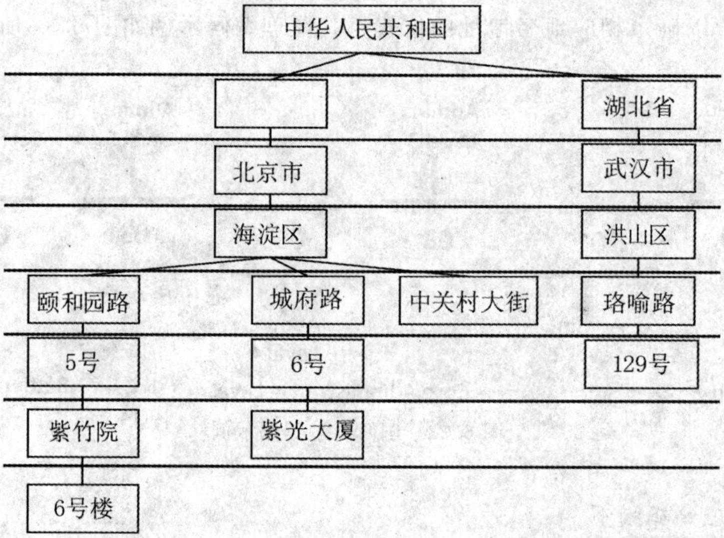

图 6.35　分层地址树模型

使用 Trie 树与地址树相结合的索引匹配方法具有以下几点好处：

(1) 避免了处理中文、日文等单词间无分隔符的语义描述的地址字符串时的单词拆分工作。

(2) 匹配过程中无须建立“楼，栋、厂”等关键词库，避免了复杂的语义分析。

(3) Trie 树与地址树的初始化是在系统启动时，与数据库的交互也仅限于这一初始化过程，在处理匹配请求时直接从内存中读取数据，可以提高响应速度。

7. 方正地理编码方案

1) 地址要素组成结构

通常每个地址要素都由通名和专名两部分组成，每类地址要素的通名都近似相同，但专名都不相同。例如：

海淀区（地址要素）＝海淀（专名）＋区（通名）；

西三环北路（地址要素）＝西三环北（专名）＋路（通名）；

北科大厦（地址要素）＝北科（专名）＋大厦（通名）。

2) 地址要素的分类

按照地址的类别性质，在地址编码项目中将地址要素分为 9 类：

(1) 邮编例：100085。

(2) 行政区界。在地址编码项目中，行政区界分为两级：区、县级和乡、镇、街道办级。通名：县、区、乡、镇、街道办事处。例如：海淀区、回龙观镇、紫竹院街道办事处。

(3) 道路。通名；路、街、大道、道、大街、胡同、巷、弄、条、里。例如：知春路、中关村大街。

(4) 门牌号。例如：2 号、甲 3 号、乙 4 号。通名：号、#。

(5) 楼牌号、名。通名；号楼、楼、号、斋、馆、堂。例如：13 号楼，32 楼、25 号宿舍楼、3 号办公楼、逸夫楼。

(6) 地点名例：万寿寺、白石桥、马甸。

(7) 住宅小区。住宅小区包括两种类型：商品房类型住宅小区、单位职工宿舍类型住宅小区。通名：里、区、园、村、坊、院、庄、寺、屯、居、公寓、苑、别墅。例如：回龙观小区、方庄小区、芳星圆、芳星圃 4 区。

(8) 突出建筑。通名：大厦、广场、饭店、中心、大楼、酒店、场、馆、台、楼、站。例如：北科大厦、新世纪饭店、方正大厦。

(9) 单位。通名：公司、大学、厂、中、学校。例如：方正数码公司、北京大学、外交部。

3) 地址公式分类

地址公式按照组合方式共分为 15 类：

(1) 道路＋门牌号；

(2) 道路＋楼牌号；

(3) 道路＋门牌号＋楼牌号；

(4) 路名＋住宅小区＋楼牌号；

(5) 地点名＋门牌号；

(6) 地点名＋门牌号＋楼牌号；

(7) 住宅小区＋楼牌号；

(8) 单位＋楼牌号；

(9) 单位；

(10) 突出建筑；

(11) 地点名；

(12) 路名＋地点名；

(13) 路名；

(14) 邮政编码；

(15) 行政区界。

6.5.4　地址标准化及编码

地址数据的拆分和标准化是关系到地址匹配最终成功与否的关键因素。要实现地址的地理编码和地址的成功匹配，就必须遵循标准地址编码的规范，建立标准地址模型，去除非地址信息、冗余信息等人为的复杂性，依据标准地址编码的数据模型来进行地址字符串的拆分，实现地址的标准化。

1. 地名地址的规则化描述

地址、地理编码首先需要对地址进行规则化描述和标准化编码。

地名地址规则化描述就是按照一定的规则将地名地址数据段进行排列组合，使形成的地址数据具有指意清晰、定位准确、数据简明扼要的特点。地名地址数据必须按照一定的规则进行组合的原因是：

(1) 增加了数据使用的稳定性。通过规则集的设定，使各行各业的地名地址数据都是在同一规范要求下形成，具有统一的描述形式，不需要进行数据形式的转换，增强了数据的稳定性。

(2) 延长数据使用的时间，即对新增的数据集也是按照同一的编码匹配规则进行，不必对全部数据进行处理，增加了数据的使用年限，并且降低了数据的处理量。

2. 地名地址规则化国家标准

对地名地址数据规则化描述进行限定的标准包括国家标准、行业标准和地方标准等。由于行业标准、地方标准都是对国家标准的补充和具体化，所以只要满足了国家标准的要求，就为数据的统一规范提供了必要的前提。针对地名地址数据的描述规则，国家在《数字城市地理空间信息公共平台地名/地址分类、描述及编码规则》(CH/Z29002 — 2007) 中有以下规定：

1) 分段规则

地名/地址采用三段式描述，第一段为行政区名，它由四级行政区名组合构成；第二段为街巷名和小区名；第三段为门楼址或者标志物名或者兴趣点名。

四级行政区名是指行政区名由地级（地区、自治州、盟、地级市）、县级（县级市、区）、乡级（街道、镇）、行政村级（社区、行政村），四级行政区名组成。对行政区的命名方式做以上规定是为了保证行政区名的唯一性和标准性。因为在缺少其中任何一项信息项的情况下都会造成地址描述的模糊性，如地址“安宁市小菜园”，只具备三级行政区名：地级——昆明市（因为昆明是云南省的省会城市，在地址的表述中常常省略），县级——安宁市，而地址中的“小菜园”因为缺乏行政区信息段和行政区信息指示关键词的标识，无法判断这里所说的“小菜园”是行政村级的行政区名称“小菜园社区”，还是地址描述的小区名称“小菜园村”，产生了数据描述的歧义性。由此可见，只有在完整规范的四级行政区名的描述下，才能为地名地址数据的规范性、指示的唯一性提供必要的前提条件。

作为地名地址第二部分信息的街巷名信息应具备真实性原则和现实性原则。街巷名信息的真实性是指街巷名应是经过当地的民政局部门审核批准过的街巷名称，而不是当地老百姓对街巷的俗称，如安宁市的安温路又可以称为安泉公路。但在用于数字城市构建的地名地址编码匹配中，必须将“安泉公路”用经过审核的名称“安温路”代替，以保证数据的真实性。街巷名信息的现时性是指采用的街巷名应是街巷的当前使用名称，不能是已经失去时效性的街巷曾用名。只有在保证街巷名信息真实性和现实性的前提下才能使地址数据具有实用性，即使标准化后的数据在与非空间信息部门的数据进行连接时做出正确的分析。

门楼址是由城市管理部门（一般是公安部门或者民政部门）按照一定顺序对独个建筑物或者独立院落进行的编号。楼号是单位或小区的管理者为了方便其对小区或者院落中的多栋建筑物的管理而进行的区分编号。例如地址“安宁市金方街道罗白村委会元山村民小组 52 号”中的“52 号”即是门号信息，楼号在现实生活中的表现形式通常是出现在小区中用于区分建筑物的栋号信息，如“安宁市连然街道大屯村委会丽景嘉园 9 栋”中的“9 栋”是地址中的楼号信息。

2）组合规则

在地名/地址的分段描述下，需要按一定的方式进行地址数据段的组合，注意到地名/地址中的第一段只有行政区名一个信息，第二段有街巷名和小区名两种类型的数据，其与行政区名的组合方式有两种形式，即行政区名后接街巷名或者行政区名后接小区名；第三段有门楼址、标志物名、兴趣点名三种类型的数据，故综合前面两种组合方式得出标准化地名/地址数据的表述形式有六种，分别是：

（1）行政区名｜街巷名｜门楼址，示例如图 6.36 所示。

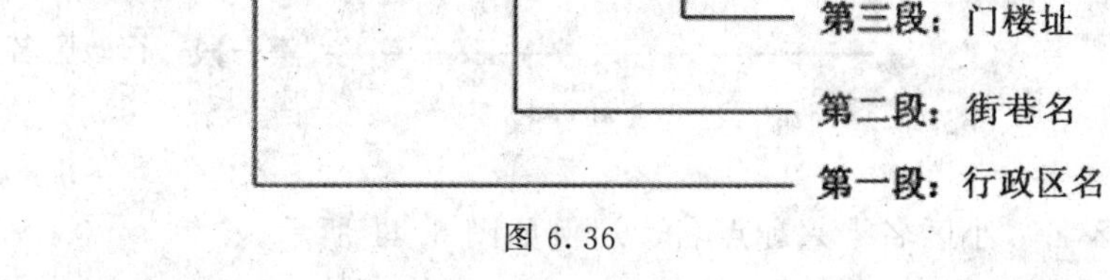

图 6.36

（2）行政区名｜街巷名｜标志物名，示例如图 6.37 所示。

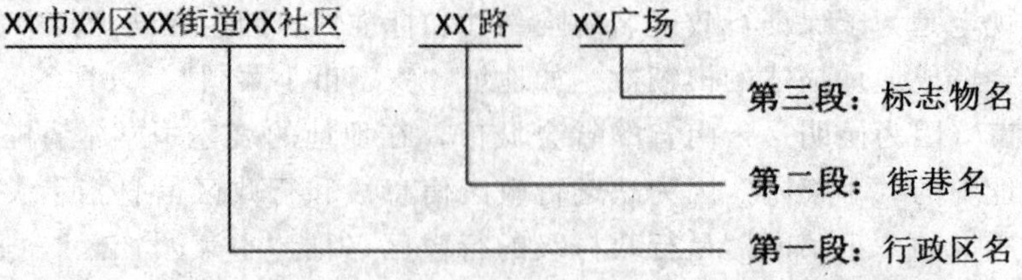

图 6.37

(3) 行政区名 | 街巷名 | 兴趣点名，示例如图 6.38 所示。

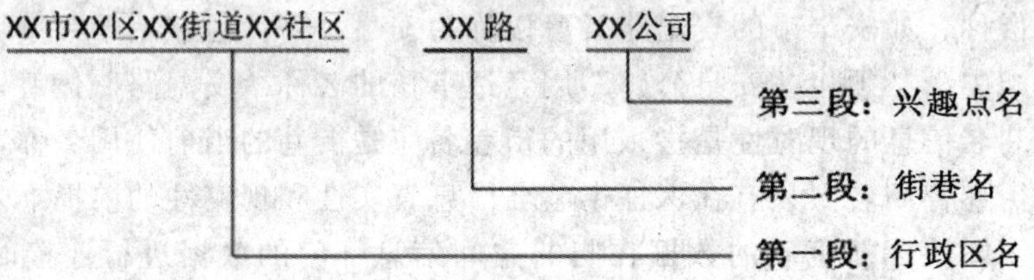

图 6.38

(4) 行政区名 | 小区名 | 门楼址，示例如图 6.39 所示。

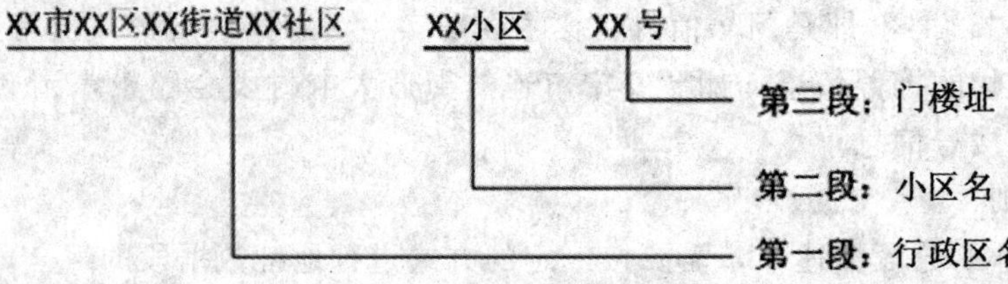

图 6.39

(5) 行政区名 | 小区名 | 标志物名，示例如图 6.40 所示。

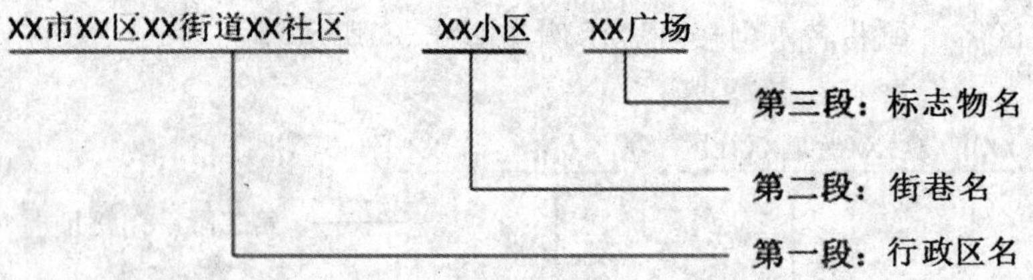

图 6.40

(6) 行政区名 | 小区名 | 兴趣点名，示例如图 6.41 所示。

3) 优先规则

在对原始地名地址数据的分析过程中发现数据常常会出现以下几种情况：

(1) 地址点的兴趣点名和门楼址同时存在于地址信息中，如“安宁市连然街道宝兴社区安温路51号林鑫纸业有限公司”，同时也有部分门楼址和标志物名同时存在的情况，如“安宁市连然街道东湖社区官厢街151号安宁市官厢街清真寺”。

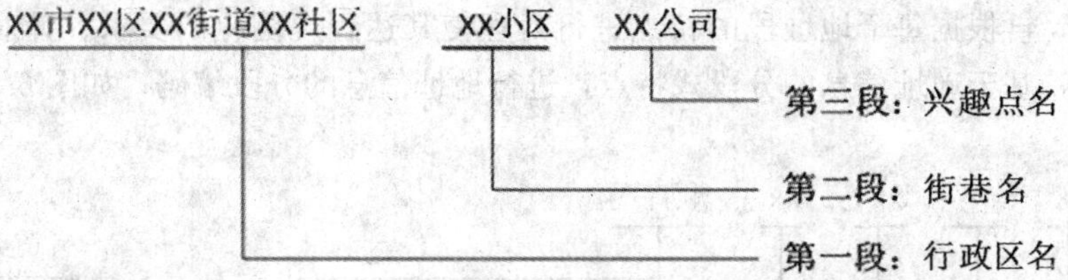

图6.41

（2）街巷名和小区名同时存在于一条记录的地址信息中，如“一碗水居民小组（昆碗公路37号）”。

情况（1）属于在地址信息的第三部分中含有两种信息项，而只需门楼址信息就能准确描述的地理位置，造成了数据的冗余；情况（2）属于在地址信息的第二部分中有两类信息的覆盖，会造成数据指示的歧义性，不清楚门楼址“37号”是街巷信息的补充信息还是小区信息的补充信息，现实生活中它们表示的地理位置不同。所以有必要针对在地名/地址表述中同时存在街巷名和小区名，或者门楼址、标志物名、兴趣点名三者同时存在及两两相互组合的情况下根据国家、行业、地方的相应规定设定地址信息组合的优先顺序，避免信息的冗余和指代不清。《数字城市地理空间信息公共平台地名/地址分类、描述及编码规则》（CH/Z9002—2007）中对地名/地址排列优先原则的描述是：在地名/地址的第二段描述中，遇到使用小区名和街巷名均可的情况，街巷名的选择优先于小区名；在地名/地址的第三段描述中，遇到使用门楼址、标志物名、兴趣点名均可的情况，门楼址的优先选择性最高，标志物名其次，兴趣点名最后。

对地名/地址信息段的排列规则如上述规定是为了保证数据使用的长效性和稳定性。因为在现实生活中，道路的重建扩充速度往往低于一个住宅小区的使用周期，且街巷名具有对街巷两旁一定区域的覆盖面，而小区名的覆盖范围仅限于小区内部，因而认为使用街巷名作为地址信息第二部分内容的首选项可以辐射更广的区域且由于街巷名的变更性低于小区名的变更性能有效地保证数据使用的稳定性。门牌号是公安部门按照地理实体修建时间的先后顺序及其地理位置属性赋予建筑物的唯一的标识码；标志物名是人们广为认知且使用度高的兴趣点名称，可以是一个标志性的纪念碑、一栋有纪念意义的老建筑物，也可以是一片具有文化保存意义的建筑群；兴趣点名是沿街巷分布或在小区中具有地理表示意义的建筑物，可能并不为广大人民群众所熟知。所以在地名/地址信息第三段数据的选择中虽然标志物的知名度较高，但在标志物的占地面积大且具有多个出入口的情况下，采用标志物名的地址描述方式对地物的定位精度会低于门楼址的定位精度，因为一般每个出入口都会有一个唯一的标识码（门牌号）进行标识。在标志物名和兴趣点名同时存在的情况下由于兴趣点的广泛认知度低于标志物，所以为了保证地址信息描述的通俗性设定标志物名的优先选择性高于兴趣点名的优先选择性是合理的。

3. 分段式地名地址编码

地址数据具有分段式描述的特点，且分段的位置都是通过具有区域表示意义的地址信息指示关键词标识的，根据化整为零，化繁为简的思想，将地址信息按地址指示关键词进行分割形成地址数据段，再根据每个地址段的特点进行处理使其达到规范化的要求。针对地名/地址信息的分段特点，基于地址信息的分段式特点，进行地址信息的分段编码，如图 6.42 所示。

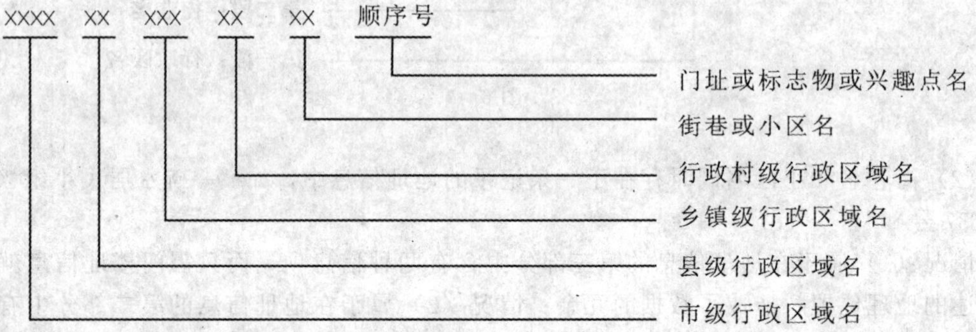

图 6.42　分段编码

采用分段式地名地址编码的优势在于：

(1) 易于数据转换。分段式的数据编码形式可以在数据转换时避免对数据的整体转换，仅需对编码变化的部分进行转换即可，降低了转换的难度，缩短了转换的时间。

(2) 保证地址编码的唯一性。由于每个地址分段的编码具有唯一性，进行各段地址编码的组合后也能保证地址编码的唯一性，而对于进行不同区域的地址点数据合并时，也仅需对号码可能出现重复的字段按照一定的方式进行编码后的修改就可以保证数据的唯一性。

4. 基于 XML 的标准地址编码表达

XML Schema 表达方式是数据共享和交互的基础，故对规则化的标准地址采用该方式进行表达，其表达方式如图 6.43 所示。

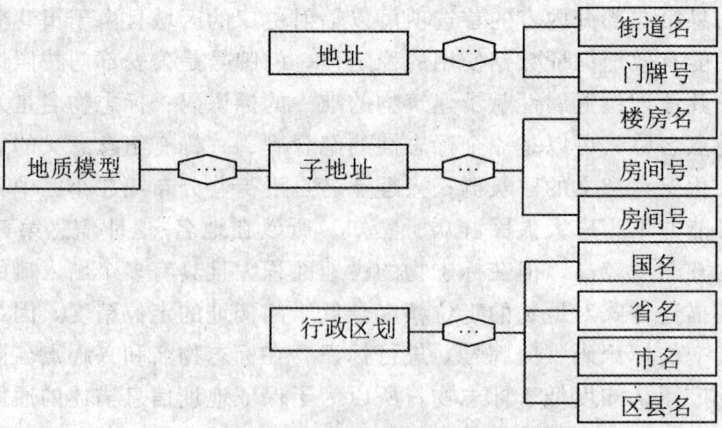

6.43　XML Schema 地址编码表达

6.6 地址匹配技术

6.6.1 地址匹配方法

地名地址编码的目的在于后面地址匹配定位。在公共服务领域，紧急情况下获得的地址往往是不完整的、甚至是不准确的，而需要计算机系统快速、准确定位；SARS 期间，有关单位每天上报的新增病例信息中，也包括描述性住址，若要进行流行病学分析，就需要获取其坐标位置。通过地址编码和地址匹配，可以实现原有信息系统和空间信息的融合，将日常的经济、社会、人文、历史、旅游、商业等一系列城市生活中的信息空间化，用于在空间信息支持下进行空间分析和决策应用。

地址匹配就是将标准化后的地址各个元素与地址数据库中的各条记录按照一定的规则进行匹配，从而获得匹配记录的过程。地址匹配的关键是对地址数据库的查询和比较。为了减少查询和比较次数，同时保证匹配的成功率和准确率，实现模糊匹配，较好的方法就是为地址数据库中的地址字段建立索引。根据不同的地址模型，可以对某个权重较高的字段建立索引。如英文地址中对街道名称创建索引。建立索引后，减少了数据库的读取次数和比较次数，将地址匹配缩小在较小的范围内。

常用的地址匹配技术主要有基于汉语拼音的地址匹配、基于地址分词的地址匹配。

1. 基于汉语拼音的地址匹配

由于用户输入地址存在错别字、同音字、未标准化等情况，为了实现模糊匹配，在创建索引时，还需要考虑各种语言的拼写习惯。中文地址的索引，可以采用汉语拼音首字母进行索引。例如，“北京”、“宝鸡”均被索引为“BJ”，“河南”、“湖南”、“海南”、“淮南”被索引为“HN”。地址匹配流程如图 6.44 所示。

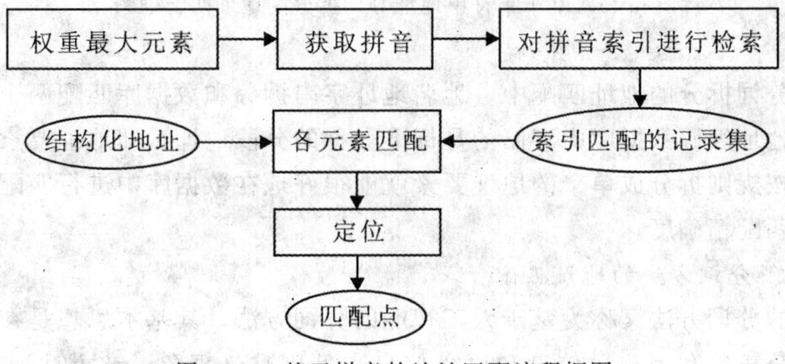

图 6.44 基于拼音的地址匹配流程框图

2. 基于地址字符串分词的地址匹配

地址字符串分词方法类似于中文自动分词，该方法就是在中文自动分词算法的基础上实现地址分词。与中文分词不同的是，地址分词所基于的词库文件结构不一样，在地址分词文件中，每个地址要素（相当于词）含有多个字段属性，如：行政区名、街巷名、门楼址、标志物名、兴趣点等，可以采用中文地名地址字符串拆分，如北京市海淀区北太平路 16 号中国测绘科学研究院，拆分结果为：北京市、海淀区、北太平路、16 号、中国测绘科学研究院，每个词的意义分别为：市行政区域地名、区行政区域地名、街巷名、门（楼）址、兴趣点，在这个基础上进行地址匹配，可以提高对地名地址信息匹配处理速度和准确性。

基于字符串地址分词拆分的地址匹配技术流程如图 6.45 所示。

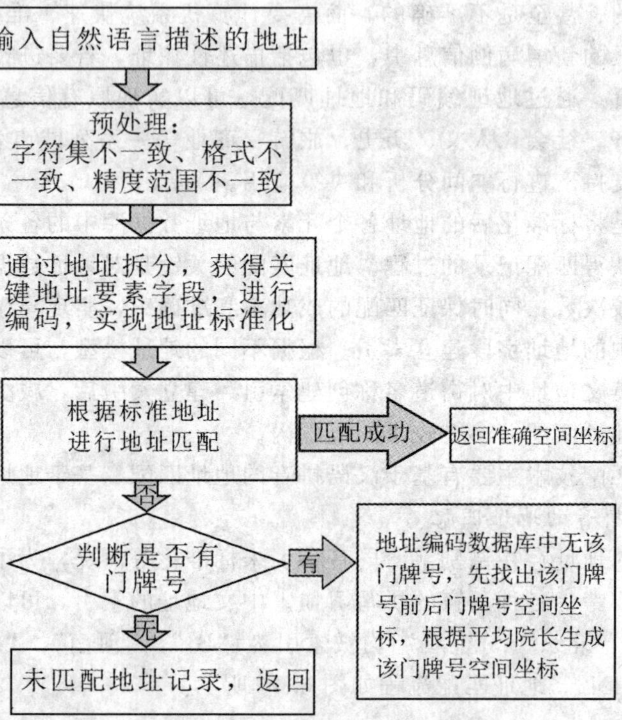

图 6.45　基于字符串地址分词拆分的地址匹配框图

基于地址分词拆分的地址匹配中，地名地址字串拆分和数据库匹配两个过程中前者是关键，因为在地址编码数据库中存储的是标准名称的分段地址，即地址要素，只要将用户输入地名地址按规则拆分成单个的地址要素就能很好地在数据库中进行匹配工作，而且也能保证相应的匹配精确度。

3. 基于理解分词方法的地址匹配

基于理解的分词方法又称为基于人工智能的分词方法，其基本思想是在分词的同时进行句法、语义分析，利用句法信息和语义信息来处理歧义现象。该方法通常包括三个部分：分词子系统、句法语义子系统和总控部分。在总控部分的协调下，分词子系统可以获得有关词、句子等的句法和语义信息来对分词歧义进行判断，即模拟了人对句子的理解过程。这种分词方法需要使用大量的语言知识和信息。目前基于理解的分词方法主要有专家系统分词法和神经网络分词法等。由于汉语语义知识的笼统、复杂性，难以将各种语言信息组织成机器可以直接读取的形式，因此目前基于理解的分词系统还处在试验阶段。

4. 基于统计的分词地址匹配方法

基于统计的分词方法的主要思想：词是稳定的组合，因此在上下文中，相邻的字同时出现的次数越多，就越有可能构成一个词，因此字与字相邻出现的概率或频率能较好地反映成词的可信度。可以对训练文本中相邻出现的各个字的组合的频度进行统计，计算它们之间的互现信息。互现信息体现了汉字之间结合关系的紧密程度，当紧密程度高于某一个阈值时，便可以认为此字组可能构成了一个词，又称为无字典分词。该方法所应用的主要的统计模型有：N 元文法模型、隐 Markov 模型和最大熵模型等。

6.6.2 地址匹配定位

作为一种地理编码方法，地址匹配的最终目的是获取地址描述对象的空间地理位置，即地址匹配定位。通常有定位到街道和定位到区域两种定位模型。

1. 定位到街道

根据记录所描述的街道门牌号信息通过地址编码将记录以点位的形式定位到街道的两边，这种方式称为定位到街道。在这种方式中地理编码技术利用了数值逼近方法中的插值原理。

举例说明：已知一条街道，路左端的起始门牌号为青山路 5 号，结束门牌号为青山路 11 号，路右端的起始门牌号为青山路 3 号，结束门牌号为青山路 7 号，其在地址数据库对应的记录如表 6.7 所示。

表 6.7　**地址数据库对应记录表**

字段名称	Name	From Left	To Left	From Right	To Right
属性值	青山路	5	11	3	7

属性字段说明：Name 代表路名，FromLeft 代表左端起始门牌号，ToLeft 代表左端结束门牌号，FromRight 代表右端起始门牌号，ToRight 代表右端结束门牌号。在国外，DIME 模型插值的地理坐标插值算法是简单的线性插值，街道的每个路段仅需记录始末两端、左右两侧 4 对门牌号码、2 对地理坐标，其他门牌号码的坐标由插值获得。因此不必存储所有门牌号与其坐标信息。这种处理方法也为我们的设计提供了思路，同样，针对我国复杂的地址使用情况，则需要制定合理的插值算法，例如住宅区内楼房编号可能不是沿单一方向递增、递减，因此无法采用线性插值。

由于门牌信息非常多，数据量大，分布复杂，所以在实际生产过程中不可能采集完全，因此，地理编码数据库中门牌信息不一定是完全的，为了能够根据地理编码数据库中已有的门牌信息把未知的门牌信息查询出来，就需要采用门牌插值的方法来解决。

门牌插值是根据已有地址信息、已有地址之间的空间拓扑关系、已有门牌的统计规律、标准地址编码模型和地址索引结构等信息来推算出未知门牌信息。根据门牌插值计算方法的不同可以将门牌插值划分为：简单线性插值和归一化线性插值两类，下面分别介绍两种插值算法的原理和实现方法。

1）简单门牌线性插值

简单门牌线性插值算法的思想是将所有待插值的门牌区间近似地认为都在一条直线上，因此，简单门牌线性插值可以通过下面的方法计算：假设要查找的门牌地址为 A 街 C_x 号，那么，首先查找 A 街道，然后查找在 A 街道中包含 C_x 的最小门牌区间，如果存在这样的门牌区间 $[C_1, C_2]$，那么利用线性插值公式计算 X 号的坐标，计算公式为

$$\begin{cases} X_x = (X_2 - X_1) \times \dfrac{|C_x - C_1|}{|C_2 - C_1|} + X_1 \\ Y_x = (Y_2 - Y_1) \times \dfrac{|C_x - C_1|}{|C_2 - C_1|} + Y_1 \end{cases}$$

简单线性插值的流程如图 6.46 所示。

简单门牌线性插值算法的优点：计算方法简单，算法执行的效率比较高，门牌插值的计算完全是利用门牌之间的几何关系来计算，所以整个插值算法的效率比较高。

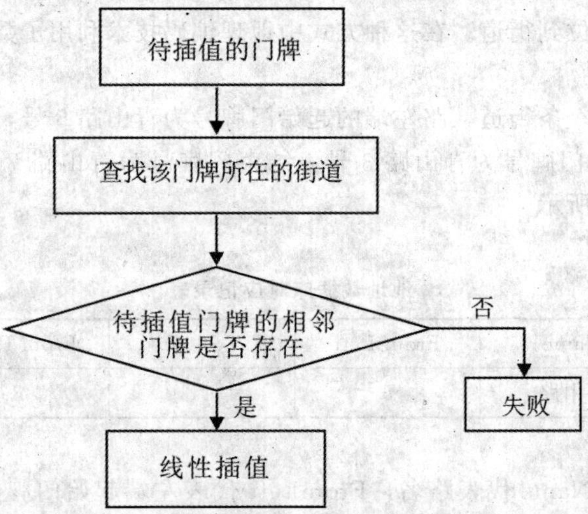

图 6.46　简单线性插值流程框图

简单门牌线性插值算法的缺点：简单线性插值算法计算时把门牌地址近似的认为在街道的中心线上，而实际情况并非如此，门牌地址与街道中心线之间总会存在一定的距离，而简单线性插值并没有考虑这个距离；由于简单门牌插值算法计算的思想是把所有待插值的门牌区间近似地看做在一条直线上，这样的空间内插由于插值区间所在的街道不在同一条直线上，因此采用简单线性插值计算出的门牌地址可能会偏离街道较远，造成比较大的误差。

2）归一化门牌线性插值

为了解决上述这种由于道路的走向造成的门牌插值上的计算误差，可以采用一种改进的门牌插值算法来进行门牌的插值，即“归一化门牌线性插值”。该算法的思想是：通过计算街道上所有“拐点”的近似门牌号码，从而保证所有街道上的门牌区间均在同一条直线上，因此就可以解决上述因为街道走向而造成的门牌插值的计算误差。

如图 6.47 所示，归一化门牌插值算法步骤如下：

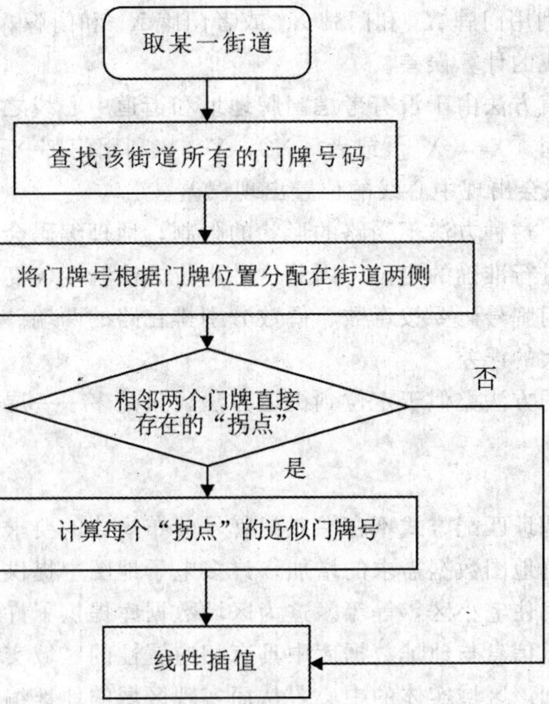

图 6.47 归一化门牌插值算法流程

(1) 在街道数据集中获取一条街道的数据。

(2) 查询该街道上的所有门牌号码，假设为<门牌 1，门牌 2，门牌 n>，根据门牌号码的实际位置将一条街道上的门牌按照在街道两侧的分布分成两部分，假设为<门牌 L_1，门牌 L_2，…，门牌 L_n>和<门牌 R_1，门牌 R_2，…，门牌 R_n>。

(3) 对于街道同一侧的门牌号码，然后按照门牌号码在街道上实际的分布顺序排序，假设排好序的门牌集合为<门牌，O_1，门牌 O_2，…，门牌 O_n>。

(4) 判断排好序的门牌号码中，彼此相邻的门牌之间是否存在“拐点”，如果存在拐点，假设 X_1 和 X 之间的距离是 D_1，X_2 和 X 之间的距离是 D_2，那么拐点 X 的近似门牌计算公式为

$$C_x = (C_2 - C_1) \times \frac{D_1}{D_2 + D_1} + C_1$$

式中，C_x 表示“拐点近似门牌号码，C_1 和 C_2 分别表示拐点两侧的门牌号码。D_1 和 D_2 分别表示门牌 1 和门牌 2 到“拐点”的距离。

(5) 待插门牌所处的门牌区间，利用简单门牌插值算法，计算待插门牌的位置。

归一化门牌线性插值算法的优点主要是可以解决简单门牌线性插值算法造成的门牌插值计算误差。如果采用简单门牌插值算法，那么计算的结果门牌位置将会出现在远离街道的 X_1 和 X_2 的连线上，但是采用归一化门牌插值算法时，将会首先计算街道“拐点”X_0 的近似门牌号码，那么在门牌区间［X_1，X_0］中间的门牌在进行插值时，将不会根据门牌 X_1 和门牌 X_2 的坐标来进行插值，而是会根据待插值门牌号码落在区间［X_1，X_0］

或者 [X_0，X_2]，利用门牌 X_1 和门牌 X_0 或者门牌 X_0 和门牌 X_2 来计算，所以就可以解决简单门牌插值造成的计算误差。

归一化门牌插值方法由于没有考虑门牌地址和街道中心线之间的距离，那么根据待插值门牌号码落在区间 [X_1，X_0] 或者 [X_0，X_2]，利用门牌 X_1 和门牌 X_0 或者门牌 X_0 和门牌 X_2 来计算就会出现中心线的位置出现误差。

需要说明的是，这种方法不受路的形状的限制，地理编码会根据记录的门牌号以及其与街道的垂直距离进行准确的定位，因此这种定位方法精度较高。但该方法要求门牌号的分布要有规律，即门牌号码要按奇数、偶数分别排在路的两端。这样在进行插值时点位的位置才不会出现太大的误差。

定位到楼牌号的方法类似于定位到街道方法，只是多了一层子地址，楼牌号的插值与门牌号类似。

2. 定位到区域

定位到区域的地址匹配方式不存在对门牌号分布规律的要求，因此被广泛的使用。特别是随着商业领域对地图数据需求的增加，许多电子地图中提供了大量的区域数据。比如配送点式区域，居民住宅小区，等等。这为区域数据库提供了许多基础条件。这种方法是将每个记录中的区域信息与地址数据库中具有相应属性的区域实体进行匹配，然后将记录以点位的形式定位到该区域实体的中心，从而实现区域的地址编码。具体的做法是将要匹配的地址描述拆分为几个属性字段，同时对各个属性字段进行分级。只要待记录的属性数据能够与数据库中的全部级别的数据匹配成功即可认为匹配成功，即记录的字段不需要与地址数据库中的所有字段都匹配上。由于实际应用中区域数据库中的每个区域的属性数据中都存在有关地址的描述，例如洪山区梅子山庄小区，洪山区樱花小区，等等。这些区域又可以分为不同的等级，如以一个街道居民小区为例说明如何对区域的属性数据进行字段拆分和分级。在地址数据库中同一级别的区域之间不能有覆盖，表示行政区的区域之间要保证无缝连接。下面举例说明使用定位到区域进行地址编码匹配的过程。

例如，现有区域对象对应的地址属性描述为“青山区解放路 9 号花园小区”，而在另外的一个资料中同样的区域对象的地址属性描述为“青山区街道口花园小区”。他们的地址描述实际上都是正确的，只不过由于习惯的不同出现了这两种叫法。现在对这两个地址描述进行字段拆分及分级，青山区是对行政区的描述，解放路 9 号是对街道门牌号的描述，街道口是对地名的描述，花园小区是对居民小区的描述，因为这里不涉及省市的匹配过程，在这几个描述中暂且假设行政区青山区，作为第一级的地址字段，地名和街道门牌号作为第二级的地址字段，而将居民小区视为第三级的地址字段，如表 6.8 所示。

表 6.8　**区域描述**

区域对象	行政区	街道门牌号	地名	居民小区
邮局	青山区	解放路 9 号	街道口	花园小区
粮店	青山区	—	街道口	花园小区
超市	青山区	解放路 9 号	—	花园小区

可以看到粮店和超市的值没有完全与数据库中区域的所有字段值都有匹配，即三个级别的地址数据都可以匹配上。那就可以认为匹配成功，将这个区域对象中心的地址坐标赋予这两个记录，从而实现了地址匹配。

复习与思考题

1. 什么是编码？编码有哪些功能？编码应遵循什么原则？

2. 试简述几种常用的编码方法及其应用。

3. 试简述地理编码的关键技术及其在地理国情监测中的作用。

4. 试简述经纬度网格编码和直角网格编码的原理。

5. 试简述全球栅格影像（瓦片）地理网格划分及编码原理。

6. 试简述地址编码的定义及其作用，简述几种典型的地址编码模型。

7. 试简述地址匹配的定义和方法。如何通过地址匹配进行定位？

8. 中国某市（3 度带投影的 38 度内）所在区域的四至图如图 6.48 所示，2015 年该市国土资源局要对全市的地表覆盖进行地理调查，为制定 2016—2020 年规划提供依据。地理单元划分拟选择规则格网，针对该市地理调查，应该选择什么类型的地理格网？如果按照 10km 格网进行地理编码，试给出该市的各个地理单元编码。

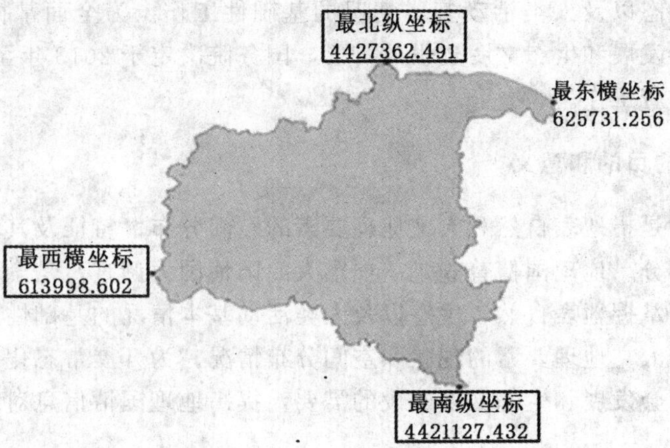

图 6.48

第7章　地理调查实践——以第一次全国地理国情普查为例

第一次全国地理国情普查是地理调查的一项重大实践，也是开展持续地理调查、构建地理国情本底数据库、实现地理国情监测的关键基础性工作。为了更好地掌握地理调查的基本原理、方法和流程，本章以第一次全国地理国情普查为研究对象，系统地对第一次全国地理国情普查的目的和意义、地理国情普查的内容和指标、地理国情普查数据源、地理国情普查的技术路线、地理国情普查的成果发布与应用、地理国情普查的技术要求与方法进行了全面的介绍。

7.1　第一次全国地理国情普查概述

地理国情普查是一项重大的国情国力调查，是全面获取地理国情信息的重要手段，是掌握地表自然、生态以及人类活动基本情况的基础性工作。为全面掌握我国地理国情现状，满足经济社会发展和生态文明建设的需要，国务院决定于2013年至2015年开展第一次全国地理国情普查工作。

7.1.1　普查的目的和意义

地理国情主要是指地表自然和人文地理要素的空间分布、特征及其相互关系，是基本国情的重要组成部分。地理国情普查是一项重大的国情国力调查，是全面获取地理国情信息的重要手段，是掌握地表自然、生态以及人类活动基本情况的基础性工作。普查的目的是查清我国自然和人文地理要素的现状和空间分布情况，为开展常态化地理国情监测奠定基础，满足经济社会发展和生态文明建设的需要，提高地理国情信息对政府、企业和公众的服务能力。

开展全国地理国情普查，系统掌握权威、客观、准确的地理国情信息，是制定和实施国家发展战略与规划、优化国土空间开发格局和各类资源配置的重要依据，是推进生态环境保护、建设资源节约型和环境友好型社会的重要支撑，是做好防灾减灾工作和应急保障服务的重要保障，也是相关行业开展调查统计工作的重要数据基础。

7.1.2　普查范围、普查对象、普查内容和普查时间基准

1. 普查范围

第一次全国地理国情普查范围为中华人民共和国境内陆地国土（不含香港特别行政区、澳门特别行政区和台湾省），即我国31个省、自治区、直辖市所辖陆地范围。

2. 普查对象

第一次全国地理国情普查对象为我国陆地国土范围内的地表自然和人文地理要素。自然地理要素的基本情况，包括地形地貌、植被覆盖、水域、荒漠与裸露地等的类别、位置、范围、面积等，掌握其空间分布状况；人文地理要素的基本情况，包括与人类活动密切相关的交通网络、居民地与设施、地理单元等的类别、位置、范围等，掌握其空间分布现状。包括地形地貌、植被覆盖、水域、荒漠与裸露地、交通网络、居民地与设施和地理单元等。

3. 普查内容

第一次全国地理国情普查内容包括 12 个一级类、58 个二级类和 133 个三级类。

按照地表覆盖分类方式采集的内容包括其中的 10 个一级类，46 个二级类和 77 个三级类，如表 7.1 所示。

表 7.1　**地理国情普查地表覆盖要素**

代码	一级	二级	三级
0100	耕地		
0110		水田	水田
0120		旱地	旱地
0200	园地		
0210		果园	
0211			乔灌果园
0212			藤本果园
0213			草本果园
0220		茶园	茶园
0230		桑园	桑园
0240		橡胶园	橡胶园
0250		苗圃	苗圃
0260		花圃	花圃
0290		其他园地	其他园地
0300	林地		
0310		乔木林	
0311			阔叶林
0312			针叶林
0313			针阔混交林
0320		灌木林	

续表

代码	一级	二级	三级
0321			阔叶灌木林
0322			针叶灌木林
0323			针阔混交灌木林
0330		乔灌混合林	乔灌混合林
0340		竹林	竹林
0350		疏林	疏林
0360		绿化林地	绿化林地
0370		人工幼林	人工幼林
0380		稀疏灌丛	稀疏灌丛
0400	草地		
0410		天然草地	
0411			高覆盖度草地
0412			中覆盖度草地
0413			低覆盖度草地
0420		人工草地	
0421			牧草地
0422			绿化草地
0423			固沙灌草
0424			护坡灌草
0429			其他人工草地
0500	房屋建筑（区）		
0510		多层及以上房屋建筑区	
0511			高密度多层及以上房屋建筑区
0512			低密度多层及以上房屋建筑区
0520		低矮房屋建筑区	
0521			高密度低矮房屋建筑区
0522			低密度低矮房屋建筑区
0530		废弃房屋建筑区	废弃房屋建筑区
0540		多层及以上独立房屋建筑	
0541			多层独立房屋建筑
0542			中高层独立房屋建筑

续表

代码	一级	二级	三级
0543			高层独立房屋建筑
0544			超高层独立房屋建筑
0550		低矮独立房屋建筑	低矮独立房屋建筑
0600	道路		
0610		有轨道路路面	有轨道路路面
0601		无轨道路路面	无轨道路路面
0700	构筑物		
0710		硬化地表	
0711			广场
0712			露天体育场
0713			停车场
0714			停机坪与跑道
0715			硬化护坡
0716			场院
0717			露天堆放场
0718			碾压踩踏地表
0719			其他硬化地表
0720		水工设施	
0721			堤坝
0740		城墙	城墙
0750		温室、大棚	温室、大棚
0760		固化池	
0761			游泳池
0762			污水处理池
0763			晒盐池
0769			其他固化池
0770		工业设施	工业设施
0780		沙障	沙障
0790		其他构筑物	其他构筑物
0800	人工堆掘地		
0810		露天采掘场	

续表

代码	一级	二级	三级
0811			露天煤矿采掘场
0812			露天铁矿采掘场
0813			露天铜矿采掘场
0814			露天采石场
0815			露天稀土矿采掘场
0819			其他采掘场
0820		堆放物	
0821			尾矿堆放物
0822			垃圾堆放物
0829			其他堆放物
0830		建筑工地	
0831			拆迁待建工地
0832			房屋建筑工地
0833			道路建筑工地
0839			其他建筑工地
0890		其他人工堆掘地	其他人工堆掘地
0900	荒漠与裸露地表		
0910		盐碱地表	盐碱地表
0920		泥土地表	泥土地表
0930		沙质地表	沙质地表
0940		砾石地表	砾石地表
0950		岩石地表	岩石地表
1000	水域		
1001		水面	水面
1012			水渠
1050		冰川与常年积雪	
1051			冰川
1052			常年积雪

按照实体要素方式采集的地理国情要素内容包括其中的 5 个一级类，16 个二级类和 53 个三级类，如表 7.2～表 7.5 所示。

表 7.2 **道路要素采集内容**

代码	分类名称	几何特征	要素分层	采集内容说明
0600	道路			
0610	铁路	线	LRRL	铁路中心线
0620	公路	线	LRDL	道路中心线
0630	城市道路	线	LCTL	道路中心线
0640	乡村道路	线	LVLL	道路中心线

表 7.3 **水域要素采集内容**

代码	分类名称	几何特征	要素分层	采集内容说明
1000	水域			
1010	河渠			
1011	河流	面	HYDA	采集河道范围线构面
		线	HYDL	采集结构线或中心线
1012	水渠	面	HYDA	采集范围线构面
		线	HYDL	采集结构线或中心线
1020	湖泊	面	HYDA	采集高水位线构面
1030	库塘			
1031	水库	面	HYDA	采集最高蓄水位线构面
1032	坑塘	面	HYDA	采集高水位线构面
1040	海面	面	HYDA	采集岸线与影像外廓线构面
1050	冰川与常年积雪			
1051	冰川	面	HYDA	采集范围线构面
1052	常年积雪	面	HYDA	采集范围线构面

表 7.4 **构筑物要素采集内容**

代码	分类名称	几何特征	要素分层	采集内容说明
0700	构筑物			
0720	水工设施			
0721	堤坝	线	SFCL	采集坝顶平坦区域中心线

续表

代码	分类名称	几何特征	要素分层	采集内容说明
0722	闸	面	SFCA	采集轮廓线构面
		线	SFCL	采集成线
		点	SFCP	采集定位点
0723	排灌泵站	点	SFCP	采集定位点
0729	其他水工构筑物	线	SFCL	采集中心线
0730	交通设施			
0731	隧道	线	SFCL	采集成线
0732	桥梁	线	SFCL	采集中心线
0733	码头	面	SFCA	按面采集
		线	SFCL	采集成线
0734	车渡	线	SFCL	采集成线
0735	高速公路出入口	点	SFCP	采集定位点
0736	加油（气）、充电站	点	SFCP	采集定位点
0800	人工堆掘地			
0820	堆放物			
0821	尾矿库	面	SFCA	采集范围线构面

表 7.5　**地理单元要素采集内容**

代码	分类名称	几何特征	要素分层	采集内容说明
1100	地理单元			
1110	行政区划与管理单元			
1111	国家级行政区	面	BOUA1	采集范围线构面
		线	BOUL	采集行政区界线
1112	省级行政区	面	BOUA2	采集范围线构面
		线	BOUL	采集行政区界线
1113	特别行政区	面	BOUA3	采集范围线构面
		线	BOUL	采集行政区界线
1114	地、市、州级行政区	面	BOUA4	采集范围线构面
		线	BOUL	采集行政区界线
1115	县级行政区	面	BOUA5	采集范围线构面
		线	BOUL	采集行政区界线

续表

代码	分类名称	几何特征	要素分层	采集内容说明
1116	乡、镇行政区	面	BOUA6	采集范围线构面
		线	BOUL	采集行政区界线
1117	行政村	点	BOUP7	采集行政村定位点
1118	城市中心城区	面	BOUA8	采集范围线构面
1119	其他特殊行政管理区	面	BOUA9	采集范围线构面
		线	BOUL	采集行政区界线
1120	社会经济区域单元			
1121	主体功能区	面	BERA1	采集范围线构面
1122	开发区、保税区	面	BERA2	采集范围线构面
1123	国有农、林、牧场	点	BERP3	采集定位点
1124	自然、文化保护区	面	BERA4	采集范围线构面
1125	自然、文化遗产	面	BERA5	采集范围线构面
1126	风景名胜区、旅游区	面	BERA6	采集范围线构面
		点	BERP6	采集定位点
1127	森林公园	面	BERA7	采集范围线构面
1128	地质公园	面	BERA8	采集范围线构面
1129	行、蓄、滞洪区	面	BERA9	采集范围线构面
1130	自然地理单元			
1131	流域	面	BGBA	采集范围线构面
1132	地形分区	面	BGTA	采集范围线构面
1133	地貌类型单元	面	BGLA	采集范围线构面
1134	湿地保护区	面	BGWA	采集范围线构面
1135	沼泽区	面	BGMA	采集范围线构面
1140	城镇综合功能单元			
1141	居住小区	面	BUCA	采集范围线构面
		点	BUCP	采集定位点
1142	工矿企业	面	BUCA	采集范围线构面
		点	BUCP	采集定位点
1143	单位院落	面	BUCA	采集范围线构面
		点	BUCP	采集定位点

续表

代码	分类名称	几何特征	要素分层	采集内容说明
1144	休闲娱乐、景区	面	BUCA	采集范围线构面
1145	体育活动场所	面	BUCA	采集范围线构面
1146	名胜古迹	面	BUCA	采集范围线构面
1147	宗教场所	面	BUCA	采集范围线构面

4. 普查时间基准

第一次全国地理国情普查标准时点为 2015 年 6 月 30 日。需利用 2015 年 3 月 1 日至 2015 年 6 月 30 日时期获取的航空航天遥感影像，对前期普查成果进行核准，形成符合标准时点要求的成果。使用的其他资料原则上现势性应满足时点的要求。

2013 年 1 月至 2013 年 6 月为普查工作准备阶段，主要完成普查方案和技术规程制定，开展试点试验和技术培训，资料收集与获取等前期准备工作。2013 年 7 月至 2015 年 6 月为普查工作第一阶段，主要完成普查底图制作、数据采集与处理、外业调查与核查、数据集建设等工作。2015 年 7 月至 2015 年 12 月为普查工作第二阶段，主要完成普查信息的整理、汇总、统计分析，形成普查报告，发布普查结果。

7.1.3　普查工作组织与实施

全国地理国情普查工作作业范围广、涉及部门多、工作任务重、技术要求高、实施难度大。为加强领导，国务院成立了第一次全国地理国情普查领导小组，负责普查工作的组织和领导，协调解决重大问题。普查领导小组办公室设置在国家测绘地信局，承担领导小组的日常工作，具体负责业务指导与监督检查。各省级人民政府也成立相应的普查领导小组及其办公室，认真组织本地区的普查工作。

普查工作要按照“全国统一领导、部门分工协作、地方分级负责、各方共同参与”的原则组织实施。领导小组各成员单位各司其职、各负其责、通力协作、密切配合，共同做好普查工作。国家测绘地信局会同相关部门抓紧制定普查总体方案，建立普查的技术和标准体系，做好技术指导、培训、质量控制、信息汇总和统计分析，帮助中西部贫困地区完成普查工作，充分利用已有地理信息和专题信息资源，建设全国地理国情本底数据库，形成全国普查报告。各省级人民政府按照普查总体方案，结合当地实际，制定本地区普查实施方案。各地区充分整合已有资源，组织专业队伍，开展本地区普查底图制作、外业调查与核查、数据处理、数据集建设等工作，做好普查成果的检查验收和汇总上报。

7.1.4　普查的内容

由于地表信息的多样、复杂性，使反映地表综合状况的地理国情的普查内容多而杂，且随不同分类级别和分类方法的不同而不同。为了普查、分类和表达的便利，在国家层面一般将实地大小在 $400m^2$ 以上的地表覆盖作为地理国情普查的要素，并在地理国情信息数据中用面表示。为了便于阐述地理国情监测的内容，这里以一级分类的主要要素为主线来讨论和理解地理国情普查的内容。

1. 耕地

耕地属于一级类别的地理国情对象，是地理国情普查的主要内容之一。这里，耕地泛指经过开垦用于种植农作物，且经常耕耘、管理的土地。以耕地的开发程度来分类，耕地包括熟耕地（如图 7.1（a）所示）、新开发整理荒地（如图 7.1（b）所示）、以农为主的草田轮作地（如图 7.1（c）所示）和以种植农作物为主，间有零星果树、桑树或其他树木的土地（林木覆盖度在 50％以下）（如图 7.1（d）所示）。

（a）熟耕地　（b）新开发整理荒地

（c）草田轮作地　（d）林木覆盖度在 50％以下的土地

图 7.1　耕地图片

熟耕地是指常年耕作、管理和种植的土地。新开发整理荒地，主要是指将那些原本荒废或未开垦的土地进行开发、整理以用于农作物种植的的土地。草田轮作地是指以种植农作物为主，为了促进土壤团粒结构形成和土壤肥力的恢复，在一块土地上种植农作物若干年后，连续种植一年生或多年生牧草的土地。例如，利用苜蓿、三叶草等豆科牧草和猫尾草、黑麦草等禾本科牧草进行单播或混播，以促进土壤团粒结构形成和土壤肥力的恢复和提高，并给畜牧业提供优良饲料。间有零星林木的土地是指以种植农作物为主的土地，但在农作物中间歇种植少量（一般低于 50％）的果类或其他类树木的土地。

对耕地进行进一步的细分，则可以得到耕地要素的二级甚至三级类别的要素。二级类别的耕地主要包括水田、旱地。其中，水田是指种植水稻、莲藕、茭白等水生农作物的耕地，包括实行水生、陆生农作物轮种的耕地。旱地包括种植小麦、玉米、豆类、薯类、油菜、青稞、白菜等陆地生长农作物的耕地，包括土地利用类型中的水浇地、旱地和菜地。

2. 园地

园地是指连片人工种植多年生木本和草本作物，集约经营的，以采集果实、叶、根、茎等为主的，覆盖度大于50%的土地，如图 7.2 所示。包括各种乔灌木、热带作物以及果树苗圃等用地。不包括干果和木本油料（油棕除外）等林地。园地与耕地的主要区别在于，园地以种植专业性多年生的作物为主。园地的二级类别主要包括果园、茶园、桑园、橡胶园、苗圃及其他专业性园地。这类园地是指被人工种植的果树、茶树、桑树、橡胶树等所覆盖的连片区域或被人工繁殖、培育的苗木覆盖的地表。

(a)　　(b)

图 7.2　果园图片

3. 林地

林地作为地理国情普查的重要内容之一，是指成片的天然林、次生林和人工林覆盖的地表。其中，天然林是那些依靠自然能力形成的森林或林地，如图 7.3（a）所示。次生林是相对天然原生林而言的，是指天然森林覆盖遭遇破坏后由其根部再度繁衍生长所形成的新的森林植被系统，如图 7.3（b）所示。人工林是指用人工播种、种植和扦插等方法营造和培育而形成的森林植被，如图 7.3（c）所示为人工杨树林。

(a) 天然林　　(b) 次生林　　(c) 人工林

图 7.3　林地图片

林地有乔木林、灌木林、乔灌混合林、竹林、疏林和绿化林地等多种二级类型的普查要素。乔木林由具有高大明显主干的非攀缘性多年生木本植物为主体（林冠覆盖面积占65%以上）构成的植被，高度一般大于 5m，树木总体覆盖度在 30% 以上

(GB/T 14721—2010),包括阔叶林、针叶林、针阔混交林等。

灌木林由生长低矮的多年生木本植物为主体（林冠覆盖面积占65%以上）构成植被，林木覆盖度大于30%，高度一般低于5m（GB/T 14721—2010）。包括阔叶灌木林、针叶灌木林、针阔混交灌木林。

乔灌混合林由乔木和灌木交替生长混合覆盖但两者林冠覆盖面积各自都不超过65%，且树木总体覆盖度大于30%的地表。

竹林以全部由各类竹子组成的纯林或仅混生少量针阔叶树种的植被类型。

疏林是指覆盖度较低，树木覆盖度在10%～30%的林地。

绿化林地是指城镇或居住区域内面积较小、设施较少或没有设施的绿化地段、道路或河渠两侧、房屋周围等人工种植的树木覆盖形成的片状或带状区域。公园等面积较大区域的林地不归入该类，也不包括楼顶种植的树木。

4. 草地

地理国情内容之一的草地是以草本植物为主连片覆盖的地表。包括覆盖度在10%以上的各类草地，含以牧为主的灌丛草地（如图7.4（a）所示）和林木覆盖度在10%以下的疏林草地（如图7.4（b）所示）。

（a）灌丛草地　　（b）疏林草地

图7.4　草地图片

草地包括天然草地和人工草地两种二级类型。其中，天然草地是指以天然生长或半人工培育的草本植物为主覆盖的地表。一般未经改良或经过不破坏天然植被条件下的改良，用于放牧或割草，包括以牧为主的树木覆盖度在10%以下的疏林草地和灌丛草地。根据草地的覆盖度不同，可以将天然草地分为高覆盖度草地、中覆盖度草地和低覆盖度草地三种类型，作为天然草地的三级类别。

人工草地是通过耕翻、完全破坏、清除原有天然植被后，人为播种、栽培种植的以草本植物为主体的人工植被及其生长的土地，包含人工栽植林木覆盖度小于10%的人工疏灌丛群落或疏林群落及其生长的土地。包括饲用为主要目的的人工牧草地和特殊用途如改善环境的绿化草地。按用途，人工草地可以分为牧草地（如图7.5（a）所示）、绿化草地（如图7.5（b）所示）。

(a) 人工牧草地（牧场）

(b) 绿化草地

图7.5 人工草地图片

5. 房屋建筑区（群）

房屋建筑区（群）是指被连片房屋建筑遮盖的地表区域。房屋一般是指上有屋顶，周围有墙，能防风避雨，御寒保温，供人们在其中工作、生活、学习、娱乐和储藏物资，并具有固定基础，层高一般在2.2m以上的永久性场所。根据某些地方人们的生活习惯，可供人们常年居住的窑洞、竹楼等也应包括在内。根据建筑物的高度，房屋建筑区可以分为多层及以上房屋建筑区（群）和低矮房屋建筑区（群）是两种二级类型。多层及以上房屋建筑区（群）是指层高在4层或以上，或在高分辨率遥感影像上有明显阴影的房屋所遮盖的地表，如图7.6（a）所示。而低矮房屋建筑区（群）是指层高在1～3层，或在高分辨率遥感影像上无明显阴影的房屋所遮盖的地表，如图7.6（b）所示。

(a) 多层建筑群

(b) 低矮建筑群

图7.6 房屋建筑区（群）图片

6. 道路

道路是指供各种车辆（有轨、无轨）和人们通行的基础设施。根据其使用特点不同，可以将道路分为公路（如图7.7（a）所示）、铁路（如图7.7（b）所示）、城市道路（如图7.7（c）所示）和乡村道路（如图7.7（d）所示）等二级类型。

7. 构筑物

构筑物是指为某种特定的使用目的而建造的、人们一般不直接在其内部进行生产和生活活动的工程实体或附属建筑设施（GB/T 50504—2009）。需要指出的是，道路并不作为构筑物，在 GB/T 50504—2009 中将道路单独列出。

(a) 公路　(b) 铁路

(c) 城市道路　(d) 乡村道路

图 7.7　道路图片

构筑物根据其功能特性可以将其分为硬化平地、堤坝、闸、桥梁、码头、车渡、高速公路出入口、城墙、温室大棚、固化池和其他构筑物。其中，硬化平地是指使用水泥、沥青、砖石、夯土等材料铺设的连片露天平地所覆盖的地表；堤坝是指堤和坝的总称，也泛指防水拦水的建筑物和构筑物；水闸是指建筑在河流、水库和沟渠中，有闸门启闭，用于调节水位和控制流量的构筑物；桥梁是指架设在江、河、湖、海及低洼处之上，供车辆、行人等进行顺利通行的构筑物；码头是指人工修建的供船舶停靠、以便于乘客上下货物装卸场所及其附属设施；车渡为承载各种车辆（如火车、汽车等）通过江、河、湖、海的场所与路线；固化池是指人工用建筑材料修建的具有规则几何形态（多呈方形或圆形）的露天池沼覆盖的地表。如游泳池、污水消解池、晒盐池等，如图 7.8 所示。

8. 人工堆掘地

人工堆掘地是指被人类活动形成的弃置物覆盖或经人工开掘、或正在进行大规模土木工程而出露的地表。人工堆掘地包括露天采掘场、堆放物、建筑工地等二级类型。露天采掘场是指露天开采对原始地表破坏后出露形成的地表，如露天煤矿采掘场、采石场、稀土矿采掘场等。堆放物是指人工堆积的各种矿物、尾矿、弃渣、垃圾、沙土、岩屑等（人工堆积物）覆盖的地表，包括尾矿堆放物、垃圾堆放物和其他未分类的堆放物。建筑工地是指自然地表被破坏，正在进行土木建筑工程施工的场地区域。如图 7.9 所示。

(a) 硬化平地

(b) 堤坝

(c) 闸

(d) 桥梁

(e) 码头

(f) 城墙

(g) 大棚

(h) 固化池（晒盐池）

图 7.8 构筑物图片

(a) 露天采掘场　　(b) 尾矿堆放物

(c) 垃圾堆放物　　(d) 建筑工地

图 7.9　人工堆掘地图片

9. 荒漠与裸露地表

荒漠与裸露地表是指植被覆盖度低于 10 %的各类自然裸露地表。包括盐碱地表、泥质地表、沙质地表、砾石地表、岩石质地表，不含人工堆掘、夯筑碾压形成的裸露地表或硬化地表。即表层裸露物以盐碱、泥质、砂质、砾石和基岩等为主的地表。如图 7.10 所示。

10. 水体

从地表覆盖的角度讲，水体是指被液态和固态水覆盖的地表。从地理实体要素的角度讲，水体是指较长时期消长或存在的空间范围。包括河渠、湖泊、库塘、海面、冰川与常年积雪。如图 7.11 所示。河渠是指带状或线状的水体及其经常流经的区域，有河流和渠道之分。河流是指自然或半自然的带状或线状水体，而水渠则是指人工修建而成的带状或线状水体；与线状或带状的河渠相比较，湖泊是指自然或半自然的面状水体；而库塘则是指人工形成的面状水体，有水库和坑塘；海面通常是指海洋水体所覆盖的区域；冰川与常年积雪是指被冰和雪覆盖的最小地面实地面积为 10000m^2 的地表。

11. 地理单元

地理单元是指按照规划、管理识别以及利用的需求，一定尺度和性质将多种地要素组合在一起而形成的空间单位。按地理单元的性质可以将其分为行政区划单元、社会经济区域单元、自然地理单元、城镇综合功能单元等四个二级普查类型。其中，行政区划单元是指按照规划、管理以及利用的需求，按一定尺度和性质将多种地理要素组合在一起而形成的空间单位；社会经济区域单元包括主体功能区，开发区、保税区，国有农场、林场、牧场，自然、文化保护区，自然、文化遗产，风景名胜区，森林公园，地质公园，行洪、蓄洪、滞洪区等以生产、分配和消费等社会经济现象为主题的区域性单元；自然地理单元包括流域区、地形分区、地貌区划单元、湿地等；城镇综合功能单元是指城镇居民地内部根据功能和权属划分的空间单元，按功能可以将其分为居住小区、工矿企业、单位院落、休闲娱乐、景区、体育活动场所、名胜古迹和宗教场所等。

12. 地形

地形反映地表形态的高程、坡度、坡向等的信息。其中高程反映地表高程的信息；坡度反映地表坡度的信息；坡向反映地表坡面坡向的信息。如图 7.12 所示。

(a)盐碱地表

(b)泥质地表

(c)砂质地表

(d)砾石地表

(e)岩石地表

图 7.10　荒漠与裸露地表图片

(a)河渠(长江)

(b)湖泊(西湖)

(c)库塘(丹江口水库)

(d)海面

(e)冰川(西藏绒布冰川)

(f)常年积雪(珠穆朗玛峰)

图 7.11 水体图片

7.1.5 普查指标要求

1. 数学基础

第一次全国地理国情普查的主要数学基础信息如下：

(1) 平面坐标系：2000 国家大地坐标系。

(2) 高程基准：1985 国家高程基准，高程系统为正常高。

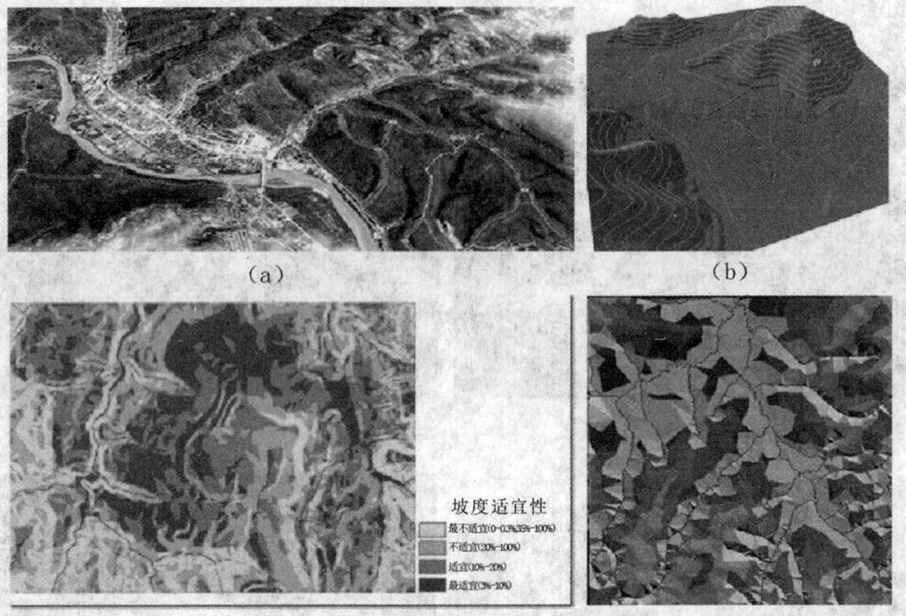

(a)　(b)　(c)　(d)

图 7.12　地形图片

（3）高程坐标单位：米（m）。

（4）投影与分带：分幅数据采用高斯—克吕格投影，按 6°分带；投影带的中央经线与赤道的交点向西平移 500km 后的点为投影带坐标原点。

（5）平面坐标单位采用米（m）。

（6）按行政区建立的本底数据库数据不分带，采用地理坐标，十进制度为单位，用双精度浮点数表示。

2. 地理单元

按照规划、管理识别以及利用的需求，一定尺度和性质将多种地理要素组合在一起而形成的空间单位。按地理单元的性质可以将其分为行政区划单元、社会经济区域单元、自然地理单元、城镇综合功能单元等四个二级普查类型。其中，行政区划单元是指按照规划、管理以及利用的需求，按一定尺度和性质将多种地理要素组合在一起而形成的空间单位；社会经济区域单元包括主体功能区，开发区、保税区，国有农场、林场、牧场，自然、文化保护区，自然、文化遗产，风景名胜区，森林公园，地质公园，行洪、蓄洪、滞洪区等以生产、分配和消费等社会经济现象为主题的区域性单元；自然地理单元包括流域区、地形分区、地貌区划单元、湿地等；城镇综合功能单元是指城镇居民地内部根据功能和权属划分的空间单元，按功能可以将其分为居住小区、工矿企业、单位院落、休闲娱乐、景区、体育活动场所、名胜古迹和宗教场所等。

3. 平面精度指标

平面精度指标包括正射影像的平面精度和数据采集精度两个方面。

1）正射影像平面精度

正射影像的精度取决于平面精度和影像接边限差两个因素。1∶10000 地形图覆盖区域和航摄生产区域按 1∶10000 地形图成图精度要求进行正射影像生产。其他非 1∶10000 地形图覆盖区域放宽为 1∶25000 地形图成图精度要求进行正射影像生产；特殊困难地区（沙漠、高原等外业调查难以到达的区域或人烟稀少地区）正射影像精度可以放宽至 1∶50000 成图精度要求，但需将放宽精度要求的区域报国务院普查办公室批准后执行。

数字正射影像地物点相对于附近野外控制点的点位中误差不得大于表 7.6 中规定的值。

表 7.6 **数字正射影像平面精度**

地形类别	1∶10000 成图精度影像平面中误差	1∶25000 成图精度影像平面中误差
平地	5.0m	12.5m
丘林地	5.0m	12.5m
山地	7.5m	18.75m
高山地	7.5m	18.75m

注：对于大面积单一地物地区，例如森林、草原、戈壁等地区，中误差可以适当放宽，但最大不得大于表中的 1.5 倍。最大误差不超过中误差的 2 倍。

图幅间应根据接边精度情况进行接边改正，改正后的影像接边限差不得超过表 7.7 中规定的值。

表 7.7 **数字正射影像接边限差**

地形类别	1∶10000 成图精度影像图幅接边限差	1∶25000 成图精度影像图幅接边限差
平地	5.0m	12.5m
丘林地	5.0m	12.5m
山地	7.5m	18.75m
高山地	7.5m	18.75m

不同分辨率影像之间接边时，按低分辨率影像对应的成图精度的接边限差要求执行。

如果不同影像数据源、不同控制数据源以及不同生产批次之间的正射影像接边限差不能满足表 7.6 中的要求，可以将接边限差放宽至 $\sqrt{2}$ 倍，但必须在生产技术总结报告中标明。

2）数据采集精度

数据采集精度，即采集的地物界线和位置与影像上地物的边界和位置的对应程度。影像上分界明显的地表覆盖分类界线和地理国情要素的边界以及定位点的采集精度应控制在 5 个像素以内。特殊情况，如高层建筑物遮挡、阴影等，采集精度应控制在 10 个像素以内。地表覆盖类型渐变地带没有明显的分界线，过渡地带的覆盖分类应至少保证上一级类型的准确性。

4. 分类精度指标

对于地表覆盖分类数据，没有明显分界线的过渡地带内覆盖分类应至少保证上一级类型的准确性。应综合采用包括外业调查、交叉复核等多种措施，并加强过程质量控制，确保数据质量。

对所有地理国情普查数据中的每一个要素类，都必须包含以下基本属性：

地理国情信息分类码，即在《地理国情普查内容与指标》中定义的类型编码。

基础地理信息分类码，即要素类对应的基础地理信息分类代码，如果基础地理信息中没有相应的类，设为999999。如果只能对应到基础地理信息中的大类，则填写其大类码。本项属性不适用于地表覆盖分类数据。

对地理单元中每一类要素数据，都必须包含以下基本属性：

精度水平：说明该对象界线范围确定的准确程度，分为“概略”和“测量”两类，分别赋值为“概略”和“测量”。默认值为“测量”，即不赋值或赋空值均表示界线为通过测量获得，否则需赋为“概略”。

5. 属性指标要求

长度、宽度、高程、面积、体积等需获取的定量属性值保留的小数位及数量单位应符合各个属性项的要求，填写的数值必须与规定的数量单位匹配。

属性赋值必须符合规定的取值范围，取值与实际相符。地表覆盖类型的归类应确保其正确性，由于覆盖类型本身的渐变性不存在清晰界线的特殊情况下，覆盖类型的归类至少应确保其上一级类的正确性，不应出现跨大类错误。

6. 数据的现势性

本次试点现势性整体原则应达到2015年6月30日。行政区划更新采用国家统计局网站最新发布的《统计用区划代码和城乡划分代码》(网址：http：//www.stats.gov.cn/tjbz/)。

7. 数据的一致性

地理国情普查规定的内容、指标及要求应严格执行，不同任务区采集的同一内容分类，全国应保持一致，便于数据汇总和统计分析对比。各省、自治区、直辖市在开展地理国情普查工作时，可以结合地方实际需求，在全国统一的普查内容与指标的基础上，增加普查内容、提高普查的详细程度。其普查成果数据上交时，省（自治区、直辖市）普查中按照《地理国情普查内容与指标》中已预定义的类型和指标要求采集的数据，其编码不需做归并处理；如果依据《地理国情普查内容与指标》中确定的规则扩充新的类型，且新扩类型的采集指标与其上一级类的采集指标相同或接近（指标变化量小于30%），汇总上交数据时其编码和图形数据不需做归并处理，但是若新扩类型的采集指标与其上一级类的采集指标相差较大（指标变化量大于等于30%），汇总上交数据时需要对图形数据按照《地理国情普查内容与指标》中规定的其上一级类的采集指标要求进行合并和归类处理后才提交，以确保全国普查数据尺度上的一致性。

8. 数据接边原则与要求

普查生产的正射影像及采集的地理国情普查数据必须经过接边处理。各任务区内部的接边，由省级普查机构或作业单位根据实际情况自行确定接边原则。普查任务区之间的接边原则上东南负责接西北边，或后提交成果的一方负责接边。省级普查任务区范围所依据的界线数据由国家统一提供，作为通用的接边线依据。

地理国情普查数据接边时应叠加正射影像，对相邻需接边线划之间的距离小于正射影像接边限差的，可以调整一边的数据直接接边；距离小于2倍正射影像接边限差的，两边相向平移接边；距离大于2倍正射影像接边限差的应检查和分析原因，由技术负责人根据实际情况做出决定，并作为重大问题进行记录。接边之后应保证图形数据光滑、连续，避免出现硬折、尖角；各项属性值相等的相邻同名要素接边后应合理合并为一个实体，如果受计算机软件、硬件系统功能和性能限制，完全合并后不便于保存和访问的大实体，可以只做部分合并，但应尽可能减少同名实体个数。

按照工作量基本均等的原则，任务区相邻的负责单位应协商完成任务区之间的接边工作。正射影像接边时，任务区相邻的负责单位应协助提供接边区域的像控资料、加密资料和整景影像数据，接边差不能满足技术规定要求的，负责接边的单位应对双方的像控资料、加密资料进行处理，在充分利用高精度资料的基础上，重新生产相邻图幅的正射影像数据后再进行接边；地理国情普查数据接边时，任务区相邻的负责单位应协助提供接边区域的地理国情普查数据、正射影像数据及其他必要的辅助资料。

9. 内业数据采集要求

地表覆盖分类数据采集需遵循《地理国情普查数据规定与采集要求》中确定的原则和方法，正确进行归类，确保对《地理国情普查内容与指标》执行的一致性。

地理国情要素数据采集需按照《地理国情普查数据规定与采集要求》中确定的原则和方法，以地理实体（或地理对象、地理要素）形式采集道路、水域、构筑物中的水工设施及交通设施、人工堆掘地类中的尾矿库，以及地理单元数据，并以规定的结构和格式实现存储和交换。

遥感影像解译样本数据的内容和采集要求遵照《遥感影像解译样本数据技术规定》执行。

DEM精细化数据的生产按照《多尺度数字高程模型生产技术规定》执行；覆盖全国的坡度、坡向数据需利用全国1∶50000DEM精细化处理后的数据计算，格网单元统一为10m×10m；全国1∶10000DEM覆盖区域坡度、坡向数据利用1∶10000DEM精细化处理后的数据计算，格网单元按照省级行政区统一为2m×2m。

元数据信息采集时依据不同的数据类型区别处理。影像数据的元数据依据《数字正射影像生产技术规定》中的要求；地表覆盖分类数据和地理国情要素数据的元数据采集遵照《地理国情普查数据生产元数据规定》执行；精细化处理后的DEM数据的元数据沿用（CH/T 1007—2001）对DEM的元数据要求；地理国情信息遥感影像解译样本数据不单独记录元数据，相关信息直接记录到遥感影像解译样本数据中，具体依据《遥感影像解译样本数据技术规定》。

沿海省（自治区、直辖市）普查数据采集范围，沿海岸线向大陆一侧必须全部采集，沿海岸线向海一侧的海岛（礁）根据本省（自治区、直辖市）实施方案确定的范围采集。采集成果必须一并汇交。

注：海岸线指平均大潮高潮位时的海陆分界线。

10. 地理国情普查的其他指标

地理国情普查的基本目标是建立地理国情的本底数据库，为地理国情的动态监测奠定基础。因此，除几何信息（如位置、面积、长度）和类型是地理国情普查要素的基本普查指标外，需要根据不同的普查内容和行业的相关监测标准确定具体的普查指标。

例如，耕地的普查指标应包括耕地质量是一个自然社会经济综合概念，监测指标既应包括自然指标 ，还应包括灌溉条件、投入状况等社会经济指标；既包括量化指标，也包括描述性指标。

土地条件指标包括：地形地貌、成土母质、表土层厚度和质地、土体构型、障碍层厚度、水土流失强度、沙化面积 、盐渍化面积。

土壤肥力指标包括：有机质、全氮、速效氮、速效磷、速效钾含量、土壤 pH 值、容重、粘粒含量。

土壤健康指标包括：污染物质（重金属、农药、化肥残留）、微量营养元素含量和有效性（Ca、Mg、S、Cu、Fe、Zn、Mn、B、Mo）、耕地产出农产品的质量。

土地投入指标包括：化肥投入、有机肥投入、灌排设施投入、农药投入、薄膜投入。

水体的普查中，既包括水体的类型、还包括不同水体的不同指标。

7.1.6　地理国情普查的数据源

1. 多源航空航天遥感影像

第一次全国地理国情普查在前期采集和后期普查标准时点核准阶段，均利用多源航空航天遥感影像采集地表覆盖分类信息、重要地理国情要素信息和部分属性信息等。

前期信息采集的主要遥感影像数据源的时相为 2011 年 1 月 1 日至 2015 年 2 月 28 日、地面分辨率优于 1m 的高分辨率卫星或航摄遥感影像，荒漠、高山等人烟稀少地区，以及其他需要影像补充的区域主要采用上述同一时间段内我国“资源 3 号”、天绘系列和“高分 1 号”等卫星影像数据。

后期普查标准时点核准主要影像数据源，为 2015 年 3 月 1 日至 2015 年 6 月 30 日计划获取的我国“资源 3 号”、天绘系列和“高分 1 号”等卫星影像数据。

第一次全国地理国情普查中使用的地面分辨率优于 1m 的高分辨率卫星影像覆盖总计约 $577\times10^4km^2$，地面分辨率优于 0.5m 的航空影像覆盖约 $78\times10^km^2$，利用已有地面分辨率优于 1m 航空、航天影像约 $305\times10^4km^2$。对难以获取地面分辨率优于 1m 航空航天影像的区域以及为满足普查对影像时相要求、时点核准要求等，利用我国“资源 3 号”、天绘系列和“高分 1 号”等卫星影像补充。

2. 基础地理信息数据

1）1∶50000 基础地理信息数据

1∶50000 基础地理信息数据是目前覆盖全国最大比例尺的基础地理信息数据，包括 DLG、DEM 和 DOM，是开展地理国情普查和监测的重要基础数据资料。该成果可以与 1∶10000基础数据资料结合，作为相关区域要素属性采集的重要参考数据源。对于现势性达不到要求或没有 1∶10000 基础数据、且没有优于 1m 分辨率现势性较好 DOM 数据的区域，采用最新版的 1∶50000 DLG 数据作为基础数据源。

2）1:10000 基础地理信息数据

全国以 DLG 数据为主要内容的 1:10000 基础地理信息数据已经覆盖约 46%的国土面积，是地理国情普查的一个重要信息源。由于该数据前期生产时存在标准不统一、现势性参差不一等问题，需要按照地理国情普查内容要求视普查任务区情况与具体需求收集并提取、整合和利用相关内容。1:10000 数据现势性优于最新 1:50000 数据的地区，可以使用该数据作为基础数据源。

3）大比例尺地理信息数据

部分城镇地区有更新频率较高、内容比较详尽的 1:5000 及更大比例尺地理信息数据，可以作为各省地理国情普查信息采集的重要数据源，但需要注意与普查内容与指标的衔接，按普查技术规定要求进行处理，不能简单提取相关的数据直接作为普查数据成果。

4）高精度数字高程模型数据

收集利用相关部门获取的 LiDAR 数据或高精度数字高程模型数据。

3. 行业专题数据资料

在数据生产和统计分析阶段，收集利用权威专业部门现势性较好、规范程度较高的资料，特别是充分利用一些专业性较强的属性内容，为普查工作提供重要参考。

4. 其他参考资料

相关权威部门公开发布的其他相关信息也可以在地理国情普查中作为参考资料使用。

(1) 收集的统计、民政等相关部门资料。

(2) 通过网络、出版物等渠道公开发布的相关信息。

5. 主要数据源和资料的利用情况

对于有多种符合普查现势性要求的影像数据源的区域，总体上应选择有效信息量更大、更有利于信息提取的影像。一般情况下，优先选用空间分辨率和光谱分辨率更高、时相更靠近植被生长季节、现势性更新的影像类型开展地理国情普查。按照前述条件，如果同时具有相当的卫星影像和航摄影像，一般情况下优先采用卫星影像。

优先选用现势性好的、精度符合要求的基础地理信息数据源，作为普查采集数据的空间定位基础，并与航空航天遥感资料结合，解译或提取符合要求的要素内容。

收集或共享的权威部门的专题数据或资料应分析其内容、现势性及精度，符合要求的可以直接采用，其他可以作为参考资料使用。

当承担单位自有的航空航天遥感资料及基础测绘成果等，现势性和质量均优于普查统一提供的资料时，应优先选用。

数据整合处理时，对于经认定数据来源和质量均可靠的地理信息数据，原则上不做改动，若与本次普查所用正射影像叠加不能满足采集精度要求，应分析找出具体原因再做适当处理。

7.1.7 普查用到的技术方法

1. 多源遥感影像处理技术

综合利用多种遥感数据源，从空间信息、光谱信息等方面进行深入挖掘，采用全色影像和多光谱影像融合处理、光学影像和雷达影像融合处理等技术手段，为高精度地理国情信息获取提供基础。同时，针对地理国情普查海量多源遥感影像，采用遥感影像数据集群分布式处理技术，集成正射影像自动化处理生产线，包括高效批量影像正射纠正、镶嵌、融合等。

2. 遥感影像信息提取方法

根据地理国情普查内容与指标，遥感影像信息提取包括地表覆盖分类和地理国情要素数据采集。地表覆盖分类数据可以采用计算机自动分类与人工判读解译相结合的方式。对影像质量、时相较好的区域，可以采用面向对象的方法进行计算机自动分类后，人工判读修改；对于影像质量差、时相为冬天、有云雾的影像，可以直接进行人工解译。

对于地表覆盖类型复杂、破碎的地区，可以采用人工解译为主；地表覆盖类型简单、成片地区则可以采用自动分类为主。地表覆盖分类数据采集前，为了分类的正确性和一致性，可以对所有正射影像进行分析，采集样本作为分类的参考资料；同时，提取 1:10000 和 1:50000（城市地区的 1:500～1:5000）基础数据中的植被、面状居民地、面状河流、面状地貌等数据，作为解译参考数据源。一般情况下，计算机自动分类提取地表覆盖分类数据，需要针对分类结果进行人工编辑：将分割、分类结果与遥感正射影像底图套合，通过影像识别与判读，对分类不正确的对象进行合并、拆分、重构等编辑。具体工作方法如图 7.13 所示。

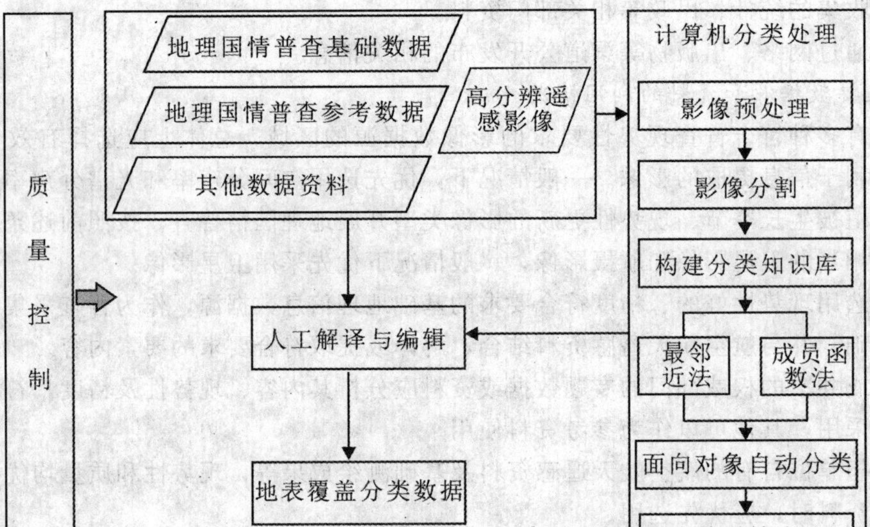

图 7.13　地表覆盖分类数据生产方法框图

地理国情要素数据采集，以遥感正射影像底图为基础，整合利用基础地理信息数据，并参考专题数据等其他数据资料，开展地理国情要素数据的内业判读、采集。基础地理信息整合处理后的数据与遥感正射影像叠加，如果差异在 5 个像素以内，可以直接沿用；如果差异大于 5 个像素，则利用遥感正射影像对水域、道路、构筑物、地理单元等实体要素重新采集，并参照专业资料、1:10000 或 1:50000（城市地区的 1:500～1:5000）中现势性较好的数据，提取相关要素及属性信息。地理国情要素数据生产总体流程如图 7.14 所示。

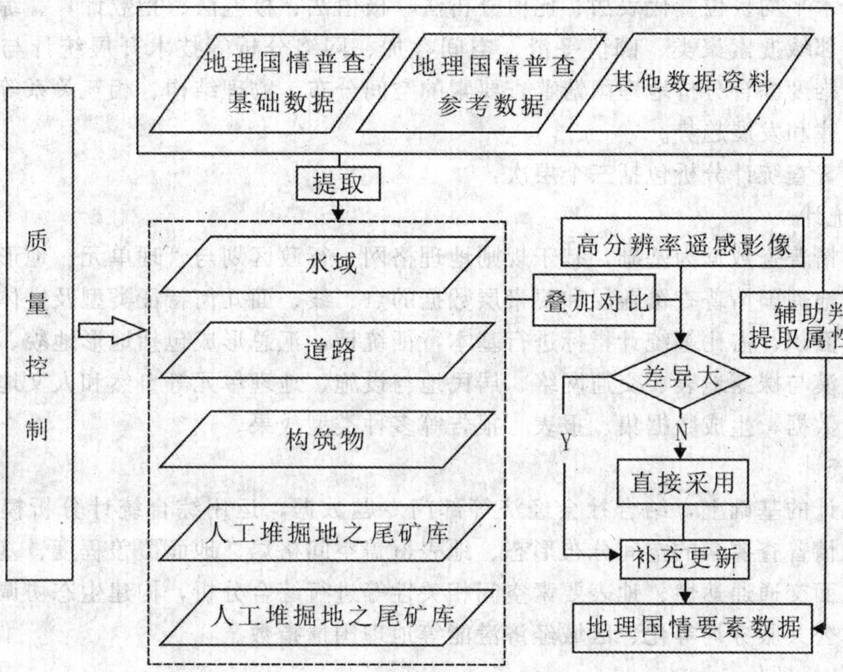

图 7.14　地理国情要素数据生产流程框图

3. 外业调查方法

利用外业调查工作底图，采用数字调绘系统或其他有效方式对内业分类与判译中无法确定边界或属性的要素和无法准确确定类型的地表覆盖分类图斑，开展实地核实确认和补调。外业调查过程中，采集获取遥感影像解译样本数据，记录调查路线和工作区域，并将其结果完整反映到元数据中。

4. 数据库建设技术方法

分别面向省和国家两级对地理国情数据集成管理与统计分析的不同要求，基于成熟的对象关系型空间数据库模型、采用面向对象的方法和 UML 建模语言对两级数据库进行统一设计。

根据不同层级建库的具体功能需求，设计开发数据入库检查、处理与入库工具软件，对地理国情普查成果数据进行批量入库检查、对象化处理、数据入库、关联关系建立以及道路、水系构网等系列处理后，将各种数据依据其特点集中统一存储于通用空间数据库或文件数据库系统中，分别实现省和国家两级普查数据一体化无缝建库。

省级可以根据具体个性需求，开发建设相应的数据库管理和应用服务系统；国家一级为了有效发挥成果数据的作用，基于云计算和面向服务的系统架构、采用 C/S 和 B/S 混合应用模式设计并开发数据库集成管理和统计分析系统，实现地理国情普查数据集成管理、统计分析、成果展示、更新维护和应用服务等方面的功能。

5. 统计分析技术方法

以地理国情普查数据为基础，结合专业部门数据，构建多种地理国情统计单元，采用空间量算、算术平均、位置代表法、比值分析法、极值法、极差法、指数计算、综合分析等方法，通过邻域搜索聚类、阈值平滑、空间叠加、网络分析等技术开展统计与分析工作，从不同的维度综合分析地理国情普查要素的空间分布、物理结构、相互关系等，揭示它们的分布规律和发展趋势。

地理国情普查统计分析包括三个层次：

1）基本统计

以地理国情普查数据为基础，基于规则地理格网、行政区划与管理单元、地形单元等统计单元，对地理国情普查覆盖层和要素层数据的点、线、面几何特征类型及实体对象的个数、长度、面积、占比等统计指标进行基本特征统计，汇总形成包括地形地貌、植被覆盖、水域、荒漠与裸露地表、交通网络、居民地与设施、地理单元等自然和人文地理国情信息基本统计数据，生成数据集、报表、报告等多种类型成果。

2）综合统计

在基本统计的基础上，结合社会经济等部门专题数据，运用综合统计分析模型和方法，对地理国情普查要素的空间分布形态、地表覆盖空间格局、地面覆盖程度、基础设施配置水平、地面交通通达性、地表要素空间相关性等进行综合分析，构建生态协调性、城镇发展、基本公共服务均等化、区域经济潜能等地理国情指数。

3）专题分析评价

基于地理国情基本统计汇总和综合统计分析成果，结合社会、经济等部门专题数据，定量与定性分析相结合，从生态文明、城镇发展、区域经济、社会民生等方面，基于自然、人文、社会、经济等维度测量地理国情综合状况，综合评估地理国情要素的现状，形成地理国情系列分析评价报告。

7.1.8　第一次全国地理国情普查成果

通过第一次全国地理国情普查，形成一整套国家级和省级普查成果资料，包括报告、数据库、信息系统和地图图件等，以及通过对普查成果数据的综合统计分析形成的系列数据成果和相关分析成果等。

1. 主要普查成果

1）报告成果

主要包括：

（1）第一次全国地理国情普查工作总报告。

（2）第一次全国地理国情普查成果总报告。

（3）第一次全国地理国情普查成果统计分析系列报告。

2）数据成果

（1）全国地理国情普查成果数据库：

①全国 10m×10m 及重点区域 2m×2m 坡度与坡向数据库。

②全国地貌类型数据库。

③全国地表覆盖分类数据库。

④全国重要地理国情要素数据库。

⑤全国多尺度数字高程模型数据库。

⑥全国高分辨率正射影像数据库。

⑦全国地理国情普查遥感解译样本数据库。

(2) 全国地理国情统计分析数据库：

①全国地理国情普查基本统计数据库。

②全国地理国情普查综合统计数据库。

(3) 各省、自治区、直辖市地理国情基本统计数据汇编。

(4) 按地理单元统计的地理国情基本统计数据汇编。

3) 信息系统成果

(1) 基于地表覆盖、遥感影像和地表三维数据库的地理国情监测平台。

(2) 地理国情信息数据库管理系统。

(3) 基于政府内网的地理国情信息发布与服务系统。

(4) 基于“天地图”的地理国情信息发布与服务系统。

(5) 地理国情普查业务管理系统。

4) 图件成果

(1) 全国地理国情普查成果系列图。

(2) 中华人民共和国地理国情图集。

(3) 各省、自治区、直辖市地理国（省、市）情图集。

2. 成果汇交

依据《地理国情普查成果资料汇交与归档基本要求》中的规定，省级普查实施机构对完成的包括影像数据、地表覆盖分类数据、地理国情要素数据、精细化 DEM 及地形数据、遥感解译样本数据、基本统计分析数据以及相关技术文档等成果向国务院地理国情普查实施领导小组指定的实施机构分不同成果类型分阶段进行汇交。

其中，影像数据按景和图幅提交；精细化 DEM 数据按图幅提交；地表覆盖分类数据、地理国情要素数据、遥感解译样本数据成果以省、自治区、直辖市或省级普查任务区为单位完成后整体提交；以县为单元的基本统计分析数据和其他基本统计成果按省汇总提交；技术文档等成果按照普查进度要求提交。

3. 成果审核与发布

依据《第一次全国地理国情普查成果审核与发布办法》，国家和省级普查机构组织相关单位进行普查成果开发应用研究，国务院普查办公室对普查成果进行审核验收，报国务院地理国情普查领导小组批准后，向社会发布和提供信息服务。

普查成果发布权属于国务院地理国情普查领导小组。省级普查成果必须经国务院地理国情普查领导小组协调、审核同意后方可发布。

4. 成果应用与服务

国家级普查成果数据库由国家测绘地理信息局统一管理，按照《第一次全国地理国情普查成果审核与发布办法》和《第一次全国地理国情普查成果使用管理办法》等统一发布和提供共享服务。

省级测绘地理信息行政主管部门可以参照国家级普查成果相关管理办法制定本辖区的成果审核、发布和提供管理办法，管理和使用本辖区普查成果。

第一次全国地理国情普查成果将于普查任务完成后在政府内网提供共享服务。经批准可以公开发布的普查成果通过政府网站和“天地图”提供服务。

7.2 地理国情普查的技术路线

以覆盖全国陆地国土的分辨率优于 1m 的多源航空航天遥感影像数据为主要数据源，辅以我国“资源 3 号”、天绘系列和“高分 1 号”等卫星影像数据，收集、整合基础地理信息数据及多行业专题数据，采用自动与人机交互影像处理、多源信息辅助判读解译、外业调查、空间数据库建模、统计数据空间化、多源数据融合、空间量算、地理计算、空间统计等技术与方法，运用高新技术和装备，内外业相结合，开展全国地形地貌、地表覆盖、重要地理国情要素的普查与建库，搭建地理国情普查统计分析专用平台，开展全国地理国情信息统计分析，通过地理国情信息发布与服务系统、管理系统、地理国情监测平台等技术体系建设，实现第一次全国地理国情普查成果的管理、发布和应用。总体技术流程如图 7.15 所示，图 7.15 中普查数据采集部分的内业和外业工作，可以根据任务区的特点和承担单位的设计，灵活采用先内后外、先外后内或内外业交互结合的方式开展。

结合基础地理信息成果数据及各种专题数据，基于多源遥感影像，按照地理国情普查内容要求，针对不同地理要素的特点，采用自动处理与人机交互解译、多源信息辅助判读与解译、外业调查与核查、地理国情信息统计与分析等方法，开展信息获取。

7.2.1 资料收集整理

资料收集是开展地理国情普查的基础性工作，包括基础地理信息数据、遥感影像资料及控制资料、行业专题数据的收集整理。

1. 基础地理信息数据收集整理

基础地理信息数据在地理国情普查中可以收集利用的包括 DEM 数据、DOM 数据、DLG 数据等。DEM 数据主要用于遥感影像的正射纠正处理、精细化 DEM 的生产中。已有的 DOM 资料可以为影像控制点读取提供支持。DLG 数据可以作为要素采集的参考数据源，以及提取满足精度要求的控制点。已有的各省分别生产的 1∶10000 或更大比例尺 DLG 数据，必须按照地理国情普查内容规定，并参考普查区域实际情况与具体要求进行收集并提取、整合和利用。1∶50000 DLG 数据是目前比例尺最大的覆盖全国的基础地理信息数据，是开展地理国情信息普查和监测的重要基石。对于没有 1∶10000 基础数据、且没有优于 1m 分辨率 DOM 数据的区域，采用最新版的 1∶50000 地形数据库作为基础数据源。

2. 遥感影像资料收集整理

影像资料需要收集获取时相不早于 2011 年、地面分辨率为优于 1m、2.5m、局部 5m 的卫星影像或航空摄影影像，也可以根据普查需求，收集利用普查区域的 LiDAR 数据，用于 DEM 精细化、地表覆盖分类、地理国情要素数据采集及属性信息的提取。

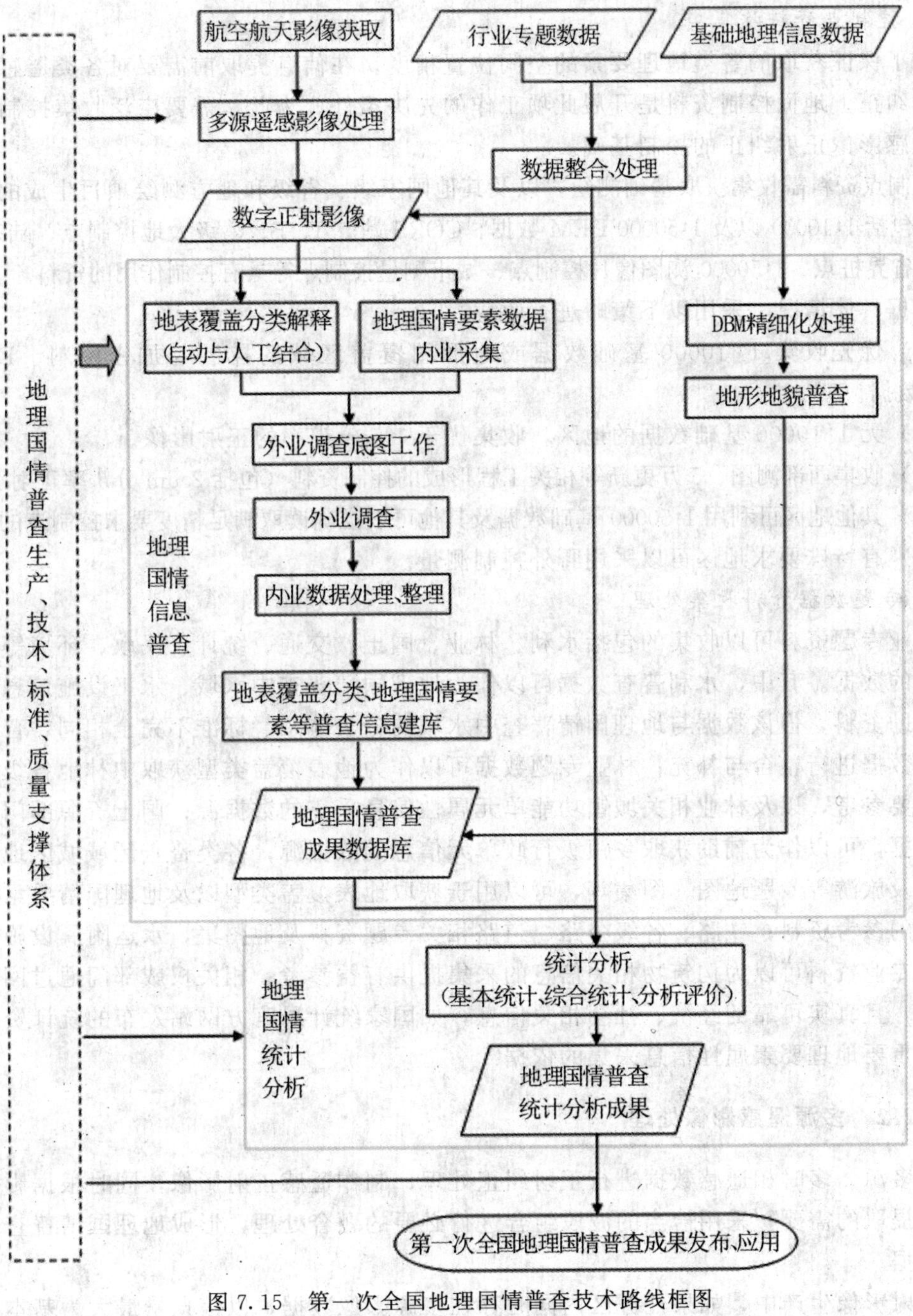

图 7.15 第一次全国地理国情普查技术路线框图

对于植被覆盖类普查内容，位于我国北亚热带季风落叶阔叶、常绿阔叶林气候区以北的地区，宜利用 4～9 月时相的遥感影像作为基本数据源；对于水域相关的普查内容，宜收集利用丰水期的遥感影像作为基本数据源；对于人工建造物的覆盖和要素内容，原则上按照普查时点当月数据为准，结合遥感影像采集相关信息；难以达到上述要求的，可以收集利用离普查时点较近、较低分辨率遥感影像进行更新和时点统一。

3. 控制点资料收集

为了保证获取的各类地理要素的空间位置精度，在信息提取前需要对各类遥感影像进行正射纠正。地面控制资料是开展此项工作的先决条件。为此，需要广泛收集控制点资料作为遥感影像正射纠正的控制基础。

控制点资料需收集获取基础测绘，以及其他国家级、省级和地方测绘项目生成的控制资料，还包括 1∶10000 以及 1∶50000 DEM 数据、CORS 站、A、B、C 级大地控制点、陆态网点、国家、省界桩点、1∶50000 测图像片控制点、城市测量控制点等具有控制作用的资料。

根据具体情况，采用以下策略进行收集：

(1) 优先收集 1∶10000 基础数据或地形图覆盖区域的控制与加密资料、DEM 与 DOM 数据。

(2) 无 1∶10000 基础数据的地区，收集优于 1m 分辨率的正射影像。

(3) 收集西部测图、5 万更新等相关工程形成的控制资料（包括 2.5m 分辨率正射影像)。

(4) 其他地区可利用 1∶50000 基础数据及其他可以准确读取满足精度要求控制点的资料。

(5) 有特殊要求地区可以采用野外控制测量。

4. 专题数据资料收集处理

行业专题资料可以收集的包括水利、林业、国土、交通、统计、民政、环境等多个行业部门的数据。其中，水利普查数据可以作为地理国情普查中水域、水工设施信息获取的重要辅助资料，但该数据与地理国情普查中水域的分类体系、标准不完全相同，普查时需对相关数据进行整合与补充；林业专题数据可以作为地表覆盖类型获取中林地各级类别采集的重要参考，以及林业相关城镇功能单元属性信息采集的数据源；国土资源部门的土地权属数据，可以作为辅助获取乡镇级行政单元信息的数据源；各类普查区域城区地图、规划图以及旅游等专题地图、图集等，可以用于获取地表覆盖类型以及地理国情要素及其属性信息的参考资料；铁路、各级公路、道路相关专题资料及地图集，水运附属设施、空运设施等专业资料可以为构筑物相关信息的采集提供有益参考；相关权威部门通过网络公开发布的，且真实可靠的经济、社会相关信息，如国家统计局官方网站发布的统计资料，可以作为重要地理要素属性信息采集的依据。

7.2.2 多源遥感影像处理

将多源、多时相遥感数据进行正射纠正处理，制作遥感正射影像，同时根据影像分类与信息提取的需要，采用恰当的波段组合进行必要的融合处理，形成地理国情普查的基础底图数据。

正射影像生产中，如果任务区内同时存在多源影像数据，以信息量最大为基本原则选用较好的影像。DEM 数据应选取格网间距和高程精度优于（包含)(CH/T9007.5—2010) 规定中 1∶50000 要求的数据。通过充分利用现有的外业像控点、现有的航空影像空三加密成果、1∶10000 地形图（正射影像）读取的明显地物点、其他资料中获取的满足精度要求的控制点以及野外测量获得的像控点等多种方式获取控制资料。

根据航空影像和卫星影像不同的特点分别进行正射纠正。航空影像正射纠正，在进行空三加密、相对定向、立体模型编辑的基础上，进行航空影像正射纠正。

卫星影像正射纠正采用卫星影像数据 RPC/轨道参数模型、严格物理模型方式、其他模型方式进行解算；如果作业区域含有多景有重叠影像时，可以采用区域网平差的方法计算影像的外参数，同轨同时相的遥感影像可以采用先拼接，然后按单景影像进行纠正，采用区域网平差和同轨同时相影像拼接后纠正，在纠正精度满足要求的前提下，控制点布设要求可以适当放宽。全色波段影像纠正后正射影像分辨率原则上与原始影像地面分辨率保持一致，纠正时按整景纠正，重采样采用双线性插值或卷积立方的方式。纠正过程中不得对影像的灰度和反差进行拉伸，不改变像素位数。纠正后的正射影像有效数据范围内没有漏洞区。

为了达到分幅正射影像产品要求，需对正射处理后的分幅影像进行融合、增强以及镶嵌、裁切和接边等处理，并采集获取完整的元数据。

7.2.3 内业分类与信息提取

以遥感正射影像为基础，利用收集整理的基础地理信息和其他专业部门的资料，采用自动分类提取与人工解译相结合的方式，开展地表覆盖类型内业判读与解译，同时，补充或更新水域、交通、构筑物以及地理单元等重要地理国情实体要素，提取要素属性，形成相应的数据集，供外业调查核实。生产过程中同时采集地理国情普查数据的元数据信息，其工作流程如图 7.16 所示。

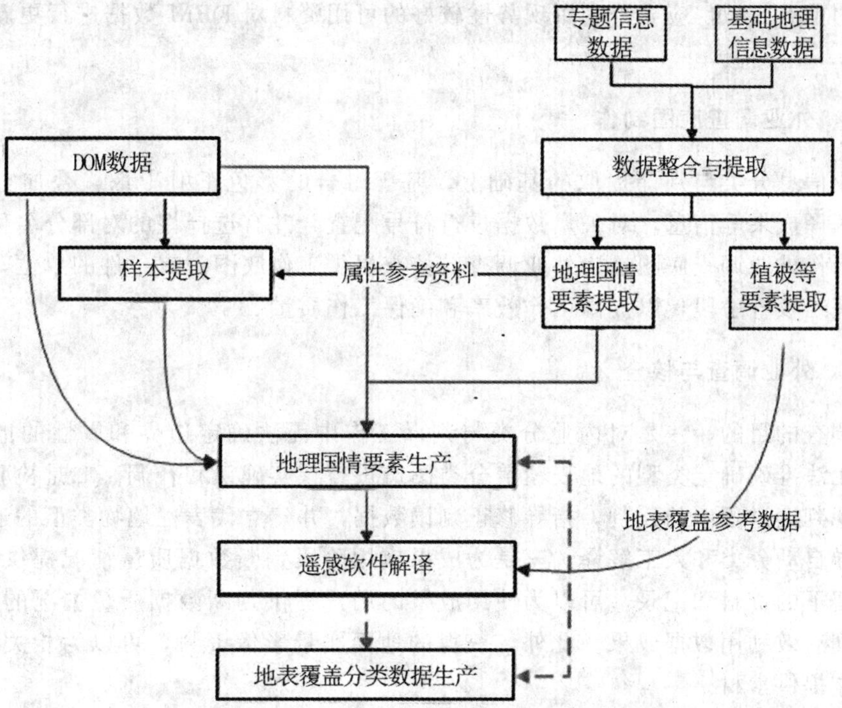

图 7.16 地表覆盖数据生成流程框图

行政区划单元获取采取内业为主、外业为辅的作业方法。从基础地理信息数据库中提取行政区划单元数据，收集民政、国土部门行政区划单元相关的数据资料，增加新的属性项。外业核查时依据普查底图数据检查境界与其他要素（如房屋、河流、山脊等）的相互关系是否正确。

社会经济区域单元则基于基础地理信息数据库中提取的行政区划单元数据，收集民政、国土、旅游等部门社会经济地理界线区界线数据资料，结合高分辨率遥感影像进行整合并增加新的属性项。有明确界线的实体，在内业解译的基础上进行外业核实。没有明确界线的实体，在收集整合已有资料的基础上进行外业调查。外业核查时依据普查底图数据检查社会经济地理界线与其他要素（如房屋、河流、山脊等）的相互关系是否正确。

自然地理单元可以利用基础地理信息数据库中数字高程模型数据以及水系、地形地貌等数据，收集水利、地质等部门资料，利用专业分析模型计算，并通过内业编辑整理完成。

城镇综合功能单元可以利用已有基础地理信息数据中居民地及设施和交通及设施两大类型中有关定位点、标注点数据作为参考，经过现势性确认和更新，形成相关数据。

多尺度数字高程模型生产充分利用现有基础测绘资料，对地形起伏较大的区域，缩小格网大小，生产更精细的多尺度 DEM 数据，并基于此进行地形地貌信息的分析和坡度坡向数据提取。其中，国家负责基于 1∶50000 基础测绘资料，采用 10m×10m 格网生产覆盖全国的 DEM 数据；各省、市、自治区负责利用 1∶10000 及其他可以用基础测绘资料，采用 2m×2m 格网，生产现有资料覆盖范围内的 DEM 数据。对于局部发生较大面积显著地形变化的重点区域，应充分利用现势性较好的可用资料对 DEM 数据进行更新，以反映地形现状。

7.2.4　外业调查底图制作

在内业信息分类与判译提取的基础上，基于融合的彩色正射影像，叠加空间专题信息、判读解译成果等信息，对矢量数据进行符号配置，并有选择性的对部分名称、属性进行标注，制作外业调查底图，为外业调查与核查提供工作底图。有条件的单位，应尽可能使用电子调绘核查手段，以提高工作效率和确保工作质量。

7.2.5　外业调查与核查

外业调查的目的，一是对内业分类与判译工作中无法确定边界和属性的地理要素实体，以及无法准确确定类型的地表覆盖分类图斑进行核实确认和补调。二是检验判读的正确率，发现判读过程中的误判，指导修正判读数据，并建立代表性地物类型的遥感解译样本库，指导自动分类和人工解译。三是为成果应用阶段判断数据质量情况提供客观依据。外业调查留下的资料和记录，可以为使用成果的用户提供判断数据质量情况的客观依据，并据此合理有效利用数据成果。此外，获得的地面实景影像资料，可以为相关专题分析、多媒体制作提供素材。

利用外业调查工作底图，采用数字调绘系统或其他有效方式对内业分类与判译中无法确定边界或属性的要素和无法准确确定类型的地表覆盖分类图斑，开展实地核实确认和补调。外业调查过程中，采集获取遥感影像解译样本数据，记录调查路线和工作区域，并将其结果完整反映到元数据中。

7.2.6 内业整理与不同任务区数据的协调性处理

对外业调查与核查成果进行整理，根据外业调查成果对各数据层进行编辑、修改，形成地理国情普查数据。

鉴于地理国情普查信息获取的复杂性，为了确保普查成果的质量，除严格按照质量控制的相关要求由各级普查机构分别负责各自任务区的成果质量外，国务院普查办公室组织对各省承担的普查任务区按照抽样或者随机选取方式进行不同任务区数据的协调性检查和处理，以保障各省、自治区、直辖市在普查内容和指标的理解与把握、技术方法的运用上符合统一的要求，从而保障多单位采集的同一类别数据在全国协调一致。

本次地理国情普查主要针对地表覆盖分类的正确性和重要地理国情要素数据的精度开展协调性检查和处理。为检验普查成果的总体质量和识别一些显著性错误，利用多种分辨率影像，并在相关专家知识库、检查样本的支持下，开展不同尺度的协调性检查和处理。不同任务区数据的协调性检查和处理可以与质量抽查、时点核准等工作结合进行。

对普查成果进行检查，经修改形成最终成果数据。

7.2.7 本底数据库建设

普查采集的数据，需根据地理国情普查数据入库规范标准，进行入库前数据质量检查和入库，在相关软件、硬件环境的支撑下，分别建立省级和国家级地理国情普查数据库。

1. 省级地理国情普查本底数据库建设

省级普查机构对外业调查成果进行整理，根据外业调查成果对各数据层进行编辑、修改，依据地理国情普查检查验收与质量评定相关规定的要求完成质量检查，形成地理国情普查基本数据，在此基础上建立省级普查成果数据库。

地理国情普查本底数据库需面向省、自治区、直辖市的需要，并考虑长期监测中按监测周期和汇交机制定期提交数据的需求建立数据库，并提供与国家数据库的接口，实现数据的提取和交换。

地理国情普查本底数据库建库的主要任务包括：

(1) 按普查各项技术规定组织数据内容。

(2) 完成数据检查。

(3) 设计数据库结构，建立数据结构模型。

(4) 开发管理系统，主要功能包括：输入输出、数据处理、数据表达、查询统计、数据更新、历史数据管理、元数据管理和安全管理。

(5) 建立或完善数据库支撑环境，包括：服务器设备、存储备份设备、外围设备及网络环境。

2. 国家级地理国情普查本底数据库建设

面向第一次全国地理国情普查总体需求，对各省提交的普查成果数据开展数据汇总、集成和建库工作。

地理国情普查成果数据库、本底数据库逻辑上包括地形地貌数据、地表覆盖分类数据、地理国情要素数据、遥感解译样本数据和专题数据等五个子库。其中，地形地貌数据子库的主要数据内容包括精细化处理的DEM数据以及派生的坡度与高程、坡度分带数据等；地表覆盖分类数据子库的主要数据内容包括耕地、园地、林地、草地、房屋建筑（区）、道路、构筑物、人工堆掘地、裸露地表、水域10种类型的完整地表覆盖分类数据集；地理国情要素数据子库的主要数据内容是面向地理国情空间分析而采集的重要河流湖泊、交通道路、构筑物等地物实体要素数据集，以及用于地理国情统计分析单元的各级行政区划单元、社会经济区域单元、自然地理单元、城镇综合功能单元等数据集；遥感解译样本数据子库的主要数据内容是具有对照关系的地面照片和遥感影像解译样本数据集；专题数据子库的主要数据内容是为支持综合开展地理国情统计分析工作，从相关权威部门收集整理的社会经济、人口等统计数据。

国家地理国情普查数据库建库的主要任务包括：

（1）组织开展相邻省数据的接边处理。组织相邻省数据的接边处理，避免省与省之间因使用的资料、技术方法、技术指标掌握尺度等方面的差别而导致的边界部分衔接问题。

（2）跨省数据协调处理。在对汇交数据深入分析的基础上，处理由于采用的影像资料在分辨率、时相不一致导致的尺度和完整性差别问题，保证数据基本一致。

（3）数据检查与入库。按照数据入库的技术要求，开展入库前的内容属性、拓扑和相互关系合理性检查，确保每一条记录能够按照数据库模式的要求完整入库。

（4）数据库建库。基于入库的成果数据和数据库综合设计方案，建立全国多尺度DEM数据库、遥感影像数据库、遥感影像解译样本数据库，形成包含地表覆盖分类、地理国情要素数据的地理国情普查数据库，完成水网和路网专题数库的构建。基于收集整理的地理国情统计分析所需的行业专题数据，如社会经济、人口统计等数据，建立综合性专题数据库，为开展相关综合分析奠定基础。

（5）数据库管理功能开发。根据数据库管理的需要，进行基本查询、分析计算、成果展示、版本维护、数据更新、多尺度抽取、存储备份、安全管理、用户管理、输入输出等功能的开发。

（6）数据库存储管理环境建设。面向普查成果和长期监测的需要，建设支持大数据存储、利用、管理和分析的云计算软件、硬件环境。

（7）面向领域需求的应用功能开发。专题产品在线生产、快速提交；专题应用服务系统定制开发；面向地理国情监测的分析平台开发建设等。

7.2.8　统计分析

地理国情普查统计分析包括基本统计、综合统计和专题分析评价三个层次，全国的地理国情普查统计分析工作需要省级普查机构和国家级普查机构共同参与、相互配合完成。

地理国情普查统计分析主要利用空间分析、空间数据处理技术，采用邻近关系分析、特征空间聚类、空间集聚性分析等方法，根据不同的统计指标，采用合适的地理统计单元，综合统计各类地理国情普查数据的基本信息，并分析空间相关性以及空间格局，形成普查发布产品和统计分析报告。普查试点应完成以县和地区为统计单元的基本统计和汇总。

7.3 全国第一次地理国情普查技术要求和方法

全国第一次地理国情普查是针对地理国情的一项专项地理调查，本节对全国第一次地理国情普查的全过程技术要求和方法进行了全面介绍。主要包括多尺度数字高程模型（DEM）生产、地表覆盖数据采集、地表地理国情要素采集、外业调绘核查和样本采集、内业编辑整理与解译样本生产、数据入库与元数据制作、地理国情统计以及地理国情普查质量控制等。

7.3.1 多尺度数字高程模型（DEM）生产

1. 多尺度数字高程模型规格与生产要求

数字高程模型（Digital Elevation Model，DEM）是地理国情普查中基础数据成果的重要组成部分，由数字高程模型派生形成的坡度、坡向等数据是地形地貌统计分析的基础。

我国国家基础地理信息数据库中，1∶50000 数字高程模型数据成果格网尺寸为 25m，1∶10000 数字高程模型数据成果格网尺寸为 5m。为了更精细地反映地形特征，以满足地理国情分析统计和其他相关应用的需要，地理国情普查中充分发挥现有的 1∶50000 和 1∶10000 DLG 数据和其他相关数据源的作用，进一步细化生成多尺度数字高程模型数据，基于 1∶50000 数据源，数字高程模型的格网尺寸统一细化为 10m，基于 1∶10000 数据源或 LiDAR 点云数据，数字高程模型的格网尺寸统一细化为 2m。

具体数据规格和要求如下：

1）数学基础

大地基准：2000 国家大地坐标系（CGCS2000）。

高程基准：1985 国家高程基准，高程单位为“米”（m）。

投影与分带：采用高斯—克吕格投影，2m 格网的 DEM 数据采用 3°分带，10m 格网的 DEM 数据采用 6°分带，坐标单位为“米”（m）。

2）空间单元及编号

空间单元：图幅范围按标准的 CGCS2000 国家大地坐标系分幅。2m 格网 DEM 数据按照 1∶10000 比例尺标准分幅，即按 3′45″（经差）× 2′30″（纬差）外接矩形区进行分幅；10m 格网 DEM 数据按照 1∶50000 比例尺标准分幅，即按 15′（经差）×10′（纬差）外接矩形区分幅。

地形图分幅与编号：按照《国家基本比例尺地形图分幅和编号》（GB/T 13989—2012）执行。

3）格网间距

根据比例尺的不同，格网间距采用 2m、10m 两种规格。无论采用何种格网间距，其在 X 轴、Y 轴方向的分辨率应一致。

利用 1∶10000 数据源或 LiDAR 点云数据生产细化 DEM 数据，格网间距为 2m。利用 1∶50000 数据源生产细化 DEM 数据，格网间距为 10m。

4）起止格网点确定

起止格网中心点的坐标应根据四个图廓点坐标进行计算，公式为：

X 起＝XMAX＝［INT［MAX（X_1，X_2，X_3，X_4）/Δd］＋1］×Δd＋Δd/2

Y 起＝YMIN＝INT［MIN（Y_1，Y_2，Y_3，Y_4）/Δd］×Δd＋Δd/2

X 止＝XMIN＝INT［MIN（X_1，X_2，X_3，X_4）/Δd］×Δd＋Δd/2

Y 止＝YMAX＝［INT［MAX（Y_1，Y_2，Y_3，Y_4）/Δd］＋1］×Δd＋Δd/2

式中：X_1，Y_1，…，X_4，Y_4 为四个图廓坐标（＋X 指北，＋Y 指东），单位为 m；XMAX，YMIN 为 DEM 起始格网中心点坐标，单位为 m；XMIN，YMAX 为 DEM 终止格网中心点坐标，单位为 m；Δd 为格网间距。如图 7.17 所示。

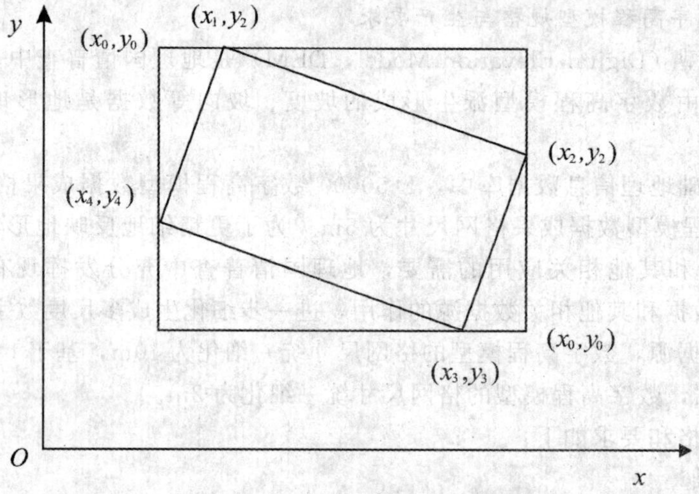

图 7.17　图廓及起止点关系图

5）有效高程数据范围

以 CGCS 2000 理论内图廓线的外接矩形为界的范围内所有 DEM 高程皆有效。

DEM 的范围应根据起止格网点计算公式所计算的结果再向四周增加 3 行 3 列高程格网点，便于 DEM 拼接以及带间接边处理。

DEM 数据接边区域所有同名格网点高程值应保持一致。对于图幅范围内的高程无值区，用－9999 表示。

6）高程精度

多尺度数字高程模型数据高程精度的指标和要求，随所使用基础数据源的质量、地貌类型的变化而有所差异，详见表 7.8 和表 7.9。森林等隐蔽地区的高程中误差可以按表中规定的高程中误差的 1.5 倍计。高程中误差的两倍为采样点数据最大误差限。高程值取位至少保留 1 位小数。

表 7.8 **2m 格网 DEM 数据高程精度分类表**

地形类别	基本等高距（m）	地面坡度（°）	高差（m）	格网点高程中误差（m）	DEM 内插点高程中误差（m）
平地	1.0	<2	<20	0.7	0.7×1.2
丘陵地	2.5	2～6	20～150	1.7	1.7×1.2
山地	5.0	6～25	150～500	3.3	3.3×1.2
高山地	10.0	>25	>500	6.7	6.7×1.2

表 7.9 **10m 格网 DEM 数据高程精度分类表**

地形类别	基本等高距（m）	地面坡度（°）	高差（m）	格网点高程中误差（m）	DEM 内插点高程中误差（m）
平地	10（5）	<2	<80	4	4×1.2
丘陵地	10	2～6	80～300	7	7×1.2
山地	20	6～25	300～600	11	11×1.2
高山地	20	>25	>600	19	19×1.2

7）元数据

DEM 元数据由数据基本情况、数据源情况、生产过程情况、数据质量情况和数据分发信息五部分组成。2m 格网 DEM 数据的元数据按 1∶10000 标准图幅填写，10m 格网 DEM 数据的元数据按 1∶50000 标准图幅填写，一幅图对应一个元数据文件。

8）数据格式

DEM 数据采用 ArcGIS 的 GRID 格式存储，采用单精度浮点型记录。元数据采用 MS EXCEL 的 XLS 格式存储，其数据组织结构如图 7.18 所示。

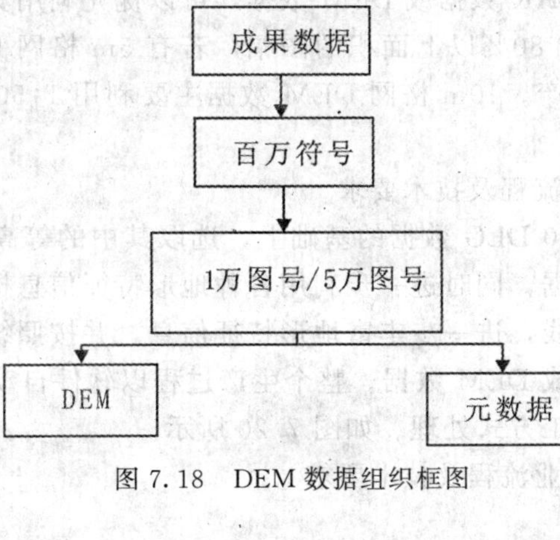

图 7.18 DEM 数据组织框图

2. 多尺度数字高程模型生产技术方法

用于地理国情普查 DEM 数据生产的数据源主要分为 DLG 数据、LiDAR 数据、DEM 数据。DLG 数据主要包括 1∶10000 DLG 数据成果、1∶50000 DLG 数据成果；LiDAR 数据主要是指精度优于 1∶10000 DLG 的 LiDAR 点云数据；DEM 数据主要包括现有 1∶10000 DEM 数据以及更高精度的 DEM 数据。应优先收集和选取精度较高的数据源生产 DEM 数据。

在地理国情普查多尺度数字高程模型的生产中，根据基础数据源的不同，将数据源划分为不同类型（主要包括 DLG 数据、LiDAR 数据以及已有 DEM 数据），分别对不同类型的数据源，采用相应的作业方法生产 DEM 数据。总体技术流程如图 7.19 所示。

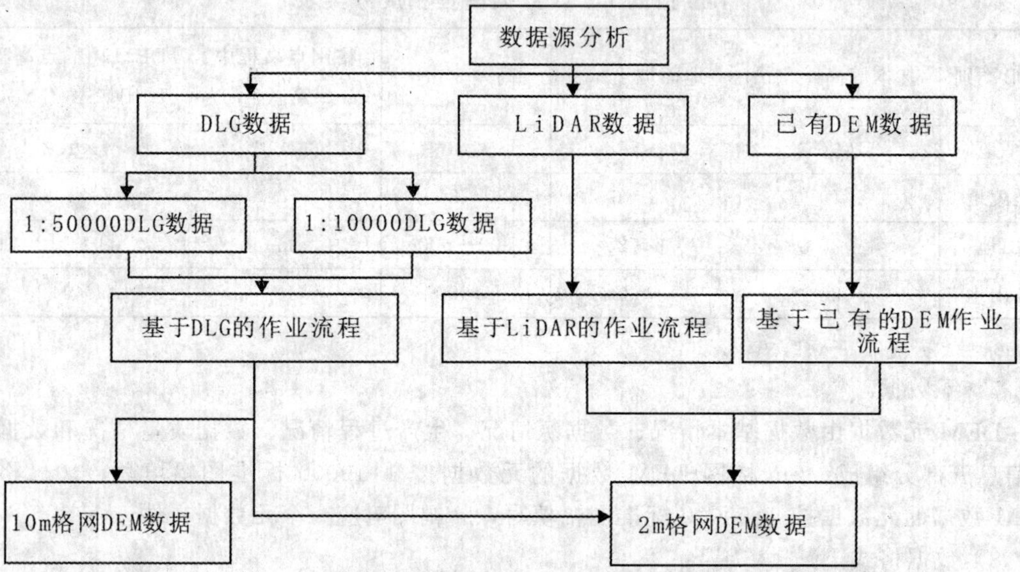

图 7.19　DEM 精化技术流程框图

2m 格网 DEM 数据主要利用 1∶10000 DLG 为资料源进行生产；对于已有的数据精度优于 1∶10000 DLG 的 LiDAR 数据或 DEM 数据，可以优先利用其为资料源进行生产；对于坡度小于 45°范围占图幅 80％以上面积的图幅，若有 5m 格网 DEM 覆盖，原则上也可以直接对其重采样进行生产。10m 格网 DEM 数据主要利用 1∶50000 DLG 为资料源进行生产。

1）基于 DLG 的作业流程及技术要求

在 1∶10000 或 1∶50000 DLG 数据的基础上，选取其中的等高线、高程点、水系等要素以及已有的地形特征数据，同时进一步利用各种地形特征信息提取算法，基于等高线数据采集地形特征点、特征线，进一步丰富地形特征信息，并按照统一设计的格网大小，采用合适的数学内插方法生成 DEM 数据。整个生产过程以软件自动处理为主，人机交互处理为辅，必要时再通过人工方式处理。如图 7.20 所示。

2）基于 LiDAR 的作业流程及技术要求

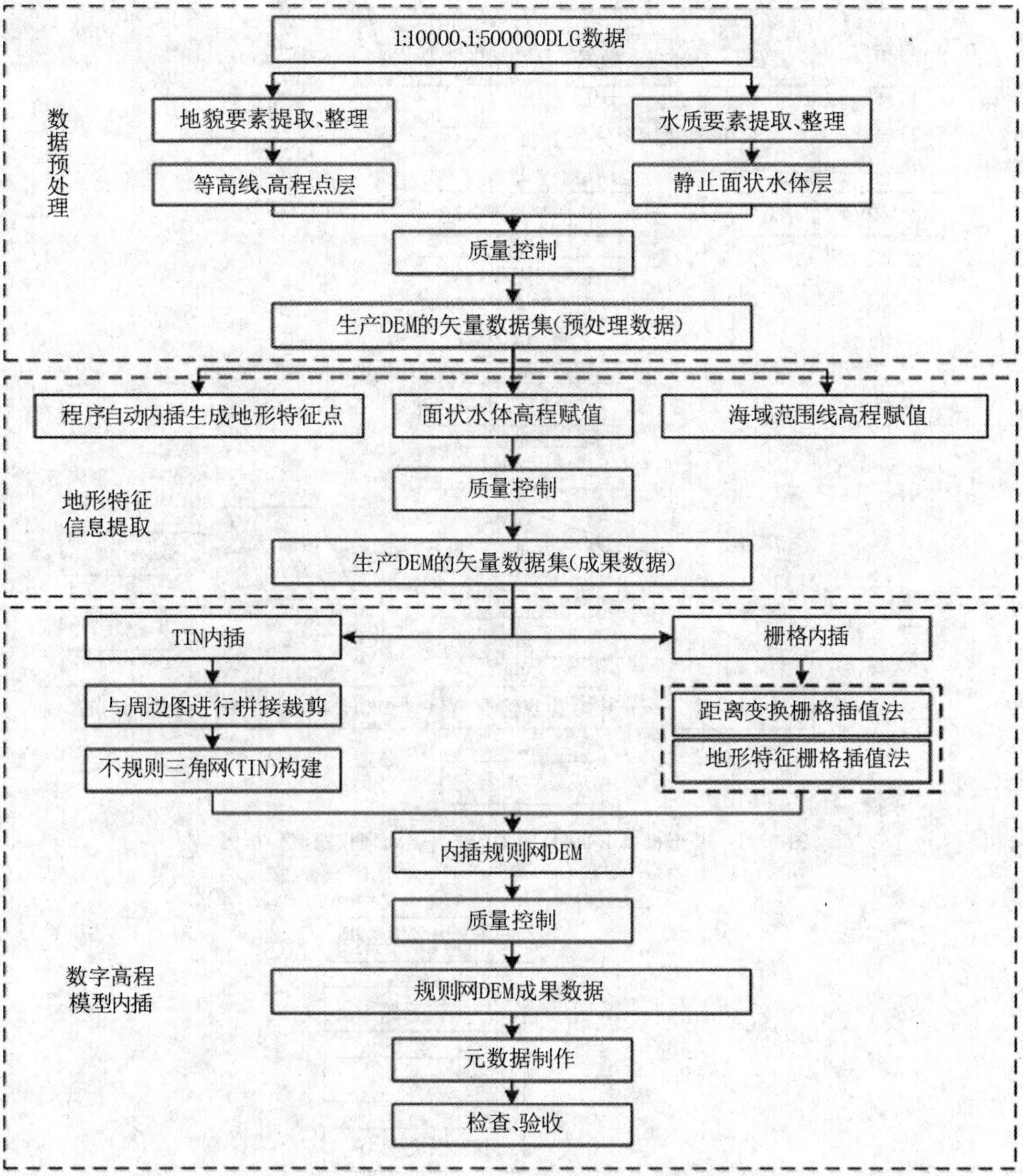

图 7.20　基于 DLG 的 DEM 数据出炉处理作业流程框图

从 LiDAR 系统获取的带三维坐标的点云数据中分离出植被点、建筑物点等噪声点和错误点，提取出地面特征点，然后通过这些地面特征点构建不规则三角网生成 DEM 数据。生产作业流程如图 7.21 所示。

3）基于已有 DEM 的作业流程及技术要求

对已有 DEM 数据进行整合处理，统一坐标系统和投影方式，按规定格网进行重采样，并进行必要的拼接与裁剪，生成符合要求的成果数据。生产作业流程如图 7.22 所示。

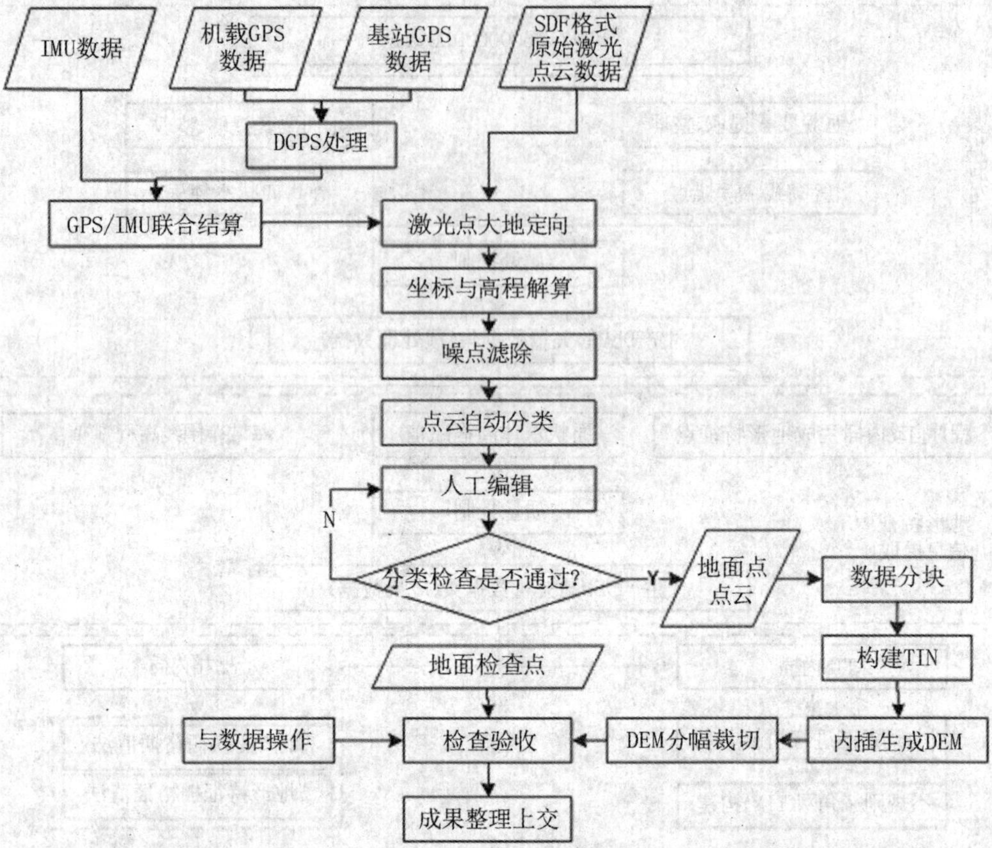

图 7.21　基于机载 LiDAR 的 DEM 数据处理作业流程框图

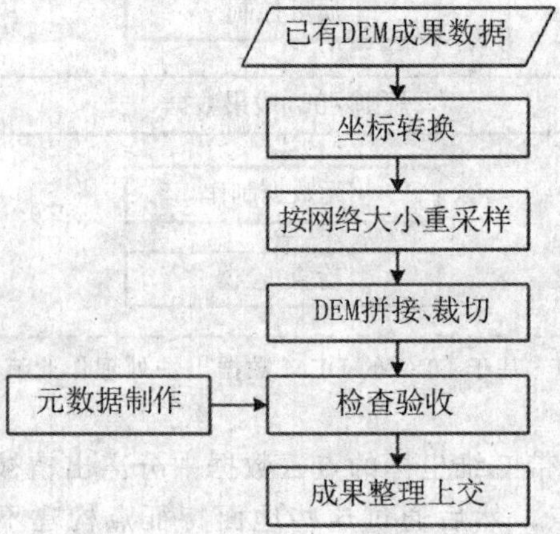

图 7.22　基于已有 DEM 数据的 DEM 数据处理作业流程框图

7.3.2　地表覆盖数据采集

1. 地表覆盖数据规格与生产要求

1）地表覆盖数据

地理国情普查数据包括地表覆盖分类数据和地理国情要素数据两类数据。其中地表覆盖分类数据存储在LCA层中，以面状要素存在。

2）地表覆盖数据生产要求

（1）地表覆盖层数据以矢量数据集方式提交。生产过程中可以采用其他方式采集编辑，但最终成果需要转为矢量方式，并经过拓扑检查（拓扑容限值小于0.5m），确保无重叠、缝隙等错误后再提交。

（2）地表覆盖分类时，若地类采集指标要求中只有面积限制没有宽度限制时，宽度大于3m的，一般均应采集。

（3）耕地、库塘、固化池、大棚、房屋建筑区等连片区域内部斑块之间的田埂、小路、水渠、林带等狭长条带，如果宽度在5m（含5m）以下，可以就近归并到相邻的耕地、库塘、固化池、大棚、房屋建筑区等类型中。

（4）相邻区域被不同类型影像覆盖时，需注意不同影像的波段设置差别带来的光谱差异，对邻接区域地物要素的提取和分类应以人工为主，并优先采用光谱特征以外的其他解译标志。

（5）地表在空间上被多种类型立体层叠覆盖的情况下，地表覆盖分类一般采用“就近就大”的原则，即以面积占绝对优势的类型为主。如桥面跨越大面积的水面，应归入水域类型；有屋顶绿化的范围，应归入房屋建筑区；不同高低植被立体覆盖的范围，以顶层树冠的优势类型确定其植被覆盖类型。

（6）“就近就大”归类原则：达不到最低采集指标要求的地类需要就近归并时，在符合“就近就大”归并原则的前提下，应考虑并入类型的合理性，宜向特征相近的覆盖类型图斑归并。当狭长地类在确定不够最小采集指标的情况下，按照上述原则归并存在困难时，可以平均归入两侧的类型。

（7）最小图斑指标要求：在确保分类结果正确的前提下，地表覆盖最小图斑实地面积指标下浮一般控制在30%以内，即小于最小采集指标70%的图斑需就近就大归并。对于难以归并或归并明显不合理的小于采集指标70%的图斑，可以保留。保留的小图斑数量应控制在一定范围内，一个县级普查任务区内，对于每个类别，面积小于最小采集指标70%的图斑数量一般不应超过该类图斑总数的10%。

（8）树木遮盖地物的处理：树木遮盖房屋建筑时，被遮盖部分的房屋建筑宜完整采集；遮盖其他地类时，应优先考虑按植被相应类别的分类规则分类。

（9）季节性变化的分类要求：林地、园地、水域等受季节性影响的类别，地表覆盖分类时一般以影像为准，不包括摄影后林地、园地种植范围发生变化或水域所在设施发生变化的情况。季节性变化是指随季节温湿度条件变化而发生的周期性变化，其状态具有临时性和反复性特征。耕地、林地、园地、草地、水域等范围内的覆盖物都有随季节周期性变化的情况。

（10）植被覆盖类型中通过影像甚至实地核查均难以区分人工和自然的类型，一般采用“自然优先”的原则进行归类。如人工繁育的树林或草场，从影像上甚至实地核查均难以确定是否为园地或人工草地，应优先归入林地或天然草地的相应类别。

2. 地表覆盖数据采集作业流程

地表覆盖数据采集具体作业流程如图 7.23 所示。

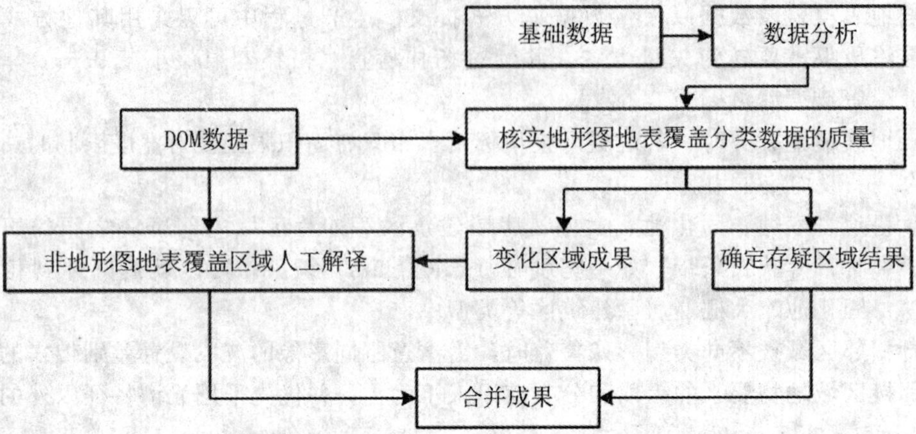

图 7.23　地表覆盖分类数据转换处理流程框图

在地表覆盖分类数据内业采集时，要素应有“TAG”字段，用于生产标记，字段取值及代表含义如下：

(1) 表示该图斑经内业判读确定其覆盖类型。

(2) 表示该图斑在内业判读中存在疑问或无法确定覆盖类型，需进行外业调查。

(3) 表示该图斑经过了外业核查，是正确的。

(4) 表示该图斑类型目前处于变化中，需在后期时点统一时做重点核查。

(5) 表示该图斑已经过标准时点核准工作。

(6) 核查内业错误并改正。

(7) 核查外业现场变化，与影像不一致，改正。

7.3.3　地理国情要素采集

1. 地理国情要素数据规格与生产要求

地理国情普查数据包括地表覆盖分类数据和地理国情要素数据两类数据。地理国情要素数据根据要素类型存储在其他 36 个层中。

地理国情要素数据层的命名采用四位字符：前三个字符是数据内容的缩写（其中第一个字符代表数据分类），第四个字符代表几何类型（P：点，L：线，A：面）。对于地理单元类型中的行政区划与管理单元、社会经济区域单元的各三级类，由于相互之间存在叠盖关系，不能在同一数据层中存储，因此在四位字符数据层名的后面，缀上该类型对应的地理国情信息代码的第 4 位码，作为该类型对应的图层名称。

地理国情要素采集要求：

1）道路

(1) 道路层存储采集的铁路、公路、城市道路、乡村道路的中心线数据。

(2) 道路是以实体形式进行采集，必须正确表示道路的类别、等级、位置，反映道路网的结构特征，通行状况，分布密度以及与其他要素的关系。

(3) 道路要素采集指标：道路应能客观反映道路网的通达能力、结构特征、分布密度以及与其他要素，特别是居民地的关系；城市道路如果为某条公路贯穿连通必不可少的组成部分，需同时在公路层表示，以保证这条公路贯穿连通；与高等级公路相连的城市道路无论长短、宽窄均应采集；在路网中起连通作用的乡村道路无论长短、宽窄均应采集。

(4) 铁路、公路、城市道路、乡村道路的路线，使用的参考数据中若有相应的实体，且叠加到影像上，如果没有明显差异，可以直接沿用，否则需要重新采集。

(5) 铁路、公路、城市道路、乡村道路的分类码、道路编码（线路编号）、名称等属性项可以参照 1∶5000 地形要素数据库的相关信息。

(6) 铁路只需采集正线的中心线，并赋要素属性。多条正线轨道并行时，间隔 10m 以内的，按一条采集；间隔 10m 以上时，分别采集。间隔 10m 以内的并行正线轨道，若为两条并行，依据其中一条轨道的中心线位置采集；若为多条并行，依据较为居中的一条轨道的中心线位置采集。

(7) 道路要素只采集已建成的。采集道路实体信息时，应保证路网的连通性，遇桥梁、隧道、车渡等要素时，需将这些要素并入相应的道路，作为路的一部分进行表达，路在桥梁、隧道、车渡等处不能断开。

(8) 公路中不采集立交桥及构成立交桥的匝道。如果相交的道路相通，在道路中心线相交处打断生成两条线段。除立交桥匝道外，公路之间的连接道路需要按公路要求采集。

(9) 为保证某一条国道、省道或县乡道的贯穿连通，需处理重复路段，重复路段的几何信息只存储一次，道路编号、重复路段编号属性项需按相关要求填写。铁路有类似情况的，可以参照处理。

(10) 地铁线路采用地铁站之间连线，有明显矛盾的应做适当处理。

(11) 道路分段主要以路面宽为基准，单行线宽度变化超过 3.5m，双行线宽度变化超过 7m 时需拓扑打断；道路等级、铺设材料等其他属性项，以该段道路主要路段的技术等级、铺设材料为准。

(12) 道路路宽可以依据正射影像数据量取获得。若道路中央隔离带或绿化带较宽，宽度达到或超过 10m 应按两条路线采集，小于 10m 的，宽度计入道路宽度。

(13) 公路、城市道路、乡村道路分别存储在不同的数据层中，相互之间拓扑关系需要做适当处理，相交处若互通则需打断生成两条线段。

2) 水域

(1) 河流的范围以河道范围为准，有堤防的河道，包括两岸堤防之间的水域、沙洲、滩地（包括可耕地）、行洪区，两岸堤防及护堤地；无堤防的河道，包括常年雨季形成的高水位岸线，即高水界之间的范围。即河流以堤防和高水界为界。高水界可以根据影像、地形和其他资料确定，确实难以判断的可以沿用基础地理信息中的河流数据。

(2) 采集河流结构线或中心线时，必须按从上游到下游的方向顺序采集坐标点。严格来说，有水河流结构线一般采用河流的主航道、深泓线、主流线等，少数情况下，这些线可能与河道中心线重叠。对于一些辫状河流，不能确定主航道、深泓线、主流线的，选择其中的一条主要水流，采集其中心线作为河流结构线。

(3) 干旱地区山口形成的洪积扇及分布其上的漫流冲沟，采集洪积扇范围线构面，其GB码赋值为"210302"（漫流干河），结构线选择主要的冲沟表示；对于地势平坦地区存在的漫流干河，采集河道外围线构面，其GB码赋值为"210302"（漫流干河），结构线沿主要水流痕迹线采集，不能确定的采集河道中心线作为结构线。

(4) 根据高水位采集的河道范围内，如果有高水界之上的岛屿，会使河道在岛屿两侧产生分叉和汇流，岛屿两侧需分别采集河流结构线。因此，河流结构线不应穿越位于高水位之上的岛屿或沙洲。采集河流与渠道实体信息时，应保证同一河流、支流、渠道的连通性，遇地理国情要素中达不到采集要求或不要求采集的地下河、渡槽、隧道、涵洞、倒虹吸等要素时并入相应河、渠。

(5) 汇入双线河的单线支流与双线河流结构线之间加河流结构线并连接，以保持两者的连通性；延伸部分算做单线支流的结构线。

(6) 遇连通河流的水库、坑塘和湖泊，河流结构线（中心线）保持连续通过；$5000m^2$ 以下的水库、湖泊和 $1000m^2$ 以下的坑塘如果连通的河流上下游河道宽度大于20m的，应视为河流的组成部分进行采集。

(7) 水域层各要素的线划，使用的参考数据（如1:5000地形要素数据库）中若有相应的实体，且结构线或中心线确保在河道范围内，则可以直接沿用，否则需要重新采集。

(8) 连片分布、用途相同的库塘，内部的塘埂、小路、水渠、林带等狭长地物如果宽度在5m（含5m）以下，或者连片达不到相应类型的采集要求的，可以并入库塘，类型采集外围轮廓线构面，并赋属性值。

(9) 水域层各要素的属性可以参照水利普查成果、1:5000地形要素数据库的相关信息。

(10) 有共享河段的河渠，共享河段的几何信息只采集和存储一次，实体编码、共享河段属性项需按相关要求填写。

(11) 海面采集岸线与影像外轮廓线构面，岸线为海面平均大潮高潮面的水陆分界线。

3) 构筑物

(1) 构筑物层主要存储以实体形式采集的堤坝、闸、排灌泵站、输水管道、渡槽等水工设施、桥梁、码头、隧道、车渡、高速公路出入口、加油（气）/充电站等信息，人工堆掘地中的尾矿堆放物也存储在该层中。

(2) 高架路、立交桥不视为桥梁采集。

(3) 高速公路出入口采集到高速路中心线与匝道中心线相交位置。

(4) 隧道采集成线，直接连通两端出入口，若有明显矛盾的应做适当处理。

(5) 位于宽度小于20m的河道上的闸，采集其定位点，位置定在闸门的中心位置。

4) 地理单元

(1) 地理单元主要包括行政区划与管理单元、社会经济区域单元、自然地理单元、城镇综合功能单元等要素。

(2) 各级行政区划界线由省国情地理普查办公室统一下发。

(3) 可以归类到多种类型的同一地理单元，几何信息可以采集一次并复制到对应的不同要素层中，但属性需根据不同要素层的要求分别赋值。即不同类型的地理单元（如地质公园、风景名胜区、旅游区等）在空间范围上可以具有重叠关系，不影响各自独立采集相应的信息。

(4) 从权威数据源中获取的境界数据，采用时不处理与河流、道路等相关要素数据的协调性问题，但需要在元数据中对沿用的界线数据明确说明数据源。

(5) 行政村采集定位点，并赋城乡代码属性值。定位点一般定在行政村村委会、居委会所在位置，如果明显不合理，可以定位在行政村的主要居民地中心（面积较大或人口较多)、或通村公路的终点，并确保定位点在行政村的范围内。

(6) 城镇综合功能单元按点采集时，采集其定位点，一般定位在城镇综合功能单元的主要出入口或大门口的中心处；几个单位共用同一个地址时，只采集一个点，属性项中填写行政等级最高或规模最大、最主要单位的相关属性值。

(7) 除《地理国情普查内容与指标》(GDPJ 01—2013) 和《第一次全国地理国情普查山东省扩展内容与指标》(SDGQPC 009—2013) 中规定需完整采集的单位院落外，其他类型单位院落的采集依据收集的省级及市县级专题资料和基础地理信息数据，不进行外业现势性更新调查。

(8) 加油（气）/充电站的采集依据收集的省级及市县级专题资料，结合 DOM 影像进行采集定位，不进行外业现势性更新调查，待后期“回头看”时再结合新影像进行补充更新。

2. 地理国情要素采集流程

地理国情要素数据主要通过内业工作完成。当现有数据中相应要素分类表示正确时，可以直接采用，否则应利用其他资料或进行实地调查核实。直接采用或调查核实得到的初步数据要与遥感影像叠加，如果差异在 5 个像素以内，可以直接沿用，否则需利用遥感正射影像重新采集，进行数据更新。同时参考各部门专业资料，填写完善要素的属性信息。具体方法如图 7.24 所示。

7.3.4 外业调绘、核查与样本采集

依据《地理国情普查外业调查技术规定》(GDPJ 11—2013)，开展外业调查核查，采集样本数据。其总体技术流程如图 7.25 所示。

1. 外业普查底图制作

地理国情普查底图制作是地理国情普查的重要环节，是内业与外业衔接的关键点，基于地理国情要素数据与地表覆盖分类数据或者基础地理信息与必要的专题数据，叠加遥感影像数据，制作地理国情普查底图，用于外业调查。地理国情普查底图的充分利用，可以提高外业调查的效率，减少外业工作量，对地理国情普查项目的顺利开展具有重要意义。

1）普查底图的形式、内容和要求

普查底图包括数字普查底图和纸质普查底图两种产品模式。数字普查底图是以电子数据的形式存储制作，按任务区组织的数据可以不分带，采用地理坐标，经纬度值以“度”为单位；或采用 1∶5000、1∶10000、1∶25000、1∶50000 等比例尺分幅形式；或依据分景影像的数据范围。纸质普查底图是利用电子数据回放纸图的形式制作，可以采用 1∶5000、

1∶10000、1∶25000、1∶50000 等比例尺分幅形式，城市地区或者地物相对较多区域也可以按照 1∶2000 等大比例尺进行分幅；或依据分景影像的数据范围。

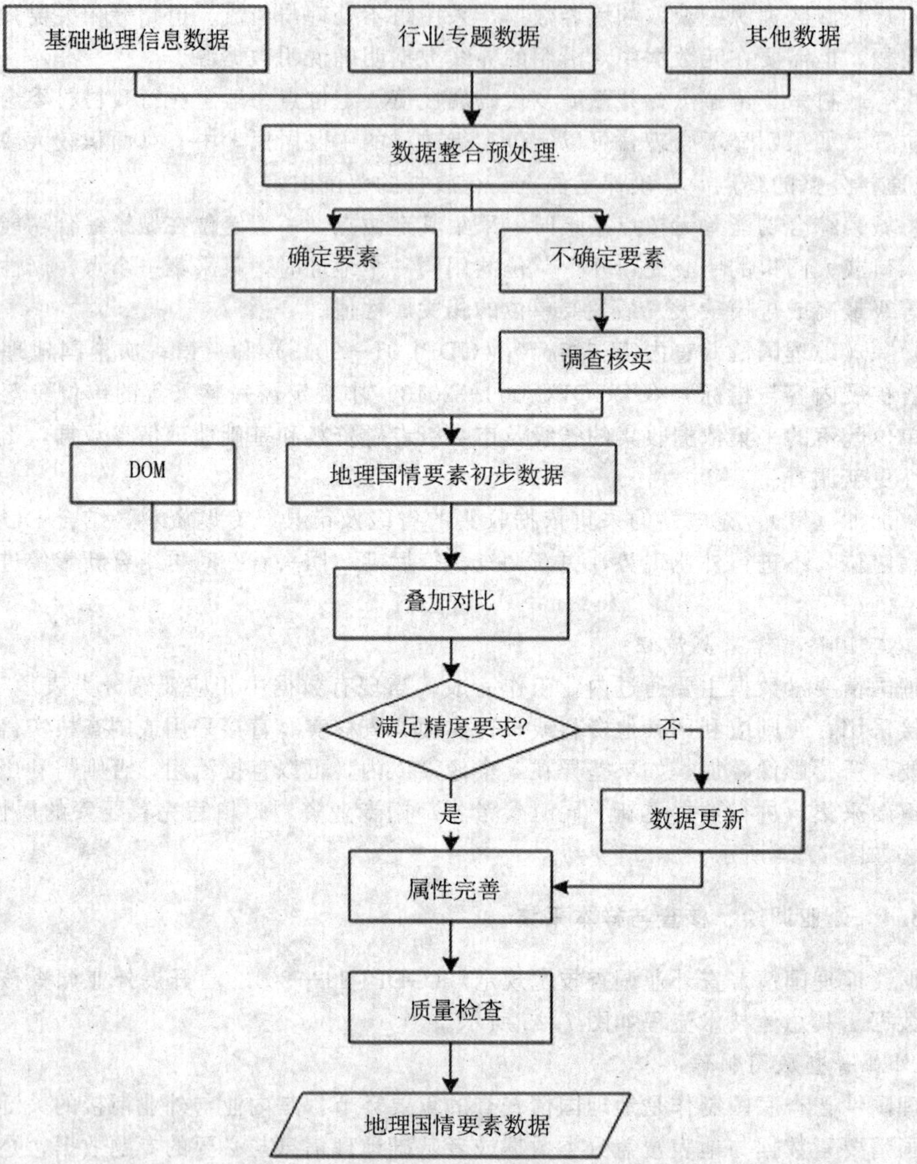

图 7.24　地理国情要素采集流程框图

普查底图的数据内容一般包括正射影像（或经粗纠正的影像数据）、地理国情要素数据和地表覆盖分类数据（或基础地理信息数据和专题数据经过整合提取的预处理数据）。在内业信息分类与判译提取的基础上，基于 DOM 数据，叠加空间专题信息、判读解译成果等信息，对矢量数据进行符号化，对内业解译生产中有疑问和无法辨别的数据用不同方式重点标注，制作外业普查底图。

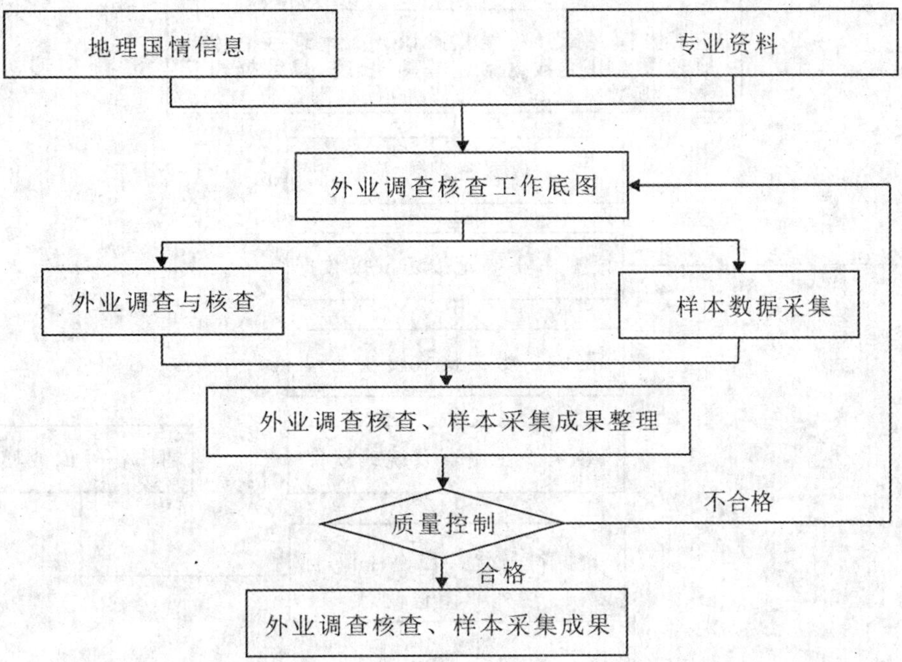

图 7.25　外业调查核查技术流程框图

普查底图内容的选取和表示应层次清楚，定性、定量、定位正确，线化、符号、注记等准确，清晰易读，能够全面反映制图区域的地表覆盖分类数据和地理国情要素现状、特点分布，便于外业核查。国情要素属性无法确定的用蓝色虚线圈注，并标记需调查的属性项。图上文字标注不开的，可以在图中编号，在图纸边缘相近位置注明，或另附表格记录问题。外业普查底图的比例尺原则上为 1∶5000，实际工作中允许根据图幅的负载量适当缩放。

2）普查底图制作技术流程

数字普查底图制作的技术流程如图 7.26 所示。

(1) 准备符合相关技术要求的影像数据、地理国情要素数据、地表覆盖分类数据或经整合的基础地理信息数据与专题数据等，检查准备的数据是否按相关要求组织。

(2) 根据不同的数字调绘调查软件，将准备好的数据按照其软件要求进行相关格式转换和符号配置。即将准备好的数据导入到外业调查所用的电子设备中，若准备的数据与数字调绘调查软件（外业调查所用软件）格式不兼容，应分别处理栅格类型的影像数据和矢量类型的地理国情要素数据、地表覆盖分类数据或经整合的基础数据与专题数据，转换成数字调绘调查软件可识别格式，保证转换之后数据无损失。

(3) 根据技术要求设计符号库或模板数据，加载到底图数据中进行符号化，对地类注记及外业调查内容标注，适当调整点状符号、线状符号和注记的大小、位置等，使底图表达清晰，方便外业调查。数字普查底图可以在其载体上自由缩放，因此不涉及比例尺的概念，但相关注记需根据图面大小相应缩放，保证外业调查工作的便利。

(4) 对符号化之后的各单元底图数据进行适当调整，以防止个别单元内数据量过大，超过数字调绘调查软件的承载能力，从而导致数据反应及处理延时。

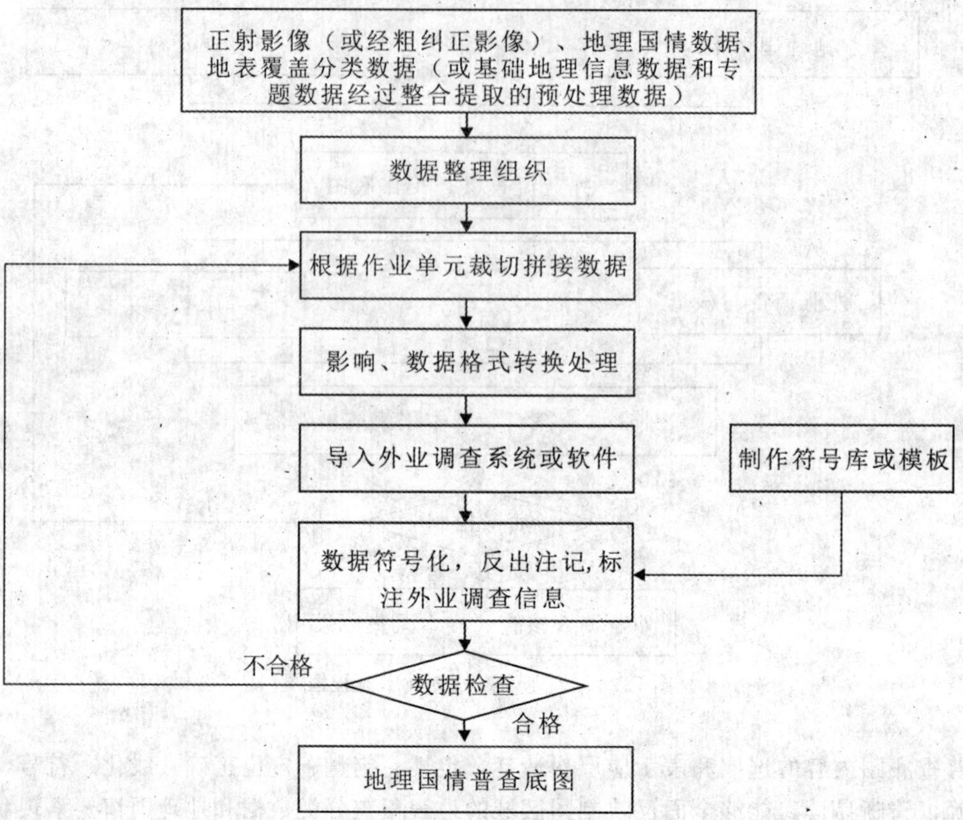

图 7.26　数字普查底图制作技术流程框图

(5) 正射影像的数据量很大时，为了节约存储空间，可以在不影响采集精度的前提下进行影像压缩，或根据其承载能力进行分块裁切处理，保证数字调绘调查软件能够实时快速处理大量数据。

(6) 普查底图数据检查合格后，提供外业调查使用。

纸质普查底图制作的技术流程如图 7.27 所示。

①准备符合相关技术要求的影像数据、地理国情要素数据、地表覆盖分类数据或经整合的基础地理信息数据与专题数据等，检查准备的数据是否按要求组织。

②根据区域特点、外业调查内容和相关技术要求，确定采用的软件，自行设计常规普查底图符号库或者模板数据。

③将地理国情要素数据与 DOM 或单景全色正射影像套合，地表覆盖分类数据与 DOM 或者单景多光谱正射影像套合分别制作普查底图数据；也可以将整合的基础数据、专题数据与 DOM 或者粗纠正的影像数据套合制作普查底图数据。

④加载符号库或者模板数据，对普查底图数据进行符号化及标注。重点对外业调查内容进行标注，适当调整使其表达清晰，方便外业调查。

⑤各生产单位按照分幅或者分景方式进行组织数据，根据不同区域图面负载量选择不同比例尺进行回放。如果地形地物简单，如草原地区、荒漠地区可以采用 1∶25000 或 1∶50000

比例尺回放；如果地形地物复杂、地貌破碎或房屋建筑密集区域可以采用 1:5000 或 1:10000比例尺回放；对于城市地区等重点调查区域可以按照 1:2000 或更大比例尺进行回放。

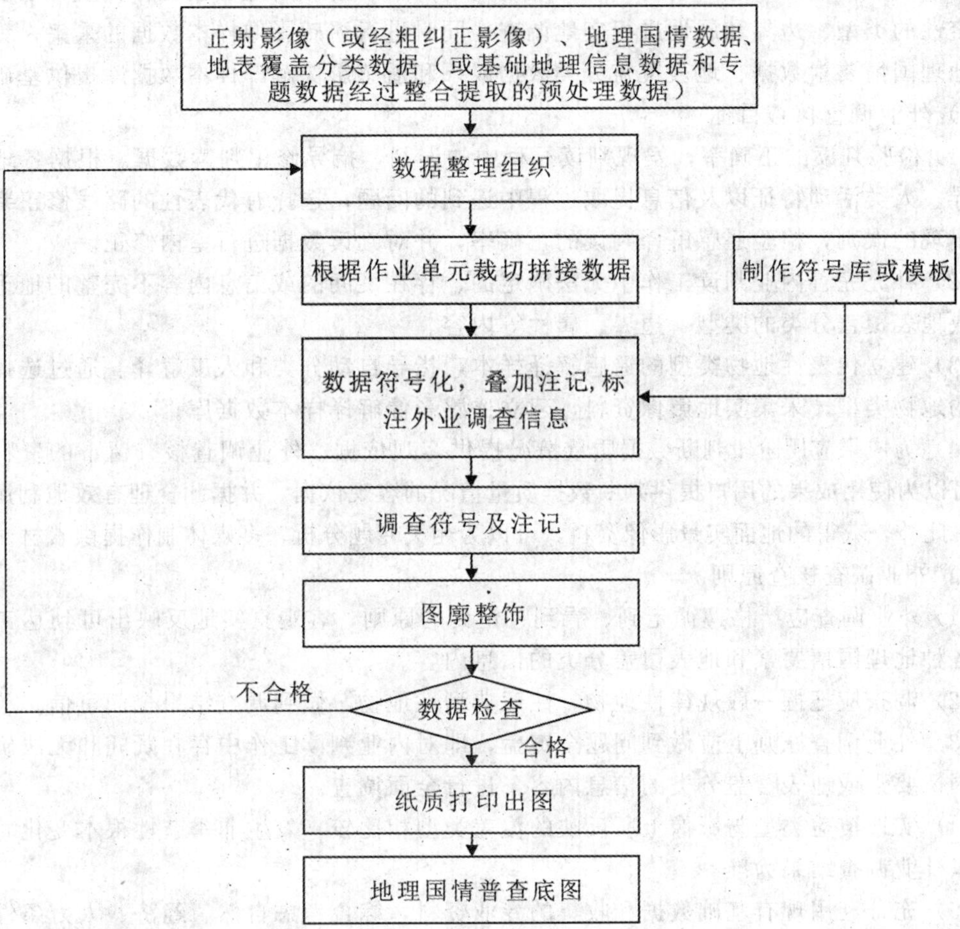

图 7.27 纸质普查底图制作技术流程框图

⑥分幅方式中的影像数据应超出内图廓线 1cm，保证外业调查过程中可以进行影像数据参照；分景数据应按照预先制定好的影像范围线划分作业单元，若一景影像幅面过大，也可以再进行分块处理，尽量按照分块单元的外接矩形作为影像数据的有效范围。

⑦分幅方式的矢量数据按照内图廓范围进行裁切，分景方式的矢量数据按照影像范围线进行裁切。

⑧进行图廓整饰，分幅方式的底图图廓整饰包括：图号，放图比例尺，调查者、调查日期，检查者、检查日期。分景方式的底图图廓整饰包括：景号，放图比例尺，调查者、调查日期，检查者、检查日期。两者都可以根据区域特点和外业调查重点补充表示其他信息，如图名、图外附注、生产制作单位、影像信息等。此部分各生产单位也可以参照国家标准相关图式自行设计。

⑨经检查合格后，按照相关比例尺进行彩色放图，提供外业调查使用。

2. 外业调查与核查

地理国情外业调查是地理国情普查工作十分重要的工作内容，是保证地理国情普查数据质量的关键环节。外业调查对采集的地理国情要素和解译的地表覆盖分类成果以及内业无法定性的类型、边界和属性进行实地调查，同时进行遥感影像样本数据的采集，为最终形成地理国情要素数据、地表覆盖分类数据成果和遥感影像解译样本数据库提供基础。

1）外业调查核查目标

（1）检验判读的正确率，发现判读过程中的误判，指导修正判读数据。根据各地区自然差异、人类活动特征以及信息提取过程中遇到的问题，选择有代表性的路线修正判读过程中出现的误判，检验遥感解译判读的正确率，并对判读数据进行室内修正。

（2）补充完善内业判读工作中无法确定的、存在疑问的或信息内容不完整的地理国情要素或地表覆盖分类的类型、边界、属性等内容。

（3）建立代表性地物类型的遥感解译样本，指导自动分类和人工解译。通过选择有代表性的地物类型，采集实地影像资料，建立遥感影像解译样本数据库。

（4）为成果应用阶段判断数据质量情况提供客观依据。外业调查核查留下的资料和记录，可以为使用成果的用户提供判断数据质量情况的客观依据，并据此合理有效地利用数据成果。此外，获得的地面实景影像资料，可以为相关专题分析、多媒体制作提供素材。

2）外业调查核查原则

（1）外业调查应严格遵循走到、看到、记到的原则，客观真实地反映出可到达工作区域内各种地理国情要素和地表覆盖分类的信息内容。

（2）调查应把握一般规律性地物，注意典型性地物，做到调查结果全面可信。

（3）外业调查原则上应做到问题全覆盖，即对内业判读工作中存在疑问和无法确定的地理国情要素或地表覆盖分类的信息内容，进行全面调查。

（4）实地覆盖类型与影像上所反映的覆盖类型相比较，发生非季节性根本变化时，原则上以外业调查结果为准。

（5）充分利用现有基础数据和收集的专业资料，综合考虑自然、经济、人力条件，制定可行的外业调查方案。

（6）对于高山、沼泽、荒漠、原始森林及其他困难地区，以车辆能够通达为原则，沿道路两侧进行外业调查；对于车辆无法通达的区域，采用多分辨率、多时相遥感资料和有关专业资料，结合可到达区域采集的遥感解译样本和相应的调查成果，通过比对的方法进行外业调查。

3）外业调查核查的基本步骤

（1）明确外业调查核查范围。

根据诸城市、黄岛区的地理环境特征、任务分工与进度计划，合理规划分批次开展外业调查核查的地理范围。确定调查核查范围时，应着重考虑不同内业阶段所遇到的问题，使其在解决实际问题方面具有典型性，时间安排上宜先易后难，以利于不断总结经验，循序开展。

（2）确定外业调查核查内容。

任务区内的所有地表覆盖要素和国情要素，包括疑问图斑要素的属性和变化图斑要素的范围及属性。

(3) 选择外业调查核查方法。

外业调查核查工作采用以普查底图为主、平板电脑为辅的方式。

(4) 确定调查核查线路原则。

①问题覆盖原则。规划的外业调查核查路线首先要考虑可以覆盖所有必须核查的问题点，做到不遗漏，不重复。

②代表性原则。调查核查路线覆盖区域应能全面反映任务区内的各类地表覆盖特征和地理要素分布特征。

③可行性原则。由于野外验证受经费、人力条件等诸多因素的限制，外业调查核查应综合考虑经济、人力条件，设计一个合理、现实的方案，保证能达到预期的目的。

④充分考虑现有数据基础的原则。部分地区在过去已完成大量的有关野外地理信息的采集工作，可以作为外业调查核查的重要参考资料。

(5) 外业队伍组织与后勤准备。

①人员：司机，调查人员。

②装备：交通工具（汽车，电瓶车，自行车或燃油助力车）、平板电脑、望远镜等。

③物资：足够的安全生产和生活保障物资。

④相关函证：公函、介绍信、工作证等。

(6) 外业调查核查实施。

①沿途工作。

开启GPS定位设备，记录野外调查核查轨迹。观察周边，及时采集需要重点关注或特殊的覆盖类型与地物。

②调查核查重点工作。

地表覆盖分类数据核查：实地核查影像上难以确定的图斑实体、属性、范围、地类界线，检验内业判定图斑的正确性。具体包括：

对底图标注的地表覆盖类型、覆盖范围进行全面的核实确认，尤其对解译过程中无法确定的需重点核查图斑，进行仔细判别确认。

前后时相影像发生变化或实地地物与影像不一致，属性发生变化的，需仔细确认新的地类属性、范围。对不够上图标准的图斑，可以合并至周围主要地类。

地理国情要素调查：实地调查地理国情要素实体、属性、范围和要素关系，按照实际情况做适当的修改和增删。具体包括：

确定地理单元与其他要素（如房屋、河流、山脊）等相互关系是否正确。

对底图未标明的河流、湖泊名称、流向等进行补充完善，确定主要河流所属流域。

确定构筑物的范围、名称。

确定风景名胜区、公园等名称与范围。

对底图未标明乡级及乡级以下公路名称、道路等级等性质进行补充，并标明其道路等级、铺面性质（水泥、沥青等）。

4) 提交外业调查核查成果

(1) 外业调查成果：

①外业调查数据；

②地理国情普查核查统计表/数据；

③外业调查核查轨迹数据（元数据）；

④经过核查的地理国情要素及其属性数据；

⑤按照要求整理完成的遥感解译样本的地面照片数据；

⑥补充收集的专业资料。

（2）调查核查报告：

①本次核查总体情况说明；

②解译存在的主要问题；

③核查图斑与要素情况统计；

④遥感解译样本数据采集情况；

⑤详细分析出现的问题及解决办法，提出今后工作的建议等。

5）调绘核查相关注意事项

（1）定位信息获取。每到达一个调绘核查点，要求定位精度大于等于 5m 时才进行定位和数据采集。

（2）外业调查核查内容逐项判别，根据既定的野外判别标准，结合专业人员的经验，现场判别周围覆盖类型、地物边界、地物属性等具体核查内容。

（3）对内业有疑问的要素数据，实地也无法调查核实的属性信息，应收集相关资料进行补充完善。

（4）外业调查核查过程中，必须严格遵循相关安全生产规定，需有清楚明确的应急预案，并确保参与人员都熟悉预案的内容和执行方法。

3. 解译样本数据采集

遥感影像解译时，对地理环境的正确认知是保证解译结果正确的基本前提。利用具有对照关系的地面照片和遥感影像为主的解译样本数据，可以为遥感影像解译者建立对相关地域的正确认识提供支持，也可以在解译结果的质量控制方面发挥重要作用，同时也可以为长期监测积累实地参考资料。遥感影像解译样本数据采集是外业调查与核查的目标之一。

1）解译样本的内容

遥感解译样本数据包含两类：一是地面照片；二是遥感影像实例数据。地面照片是用数码相机在地面实地拍摄的能以较全面清晰反映一定范围内地物特征的照片。遥感影像实例数据则是从 DOM 截取的与地面照片拍摄范围和内容一致的影像。两类数据分别从不同的侧面反映地物影像形态特征，具有相互印证的作用，可以帮助解译人员更高效地认知遥感影像所蕴含的信息。两者之间根据位置和反映的内容具有明确的对应关系。对应关系有以下几种情况，都是合理的：

（1）一对一关系：一张地面照片只对应一幅遥感影像实例。这种情况下，可用的遥感影像数据源比较单一。

（2）一对多关系：一张地面照片对应多张不同类型或时相的遥感影像实例。

（3）多对一关系：多张地面照片对应一幅遥感影像。这种情况一般针对比较复杂的地面环境，难以通过一张地面照片全面反映其特征，需要从不同位置和角度对同一地点的地物拍摄多张地面照片。但针对拍摄对象所在区域，只有一种可供采集遥感影像实例的数据源。

(4) 多对多关系：多张地面照片对应多幅遥感影像实例。这是上面第 (2) 和第 (3) 两种情况的综合。在第 (3) 种情况的基础上，有多种类型或时相的数据源可供采集遥感影像实例。

为便于操作起见，每一张照片表示一个样点。对于一对一或一对多的情况，每一张照片及对应的遥感影像实例代表一个样点；对于多对一或多对多的情况，有多个样点形成一个逻辑上的样点组，该样点组由一组具有上述对应关系的地面照片和遥感影像实例组成。

解译样本数据包括地面照片、遥感影像实例。

2) 地面照片

(1) 地面照片采集总体原则：

①采集的地面照片需充分保证样本的典型性。每一个样本应能够代表所属的覆盖类型，能综合反映该类型的总体特征，或者突出反映该类型某一方面的特征；在地表地物分布和覆盖类型相对比较一致的一定区域内，样本总体在数量上应能代表该区域的整体特征，在分布上应贴近地物和覆盖类型分布的趋势。

②地面照片反映的地表季相或覆盖状态应尽可能与遥感影像的时相接近。如果季相差别较大，需确保通过照片判别出的地物或覆盖状态与影像上判别出的一致，否则不应作为样本保留。

③样本应根据具体情况采集。内业较确定的图斑，选取典型区域按每类图斑的 3%～10%抽样进行核查并采集样本；内业有疑问及分类错误的图斑，原则上都需要采集对应的解译样本；核查时准确率不达标的图斑，应扩大抽样比例和地域范围进行核查并采集样本。

④地面照片可以有计划拍摄，也可以是无计划拍摄。有计划拍摄和无计划拍摄两种方式应有机结合，外业时需要有较强的无计划拍摄意识，遇到典型类型，应及时拍摄采样。

⑤应注意保护照片原始信息。地面照片在整理过程中，除文件名称外，应避免对原始照片文件进行造成属性信息发生错误改变的再加工处理。建议外业多照，便于整理时选择质量高的照片。

(2) 地面照片采集数量要求：

①影像数据源类型、时相比较一致且连片、地理环境差异不大的区域，各覆盖类型平均采样点应不少于 15 个，样点的分布应尽可能与图斑的分布相一致且均匀，大范围内为同一类图斑，应沿核查路线每 2～3km 采集采样点。

②难以到达的特殊困难地区，各覆盖类型平均采样点数应不少于 3 个。

③图斑数很少且图斑总面积很小的覆盖类型，若具有典型性，也必须至少采集 1 个采样点。

(3) 地面照片采集质量要求：

①拍摄时应尽可能水平持握相机，使其保持正常姿态，避免照片信息失真误导使用者。特殊情况下，相机俯角、仰角或横滚角大于 10°以上时，应记录其值。

②应尽可能拍摄离相机 200m 范围以内的景物，避免照片与遥感影像实例之间的空间对应关系失真；难以到达只能通过远距离拍摄的，拍摄距离大于 200m 时，应估测拍摄距离并记录。

③地面照片应尽可能使用精细模式保存，总像素数量为 500 万像素。

④同一地物不同角度、焦距拍照是为充分反映地物、提高信息量。

(4) 地面照片文件格式与命名：

①采用JPG格式存储；

②文件名为“照片标识符”+“.jpg”后缀名；

③照片标识符为32位字符，01～02位为字母“PH”，03～16位使用时间属性，格式为YYYYMMDDHHMMSS，17～23位使用拍摄点经度，取度、分、秒，格式为DDDMMSS，24～29位使用拍摄点纬度，取度、分、秒，格式为DDMMSS，30～32位使用照片方位角，取到度，格式为DDD，即：PHYYYYMMDDHHMMSSDDDMMSSDDMMSSDDD。

实际命名中出现数据缺失位时用“0”填充，保证全局唯一。

(5) 地面照片采集方法：

使用支持自动记录相机姿态参数和相机成像参数信息的一体化外业调绘核查系统，其他信息通过人工输入并同步记录入库。

(6) 样本照片采集时应注意如下事项：

①实地照片拍摄应尽量将样本景物放在照片中心，其他不必要的实地要素尽量不要出现在实地照片中。

②拍摄者应尽量靠近（远）所拍样本点，如果确实难以达到且距离大于200m的，要记录其值。

③所拍摄的照片应清晰，不能出现模糊拉花等现象。

④拍摄时保持光线合理，避免逆光等情况影响主题地物。

3) 遥感影像实例数据

(1) 遥感影像实例采集总体要求：遥感影像实例采集需要根据地面照片的相关属性值，采用手工或自动方式完成遥感影像实例裁切。

(2) 遥感影像实例裁切：从用于地理国情普查的DOM数据中，对应地面照片裁切511×511像素大小的高分辨率遥感影像。

①裁切范围：根据其姿态信息，尽可能把地面照片拍摄的主体地物置于影像的中间部分，如果拍摄点和拍摄的主体地物距离较远，可以将遥感影像实例的中心点沿着拍摄方位移动，以保证拍摄点也位于遥感影像实例范围内。若不能保证都在实例范围内，可以扩展至1023×1023。

②数学基础：裁切后的遥感影像实例采用与遥感影像数据源相同的数学基础处理。

③拼接区域：只以照片中主体地物所在幅的影像为数据源，也可从经过拼接处理的标准分幅DOM中裁切。

(3) 遥感影像实例文件格式与命名：依据《数字正射影像生产技术规定》(GDPJ 05—2013) 中对影像数据格式的要求，裁切的遥感影像实例文件采用非压缩的TIF格式，后缀名为“.tif”；利用TIF WORLD文档记录影像的坐标信息，后缀名为“.tfw”；利用投影信息文件记录影像的投影信息，后缀名为“.xml”。

文件名为“遥感影像实例标识符”+相应后缀。

“遥感影像实例标识符”是将对应的“地面照片标识符”前两位改为“RS”，即

RSYYYYMMDDHHMMSSDDDMMSSDDMMSSDDD。01～02位为字母“RS”，03～16位用对应样点拍摄时间，格式为YYYYMMDDHHMMSS，17～23位用对应样点拍摄点经度，取度、分、秒，格式为DDDMMSS，24～29位用对应样点拍摄点纬度，取度、分、秒，格式为DDMMSS，30～32位用对应样点方位角，取到度，格式为DDD。

7.3.5 内业编辑、整理与解译样本数据制作

地理国情普查内业编辑与整理的主要工作包括：地表覆盖分类数据编辑、地理国情要素数据编辑、数据拼接、遥感影像解译样本数据内业整理及元数据制作等。基于外业调查成果，结合数字正射影像及专业数据资料，对内业采集的地表覆盖分类和地理国情要素数据进行类型、边界、属性的修改编辑、接边，整理遥感影像解译样本数据，制作内业编辑与整理阶段元数据等，经过质量检查，形成满足相关技术规定要求的地理国情普查成果。

1. 内业编辑、整理

根据外业调查与核查成果对地理国情数据逐层、逐要素进行整理、编辑和修改。对内业整理后的各层要素之间关系进行拓扑处理并修改拓扑错误。

1）地表覆盖分类数据编辑

基于所采用的数字正射影像数据，参照地表覆盖外业调查成果，对地表覆盖图斑的范围、位置及类型进行编辑、修改，包括对相关图斑的拆分、合并和修改。

单栋房屋离连片房屋建筑区距离较小，但与周边其他房屋建筑在形状、结构及排列上明显不同的单独房屋应编辑为独立房屋建筑；对于乡村地区集聚程度较低、自然散乱分布、被其他类型分隔的房屋建筑，编辑为独立房屋建筑。

地表覆盖分类数据编辑过程中，应注意道路、水体、构筑物等地理国情要素与地表覆盖分类数据同时表达时，二者之间的空间位置和属性逻辑关系的正确性。其中，道路中心线一般应穿过相应路面图斑范围内；堤坝要素中心线应穿过堤坝地表图斑范围内。

2）地理国情要素数据编辑

若单线河（渠）段宽度变化超过10m，应断开，并记录不同的宽度。宽度大于20m（城市地区为5m）的双线河段、渠段不需记录该属性项。河流穿越水库、坑塘和湖泊时，应采集河流结构线并赋主流线相应属性值（难以分清主次时，赋上游河流属性值）。如穿越水库、坑塘和湖泊的上游河流为干涸河、时令河，下游为常年河，穿越湖泊的河流结构线应与下游保持一致。

双线河流的结构线走向沿主航道采集；汇入双线河的单线支流与双线河流结构线之间加河流结构线并连接，以保持两者的连通性；延伸部分算做单线支流的结构线。对于一些辫状河流，不能确定主航道、深泓线、主流线的，选择其中的一条主要水流，以其中心线作为河流结构线。对于有名称无实体编码属性的河流、湖泊、水库，应按照《地理国情普查数据规定与采集要求》（GDPJ03—2013）中的要求，补充实体编码（EC）属性，由于实体编码需分析整个流域情况系统编制，内业编辑与整理时，暂赋临时编码（已有基础地理信息数据中，部分河流、湖泊、水库，也使用了临时编码）。临时编码为8位，前两位为该水体所归属的一级和二级流域码，中间五位全为9，最后一位区别河流、水库、湖泊和池塘等，其中9为河流，R为水库，L为湖泊。

应正确表示道路的类别、等级、位置，反映道路网的结构特征，通行状况，分布密度以及与其他要素的关系。应注意道路间连通关系的合理性。公路、城市道路、乡村道路分别存储在不同的数据层中，应注意相互之间拓扑关系，相交处若互通则需打断生成两条线段，生成伪节点。除立交桥匝道，公路之间的连接道路应按公路的要求表示。应注意区分高架路与桥梁，对于已按桥梁表示的路段，不再表示为高架路。高架路下面有其他道路并行时，应按重复路段赋相应道路属性值。高架路两侧有其他道路时，应分别采集。道路通过桥梁、隧道、车渡等附属设施时，应保持其中心线的连通性，同时，应注意道路中心线与桥梁、隧道、车渡等要素的中心线重合。

参照外业调查数据对构筑物要素的几何形状进行编辑和属性信息的补充录入。宽度大于 20m 水系上船闸按其轮廓线构面表示，水闸按线状要素编辑。位于宽度小于 20m 的河道上的闸，采集其定位点，位置定在闸门的中心位置。排灌泵站是为灌溉、排水而设置的抽水装置、出水建筑物、泵房及附属设施的总体，参照外业调查或收集并经外业核实的资料数据结合影像采集定位点。

依据外业在规划部门收集的资料采集城市地区（地级和地级以上城市的中心城区）范围，其 GB 码赋值为“999999”。当外业调查的行政区划名称与国家统计局最新的《统计用区划代码和城乡划分代码》列举的行政区划名称（网站：http：//www. stats. gov. cn/tjbz/）不一致时，原则上以国家统计局数据为准；当国家统计局提供的行政村及以上行政地名，无法通过实地调查、收集专业资料定位的，不表示；对于外业调查新增的行政村及以上行政地名，其行政区划代码应准确填写至上一级行政区划，其余位数用 0 补齐。城市地区的城镇综合功能单元范围线以收集的专业数据为主，结合外业调查数据，采集范围线构面，并赋属性值。

2. 解译样本数据制作

遥感影像解译样本数据整理，是以外业调查获取的地面照片及其属性信息为基础，获取遥感影像实例及相关信息，从而建立遥感影像解译样本数据库。解译样本数据制作包括样本数据的检查、数据存储及成果汇总等内容。

1）样本数据检查

运行统一配发的“样本数据成果文件结构检查 . exe”程序进行文件检查，对照生成的“检查结果 . txt”文件，修改存储、命名等各类问题。

2）数据存储

地面照片和遥感实例的图像数据采用文件方式存储。地面照片采用 JPG 格式，后缀名为“. jpg”；遥感影像实例文件采用无损压缩的 TIF 格式，后缀名为“. tif”，并利用 TIFF WORLD 文档（后缀名为“. tfw”）记录影像的坐标信息，利用投影信息文件（后缀名为“. xml”）记录影像的投影信息。

地面照片和遥感影像实例的属性信息存储在统一的数据库中。由于只保存属性数据，数据量不大，要求采用版本 2007 版以上的 Access 数据库格式，保存到数据库文件中，后缀名为“. mdb”。

遥感影像解译样本成果由记录地面照片属性及文件名的 PHOTO 数据表、记录遥感影像实例属性信息及文件名的 SMPIMG 数据表、以及反映地面照片和遥感影像实例对应关系的关系表 PHOTO_IMG 三个表格构成，具体详见《遥感影像解译样本数据技术规定》(GDPJ 06—2013) 第 6.2 节。

3) 成果汇总

遥感影像解译样本数据以任务区为单元进行汇交。其中，一级目录名称中的“负责单位”由山东省级行政区划代码前 2 位和单位名称字母缩写代码两部分组成，应命名为“37SDQDKCY”；任务区名称由任务区的行政区划代码和任务区名称字母缩写代码（简称字母码）两部分组成，具体参照《中华人民共和国行政区划代码》(GB/T2260—2007)，如山东省青岛市黄岛区应命名为“370211HD”，山东省潍坊市诸城市应命名为“370782ZCL”。

按照统一的汇交目录结构，在遥感解译样本数据对应的目录中，存放遥感解译样本数据包含的地面照片、影像实例和数据库文件。遥感解译样本数据统一存放在样本成果根目录 SMPDATA 目录中，数据库文件直接存放于根目录下的 SMPDATA.mdb 文件中；地面照片文件存放于根目录下的 PHOTO 子目录中，遥感影像实例文件及附属的 .tfw 和 .xml 文件统一存放于根目录下的 SMPIMG 子目录中。

3. 数据接边

(1) 各生产单位按照所承担的作业单元（一般为县级行政单元），对不同图幅的普查数据按照作业单元进行拼接，形成以作业单元为范围的普查数据，并按照所在行政单元进行裁切，得到相应行政单元的地理国情普查数据成果。

(2) 各省按照所承担的省（市、自治区）的任务区域对普查数据进行拼接，其过程与生产单位按照作业单元进行拼接裁切相同。

(3) 国务院地理国情普查领导小组办公室对各省的普查成果进行拼接，其过程与生产单位按照作业单元进行拼接裁切相同，作为全国地理国情普查成果数据。

(4) 在拼接与裁切过程中，各省按照统计分析需求保留县、市拼接成果，亦可以通过各省普查成果按照县、市级行政单元进行裁切供统计分析使用。

(5) 在拼接过程中，对拼接处属性相同的线状要素、面状要素进行要素融合，保证拓扑关系正确。应合并相邻的同类地表覆盖图斑，消除线要素不合理的伪节点（应注意保留不同道路层互通时，合理存在的伪节点）。

(6) 在拼接与裁切后，各要素应保持位置的准确和空间关系的合理。

(7) 拼接与裁切后的数据成果的要素数据分层与属性项应符合《地理国情普查数据规定与采集要求》(GDPJ03—2013) 中的要求。

(8) 拼接与裁切后的数据成果以 ArcGIS 的 File Geodatabase 格式存储。

(9) 如果受计算机软件、硬件系统功能和性能限制，完全合并后不便于保存和访问的大实体，可以只做部分合并，尽可能减少同名实体个数。

4. 坐标系统转换

数据接边完成后，根据数据情况进行坐标系转换，确保成果的平面坐标系为 2000 国家大地坐标系。

7.3.6 数据入库与元数据制作

1. 地理国情信息数据集

根据地理国情普查数据入库标准规范对数据库进行统一设计，构建符合规定的要素图层（数据分层、属性项名称、属性表定义及内容详见《地理国情普查数据规定与采集要求》（GDPJ 03—2013））和文件目录，完成数据入库工作，最终得到地理国情信息数据集。主要任务包括：

（1）数据内容组织。按地表覆盖分类数据、地理国情要素数据、遥感解译样本数据技术规定组织数据内容。

（2）数据库体建设。根据地理国情信息普查内容与指标，针对不同的数据类型创建相应的要素图层，构建属性项，搭建相应的数据库体。

（3）数据入库前质量检查。根据地理国情信息普查的技术要求，自动与人工交互检查配合，对地理国情普查数据的空间拓扑关系的正确性、几何精度、属性完整性、空间一致性、接边精度等检查，确保每一条记录能够按照要求完整入库。

（4）数据入库。根据数据库管理机制，建立数据字典、图幅索引和元数据库，采用关系数据库与文件相结合的存储方式，生成地理国情信息数据集。

2. 元数据制作

第一次地理国情普查数据元数据内容包括成果数据基本信息、数据源、数据采集、外业调绘核查、数据整理编辑、质量检查、成果验收、负责单位以及成果总体精度等8个方面。

1）地表覆盖分类数据元数据

遵照《地理国情普查数据生产元数据规定》（GDPJ04—2013）执行。

2）地理国情基本要素元数据

遵照《地理国情普查数据生产元数据规定》（GDPJ04—2013）执行。

3）遥感解译样本

地理国情信息遥感影像解译样本数据不单独记录元数据，相关信息直接记录到遥感影像解译样本数据中，具体依据《遥感影像解译样本数据技术规程》执行。

7.3.7 地理国情统计分析

地理国情基本统计是地理国情普查工作的重要内容，是根据地理国情普查采集的点、线、面等几何特征类型和地理实体对象，以规则地理格网单元、行政区划与管理单元、地形单元为统计单元，进行地形地貌、植被覆盖、荒漠与裸露地表、水域、交通网络、居民地与设施、地理单元的数量、密度、位置、高程、范围等内容的统计。

地理国情基本统计工作将遵照《地理国情普查基本统计技术规定》（GDPJ02—2013）标准执行。利用地理国情基本统计软件，基于规则网格、行政区划、自然地理、社会经济区域等4类统计单元，对地表覆盖分类数据和地理国情要素数据的点、线、面几何特征类型及要素对象的个数、长度、面积、占比等统计指标进行基本特征统计，生成地理国情基本信息统计数据集、报表、报告等多种类型成果。

1. 统计分析原则

地理国情信息统计分析是地理国情普查的重要内容，贯穿地理国情普查工作的整个过程，应遵循以下原则：

（1）坚持层次分明、全面服务的原则。

从基本统计、综合统计和分析评价三个层次，对地理国情信息进行科学、客观的统计分析，向社会公众、专业部门和政府决策部门提供科学、客观、综合、权威、统一的地理国情信息。

（2）坚持普查要素为主、兼顾社会经济要素的原则。

以地理国情普查要素为基础，充分整合利用社会经济等要素，对地理国情普查成果进行统计分析，形成反映各类资源、环境、生态、经济要素的空间分布及其发展变化规律的监测数据、图件和研究报告等，从地理空间的角度客观、综合展示国情国力。

（3）坚持尊重现状、客观公正的原则。

以地理国情普查数据为基础，以科学的指标体系和统计方法进行分析研究说明，确保客观真实反映地表特征和地理现象、准确表述自然和人文地理现象变化情况及其相互关系，为政府各部门科学决策与日常管理、校正纠偏专业数据提供公共基础数据，同时为各种专业普查或调查工作提供丰富的基础资料。

2. 统计分析单元

按照规则网格、行政区划、自然地理区域、社会经济区域等不同单元，对地理国情普查数据进行统计与分析，反映资源、环境、生态、经济要素的空间分布及其发展变化。

1）规则网格单元

规则网格单元是地理国情信息承载的基本单元、地理国情密度表征的基础单元、地理国情定位的基础单元。规则网格单元划分根据所分析区域、目标要素、数据规格等因素而定。

2）行政区划单元

行政区划单元划分包括四种类型：

（1）省级行政区划单元；

（2）地市级行政区划单元；

（3）县级行政区划单元；

（4）乡镇级行政区划单元。

3）自然地理单元

（1）地形单元。

高程带：参照已有的地形地貌高程分级（全国高程分级一般划分为200m、500m、1000m、2000m、3000m、3500m、5000m），结合试点区域地形的特点，高程带的划分可以根据实际区域情况而做调整。

坡度带：参照已有的地形地貌中坡度分级（全国坡度分级一般划分为3°、8°、15°、25°、35°），结合试点区域地形的特点，坡度带的划分可以根据实际区域情况而做调整。

（2）地貌单元：根据坡度、起伏度等地形因子，并结合实地调查，划分区域地貌单元。

（3）流域单元。一级流域：黑龙江流域，辽河流域，海河流域，黄河流域，淮河流域，长江流域，浙、闽、台诸河，珠江流域，广西、云南、西藏、新疆诸国际河流，内流区诸河，参见《中国河流名称代码》。二级流域：参见《中国河流名称代码》。

4）社会经济单元

（1）国家级主体功能区；

（2）国家级开发区、保税区；

（3）国家级经济区；

(4) 国家农场、林场、牧场；

(5) 国家级自然、文化保护区；

(6) 世界自然、文化遗产区；

(7) 国家级风景名胜区；

(8) 其他单元。

3. 基本统计原则

(1) 坚持尊重现状、客观准确的原则；

(2) 坚持统计为主、分析为辅的原则；

(3) 坚持科学性与可操作性相结合的原则；

(4) 坚持层次分明、面向服务的原则。

4. 统计分析的技术流程

基于地理国情普查信息，整合相关部门专题数据，构建包括规则网格、行政区划、自然地理区域、社会经济区域的统计分析单元，开展基本统计、综合统计和分析评价，形成地理国情普查统计分析成果，面向社会公众、专业部门以及政府部门提供地理国情普查信息服务。其基本技术流程如图 7.28 所示。

5. 基本统计

基本统计主要是对地理国情普查要素的基本描述性特征进行统计。该类统计以地理国情普查数据为基础，基于地理国情普查要素的点、线、面几何特征类型，完成展现地形地貌、植被覆盖、荒漠与裸露地、水域、交通网络、居民地及设施等要素的基本数量、方位、密度、形态及其变化等内容的统计。

1) 点状要素

针对居民地、学校、医院、交通设施、湖泊、水库等要素，抽象出其点状特征，统计其数量、密度、重心、质心、集聚中心、构成比、占比及其变化量，反映其数量特征、空间聚集情况、两点之间的大地线长度和联通道路网络长度等。具体指标如表 7.10 所示。

表 7.10　**点状要素指标**

数据类型	统计指标	单　位
点状要素	个数	个
	密度	个/km^2
	距离	m
	交通距离	m

2) 线状要素

针对河流、交通网络等线状要素，统计其统计单元内的数量、路网/河网密度、投影长度、表面长度、宽度、曲率、构成比、占比、方向及其变化量，提供线状要素的个数、长度、密度及其变化等数量特征。具体指标如表 7.11 所示。

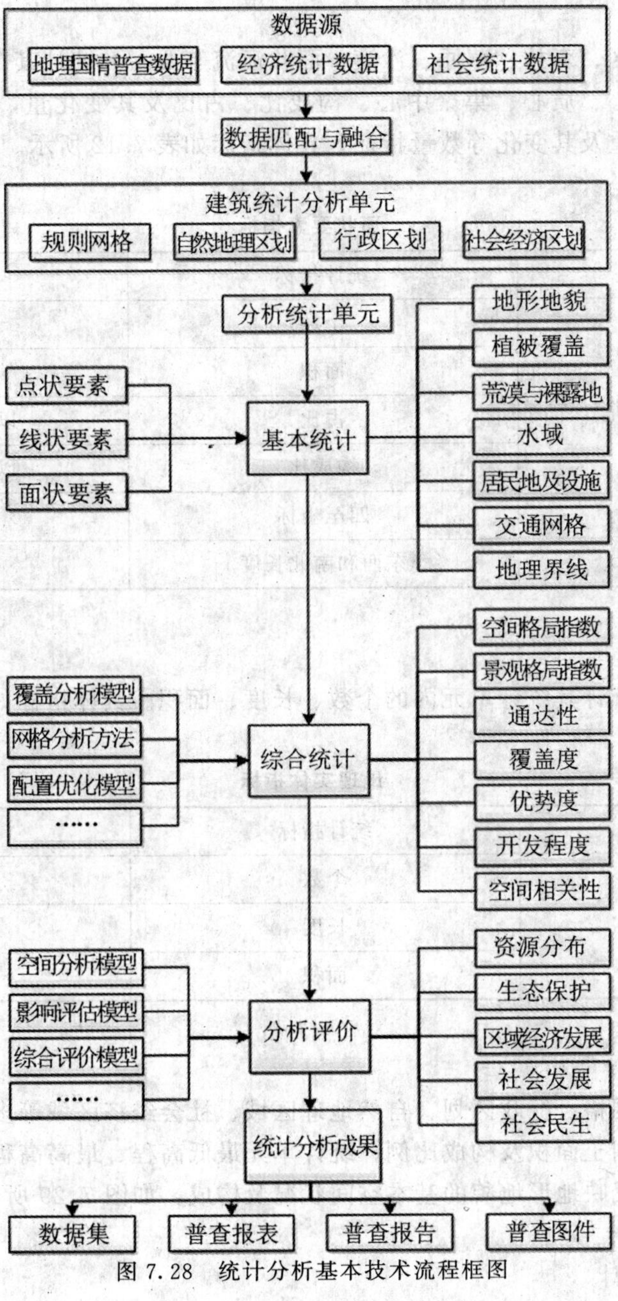

图 7.28　统计分析基本技术流程框图

表 7.11　**线状要素指标**

数据类型	统计指标	单　位
线状要素	密度	千米/km^2
	长度	km

3）面状要素

针对城市建成区、森林、草原、沙漠、面状河流等要素，统计其数量、投影面积、表面面积、周长、重心、质心、集聚中心、构成比、占比及其变化量，提供面状要素的面积、周长、构成比重及其变化等数量特征。具体指标如表 7.12 所示。

表 7.12　**面状要素指标**

数据类型	统计指标	单　位
面状要素	个数	个
	面积	km^2
	占比	以百分比表示
	构成比	以百分比表示
	四至坐标	经纬度
	东西和南北长度	km

4）地理实体

地理实体主要统计其统计单元内的个数、长度、面积。具体指标如表 7.13 所示。

表 7.13　**地理实体指标**

数据类型	统计指标	单　位
地理实体	个数	个/（条）
	长度	km
	面积	km^2

6. 地形地貌统计

基于规则地理网格、行政区划、自然地理区域、社会经济区域等多种统计单元，统计高程带、坡度带的国土面积及构成比例；统计单元最低高程、最高高程、地表粗糙度、起伏度、沟壑密度，反映地形地貌的基本空间状况及构成，如图 7.29 所示。

7. 地表覆盖统计

1）植被覆盖统计

基于规则地理网格、行政区划、自然地理区域、社会经济区域等多种统计单元，统计耕地、林地、园地、草地等植被覆盖类型个数、面积、面积占比及其变化量等信息，并统计不同高程带、坡度带耕地、林地、园地、草地的面积、比例、植被覆盖率及其变化量，反映植被覆盖的基本空间状况及其变化。如图 7.30 所示。

2）水域统计

基于规则地理网格、行政区划、自然地理区域、社会经济区域等多种统计单元，统计各种水域类型的数量、投影面积、占比，统计河流投影长度及其变化量，反映我国各种地表水体的基本覆盖状况及其变化。统计典型水体高程范围、河流流域面积、河网密度、河岸线弯曲系数、地表水体密度及其变化。如图 7.31 所示。

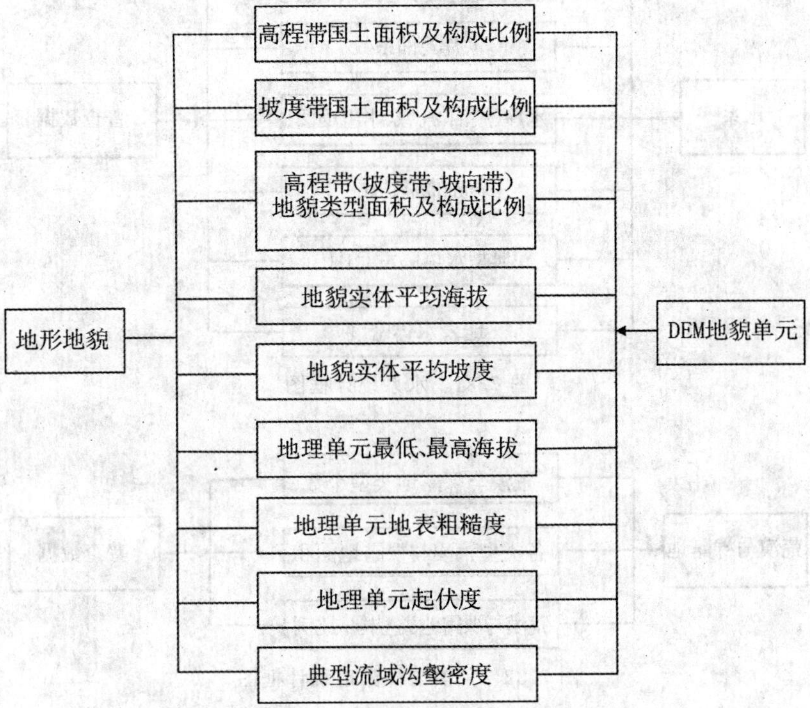

图 7.29 地形地貌统计框图

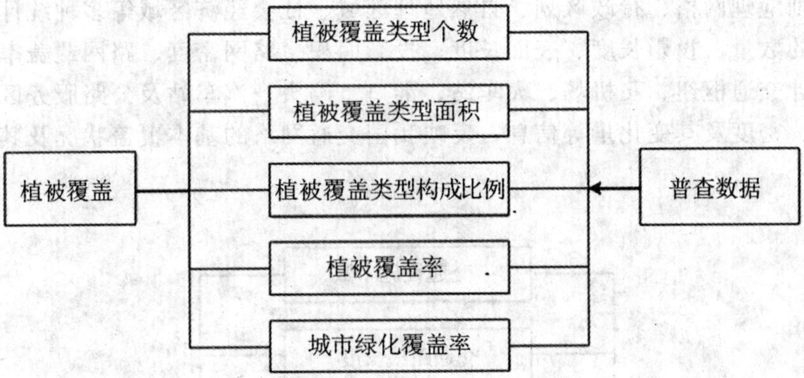

图 7.30 植被覆盖统计框图

3）荒漠与裸露地统计

基于规则地理网格、行政区划、自然地理区域、社会经济区域等多种统计单元，统计荒漠与裸露地类型的数量、投影面积、构成及其变化量，反映我国各类荒漠与裸露地的基本空间状况以及变化。如图 7.32 所示。

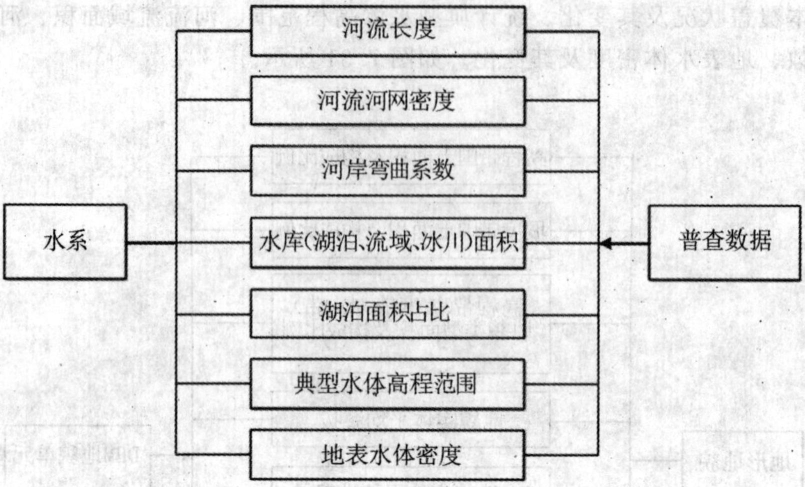

图 7.31　水系统计框图

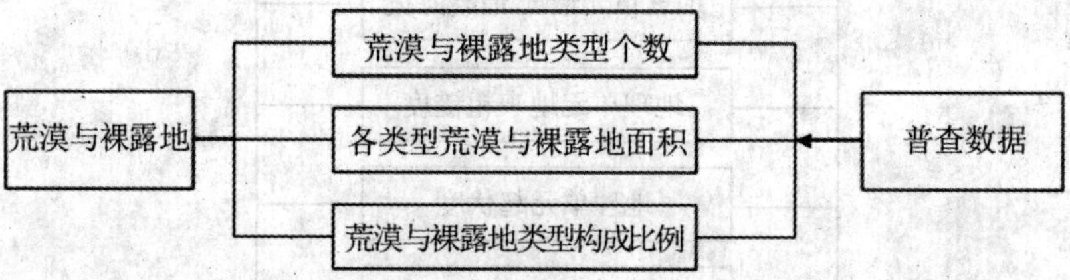

图 7.32　荒漠与裸露地统计框图

4）交通网络统计

基于规则地理网格、行政区划、自然地理区域、社会经济区域等多种统计单元，统计铁路、公路的数量、投影长度、表面长度、投影面积、路网密度、路网覆盖率及其变化量等信息；统计交通枢纽、飞机场、火车站、港口、码头、汽车站及公路服务区等重要交通设施的数量、密度及其变化量等信息，反映我国交通网络的基本覆盖状况及其变化。如图 7.33 所示。

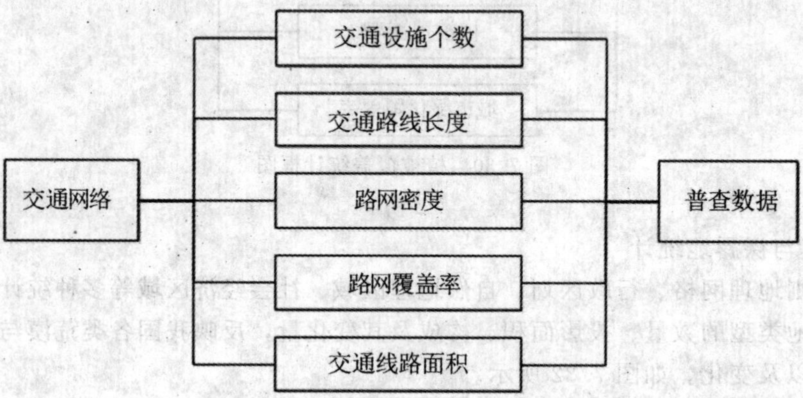

图 7.33　交通网络统计框图

5）居民地与设施统计

基于规则地理网格、行政区划、自然地理区域、社会经济区域等多种统计单元，统计居民地及学校、医院、广播电视发射塔等设施的投影面积、数量、密度、聚集指数、形状指数及其变化量，反映居民地及设施的基本空间状况及其变化。如图 7.34 所示。

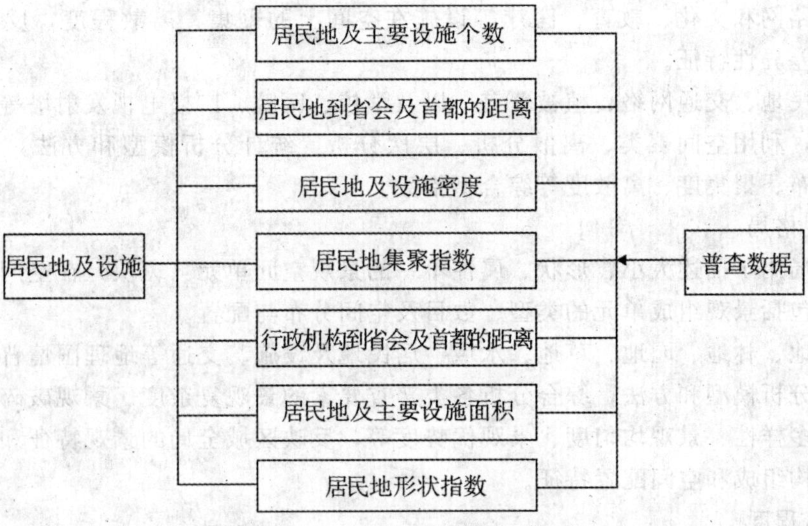

图 7.34　居民地与设施统计框图

6）地理单元统计

统计各类行政区、自然地理区域、社会经济区域等区域的数量、投影面积、表面面积、平均高程、最高陆域高程、最低陆域高程、全国幅员范围等信息，反映地理单元的基本空间状况。如图 7.35 所示。

8. 综合统计

综合统计是对表征地理国情普查要素的物理结构、空间关系及差异特性等内容进行统计。综合统计是在基本统计的基础上，运用综合统计分析模型和方法得出的，统计结果主要反映地形地貌、植被覆盖、荒漠与裸露地、水域、交通网络、居民地及设施等要素的空间分布格局、景观格局、通达性、优势性、脆弱性、空间相关性、城市景观扩张程度和地表形变危险性等方面的内容。

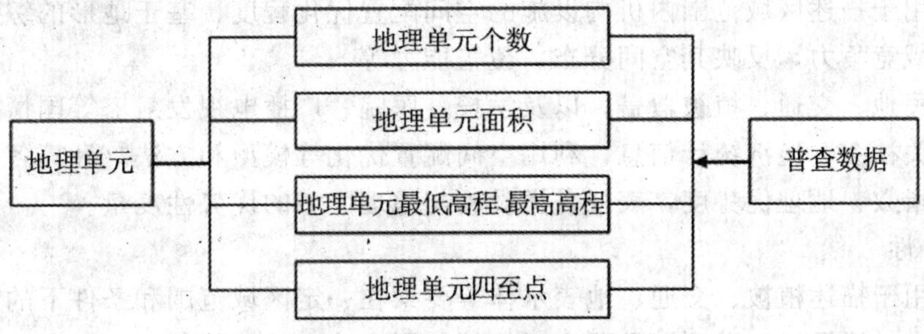

图 7.35　地理单元统计框图

社会经济统计数据主要包括国民经济、人口、财政、农业、工业、教育、文化等数据，主要来源于相关专业部门的普查、调查数据及统计年鉴，数据的时间节点根据地理国情普查最近的时点确定。

1）空间分布格局

空间分布格局用于描述区域范围内居民地、交通网络和植被覆盖的空间分布，以及居民地、交通路网和文化、教育、医疗等设施在空间上的聚集、离散程度，反映其空间聚集、离散和差异性特征。

基于居民地、交通网络、植被覆盖，以及学校、医院、广播电视发射塔等居民地设施的普查信息，利用空间聚类、离散分析、层次分析等统计分析模型和方法，计算水平分布、垂直分布、聚集度、离散度等综合型指数。

2）景观格局

景观格局用于描述大小、形状、属性不一的景观空间单元（斑块）在空间上的分布与组合规律，包括景观组成单元的类型、数目及空间分布与配置。

基于耕地、林地、园地、草地、水域、居民地及设施、交通等地理国情普查信息，利用景观格局分析模型和方法，综合分析各类普查要素的景观复杂度、景观破碎度、景观稳定性、景观多样性、景观均匀度、景观优势度等，反映区域全局的景观特征和不同地表覆盖类型的结构组成和空间配置特征。

3）覆盖程度

覆盖程度用于描述区域范围内水体、交通网络、重要水利设施、植被覆盖等国情普查要素所占面积占其总量的比例，反映这些要素的空间覆盖情况。

基于居民地、交通、植被覆盖、水域，以及文化、教育、医疗设施等国情要素普查信息，利用覆盖分析模型和方法，计算相关普查要素的覆盖辐射指数及覆盖度指标，表征文教卫机构的覆盖、辐射情况和能力，以及国情要素的覆盖情况和度量。

4）通达性

通达性用于描述区域范围内交通网络的通行能力、辐射和便利程度，反映区域内交通网络的辐射和覆盖、运输和便捷能力。

基于居民地、交通网络、植被覆盖等国情要素普查信息，利用网络分析等模型和方法，计算交通网络通达程度指数、交通网络通达能力指数，表征交通网络的通达程度和能力。

5）优势性

优势性用于描述区域范围内机构设施的空间配置优化程度、基于地形的综合资源地理优势以及区域竞争力，反映其空间分布、覆盖能力等。

基于居民地、交通、植被覆盖，以及学校、医院、广播电视发射塔等国情要素普查信息，结合相关社会、经济统计信息，利用空间配置优化等模型和方法，计算各类普查要素的配置优化指数、地理优势度，表征各类设施与地理区域的优势性度量。

6）弱势性

弱势性用于描述植被、交通、地表水体等要素在一定区域范围和条件下的脆弱、困难程度，以及农村居民地、学校、重要交通线等与周边地理状态的关系。

基于居民地、交通、植被覆盖、水域，以及文化、教育、医疗设施等国情要素普查信息，利用脆弱性分析、风险评估等模型和方法，计算相关要素脆弱性指数、地形风险指数、困难程度指数，表征各类设施与地理区域的弱势性度量。

7）土地开发程度

土地开发程度用于描述区域范围内城镇建设、独立工矿、农村居民点、交通、水利设施以及其他建设等建设空间的利用情况，反映该区域内不同类型土地的开发水平及土地开发潜力。

基于居民地、交通等地理国情普查信息，利用承载力分析等模型和方法，分析区域的土地开发程度。

8）空间相关性

空间相关性用于描述区域范围内水体、植被覆盖、居民地及设施、交通、地形地貌等要素之间的外部、自身空间相关程度，反映区域内上述要素之间的相关关系，以及居民地空间结构的集聚、扩散和城镇化演进的格局与过程。

基于水体、植被覆盖、居民地、交通、地形地貌等地理国情普查要素普查情况，利用空间相关分析、关联分析等模型和方法，计算空间关联度和空间相关指数，反映不同类型普查要素之间、要素内部的关联和相关情况。

9）城市景观扩张程度

城市景观扩张程度用于描述区域范围内人工景观、半自然景观、自然景观等城市景观类型的扩张类型、程度、变化、发展的质量水平。城市景观扩张程度反映城市扩张规律和景观扩张的空间模式与景观格局之间的关系，以及城市可持续发展状况。

基于城市景观扩张指数、城市发展质量指数，分析城市景观扩张程度，反映城市的空间格局、土地利用变化状况。

10）地表形变危险性

地表形变危险性用于描述区域范围内形变易发区地表形变的现状、危险程度，反映该区域地表形变的特征和发展趋势。

分析相关试点区域的地表形变危险性指数，反映地表形变的发展趋势及危险性程度。

9. 分析评价

基于基本统计和综合统计结果，结合社会、经济等专题数据，定量与定性分析相结合，从资源分布、生态保护、区域经济发展、社会发展、社会民生等角度，综合评估自然和人文地理国情要素的现状，反映国家重大战略、重要工程实施状况和效果，揭示经济社会发展和自然资源环境的空间分布规律。

1）资源分布

分析评价不同统计单元的水资源、土地（耕地、林地、草地、建设用地）等资源的空间分布特征、区域分布差异、景观格局、变化趋势、区域覆盖特征。

2）生态保护

对国家自然保护区、国家重点生态功能区、湿地与生态示范建设区等重点生态区域的空间分布、景观格局、区域差异、生态脆弱性，及沙漠、冰川的空间分布等进行综合分析评价。

3）区域经济发展

针对东部沿海开放、西部开发、中部崛起、东北振兴等国家重大战略，基于不同主体功能区、经济区（圈、带）、城市群、国家开发区、保税区等空间单元，分析评价其空间格局、土地开发状况、交通优势程度，以及重要农产品产区的地理空间状况，西气东输、西电东送、青藏铁路等重大工程的周边地理状况，资源枯竭型城市的植被覆盖、水资源、交通承载力状况。

4）社会发展

从城市化、小城镇建设、新农村建设和贫困县分布等方面，分析评价城市空间分布特征、综合地理优势度、植被覆盖影响、交通畅通程度；从各类型铁（公）路网络空间覆盖，车站、机场、港口等设施的空间布局，分析评价交通的覆盖能力、交通枢纽承载力；从防洪和调水工程、城乡水利等方面，分析评价水利设施的空间分布布局、利用状况、覆盖程度。

5）社会民生

分析评价城乡学校、医院、广播电视发射塔等资源的空间分布、服务覆盖及配置情况，以及居民收支水平、住房、价格指数的空间区域分布、区域差异特征，反映试验区社会民生相关内容的区域发展状况、配置水平及地区差异。

7.3.8 质量检查与验收

为确保第一次全国地理国情普查成果的质量，充分发挥好过程质量控制、质量监督管理的作用，根据《第一次全国地理国情普查项目管理办法》，在充分考虑第一次全国地理国情普查生产、质量管理、过程质量控制、质量监督等工作实际的情况下，通过开展全过程质量监督抽查工作，对影响成果质量的资料、技术、流程等主要要素进行控制，及时发现并解决生产中出现的质量问题，采用“预防为主、防检结合”的手段将成果的质量隐患消除在生产环节，确保地理国情普查成果的真实、准确与可靠。

1. 质量检查验收制度和内容

第一次全国地理国情普查成果检查验收执行“两级检查、一级验收”制度，普查任务承担单位负责普查成果质量的“两级检查”，国务院第一次全国地理国情普查领导小组办公室或省级第一次全国地理国情普查领导小组办公室负责组织普查成果质量验收。

两级检查包括过程检查和最终检查，过程质量检查是关键，普查成果通过过程检查后，才能进行最终检查，普查成果经最终检查合格后，才能进行验收。

1）过程检查

(1) 过程检查对普查成果资料进行100%内业检查，外业检查比例不得低于30%，并应做好检查记录。

(2) 检查出的问题、错误，复查的结果应在检查记录中记录。

(3) 过程检查提出的质量问题，普查作业人员应认真修改，修改后应在检查记录上签字。

(4) 过程检查的检查记录随普查成果资料一并提交最终检查部门。

(5) 经过程检查未达到质量指标要求的，普查成果资料应全部退回处理。

(6) 退回处理后的普查成果资料必须进行复查，确定问题是否修改完整。

2) 最终检查

(1) 普查成果通过过程检查后，才能进行最终检查。

(2) 最终检查对普查成果资料进行100%内业检查，外业检查比例不得低于20%，且原则上与过程检查的外业检查成果不应重复。

(3) 检查出的问题、错误，复查的结果应在检查记录中记录。

(4) 最终检查应审核过程检查记录。

(5) 最终检查提出的质量问题，普查单位应认真组织全面修改，修改人员应在检查记录上签字。

(6) 经最终检查不合格或未达到质量指标要求的，普查成果资料应全部退回处理。处理后的普查成果资料必须重新履行最终检查，直至合格为止。

(7) 最终检查完成后，应进行单位成果质量等级评定，并编写检查报告，检查记录及检查报告随成果一并提交验收。

3) 验收

(1) 普查成果经最终检查合格后，才能进行验收。

(2) 验收一般采用抽样检查方式，样本量不应低于表7.14中的规定。验收要对批成果进行总体概查，总体概查通过后再进行样本详查与样本外概查。

(3) 检查出的问题、错误，复查的结果应在检查记录中记录。

(4) 验收应审核最终检查记录及报告。

(5) 验收不合格批成果退回处理，并重新提交验收。重新验收时，应重新抽样审查。

(6) 验收合格的批成果，应对检查出的错误进行修改，并通过复查核实审查。

(7) 验收工作完成后，应编写检验报告。

第一次全国地理国情普查检查验收与质量评定内容如表7.14所示。

表7.14 **第一次全国地理国情普查检查验收与质量评定内容**

序号	成果类型	备注
1	数字正射影像数据成果	包括分景与分幅数据成果
2	多尺度数字高程模型数据成果	
3	地表覆盖物分类成果	
4	地理国情要素数据成果	
5	地理国情普查数据生产元数据成果	地表覆盖分类与地理国情要素数据或成果的元数据成果
6	遥感影像解译样本数据成果	
7	基本统计成果	包括基本统计数据集、报表、报告

2. 全过程质量检查的基本要求和内容

第一次全国地理国情普查全过程质量监督抽查的基本要求如下：

（1）根据监督抽查内容组成监督抽查小组。监督抽查小组原则上由组织实施单位、检验单位的相关人员组成，每组人数一般不少于 5 人。

（2）过程质量监督抽查工作应实现对所有普查单位普查过程、成果种类与要素的全覆盖。

（3）过程质量监督抽查采用总体检查与抽样检查的方式开展，对管理要素采用总体检查，对过程成果进行抽样检查。当过程质量监督抽查中发现严重质量问题时，应加大监督抽查力度，并扩大监督抽查范围。

（4）过程质量监督抽查完成后，不进行合格评定，仅进行符合性判定，形成过程质量监督抽查意见。

（5）过程质量监督抽查工作应严格执行相关标准和规定，遵循客观、公正、公开、廉洁的原则，做好各项检查记录，确保方法科学、过程严谨、结果可靠、检查有效。

过程质量监督抽查分为前期准备的质量监督、生产过程的质量监督抽查、验前成果质量监督等内容，如图 7.36 所示。

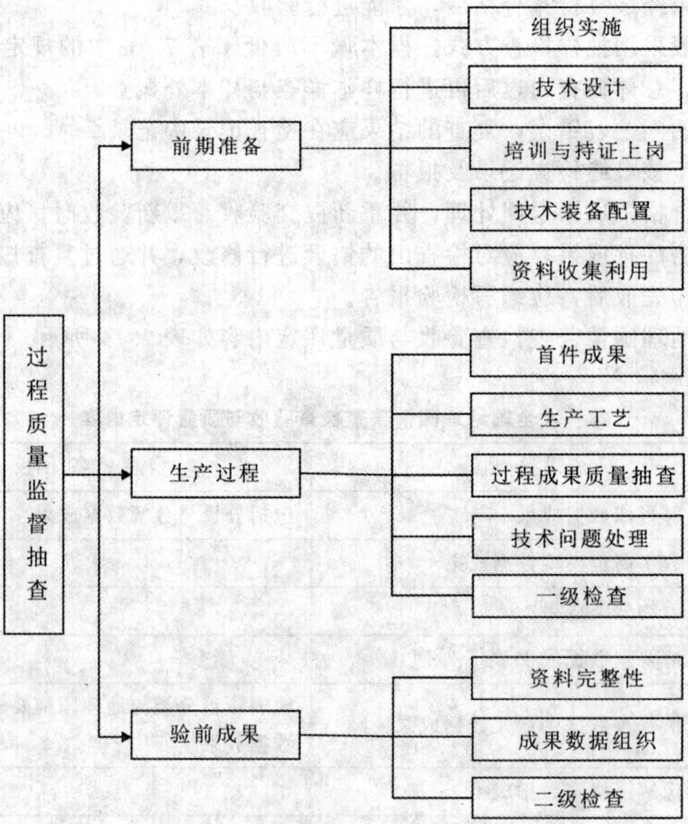

图 7.36　过程质量检测内容框图

3. 前期准备的质量监督

前期准备阶段的质量监督检查包括组织实施、技术设计、培训与持证上岗、技术装备配置、资料收集利用等，具体内容如下：

1）组织实施的质量监督

对普查单位列入国务院第一次全国地理国情普查领导小组办公室，公布的第一次普查单位名录情况、按照要求成立相关的机构、对普查项目违法转包或分包等情况进行检查。

2）技术设计的质量监督

对普查单位技术设计依据的符合性，编制、审核的签字情况，履行审批程序等情况进行检查。

3）培训与持证上岗的质量监督

对普查单位参加与组织培训的情况、持证上岗等情况进行检查。

4）技术装备配置的质量监督

一是对普查各工序所用主要仪器设备的检定情况进行检查，包括是否通过法定计量检定（校准）机构检定，是否在有效期内使用等；二是对普查各工序所用主要内业、外业软件的鉴定与测评情况进行检查。

5）资料收集利用的质量监督

一是对收集的资料源（基础资料、专题资料）的完整性、合法性、权威性、现势性、数据精度与可靠性等检查；二是对资料整合处理利用的质量进行检查，包括整合处理过程的合理性以及资料整合处理后的成果符合情况检查。

4. 生产过程的质量监督抽查

生产过程的过程质量监督检查包括“首件成果”、生产工艺、过程成果质量抽查、技术问题处理、一级检查情况等，具体内容如下：

1）“首件成果”的质量监督

对普查单位完成第一幅（批）图的质量控制情况进行检查，重点对普查单位第一幅（批）图的技术设计验证情况进行检查，以及对发现问题的处理情况进行检查。

2）生产工艺的过程监督

对普查单位的生产工艺流程的符合性，主要技术指标与技术设计要求的符合情况进行检查。

3）过程质量抽查

将整个项目按照普查过程划分为多个工序节点，抽查每个工序阶段性成果质量。主要工序阶段性成果质量抽查的内容如图 7.37 所示。

4）技术问题处理情况的监督

对生产中出现技术问题的处理记录、质量问题上报及处理情况进行检查，对主管部门批复意见的执行情况进行检查。

5）一级检查情况的监督

对普查单位的一级检查执行情况进行抽查，包括检查比例的符合性、检查内容及记录的完整性、质量问题的修改与复查情况等。

5. 验前成果质量监督

验前成果质量监督包括资料完整性、成果数据组织、二级检查情况等，具体内容如下：

1）资料完整性的检查

图 7.37　阶段性成果质量抽查框图

对普查单位提交成果资料的完整性进行检查，包括成果覆盖范围、成果内容的完整性，附属资料的完整性（如技术设计书、技术总结、检查报告、接合表、相关说明、重要问题的处理记录等）。

2）成果数据组织的检查

对普查单位提交成果在数据组织、数据格式、文件命名等方面与技术设计的符合性进行检查。

3）二级检查情况的检查

对普查单位的二级检查执行情况进行抽查，包括检查比例的符合性、检查内容及记录的完整性、质量问题的修改与复查情况、成果质量评价、检查报告的规范性等情况进行检查。

复习与思考题

1. 试简述第一次全国地理国情普查的目的、意义、普查范围和普查对象。
2. 试简述第一次全国地理国情普查的主要内容。
3. 第一次全国地理国情普查的指标要求有哪些？
4. 第一次全国地理国情普查主要采用哪些数据源？各有什么作用？
5. 试简述地理国情普查的方法。
6. 试简述地理国情普查的技术路线。
7. 第一次全国地理国情普查要提交哪些成果？
8. 试简述第一次全国地理国情普查 DEM 精化的要求和方法。
9. 试简述第一次全国地理国情普查地表覆盖采集的要求和方法。
10. 试简述第一次全国地理国情普查地表国情要素采集的要求和方法。
11. 试简述第一次全国地理国情普查外业调绘、核查和样本采集的要求和方法。
12. 试简述第一次全国地理国情普查内业编辑、整理和解译样本制作的要求和方法。
13. 试简述地理国情统计分析的项目和内容。
14. 试简述第一次全国地理国情普查质量检查的内容和方法。
15. 某国土测绘单位承接了某省第一次全国地理国情普查项目，已搜集和获取的资料包括全省 2012 年 12 月底 0.5m 分辨率航摄数据；全省 2011 年测绘生产的 1∶10000 全要素地形图数据（DLG），等高线的基本等高距为 5m，居民地、道路、行政区及地名等要素变化较大，而水系、地貌、土质植被和其他要素基本上无变化；全省导航电子地图数据，道路、政区和地名等信息内容详细，现势性好。

（1）试给该测绘院设计一个简单的地理国情普查方案。

（2）试问该省地理国情普查如何利用已有的基础地理数据资料？

（3）试给出地理国情普查 DEM 数据的生产技术方法和主要流程。

（4）试给出地理国情普查地表覆盖数据的获取方案。

第8章 地理调查与编码的行业调查应用

地理调查和地理编码的方法和技术是开展各项行业专项调查的基础。本章对我国开展的各项涉及国家经济建设的调查（普查）进行了介绍，包括人口普查、全国经济普查、全国农业普查、第二次全国土地调查、全国水利普查、林业（森林）调查和海洋调查，对各项专业调查中地理调查技术方法和地理编码技术进行了介绍。

8.1 地理调查与编码技术在人口普查中的应用

8.1.1 人口普查

人口信息和多种社会经济活动密切相关，是多个部门决策的重要依据。城市规划部门利用人口信息确定道路的等级、基础设施的配备；应急指挥部门利用人口信息确定应急指挥方案，选择合理疏散路线；卫生部门利用人口信息确定医疗设施的数量和空间分布；公交部门利用人口信息确定合理的公交路线，等等，所有这些活动都依赖于对人口信息的准确定位，并能根据不同的需求，准确统计出不同区域内的不同人口信息。

人口普查是指在国家统一法定的时间内，按照统一的方法、统一的项目、统一的调查表和统一的标准时点、对全国人口普遍地、逐户逐人地进行调查登记。对于任何一个国家，人口普查的优劣都至关重要。因为这项工作关系到国家能否及时、准确的掌握自己的国情及变化，从而采取及时的对策，以促进本国的经济增长和社会发展。

美国人口调查局于1990年前后首次发布了与人口数据相关联的全国地理编码系统：TopologicallyIntegrated Geographic Encoding and Referencing System，即“拓扑整合地理编码参照系统”，简称TIGER。从1990年TIGER诞生以来，美国除每10年一次的人口普查对其数据进行全面更新以外，还每年进行两次有限调整。通过该系统将美国的人口普查数据可以与其具体的地理空间位置进行结合，从而大大提高了人口普查的效率。其普查过程概括如下：在法定普查日当天，所有普查对象都会收到一封普查信函，普查对象如实填写表格后将信函寄回当地普查办公室。在汇总人口普查资料时，先采用“光学式读取装置”来处理调查表，以提取地址信息和普查信息，然后再输进大型电子计算机进行汇总，通过地理编码系统将普查数据定位到地理空间上，如图8.1所示。

将地理编码技术用于人口普查，可以改变人口数据空间化、社会化应用困难的局面，达到人口信息更好的为社会经济活动服务的目的。同时有力地保证了人口普查空间地理区域划分的完整覆盖，提高人口普查数据的信息化管理水平，促进人口普查数据的深入应用。不仅对人口普查数据获取、空间分析、时空对比等有利，也必将对城市应急、商业选址、城市规划、物流配送、医疗卫生等潜在的人口数据的应用领域产生巨大的推动作用。因此，将地理调查和地理编码方法用于人口普查不仅可以解决人口普查部门的重大需求，也能够满足人口数据潜在使用部门的重大需求，具有重要的理论研究意义。

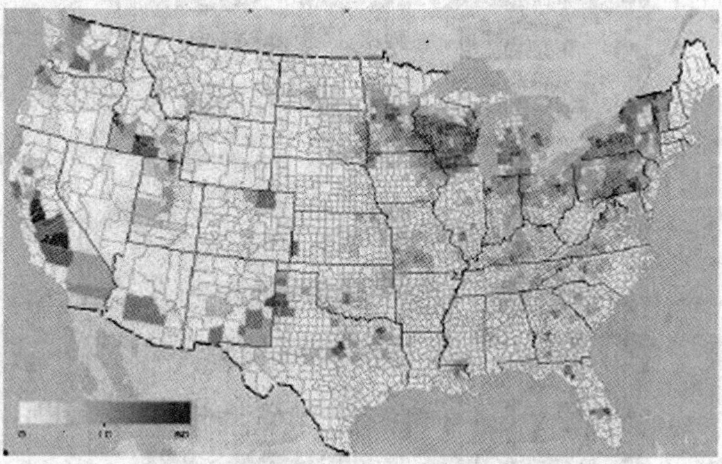

图 8.1 美国人口普查数据的地理编码

8.1.2 人口普查中的地理调查与编码

人口普查需要地理调查、地理编码、地统计和地理可视化等地理技术支撑。地理空间技术能够提升人口普查的技术水平，是人口普查的重要基础保障。人口普查中的地理支撑技术应用主要有以下方面：

1. 普查区划分和绘制普查区地图

人口普查区是普查对象所在的地理区域。对于全国范围来说，人口普查区是一个很小的地理范围，人口普查区是普查数据收集、普查管理以及普查数据汇总的基本单元。在人口普查工作的所有环节中，人口普查区的划分尤为重要。科学的划分出人口普查区是人口普查工作得以正确进行的重要前提。

目前，我国人口普查区的划分，仍然停留在手工阶段，从“四普”、“五普”仅在纸上进行示意性描绘，到“六普”的在遥感影像上矢量化，都需要大量的人力、物力和财力。而且由于绘图人的水平不同，所绘制出的普查区地图的质量也参差不齐，很难对其进行精细尺度的人口数据空间分析以及普查地图的后继深入应用，从而造成了资源的浪费。因此，以数字化方式自动的对普查区进行划分，快速绘制出普查地图和调查小区地图可以为普查人员进入每个调查小区调查工作起着重要的向导作用，并且在地域上不交叉、不重叠，保证地域上的不重不漏，对人口普查工作的顺利开展以及普查数据的空间分析应用都具有重要的意义。

运用 Delaunay 三角网提取人口普查区能够保证普查区的完全覆盖，不重不漏，而且划分出的普查区不会切割建筑物，同时还考虑到行政界线、主干道等障碍物对普查区划分造成的影响。该方法不仅能够减轻工作量还能够提高普查数据质量，还为普查数据的空间应用提供基础保障。如图 8.2 所示，每一个多边形表示一个普查区域，每个普查区域内包含若干建筑物，普查区域之间相互邻接，不重不漏。

图 8.2　普查区划分与制图

按照人口单元规模划定普查小区，按主要地貌特征划定普查区，最终形成县（区）、乡（镇、街道办事处）、村（居委会）和居住小区四级配套、覆盖完整的平面图域。因此，各普查区和普查小区及其内部构成均具有广泛的完全随机性。这些完全随机性不仅可以满足抽样、调查的基本要求。而且具备了显著的通用性特征，从而为多种抽样调查、抽样框的编制提供基础框架。

2. 普查数据的地理编码

世界发达国家的普查工作之所以能够直接向企业发送调查表，减少普查员直接入户的工作量，实现普查的高效率、低成本，是因为他们有一个储存量大、涉及面广、标准统一、适时更新的统计单位名录库，如美国的 SSEL，法国的企业名录库等地名录库带有地址和空间属性，能保证调查表不送错地方，省却普查前划分调查小区、清查普查单位等极其烦琐且易影响普查质量的前期预备工作。我国基本单位的管理部门较多，各部门之间缺乏衔接，标准不统一，至今没有建立一个完整的、标准统一的、全面反映社会经济活动的名录库。人口普查地理编码数据库的建设，可以建立带有地址编码的基本单位名录库。该数据库将在人口普查中可以发挥重要作用，减少普查员直接入户成本，节约时间和费用。

3. 人口普查数据的地统计

人口普查数据的深入开发利用是进行政府规划和科学决策的重要依据。利用 GIS 中众多的模型和分析方法，如层叠加（Overlay），缓冲区分析，专题提取分析，人口分析模型，空间算子等进行人口专题数据的数据挖掘和深加工。GIS 地统计可以进行常规人口统计、人口密度统计、历史人口数据对比分析、人口时间序列预测，人口地理空间分析、空间查询与人口动态空间预测，人口地理分布与流动模型建立等，是人口地理分析与辅助决策的重要工具。如图 8.3 所示。

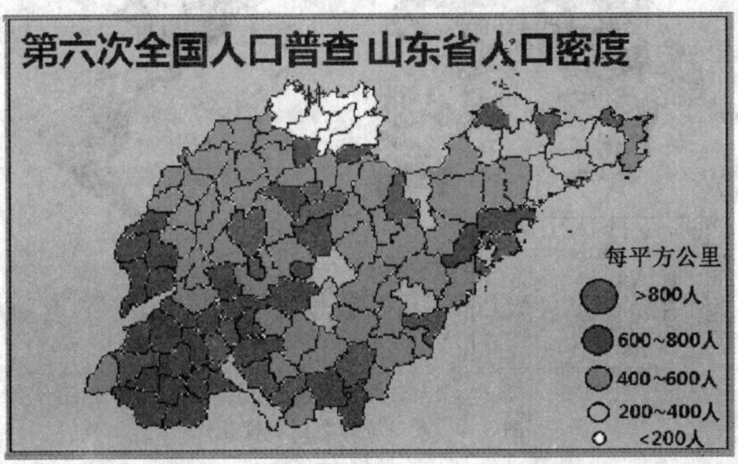

图 8.3　人口普查地统计（人口密度图）

人口普查数据的地统计，还可以结合人口、社会、经济数据进行综合决策支持分析。将工业、农业、交通、科技、教育、旅游、外贸等宏观、微观时序指标的相关资料，结合人口专题数据，统一于一定的空间基准下，可以进行强大的对比分析和综合分析，具备区域宏观决策功能和预警、预报、预测功能。

4. 人口普查数据可视化专题制图

人口专题地图是表达人口信息的重要手段，借助于图形语言表达抽象的人口信息数字，体现了数字后面的深层含义。按一定行政单位为统计单元所获取的人口统计数据以可视化图形表达，使得人口普查中大量的统计数据通过统计制图转换为直观易读的图形，为人口普查数据的应用提供支撑。如图 8.4 所示。

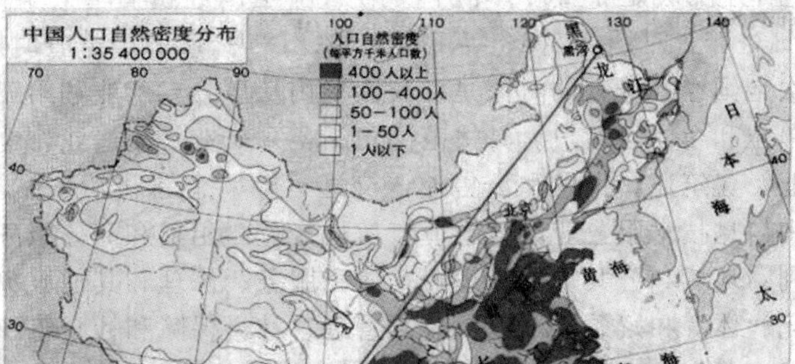

(a)

图 8.4　人口统计数据可视化

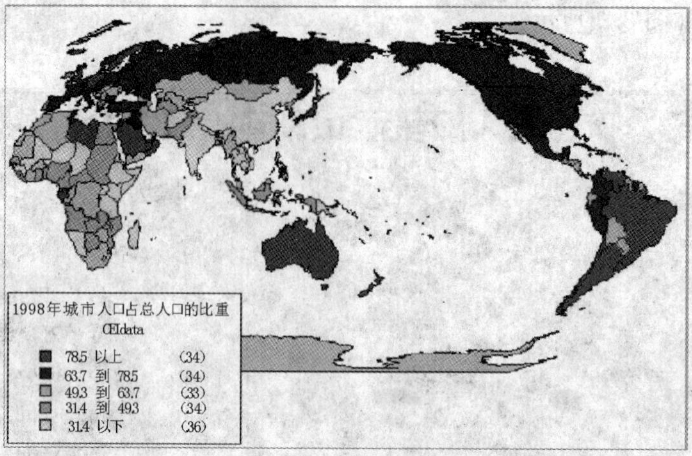

(b)

图 8.4 人口统计数据可视化

8.2 地理调查与编码技术在经济普查中的应用

8.2.1 经济普查

经济普查主要是为了全面掌握我国第二产业和第三产业的发展规模、结构和效益等信息，建立健全覆盖国民经济各个行业的基本单位名录库（含编码）及其数据库系统。认真搞好经济普查，对研究制定国民经济和社会发展规划，优化经济结构，改进宏观调控，开拓新的就业渠道，提高人民生活水平，全面建设小康社会，具有重要意义；对改革统计调查体系，完善国民经济核算制度，健全统计监测和预警、预报系统，将发挥重要作用。

根据《国务院关于开展第三次全国经济普查的通知》（国发〔2012〕60 号）和《全国经济普查条例》，国务院决定于 2013 年开展第三次全国经济普查，其普查标准时点为 2013 年 12 月 31 日，普查时期为 2013 年 1 月 1 日—12 月 31 日，普查时期资料为 2013 年年度资料。第三次全国经济普查的对象是在我国境内从事第二产业和第三产业的全部法人单位、产业活动单位和个体经营户。具体范围包括：采矿业，制造业，电力、热力、燃气及水生产和供应业，建筑业，批发和零售业，交通运输、仓储和邮政业，住宿和餐饮业，信息传输、软件和信息技术服务业，金融业，房地产业，租赁和商务服务业，科学研究和技术服务业，水利、环境和公共设施管理业，居民服务、修理和其他服务业，教育，卫生和社会工作，文化、体育和娱乐业，以及公共管理、社会保障和社会组织等。

第三次全国经济普查方案明确指出：利用统计电子地理信息系统，全面建立普查区电子地图；巩固和拓展统计联网直报系统成果；积极推广使用手持电子数据采集设备，努力提高普查工作的信息化水平和效率，减轻基层普查人员的工作负担。

8.2.2 经济普查中的地理调查与编码

在第三次全国经济普查中，充分利用现有的地理调查、地理编码和统计分析手段，主要体现在以下方面：

1. 手持 GPS 普查移动终端

为实现第三次全国经济普查数据的采集、报送、处理等手段的自动化、电子化，提高普查的信息化水平，对所有普查对象（除军队、武警系统和保密单位）由普查员使用电子终端设备（PDA）进行 GPS 定位、底册信息核查和相关证照拍照。此次普查中 PDA 的首次使用，将大大提高普查数据的质量，并在减轻普查人员工作负担的同时，还可以提高普查工作效率，提升统计形象，更有助于增强公众对普查数据的信任。手持 GPS 普查移动终端如图 8.5 所示。

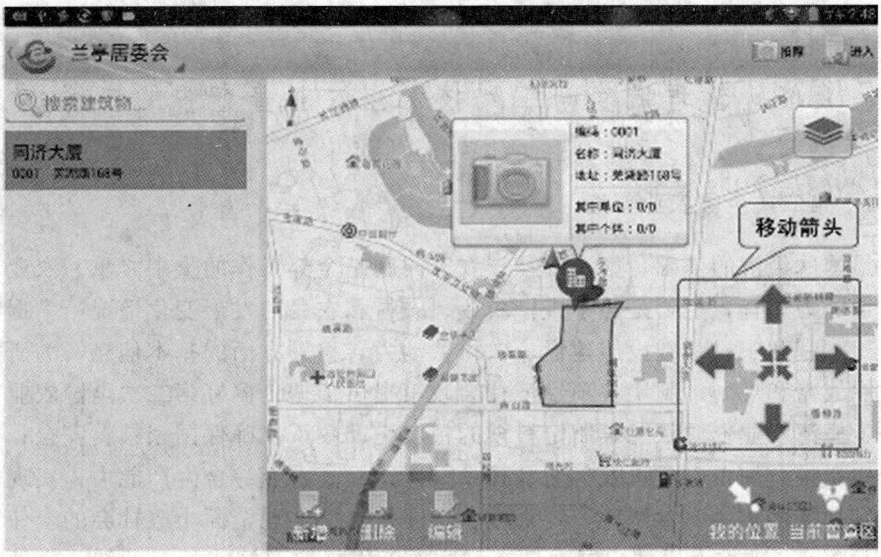

图 8.5　手持 GPS 普查移动终端

2. 普查区地址编码

以村（居）民委员会管辖的地域范围划分的普查区，普查区名称沿用村（居）民委员会名称，以“村（居）委会”结尾。普查区名称不得使用简称或习俗名称，在本乡镇所辖行政区域范围内不得重复。普查小区的名称可以用顺序号命名，称为“第一普查小区”“第二普查小区”等。普查区代码以目前统计工作中使用的行政区划地址代码库为基础，普查区对应 12 位代码，普查区下辖的普查小区增加两位代码，以顺序码编号。

3. 经济普查数据的地统计

基于 GIS 地统计方法进行经济普查统计信息空间分析，将基本单位、宏观经济、人口等 信息以地理信息为框架进行叠加分析与展现，可以揭示各行业统计信息在区域上的分布与相互关系，分析现有分布状况对区域发展的有利与不利影响，为制定各类发展规划、调整行业布局提供科学根据。如图 8.6 所示。

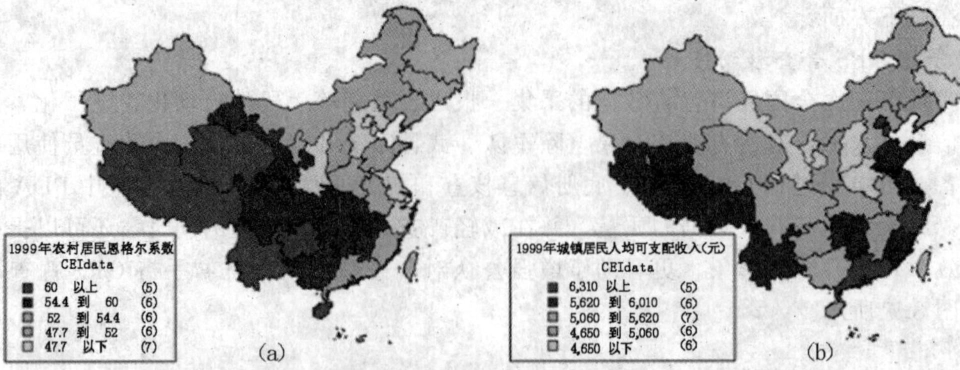

图 8.6 经济普查数据的地统计

8.3 地理调查与编码技术在农业普查中的应用

8.3.1 第二次全国农业普查

农业是国民经济的基础，解决好“三农”问题是全部工作的重中之重。农业普查作为重大的国情国力调查，主要是为了查清农业、农村和农民的发展变化情况，掌握我国农业生产、农田水利和农村基础设施建设、农村劳动力转移等方面的基本信息，为研究确定国民经济发展战略和规划，制定各项经济社会政策提供依据。搞好第二次全国农业普查，有利于进一步摸清农业资源状况，制定科学的粮食生产政策，确保国家粮食安全；有利于推动农业结构调整，加快农业科技创新和技术推广，提高农业综合生产能力，实现农业可持续发展；有利于落实科学发展观，统筹城乡发展，加速实现全面小康社会的宏伟目标。

农业普查是一项重大国情、国力调查。这项工作是按照国家规定的统一方法、统一时间、统一表式和统一内容，主要采取普查人员直接到户、到单位访问登记的办法，全面收集农村、农业和农民相关情况，为研究制定农村经济社会发展规划和新农村建设政策提供依据，为农业生产经营者和社会公众提供统计信息服务。世界上大多数国家都以 10 年或 5 年为一个周期开展农业普查。农业普查在我国每 10 年进行一次。第一次全国农业普查现场登记工作于 1997 年进行，第二次全国农业普查现场登记工作从 2007 年 1 月 1 日开始。

根据国务院决定，我国开展了第二次全国农业普查。第二次全国农业普查的标准时点是 2006 年 12 月 31 日，时期资料为 2006 年度，普查对象为我国境内的农村住户、城镇农业生产经营户、农业生产经营单位、村民委员会和乡镇人民政府。根据我国国情，并参照 2010 年世界农业普查方案，这次普查主要包括 6 个方面内容：一是从事第一产业活动单位和农户的生产经营情况；二是乡（镇）、村委会及社区环境情况；三是农业土地利用情况；四是农业和农村固定资产投资情况；五是农村劳动力就业及流动情况；六是农民生活质量情况。

第二次全国农业普查采用全面调查的方法，对所有普查对象由普查员进行逐个查点和填报。全国共组织动员了普查员、普查指导员和各级普查机构的工作人员近 700 万人，填报普查表近 5 亿张。通过普查，掌握了我国有关农业、农村、农民的基本情况。

按照国际通行做法，国务院全国农业普查办公室组织了数据质量抽查，评估了普查数据质量：一是采用分层两阶段整群随机抽样的方法，在全国抽选了2万多住户进行再次访问，并与普查登记结果进行比较核实；二是随机从每个省抽选100个普查区的基础数据，对普查表的抄录、填报、识别等方面的差错进行全面检查。综合抽查结果显示，农业普查应登记户的净漏报率为0.20%，原始数据差错率为0.14%。数据质量达到设计标准。

8.3.2 农业普查中的地理调查与编码技术应用

基于地理调查、地理编码、GIS分析和可视化技术，从地理空间的角度集成各类农业普查信息，可以实现农业普查信息的空间查询、分析与展现，极大地增强全国农业普查资料开发的深度和效果，提升该领域的信息化水平与统计信息服务质量。

1. 农业普查数据的地理编码

对于农业普查数据，其标准统计地理单元采用12位行政区划代码进行编码，由两部分组成，前六位为第一部分，表示县级以上（包括县级）行政区划代码，后六位为第二部分，表示县级以下行政区划代码。第一部分的六位代码统一使用国家标准《中华人民共和国行政区划代码》（GB/T2260）。这部分代码可以分为三个层次，从左到右的含义分别是：第一、第二位表示省级，第三、第四位表示地级，第五、第六位表示县级。第二部分的六位代码分为两个层次：第一层由第七、第八、第九位代码构成，按照国家标准《县以下行政区划代码编码规则》（GB10114）中的要求编制。其中，第七位为类别标识，以“0”表示街道，“1”表示镇，“2”和“3”表示乡，“4”和“5”表示政企合一的单位，第八、第九位为该代码段中各行政区划的顺序号。第二层由第十、第十一、第十二位代码构成，为居民委员会和村民委员会的代码，用三位顺序码表示，居民委员会的代码从001～199，由小到大顺序编写，村民委员会的代码从200～399，由小到大顺序编写。

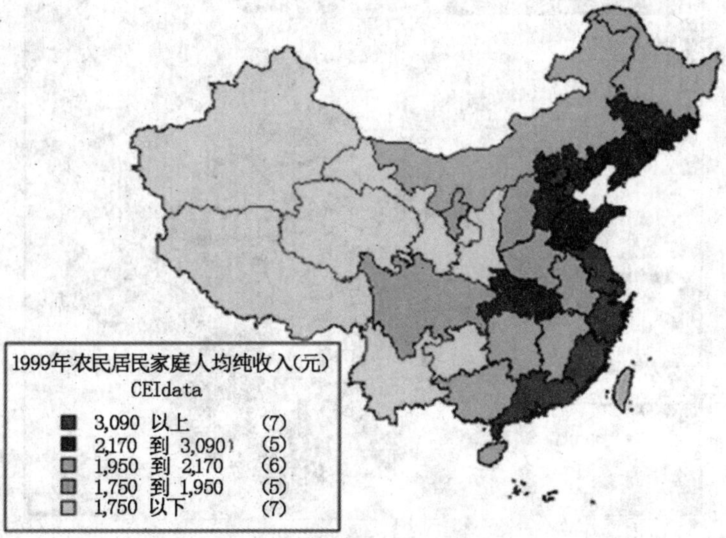

（a）农村居民家庭人均收入专题图

图8.7 农业普查统计分析与可视化制图

经过对全国农业普查数据进行地理编码后，可以将第二次全国农业普查的宏观统计数据以统计地理单元的行政区划代码为唯一标识，统计地理单元与宏观统计数据通过一对一的对应关系进行关联，从而实现各类统计信息基于统一的地理编码进行展示和分析。

2. 农业普查数据统计分析和专题制图

通过对第二次全国农业普查数据的地理编码后，宏观的农业普查数据可以进行各种空间统计分析，如优势主导产业布局分析、都市型现代产业分析、人口分布特征分析、农村基础设施与环境分析和农村社会事业分析，并以各种类型的专题图展现农业普查业务数据。如图 8.7 所示。

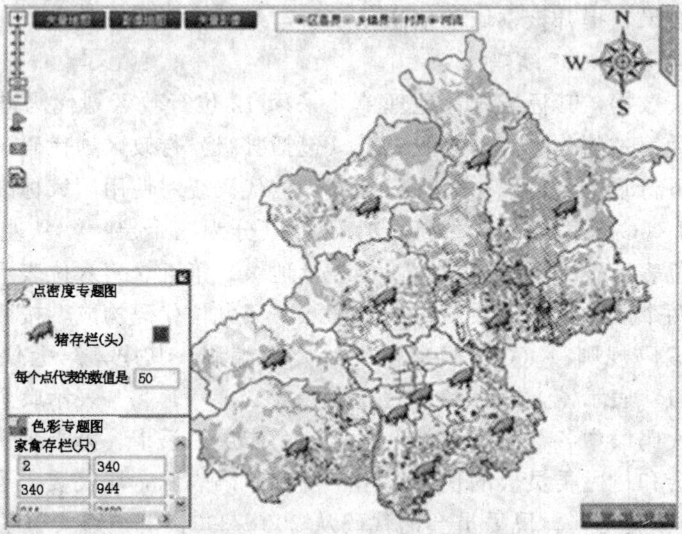

（b）生猪、家禽与河流分布分析

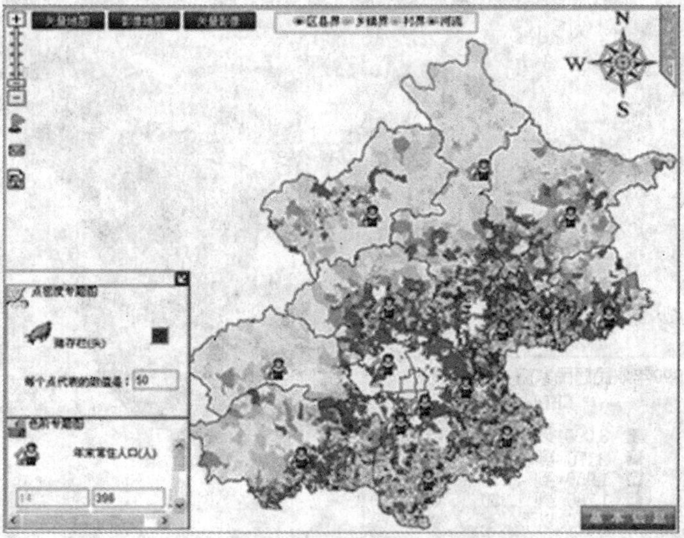

（c）生猪布局合理性分析

图 8.7 农业普查统计分析与可视化制图

8.4 地理调查与编码技术在国土资源调查中的应用

8.4.1 国土资源调查与评价

国土资源是一个国家及其居民赖以生存的物质基础，是由自然资源和社会经济资源组成的物质实体。狭义的国土资源只包括土地、江河湖海、矿藏、生物、气候等自然资源，广义的国土资源还包括人口资源和社会经济资源。

国土资源调查是国家的战略任务。国土资源调查要为国家进行宏观调控提供基础性资料，为政府履行国土资源管理的职能服务，为社会公民提供公益性国土资源信息，如自2000年开始，国家国土资源部每年公布的国土资源公报。国土资源调查的任务是通过对各类资源的野外勘察，查明全国及各区域的资源种类、数量、质量及分布，认识其发生、演化及时空分布规律和资源要素与环境要素的关系。

根据国土资源的分类，在我国领土和管辖海域范围内可以分为土地、矿产、水、海洋、气候、生物、旅游等七类基础性调查，同时针对整个国土资源的统筹规划，可公益性、基础性、战略性的综合调查。

土地资源是指可供农业、林业、牧业或其他各项利用的土地，是人类生存的基本资料和劳动对象，具有质和量两个内容。在其利用过程中，可能需要采取不同类别和不同程度的改造措施。有效保护耕地，特别是优质耕地，提高耕地的持续生产能力，最大限度地满足未来中国人口增长和战略发展对耕地的需要，实现粮食安全、经济发展和社会稳定目标，是我们未来土地资源优化利用必须首先考虑的战略性问题。

土地调查是对土地的数量、质量、利用方式和权属状况及其空间分布进行科学调查的手段和方法。土地调查是国家土地管理的账本子，算盘子，是土地管理工作的基础，是实施土地用途管制的基础，也是政府日常决策和制定经济社会发展计划的重要依据。因此，全国土地资源调查是直接关系到国计民生、可持续科学发展的一项最关键的国土资源调查。

8.4.2 第二次全国土地调查

第二次全国土地调查作为一项重大的国情国力调查，其目的是全面查清全国土地利用状况，掌握真实的土地基础数据，并对调查成果实行信息化、网络化管理，建立和完善土地调查、统计制度和登记制度，实现土地资源信息的社会化服务，满足经济社会发展、土地宏观调控及国土资源管理的需要。

第二次全国土地调查于2007年7月1日全面启动，2009年完成。调查的主要任务包括，农村土地调查，查清每块土地的地类、位置、范围、面积分布和权属等情况；城镇土地调查，掌握每宗土地的界址、范围、界线、数量和用途；基本农田调查，将基本农田保护地块（区块）落实到土地利用现状图上，并登记上证、造册；建立土地利用数据库和地籍信息系统，实现调查信息的互联共享。在调查的基础上，建立土地资源变化信息的统计、监测与快速更新机制。

具体任务如下：

1. 农村土地调查

农村土地调查是指对城市、建制镇以外的土地进行调查。农村土地调查是第二次全国土地调查的重点任务。按照调查内容，农村土地调查分为农村土地利用现状调查和农村土地权属调查两部分。

(1) 农村土地利用现状调查。以 1∶1 万比例尺为主，以县区为基本单位，按照统一的土地调查技术标准，以正射影像图为基础，实地调查城镇以外的每块土地的地类、位置、范围、面积、分布等利用状况，查清全国耕地、园地、草地、林地、农村居民点等各类土地的分布和利用现状。

(2) 农村土地权属调查。农村土地权属调查主要是查清农村集体土地所有权和公路、铁路、河流以及农场、林场、牧场、渔场（含部队、劳改农场及使用的土地）等国有土地的使用权状况。充分利用土地调查成果，加快推进土地登记发证，完成农村集体土地所有权登记发证工作。

2. 城镇土地调查

城镇土地调查是指对城镇范围以内的土地开展大比例尺调查。依据地籍调查技术规程，充分利用已有地籍调查成果，查清城镇内部建设用地的使用权状况，确定城镇内部每宗土地的界址、范围、界线、数量、用途等。通过汇总分析，掌握工业用地、基础设施用地、金融商业服务用地、房地产用地、开发园区等土地利用状况。

3. 基本农田调查

基本农田调查由各地组织，依据本地区的土地利用总体规划，按照基本农田保护区（块）划定资料，将基本农田保护地块（区块）落实至土地利用现状图上，统计汇总出各级行政区域内基本农田的分布、面积、地类等状况，并登记上证，造册。

4. 各级土地利用数据库建设

(1) 建立四级土地利用数据库

按照土地利用数据库建设标准，以县（区、市）为单位组织开展土地利用数据库建设，对土地利用现状数据、土地权属数据和基本农田等数据进行管理，满足县级日常变更等业务需要；在市级，以市（地、州）为单位，结合市级管理模式，整合各县级土地利用数据库，构建市级土地利用数据库，满足市级国土资源日常管理需求；以省为单位组织，对市县级土地利用数据库全面整合，建立省级土地利用数据库，满足省级国土资源管理对土地基础数据的基本需要。在中央一级，借助现有的网络系统，由国家组织建立国家级土地利用数据库，提供对各级土地数据到地块的查询检索、统计汇总、分析输出、及时调用和定期备案等功能。另外，各级数据库之间提供访问和调用接口，满足数据上传、接收、交换、备份、更新维护、日常应用等工作需要。

(2) 建立市县地籍信息系统

各市（县）按照地籍信息系统建设相关技术标准和要求，以市（县）为单位，组织建立地籍信息系统，对市（县）地籍调查和地籍测量结果的图形数据、宗地属性以及各种表、卡、册等数据信息进行集中管理，并提供编辑录入、查询统计、日常变更、制图输出、登记发证以及办公流程等管理功能，满足日常业务及管理需求。

5. 成果汇总

（1）数据汇集

在土地利用数据库的基础上，逐级汇总各级行政辖区内的各类土地利用数据以及基本农田和城镇建设用地等数据，增加非调查区域的港、澳、台地区的土地数据，形成国家及各级行政辖区内的综合及专题调查汇总成果。

（2）图件编制

利用数据库管理和计算机辅助制图等技术，采用缩编等手段对全国土地调查图形数据进行整理缩编，编制出国家、省、地（市）、县级系列土地利用图件、图集和各种专题图件（集）等。

（3）成果分析

根据土地调查结果，结合相关资料信息，开展土地利用状况分析。对耕地、基本农田等各类土地的数量、分布、利用结构及其变化状况进行综合分析，评判土地利用的集约节约程度，预测变化趋势，为土地开发潜力挖掘、节约集约利用土地资源提出建议。根据土地调查及分析结果，各级国土资源管理部门编制第二次全国土地调查报告。

为保持调查成果的现势性，从2009年下半年开始，继续进行每年一次的土地变更调查工作，组织各地对土地利用变化状况进行全面调查，及时汇总调查成果；国家建立及时监测系统，运用航空（天）遥感等高技术手段，定期对重点地区、重点地类进行变化监测，并周期性地覆盖全国，及时检查各地变更调查工作情况，并利用监测成果积极做好成果维护和应用工作。制定土地调查、统计、登记相关法律、法规，逐步建立稳定的常设调查队伍，保障调查经费，进一步完善全国统一的土地调查、统计和登记制度。

8.4.3　全国土地调查中的地理调查支撑技术

围绕第二次全国土地调查总体目标和主要任务，农村土地调查按照土地调查技术规程，充分利用现有土地调查成果，采用无争议的权属资料，运用航天航空遥感、地理信息系统、全球卫星定位和数据库及网络通信等技术，采用内业、外业相结合的调查方法，形成集信息获取、处理、存储、传输、分析和应用服务为一体的土地调查技术流程，获取全国每一块土地的类型、面积、权属和分布信息，建立连通的“国家—省—市—县”四级土地调查数据库。城镇土地调查，严格按照全国城镇土地调查的相关标准，开展地籍权属调查和地籍测绘工作，现场确定权属界线，实地测量界址和坐标，计算机自动量算土地面积，并以调查信息为基础，建立城镇地籍信息系统。

1. 以航空、航天遥感影像为主要信息源

农村土地调查以1∶1万比例尺为主，充分应用航空、航天遥感技术手段，及时获取客观现势的地面影像作为调查的主要信息源。采用多平台、多波段、多信息源的遥感影像，包括航空、航天获取的光学及雷达数据，以实现在较短时间内对全国各类地形及气候条件下现势性遥感影像的全覆盖；采用基于DEM和GPS控制点的微分纠正技术，提高影像的正射纠正几何精度；采用星历参数和物理成像模型相结合的卫星影像定位技术和基于差分GPS/IMU的航空摄影技术，实现对无控制点或稀少控制点地区的影像纠正。

2. 基于内外业相结合的调查方法

农村土地调查以 1∶1 万主比例尺，以正射影像图作为调查基础底图，充分利用现有资料，在 GPS 等技术手段引导下，实地对每一块土地的地类、权属等情况进行外业调查，并详细记录，绘制相应图件，填写外业调查记录表，确保每一地块的地类、权属等现状信息详细、准确、可靠。以外业调绘图件为基础，采用成熟的目视解译与计算机自动识别相结合的信息提取技术，对每一地块的形状、范围、位置进行数字化，准确获取每一块土地的界线、范围、面积等土地利用信息。

城镇土地调查以 1∶500 比例尺为主，充分运用全球定位系统、全站仪等现代化测量手段，开展大比例尺权属调查及地籍测量，准确确定每宗土地的位置、界址、权属等信息。地籍调查尽可能采用解析法。

3. 基于统一标准的土地利用数据库建设方法

系统整理外业调查记录，并以县区为单位，按照国家统一的土地利用数据库标准和技术规范，逐图斑录入调查记录，并对土地利用图斑的图形数据和图斑属性的表单数据进行属性连接，形成集图形、影像、属性、文档为一体的土地利用数据库。如图 8.8 所示。

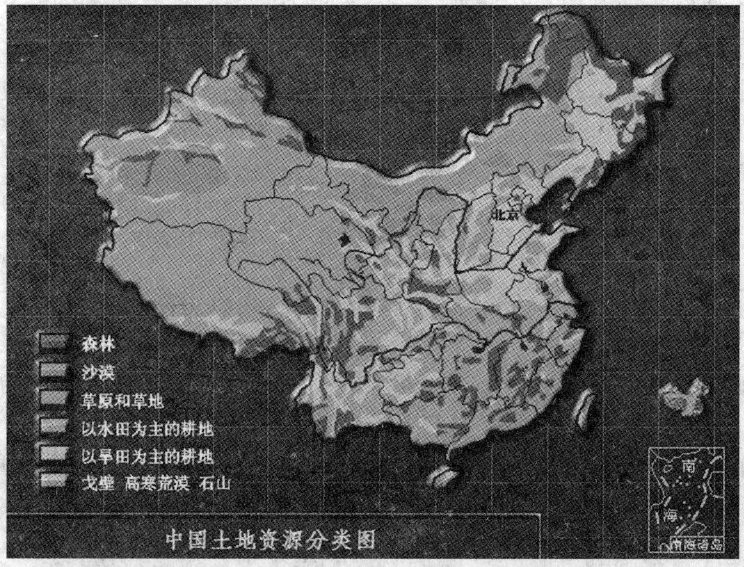

图 8.8　基于土地数据库的统计分析

以地理信息系统为图形平台，以大型的关系型数据库为后台管理数据库，存储各类土地调查成果数据，实现对土地利用的图形、属性、栅格影像空间数据及其他非空间数据的一体化管理，借助网络技术，采用集中式与分布式相结合方式，有效存储与管理调查数据。考虑到土地变更调查需求，采用多时序空间数据管理技术，实现对土地利用数据的历史回溯。另外，由于土地调查成果包括了土地利用现状数据、遥感影像数据、权属调查数据以及土地动态变化数据等，数据量庞大，记录繁多，采用数据库优化技术，提高数据查询、统计、分析的运行效率。

4. 基于网络的信息共享及社会化服务技术方法

借助现有的国土资源信息网络框架，采用现代网络技术，建立先进、高速、大容量的全国土地利用信息管理、更新的网络体系，按照“国家—省—市—县”四级结构分级实施，实现各级互联和数据的及时交换与传输，为国土资源日常管理提供信息支撑。同时，借助现有的信息网络及服务系统，依托国家自然资源和空间地理基础数据库信息平台，实现与各行业的信息共享与数据交换，为各相关部门和社会提供土地基础信息和应用服务。

典型的应用就是国土资源“一张图”，一张图”是指国土资源“一张图”工程，是遥感、土地利用现状、基本农田、遥感监测、土地变更调查以及基础地理等多源信息的集合，与国土资源的计划、审批、供应、补充、开发、执法等行政监管系统叠加，共同构建统一的综合监管平台，实现资源开发利用的“天上看、网上管、地上查”，从而实现资源动态监管的目标。此外，利用现有的国土资源信息网络框架，国土资源“一张图”综合监管平台可以实现国土资源行政主管部门与下级国土部门、上级国土部门之间，国土资源部门与省、市、县政府横向之间的业务系统关联，形成纵向、横向连接国土资源信息互联协同工作系统，从而实现从省国土资源厅—市国土资源局—区、县国土资源管理部门的联网审批，国土资源部门与省、市、县政府之间的协同工作。如图 8.9 所示。

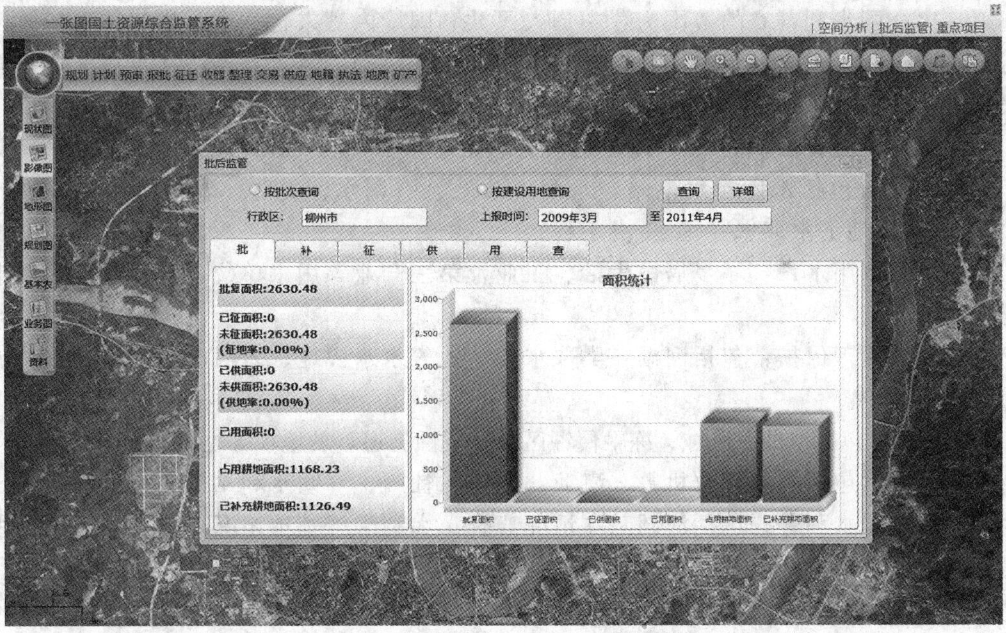

图 8.9　国土资源“一张图”综合监管平台

8.5　地理调查与编码技术在水利普查中的应用

8.5.1　水利普查

水是生命之源、生产之要、生态之基。为全面了解水利发展状况，提高水利服务经济社会发展能力，实现水资源可持续开发、利用和保护，需要进行全国水利普查。全国水利普查是一项重大的国情国力调查，是国家资源环境调查的重要组成部分，是国家基础水信息的基准性调查。

开展全国水利普查，有利于谋划水利长远发展，科学制定水利及国民经济和社会发展规划；有利于加强水利基础设施建设与管理；有利于实行最严格的水资源管理制度，推进水资源合理配置和高效利用；有利于深化水利管理体制改革，增强水利公共服务能力；有利于提高全社会水患意识和水资源节约保护意识，推进资源节约型、环境友好型社会建设。

为贯彻落实科学发展观，全面了解水利发展状况，提高水利服务经济社会发展能力，实现水资源可持续开发、利用和保护，国务院于 2010 年 1 月下发了《关于开展第一次全国水利普查的通知》，决定于 2010 年至 2012 年开展第一次全国水利普查。第一次全国水利普查是一次综合性、全方位的普查，也是一项艰巨的基础性、开创性工作。这次水利普查将对全国所有的江河湖泊、水利工程、水利枢纽、水利机构以及重点社会经济用水户进行调查，不是水利某个单项业务的调查，而是包含了江河湖泊基本情况、水利工程基本情况、河湖开发治理保护情况、经济社会用水、水土保持情况、行业能力建设情况等 6 个方面的综合性、系统性普查，以及灌区和地下水 2 个专项普查。除了刚完成的水资源调查评价内容外，基本涵盖了水利工作所涉及的所有方面。

第一次全国水利普查的范围为：中华人民共和国境内（未含香港、澳门特别行政区和台湾省）所有江河湖泊、水利工程、水利枢纽、水利机构以及重点经济社会用水户等调查对象。具体普查对象如下：

江河湖泊：流域面积 $50km^2$ 以上的河流和常年水面面积 $1km^2$ 以上的湖泊。

水利工程：包括水库、水电站、水闸、泵站、引调水、堤防、农村供水、塘坝、窖（池）及灌区和地下水取水井等 11 类工程。

经济社会取用水户：城乡居民生活、工业及第三产业等用水单位，灌区及公共供水企业等取用水户。

河湖开发治理保护：包括河湖各类取水口、地表水水源地、入河湖排污口、有防洪任务的河段和湖泊。

水土保持：包括水蚀、风蚀、冻融侵蚀区域，侵蚀沟道，淤地坝等主要水土保持措施。

水利机构：包括水利行政机关、事业、企业、社团、乡镇水利站等 5 类机构。

第一次全国水利普查包括河湖基本情况普查、水利工程基本情况普查、经济社会用水情况调查、河湖开发治理保护情况普查、水土保持情况普查、水利行业能力建设情况普查，以及灌区和地下水取水井两个专项普查。

8.5.2　水利普查中的地理调查与编码技术应用

水利普查空间数据包括水利普查对象的空间分布、形态特征及其相互关系。开展水利普查空间数据采集与处理，有利于采用先进技术手段，不重不漏地做好水利普查对象的清查核实，确保水利普查清查数据质量；有利于理清各类水利普查对象的关系，做好水利普查基础数据资源的空间集成，建立水利普查对象空间数据库，形成全国水利普查成果一张图；有利于水利普查成果的空间分析与展示，创新水利普查成果形式，提高水利普查成果的技术水平。

通过开展第一次全国水利普查空间数据采集与处理工作，准确获取各类水利普查对象的空间数据，全面集成与水有关的资源环境、水利工程和社会经济等水利普查基础数据，建立水利普查成果综合数据库，为初步建立国家基础水信息平台、推进水利信息化和现代化奠定坚实基础，为编制水利发展空间规划、加强水资源综合管理、提高水利情势分析评估、仿真推演、监控预警等能力提供坚实可靠的支撑。

1. 湖泊水面面积提取

湖泊水面面积的提取主要依据分辨率为 20m 的遥感影像数据和 1:5 万的 DOM 和 DLG 湖泊边界数据。湖泊水面边界是由 20m 为基本单位的折线组成的封闭多边形，如图 8.10 所示，湖泊水面边界（计算机视屏中的红色线）与影像的匹配程度。

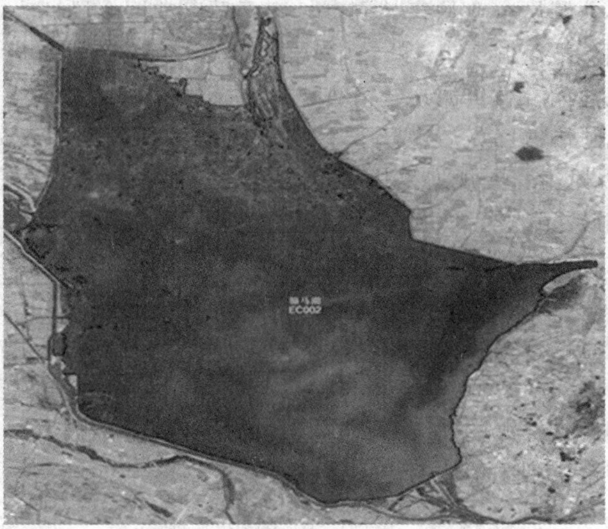

图 8.10 基于遥感影像的湖泊提取图片

2. 全国水利普查一张图

对水库、水闸、泵站、堤防工程及水利行业单位清查对象的 80%以上空间数据进行采集与标绘工作，与水利普查基础数据资源的空间集成，建立水利普查对象空间数据库，形成全国水利普查一张图，为初步建立国家基础水信息平台、推进水利信息化和现代化奠定坚实基础。

8.6 地理调查与编码技术在林业调查中的应用

8.6.1 林业（森林）调查

林业调查是以林地、林木以及林区范围内生长的动物、植物及其环境条件为对象的调查，简称森林调查。其目的在于及时掌握森林资源的数量、质量和生长、消亡的动态规律及其与自然环境和经济、经营等条件之间的关系，为制定和调整林业政策，编制林业计划和鉴定森林经营效果服务，以保证森林资源在国民经济建设中得到充分利用，且不断提高其潜在生产力。

森林调查作为一种专门技术，始于买卖青山时的树木材积量测，相当于现代的三类调查。19 世纪初，德国有较精确的森林地图和用形数法编制的立木材积表，但面积和材积都是采取全面实测，效率很低。后来用标准地调查，工作效率有所提高。这时森林调查的目的已转为编制森林经营方案提供数据，属于二类调查，命名为森林经理调查。20 世纪 30—50 年代，在森林调查中引进了抽样调查及航空摄影测量技术，调查效率大为提高。随后电子计算技术的兴起，又使调查数据处理和图面材料的编制趋于高速度、自动化。20 世纪 70 年代以来，由于森林资源数据库的建立与发展，森林调查的技术手段更臻完善(见森林资源管理信息系统)。这时随着森林日渐减少和能源缺乏、环境污染等世界性危机的日趋严重，原有林业基层企业的森林调查，已不足以掌握全局。为了重新估计森林的经济、生态与社会作用，把起源于 19 世纪中欧的森林经理检查法所进行的森林经理复查，发展成为全国性的快速的森林资源连续清查，形成了独立于二类调查的完整的一类调查。迄今，世界上许多发达国家已先后进行了 3 次以 10 年为间隔期的森林资源连续清查，为编制国家或大地区的林业发展规划提供了资源信息。日本经过 3 次全国性森林资源调查后，由于基层调查细致可靠，且实行了全国电子计算机网络资源管理，已改为只有二、三类森林调查。中国从 20 世纪 50 年代起开始森林调查工作。50 多年来，应用抽样以及电子计算机、林业遥感等先进技术，查清了森林资源情况，进行了全国各大林区的森林经理调查，建立了森林调查的 3 级体系，森林资源数据库自动化体系也正在逐步建立中。

1. 一类调查

一类调查主要是森林资源的连续清查。其目的从宏观上掌握森林资源的现状和变化。一般情况下，不要求落实到小地块，也不进行森林区划。当前大多采用以固定样地为基础的连续抽样方法。

固定样地不仅可以直接提供有关林分及单株树木生长和消亡方面的信息，而且由于其本身是一种有多次测定的样本单元，因此可以根据两期以至多期的抽样调查结果，对森林资源的现状，尤其是对森林资源的变化作出更为有效的抽样估计。

一类调查工作步骤包括：

（1）确定抽样总体。通常采用两种办法：一种方法是以整个地区作为抽样总体，全面布设样地。这种方法可以对整个地区的地类和资源作出估计，但工作量较大。另一种方法是以林业用地作为清查总体，工作量小，但只能查清林业用地上的地类和资源状况。采用哪种方法，应视具体要求和工作条件而定。

（2）样地布设。固定样地按系统抽样原则布设在国家地形图公里网交点上，每个固定样地均设置永久性标志，按顺序编号，且必须绘制样地位置图和编写位置说明文字。

（3）样地调查。除面积量测和一般情况记载外，还需测定林木的蓄积、生长量和枯损量。

（4）内业计算分析。主要是计算森林资源现状及变化估计值，作出方差分析并得出精度指标。为便于进行森林资源动态预测，还需得出树木生长、消耗的估计值。

（5）编制调查地区的资源统计表和说明书。包括森林资源统计表、森林资源消长表和森林资源连续清查报告。

2005年起，我国森林资源一类调查增加了遥感图片卫星判读的工作，主要是辅助固定样地调查，提高一类调查的精度。

2. 二类调查

二类调查包括区划、调查、资源统计分析3大部分。

(1) 区划。林业基层企业的区划包括分场或营林区及林班。其中林班是永久性经营单位，是二类调查的资源统计单位。林班区划方法分为自然区划、人工区划和综合区划（见森林区划)。

(2) 调查。以适用的地图如地形图、平面图或航空像片等为依据首先按区划的林班，设计调查方案和进行的路线。森林经理调查中的资源调查，主要是在划分小班的同时进行的目测与实测。小班是以经营措施一致为主要条件划分的。在有近期航空像片时可以先在室内勾绘，结合现场确定；也可以对坡勾绘或深入林内在地形图等上勾绘。高度集约经营时，可以通过实测划分小班。小班调查内容、项目可以根据需要和实际情况而定。一般调查重点是蓄积量。小班蓄积量调查的常用方法有样地实测法、目测法、回归估测法与抽样控制总体法。因一般小班面积小，难以控制调查精度，抽样控制总体法的优点是在分别进行小班调查的同时，又以全场或营林区为总体结合进行抽样调查，以取得总体蓄积量的一定可靠性精度，而后与小班汇总资源对比，若发现误差过大，再对小班蓄积量进行修正。样地实测多采用群状样圆、样方或角规点代替单个较大面积样地。目测调查时，除选择典型地段外，还应按面积分散地选择出一些目测点。此外，生长量、枯损量、天然与人工更新效果、土壤、病虫害、火灾危险等级、立地条件、珍稀动物、植物资源及相关经营效果等，也是小班调查的内容。

(3) 调查成果分析。主要成果必须满足编制经营方案以及林业区划或总体设计所需资料的要求。主要包括：地类面积，森林面积，用材林近成熟、过熟林组成，树种蓄积，人工林及四旁树，经济林，竹林等资源数据及林相图，森林分布图等资料和调查报告说明书等。若是复查，对于资源的动态变化应进行详细分析。

3. 三类调查

三类调查又称为作业设计调查，是林业基层单位为满足伐区设计、抚育采伐设计等的需要而进行的调查。对林木的蓄积量和材种出材量要作出准确的测定和计算。在调查过程中，对采伐木要挂号。根据调查对象面积的大小和林分的同质程度，可以采用全林实测或标准地调查方法。

以上三类森林资源调查，总的目的都是查清森林资源的现状及其变化规律，为制定林业计划于经营利用措施服务。这是森林资源经营管理工作的基础，无论是基层林业单位的森林资源调查资料，还是全国性（或大区域）的森林资源调查资料，都是森林经营规划的主要依据。但由于这三类调查在具体的对象和目的上不一样，它们的具体任务和要求也不完全一致。一类调查时为国家、地区制定林业方针、政策和计划服务；二、三类调查则是为基层林业生产及开展经营活动服务，各有自己的目的和任务，因此，不能互相代替。三类森林资源调查相关内容如表8.1所示。

表 8.1　　　　　　　　　　　三类森林资源调查对比

调查种类	调查总体	资源落实单位	调查内容	间隔期
一类调查	省、自治区、直辖市	林业局（县）	面积、蓄积量、生长量、枯损量、采伐量、更新量	5 年
二类调查	林业局	小班	林业生产条件、专业调查、小班调查、多资源调查	10 年
三类调查	作业地块	作业地块	伐区设计、造林设计、抚育采伐设计、林分改造设计	无

8.6.2　林业（森林）调查中的地理调查和编码技术应用

1. 标准地调查方法

在进行林分调查或某些专业性的调查时，一般不可能也没有必要对全林分进行实测，而往往是在林分中，按照一定方法和要求，进行小面积的局部实测调查，并根据调查结果推算整个林分。这种调查方法既节省人力、物力和时间，同时也能够满足林业生产上的需要。在局部调查中，选定实测调查地块的方法有两种：一种方法是按照随机抽样的原则，设置实测调查地块，称为抽样样地，简称样地，根据全部样地实测调查结果，推算林分总体，这种调查方法称为抽样调查法；另一种方法是根据人为判断选定的能够充分代表林分总体特征平均水平的地块，称为典型样地，简称标准地，根据标准地实测调查结果，推算全林分的调查方法称为标准地调查法。

标准地的选设原则：

（1）标准地必须具有充分的代表性。

（2）标准地不能跨域林分。

（3）标准地不能跨越小河、道路或伐开的调查线，且应离开林缘（至少应距林缘为 1 倍林分平均高的距离）。

（4）标准地内树种、林木密度应分布均匀。

标准地的形状一般为正方形或矩形，并尽可能使面积为整数，以便于测量、调查和计算。为了充分反映林分结构规律和保证调查结果的精度，标准地内必须要有足够数量的林木株数，因此，应根据要求的林木株树确定其面积大小。我国一般规定：在近熟林和成过熟林中，标准地内至少应有 200 株以上的林木；中龄林 250 株以上；幼龄林 300 株以上。在林相整齐的人工林中也不能少于 150 株。

2. 标准地的境界测量

标准地的境界测量是指在地面上标出标准地的范围。通常用罗盘仪测角，皮尺或测绳量测水平距离（林地坡度大于 5°时，要将斜距改算为水平距离）。要求境界闭合差不得超过 1/200。为使标准地在调查作业时保持有明显的边界，应将测线上的灌木和杂草清除，同时在边界外缘树木的胸高处，朝向标准地内标出明显记号，以示界外。为了方便核对和检查，在标准地四角设置临时标桩。若为固定标准地，要在标准地四角设置一定规格的标桩。标桩上标明标准地号、面积和调查日期等。

3. 小班调查

森林资源规划设计调查一般采用小班调查法。小班调查法，就是按照《森林资源规划设计调查主要技术规定》中的技术要求，在将调查地区的林业用地进行林班、小班区划的基础上，采用一定的技术方法，到现地每一个小班中，调查、测量需要在野外调查的全部项目，然后经过内业整理、计算，得到每一个小班的空间因子和属性因子，最后再进行逐级汇总统计和绘图，完成各种资源统计表和图件的森林资源规划设计调查方法。

小班调查法首先要在林班范围内进行小班区划。小班区划有多种方法，应根据实际情况选择使用：

(1) 采用由国家测绘部门最新绘制出版的比例尺为1:1万或1:2.5万地形图，根据小班区划条件，深入现场，采用对坡目测勾绘的方法，准确地将小班界调绘到地形图上。

(2) 使用近期（以不超过2年为宜）拍摄的、比例尺不小于1:2.5万或由1:5万放大到1:2.5万的航空像片、由1:10万放大到1:2.5万的航空像片、侧视雷达图像在室内进行小班勾绘后到现地核对或直接到现地调绘。

(3) 使用近期（以不超过1年为宜）经计算机几何校正及影像增强的SPOT5（空间分辨率10m以内）在室内进行小班勾绘，然后到现地核对。

根据调查单位的森林资源特点、调查技术水平、调查目的和调查等级，可以采用样地实测法、目测法、遥感图像（航片、卫片）判读法等不同的调查方法。

①样地实测法。在小班范围内，通过抽样目测法，布设圆形、方形、带状或角规样地，在样地内实测各项调查因子，由此推算小班调查因子。布设的样地应符合随机原则(带状样地应与等高线垂直或成一定角度)，样地数量应满足一定的精度要求。

②目测法。当林况比较简单时采用目测法。调查前，调查员要通过30块以上的标准地目测练习和一个林班的小班目测调查练习，并经过考核，各项调查因子目测的数据80%项次以上达到允许的精度要求时，才可以进行目测调查。小班目测调查时，必须深入小班内部，选择有代表性的调查点进行调查。为了提高目测精度，可以利用角规样地或固定面积样地以及其他辅助方法进行实测，用以辅助目测。

小班调查因子很多，大体可以分为：空间位置、权属、林地类型、森林类型、测树因子、立地条件、下木植被、森林卫生条件及灾害、经营作业条件等九大类50～60个因子，需要随调查目的、林种、林龄、地类、使用的图面资料状况而加以确定，尽量做到“需要调查的因子”与“能够调查的因子”和谐结合。

4. 基于高分辨率遥感影像的森林调查因子估测

高空间分辨率遥感影像具有细节更加清晰、信息更加丰富等特点。在高空间分辨率遥感影像上，森林中每棵树木的树冠清晰可辨，纹理和细节信息非常明显，这对于高效而精准地提取森林参数十分有利。利用树冠轮廓自动提取得到的树冠直径和面积可以间接推算技术胸径和生物量，也为单木树种识别分类奠定了基础，此外还可以计算其他森林参数，如叶面积指数（LAI）、郁闭度以及预测木材性质等。如图8.11所示。

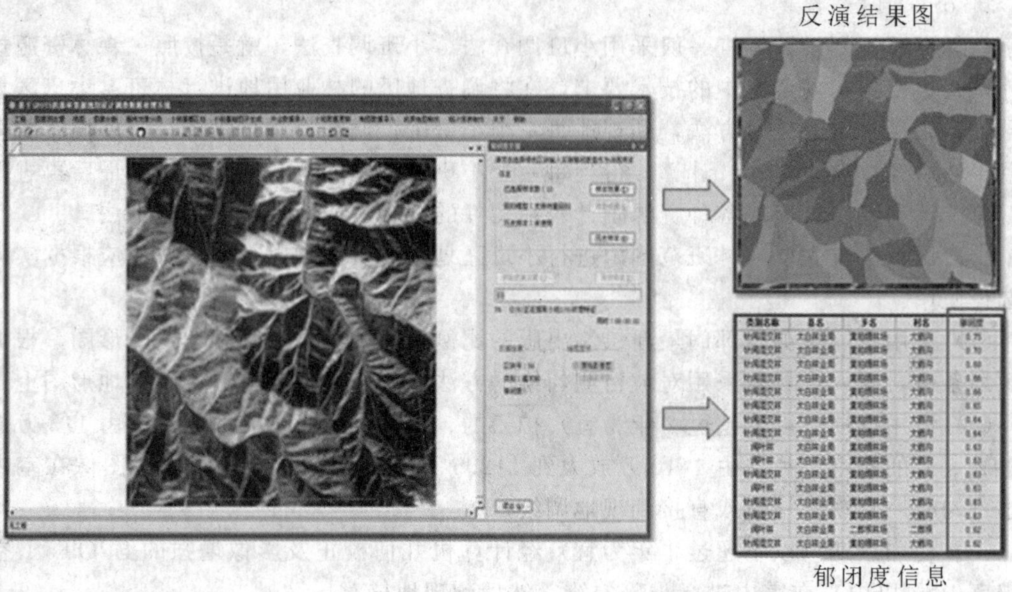

图 8.11　遥感郁闭度反演

8.7　地理调查与编码技术在海洋调查中的应用

8.7.1　海洋调查与海岛礁普查

海洋调查是指对某一特定海区的水文、气象、物理、化学、生物、底质分布情况和变化规律进行的调查。调查观测方式有大面积调查、断面调查，有连续观测和辅助观测。采用方法有航空观测、卫星观测、船舶观测、水下观测、定置浮标自动观测、飘浮站自动观测等。海洋调查项目有水温、水色、透明度、水深、海流、波浪、海冰、盐度、溶解氧、pH 值、磷酸盐、硅酸盐、硝酸盐等，以及被调查海区的水文气象要素如气温、气压、湿度、能见度、风、云、各种天气现象等，还测定水中悬浮物、游泳动物、浮游生物、底栖生物、海水发光、海水导电率、声速传播、稀有元素、海底底质等，海洋调查对掌握水产资源分布状况和渔业生产具有重要意义。

1. 908 海洋调查专项

908 海洋专项于 2003 年 9 月获国务院批准立项，由国家海洋局组织实施。为全面加强对专项工作的统一领导，国家成立了由国家发展和改革委员会、国家财政部和国家海洋局组成的专项领导小组。专项领导小组办公室设在国家海洋局，负责统一组织、规划、部署和协调工作。908 海洋调查专项于 2004 年正式实施，包括近海海洋综合调查、综合评价和“数字海洋”信息基础框架构建三大任务。国家累计投入经费 20.59 亿元，沿海省（区、市）匹配经费近 3 亿元。在专项实施过程中，采用了世界先进的海洋调查仪器设备，动用大小船只 500 余艘，航程 200 多万公里，海上作业约 2 万天。全国 180 余家涉海单位的3万余名海洋科技工作者，经过8年多的努力圆满完成专项确定的各项任务。

通过908专项调查与研究，基本摸清了我国近海海洋环境资源家底，更新了我国近海海洋基础数据和图件，对海洋环境、资源及开发利用与管理等进行了综合评价，构建了中国“数字海洋”信息基础框架，提出了有关我国海洋开发、环境保护和管理政策的系列建议，为国家宏观决策、海洋经济建设、海洋管理和海洋安全保障提供了有效的支撑和服务。专项首次获取我国大陆海岸线长度和海岛数量等高精度实测数据，我国大陆海岸线长度为19057km，海岛数量为10312个。专项首次查明了我国海洋能等新兴海洋资源分布及开发潜力：除台湾省外，我国近海海洋可再生能源总蕴藏量为15.80×10^{8}kW；我国重要海砂资源区面积约$30.3\times10^{4}km^{2}$，估算资源量约$4749\times10^{8}m^{3}$，已探明具有工业储量的滨海砂矿产地共91处。此外，专项首次系统地获得了准同步、全覆盖的我国近海海洋环境基础数据；全面摸清了我国近海空间资源的基本状况及利用前景；全面掌握了我国主要海洋灾害的分布、特点、强度及影响；全面深化了近海环境基本特征及其变化规律的科学认识；系统认识了我国近海海洋生态系统健康状况和服务价值；系统编撰了一批集中反映我国最新海洋研究成果的系列图集、专著及大型工具志书等。

2. 927工程（海岛礁测绘工程）

海洋测绘是陆地测绘向海洋的自然延伸。海岛礁测绘作为海洋测绘的重要组成部分，既不同于传统的陆地测绘，也有别于传统的海洋测绘，其主要技术与方法不仅是两者的有机统一，还有许多新的内涵和特点。

近年来，随着国家不断加强维护海洋权益，积极拓展海洋资源开发利用，海岛礁对海洋的控制作用日益显著，精确测绘的海底地形地貌和海岛礁地理空间信息是解决国与国之间海洋国土及海洋资源争端的重要依据，也是进行海岛礁管理和经济开发的重要基础。因此，海岛礁测绘正受到越来越多的重视。

927海岛礁测绘工程是国家测绘地理信息局“十一五”期间的五个重要项目之一，其主要内容包括：建立海岛礁测绘基准，利用航空航天技术进行海岛礁识别定位与遥感测图，开展海岛礁潮位与岸线综合判定，生产海岛礁矢量地形数据、数字高程模型、数字正射影像图，编制海岛礁地图，实现海岛礁地理环境动态表达与三维可视化等。927工程的实施对维护国防安全和海洋权益，促进海洋经济发展具有重要的意义。

8.7.2 海洋调查中的地理调查与编码技术

围绕着海洋调查、测绘和数字海洋建设，地理调查和地理编码技术发挥着广泛的作用，主要体现在以下方面：

1. 海岛生态调查和评价

利用卫星遥感和航空遥感影像，提取海岛地表覆盖信息，可以对海岛生态系统服务功能价值变化的分析，实现对研究区域生态系统服务功能价值的等级评价。

2. 海岸带/海岛礁土地利用调查

结合RS、GIS技术，运用多期遥感影像及土地利用现状图等辅助资料，解译出不同时间的土地利用状况图，从土地数量、结构、程度、空间格局等角度研究海岛土地利用变化。在土地利用变化研究的基础上，结合社会经济统计数据，运用改进后的生态足迹、生态承载力模型对该地生态承载力进行评价。如图 8.12 所示。

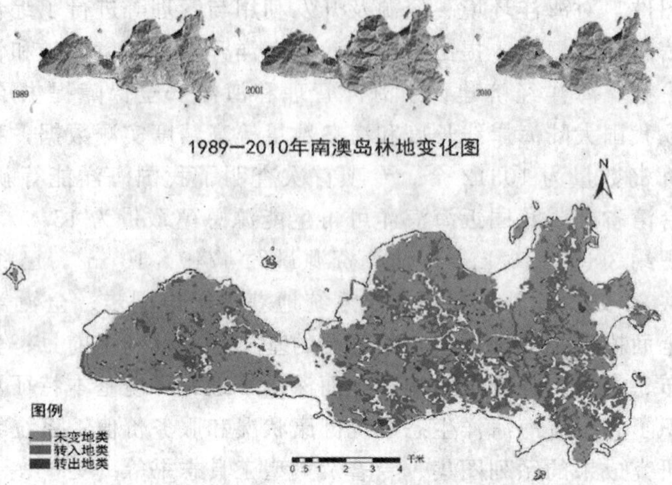

图 8.12　海岛土地利用调查

3. 海岸带岸线提取

从不同时相的遥感图像数据源中可以提取海岸线，根据工作区的海岸类型分别设置岸线提取标准，通过遥感影像解译出不同时期的海岸线，结合地形图、海图，经过野外验证，把各个时间的岸线在地理信息系统中进行叠加，得到工作区海岸线多年的动态变化图。对工作区海岸线变迁进行对比研究，在分析不同时期海岸线的变化及其影响因素的基础上，探讨海岸带演变与人类活动的关系。如图 8.13 所示。

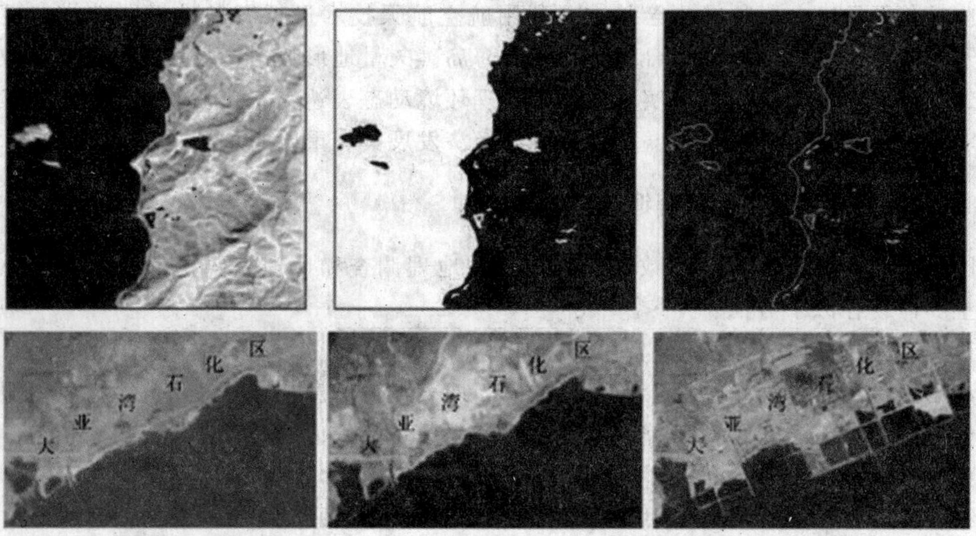

(a) 1998 年　　(b) 2003 年　　(c) 2008 年

图 8.13　海岸线提取与监测

复习与思考题

1. 人口普查中要用到哪些地理调查方法?
2. 经济普查中要用到哪些地理调查方法?
3. 农业普查中要用到哪些地理调查方法?
4. 国土资源调查中要用到哪些地理调查方法?
5. 水利普查中要用到哪些地理调查方法?
6. 林业调查中要用到哪些地理调查方法?
7. 海洋调查中要用到哪些地理调查方法?

参考文献

[1] 沈宝兴. 地理调查研究方法. 第二版. 北京：高等教育出版社，2001.

[2] 史文中等. 地理国情监测理论与技术. 北京：科学出版社，2013.

[3] 李建松、周军其. 地理监测原理与应用. 武汉：武汉大学出版社，2014.

[4] 钱学森. 谈地理科学的内容及研究方法. 地理学报，1991，46（3）：257～265.

[5] 邦奇. 理论地理学. 石高俊译. 北京：商务印书馆，1999.

[6] 毛明海. 自然地理学. 杭州：浙江大学出版社，2009.

[7] 张根寿，林爱文，王新生等. 庐山地理调查. 武汉：武汉大学出版社，2004.

[8] 林爱文. 自然地理学. 武汉：武汉大学出版社，2008.

[9] 李玉江，张果. 人口地理学. 北京：科学出版社，2011.

[10]〔美〕格林，〔美〕皮克. 城市地理学. 中国地理学会城市地理专业委员会译校. 北京：商务印书馆，2011.

[11] 雷金纳德·戈列奇，罗伯特·斯廷森. 空间行为的地理学. 柴彦威，曹小曙，龙韬译. 北京：商务印书馆，2013.

[12] 皮埃尔—菲利普·库姆斯，蒂里·迈耶，雅克—弗朗索瓦·蒂斯. 经济地理学：区域和国家一体化. 安虎森，颜银根，徐杨，吴艳红译. 北京：中国人民大学出版社，2011.

[13]〔美〕埃里克·谢泼德朱. 经济地理学指南. 汤茂林，谈静华，李江涛译. 北京：商务印书馆，2009.

[14] 冯士雍，倪加勋，邹国华. 抽样调查理论与方法，北京：中国统计出版社，1998.

[15] 杜智敏. 抽样调查与SPSS应用. 北京：电子工业出版社，2010.

[16] 罗乐勤. 统计学. 厦门：厦门大学出版社，2013.

[17] 国务院第一次全国地理国情普查领导小组办公室. 地理国情普查基础知识. 北京：测绘出版社，2013.

[18] 国务院第一次全国地理国情普查领导小组办公室. 地理国情普查质量控制与检验. 北京：测绘出版社，2014.

[19] 中国测绘宣传中心. 地理国情普查管理与实践. 北京：测绘出版社，2013.

[20] 国务院第一次全国地理国情普查领导小组办公室. 第一次全国地理国情普查总体方案.

[21] 国务院第一次全国地理国情普查领导小组办公室. 第一次全国地理国情普查实施方案.

［22］国务院第一次全国地理国情普查领导小组办公室. 地理国情普查内容与指标（GDPJ 01—2013）.

［23］国务院第一次全国地理国情普查领导小组办公室. 地理国情普查基本统计技术规定（GDPJ 02—2013）.

［24］国务院第一次全国地理国情普查领导小组办公室. 地理国情普查数据规定与采集要求（GDPJ 03—2013）.

［25］国务院第一次全国地理国情普查领导小组办公室. 地理国情普查数据生产元数据规定（GDPJ 04—2013）.

［26］国务院第一次全国地理国情普查领导小组办公室. 数字正射影像生产技术规定（GDPJ 05—2013）.

［27］国务院第一次全国地理国情普查领导小组办公室. 遥感影像解译样本数据技术规定（GDPJ 06—2013）.

［28］国务院第一次全国地理国情普查领导小组办公室. 地理国情普查成果资料汇交与归档基本要求（GDPJ 07—2013）.

［29］国务院第一次全国地理国情普查领导小组办公室. 多尺度数字高程模型生产技术规定（GDPJ 08—2013）.

［30］国务院第一次全国地理国情普查领导小组办公室. 地理国情普查检查验收与质量评定规定（GDPJ09—2013）.

［31］国务院第一次全国地理国情普查领导小组办公室. 地理国情普查底图制作技术规定（GDPJ 10—2013）.

［32］国务院第一次全国地理国情普查领导小组办公室. 地理国情普查外业调查技术规定（GDPJ 11—2013）.

［33］国务院第一次全国地理国情普查领导小组办公室. 地理国情普查内业编辑与整理技术规定（GDPJ 12—2013）.

［34］国务院第一次全国地理国情普查领导小组办公室. 地理国情普查过程质量监督抽查规定（GDPJ13—2013）.